精彩案例展示

2.2.1 课堂案例：制作几何体展台

· 学习目标 掌握各种标准基本体的创建方法 029页

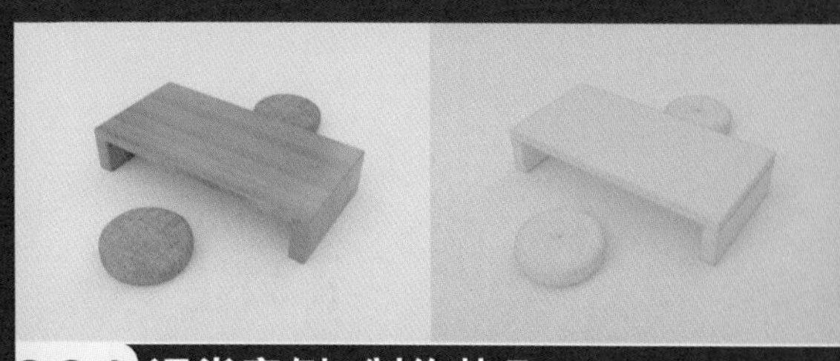

2.3.1 课堂案例：制作茶几

· 学习目标 掌握切角长方体和切角圆柱体的创建方法 035页

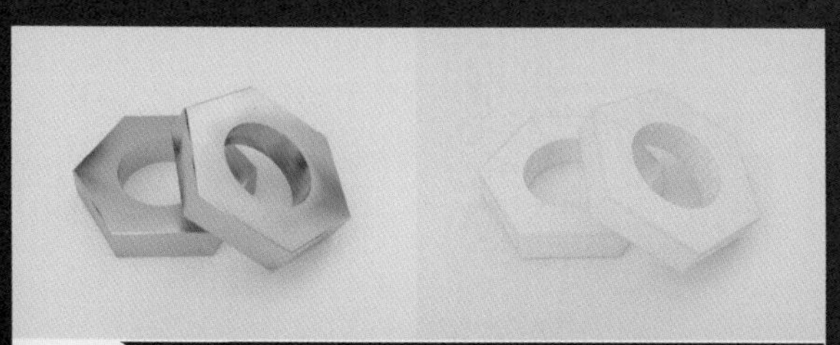

2.4.1 课堂案例：制作螺帽

· 学习目标 掌握“布尔”工具的使用方法 038页

2.7.1 课堂练习：制作积木组合

· 学习目标 掌握各种标准基本体的创建方法 045页

2.7.2 课堂练习：制作圆凳

· 学习目标 掌握切角长方体和切角圆柱体的创建方法 045页

3.2.1 课堂案例：制作广告灯箱

· 学习目标 掌握“挤出”修改器的使用方法 050页

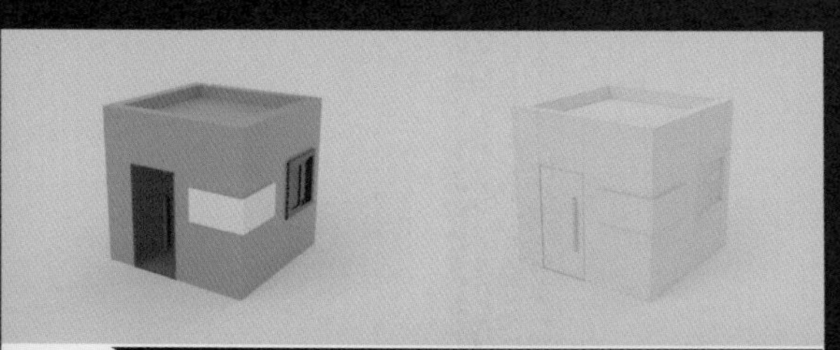

3.3.1 课堂案例：制作卡通房子

· 学习目标 掌握多边形建模方法 058页

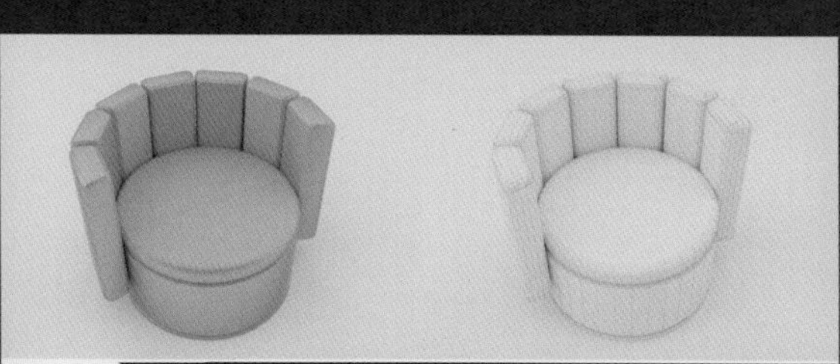

3.5.2 课后习题：制作单人沙发

· 学习目标 掌握多边形建模方法 070页

4.4.1 课堂案例：制作景深效果

· 学习目标 运用 VR- 物理摄影机制作景深效果 081页

4.5 课堂练习：制作咖啡杯景深特效

· 学习目标 掌握使用目标摄影机制作景深特效的方法 084页

4.6 课后习题：制作运动模糊特效

· 学习目标 掌握使用目标摄影机制作运动模糊特效的方法 084页

5.2.1 课堂案例：制作射灯

· 学习目标 掌握使用目标灯光模拟射灯照明的方法 086页

5.5.2 课堂练习：制作朋克风展台

· 学习目标 掌握 VR- 灯光的用法 099页

6.3.1 课堂案例：制作彩色玻璃材质

· 学习目标 掌握使用 VRayMtl 材质制作玻璃材质的方法 107页

6.4.1 课堂案例：制作椅子材质

· 学习目标 掌握位图贴图的使用方法 113页

6.6.2 课堂练习：制作黄金材质

· 学习目标 掌握 VRayMtl 材质的用法 121页

6.7.2 课后习题：制作水材质

· 学习目标 掌握水材质的制作方法 122页

8.3 课堂练习：制作下雨动画

· 学习目标 掌握“喷射”工具的用法 144页

精彩案例展示

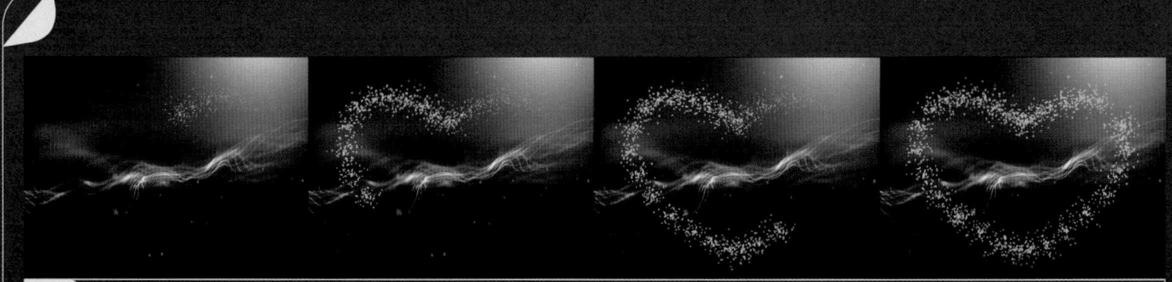

8.4 课后习题：制作路径发光动画

· 学习目标 掌握“超级喷射”工具和“路径跟随”工具的用法 144页

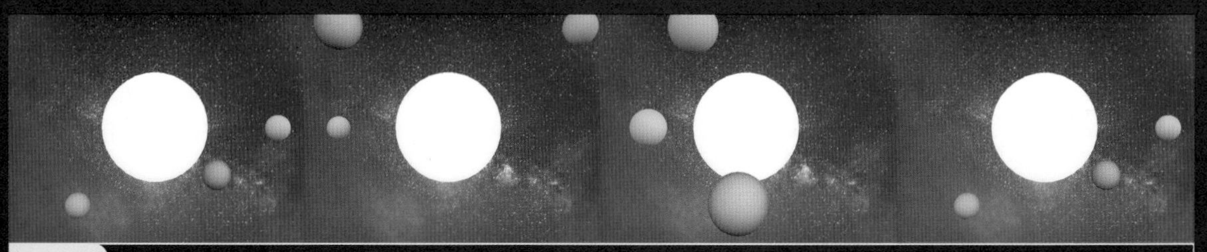

10.3.1 课堂案例：制作行星动画

· 学习目标 掌握使用路径约束制作动画的方法 162页

10.5 课堂练习：制作旋转的风扇动画

· 学习目标 掌握自动关键点动画的制作方法 168页

11.1 商业案例：美妆电商场景表现

· 学习目标 掌握客厅的日光表现方法 170页

11.3 商业案例：家装休闲室日景效果表现

· 学习目标 掌握家装场景的日景表现方法 180页

数 字 艺 术 精 品 课 程 培 训 教 材

中文版 3ds Max 2020 基础培训教程

任媛媛 编著

人 民 邮 电 出 版 社
北 京

图书在版编目（CIP）数据

中文版3ds Max 2020基础培训教程 / 任媛媛编著
. -- 北京 : 人民邮电出版社, 2022.8
ISBN 978-7-115-58773-2

Ⅰ. ①中… Ⅱ. ①任… Ⅲ. ①三维动画软件－教材
Ⅳ. ①TP391.414

中国版本图书馆CIP数据核字(2022)第062276号

内 容 提 要

本书全面介绍中文版 3ds Max 2020 的基本功能及实际运用，包括 3ds Max 2020 的基础知识、基础建模技术、高级建模技术、摄影机技术、灯光技术、材质与贴图技术、渲染技术、粒子系统与空间扭曲、动力学、动画技术及商业案例实训。本书针对零基础的读者编写，是帮助零基础的读者快速入门并全面掌握 3ds Max 2020 的实用参考书。

本书以 3ds Max 的各种重要技术为主线，通过课堂案例帮助读者快速上手，熟悉软件功能和制作思路；课堂练习和课后习题可以提高读者的实际操作能力；商业案例是实际工作中经常会遇到的项目，既能达到强化训练的目的，又可以让读者更多地了解实际工作中的问题和处理方法。本书所有内容均基于中文版 3ds Max 2020 和 V-Ray Next Update 1.2 进行编写，建议读者使用此版本进行学习。

本书附带学习资源，内容包括书中所有案例的场景文件、实例文件和在线教学视频，以及教学大纲、PPT 课件等教学资源，读者可通过在线方式获取这些资源，具体方法请参看本书“资源与支持”页。

本书适合作为院校和培训机构相关课程的教材，也可以作为 3ds Max 自学人士的参考用书。

◆ 编　　著　任媛媛
　 责任编辑　张丹丹
　 责任印制　马振武
◆ 人民邮电出版社出版发行　　北京市丰台区成寿寺路 11 号
　 邮编　100164　　电子邮件　315@ptpress.com.cn
　 网址　http://www.ptpress.com.cn
　 三河市君旺印务有限公司印刷
◆ 开本：787×1092　1/16　　彩插：2
　 印张：13.25　　2022 年 8 月第 1 版
　 字数：380 千字　　2022 年 8 月河北第 1 次印刷

定价：59.90 元

读者服务热线：(010)81055410　印装质量热线：(010)81055316
反盗版热线：(010)81055315
广告经营许可证：京东市监广登字 20170147 号

前言

Autodesk公司推出的3ds Max是一款优秀的三维动画制作软件。3ds Max功能强大，从诞生以来就一直受到CG艺术家的喜爱。3ds Max在模型塑造、场景渲染、动画及特效制作方面都有不俗的表现，这也使其在室内设计、建筑表现、影视与游戏制作等领域占据重要地位，成为非常受欢迎的三维动画制作软件之一。

为了给读者提供一本好的3ds Max教材，我们精心编写了本书，按照“课堂案例→软件功能解析→课堂练习→课后习题”这一顺序进行编写，力求通过课堂案例演练使读者快速熟悉软件功能与案例制作思路，通过软件功能解析帮助读者深入学习软件功能和使用技巧，通过课堂练习和课后习题提高读者的实际操作能力。在内容编写方面，力求细致全面、突出重点；在文字叙述方面，注意言简意赅、通俗易懂；在案例选取方面，注重案例的针对性和实用性。

本书配套学习资源包括书中所有案例的场景文件和实例文件，同时为了方便读者学习，还配备了所有案例的教学视频。这些视频是我们请专业人士录制的，详细记录了案例的每一个步骤，尽量让读者一看就懂。另外，为了方便教师教学，本书还配备了教学大纲、PPT课件等教学资源，任课老师可直接拿来使用。

本书的参考学时为64学时，其中讲授环节为42学时，实训环节为22学时，各章的参考学时如下表所示。

章	课程内容	学时分配	
		讲授	实训
第1章	认识3ds Max 2020	2	2
第2章	基础建模技术	4	2
第3章	高级建模技术	6	2
第4章	摄影机技术	2	1
第5章	灯光技术	4	2
第6章	材质与贴图技术	6	2
第7章	渲染技术	4	1
第8章	粒子系统与空间扭曲	2	2
第9章	动力学	2	2
第10章	动画技术	4	2
第11章	商业案例实训	6	4
学时总计		42	22

由于编者水平有限，书中难免存在不足之处，敬请广大读者包涵并指正。

编者

2022年3月

资源与支持

本书由“数艺设”出品，“数艺设”社区平台（www.shuyishe.com）为您提供后续服务。

配套资源

场景文件和实例文件：书中所有案例的初始文件与成品文件。

教学视频：书中所有案例的完整制作思路和制作细节讲解。

教学大纲：全书的核心知识点归纳，老师可以用于教学规划参考。

PPT课件：全书内容课件，老师可以直接用于教学参考。

资源获取请扫码

“数艺设”社区平台，为艺术设计从业者提供专业的教育产品。

与我们联系

我们的联系邮箱是 szys@ptpress.com.cn。如果您对本书有任何疑问或建议，请您发邮件给我们，并请在邮件标题中注明本书书名及ISBN，以便我们更高效地做出反馈。

如果您有兴趣出版图书、录制教学课程，或者参与技术审校等工作，可以发邮件给我们。如果学校、培训机构或企业想批量购买本书或“数艺设”出版的其他图书，也可以发邮件联系我们。

如果您在网上发现针对“数艺设”出品图书的各种形式的盗版行为，包括对图书全部或部分内容的非授权传播，请您将怀疑有侵权行为的链接通过邮件发给我们。您的这一举动是对作者权益的保护，也是我们持续为您提供有价值的内容的动力之源。

关于“数艺设”

人民邮电出版社有限公司旗下品牌“数艺设”，专注于专业艺术设计类图书出版，为艺术设计从业者提供专业的图书、视频电子书、课程等教育产品。出版领域涉及平面、三维、影视、摄影与后期等数字艺术门类，字体设计、品牌设计、色彩设计等设计理论与应用门类，UI设计、电商设计、新媒体设计、游戏设计、交互设计、原型设计等互联网设计门类，环艺设计手绘、插画设计手绘、工业设计手绘等设计手绘门类。更多服务请访问“数艺设”社区平台www.shuyishe.com。我们将提供及时、准确、专业的学习服务。

目录

认识3ds Max 2020

3ds Max 2020可以应用于室内外建筑效果表现、产品效果表现、动画制作和游戏美术等领域。本章将带领读者推开3ds Max 2020的大门，一起探索丰富多彩的三维世界。

课堂学习目标

- 了解3ds Max 2020的应用领域
- 熟悉3ds Max 2020的操作界面
- 掌握加载VRay渲染器的方法
- 掌握3ds Max 2020的基础操作

1.1 关于3ds Max

3ds Max是Autodesk公司出品的一款专业且实用的三维动画软件，在模型塑造、场景渲染、动画和特效制作等方面具有强大的功能。随着软件版本的不断更新，3ds Max的各项功能也变得更加强大。目前，3ds Max在效果图、影视动画、游戏和产品设计等领域占据重要地位，是一款在全球范围内都十分受欢迎的三维动画软件。

3ds Max在三维设计领域中的使用频率较高，除了可以制作常见的建筑效果图外，还可以制作动画、游戏和产品效果图等，如图1-1所示。

图1-1

1.2 3ds Max 2020的界面

本书所有案例均使用3ds Max 2020进行制作，下面重点介绍3ds Max 2020的工作界面，请读者在自己的计算机上安装好3ds Max 2020，以便边学边练。

本节内容介绍

名称	作用	重要程度
启动3ds Max 2020	介绍软件的启动方法	高
3ds Max 2020的工作界面	介绍工作界面的具体内容	高

1.2.1 启动3ds Max 2020

安装好3ds Max 2020后，可以通过以下两种方法来启动软件。

第1种：双击桌面上的快捷方式图标。

第2种：在“开始”菜单中执行“Autodesk>3ds Max 2020 - Simplified Chinese”命令，如图1-2所示。

图1-2

启动3ds Max 2020后，启动画面如图1-3所示，启动后的工作界面如图1-4所示。

图1-3

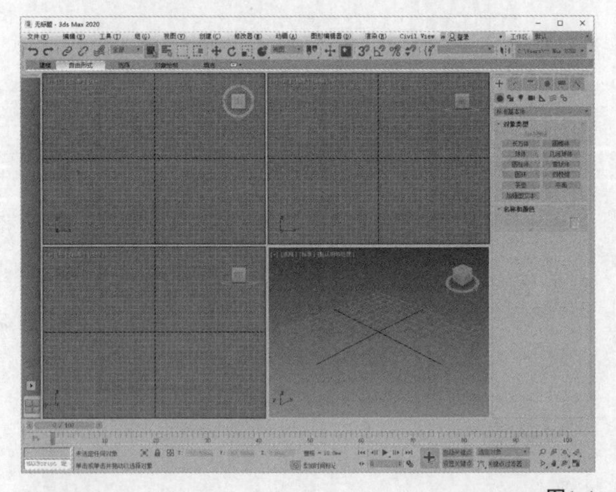

图1-4

提示 初次启动3ds Max 2020时，系统会自动弹出“欢迎使用3ds Max”对话框，如图1-5所示。若想在启动3ds Max 2020时不弹出“欢迎使用3ds Max”对话框，只需要在该对话框左下角取消勾选“在启动时显示此欢迎屏幕”选项即可，如图1-6所示。若要恢复“欢迎使用3ds Max”对话框，可以执行“帮助>欢迎屏幕”菜单命令重新打开该对话框，如图1-7所示。

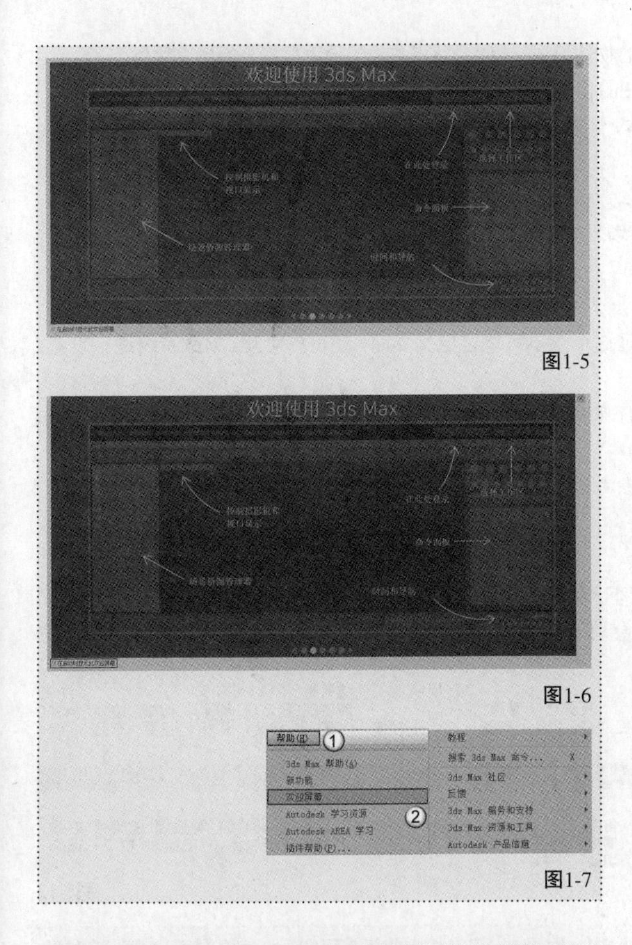

图1-5

图1-6

图1-7

1.2.2 3ds Max 2020的工作界面

3ds Max 2020的工作界面由标题栏、菜单栏、主工具栏、Ribbon、视图布局选项卡、视图区域、命令面板、时间尺、状态栏、时间控制按钮和视图导航控制栏共11部分组成，如图1-8所示。

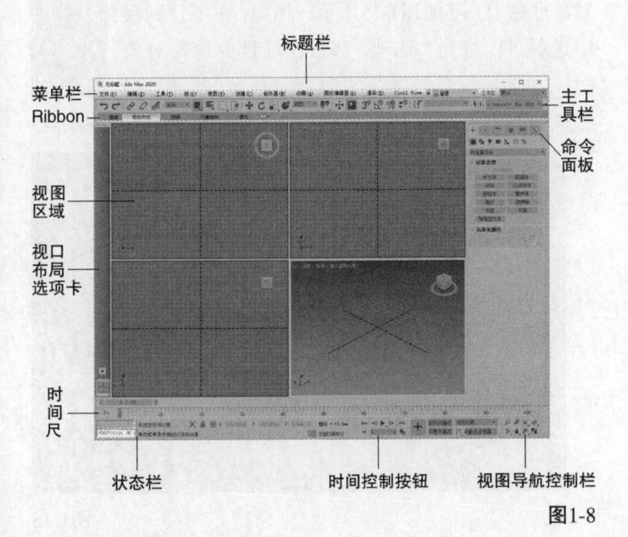

图1-8

提示 默认状态下的主工具栏和命令面板分别停靠在界面的上方和右侧，可以通过拖曳的方式将其移动到界面的其他位置，这时的主工具栏和命令面板将以浮动的面板形态呈现在界面中，如图1-9所示。

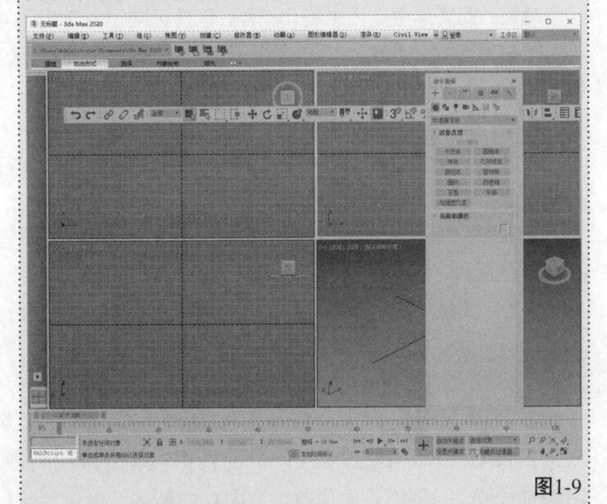

图1-9

若想将浮动的面板切换回停靠状态，可以将浮动的面板拖曳到任意一个面板或工具栏的边缘，或直接双击面板的标题。

1.标题栏

3ds Max 2020的标题栏位于工作界面的顶部。标题栏中包含当前编辑的文件名称，软件版本信息，最小化、最大化和关闭按钮，如图1-10所示。

图1-10

2.菜单栏

菜单栏位于标题栏下面，包含"文件""编辑""工具""组""视图""创建""修改器""动画""图形编辑器""渲染""Civil View""自定义""脚本""Interactive""内容""Arnold""帮助"17个菜单，如图1-11所示。

文件(F) 编辑(E) 工具(T) 组(G) 视图(V) 创建(C) 修改器(M) 动画(A)
图形编辑器(D) 渲染(R) Civil View 自定义(U) 脚本(S) Interactive 内容 Arnold 帮助(H)

图1-11

重要参数解析

文件：此菜单中包括"新建""重置""打开""保存"等命令，这些命令都是文件操作的常用命令。

编辑：此菜单中包括"撤销""重做""暂存""取回""删除"等命令，这些命令都有快捷键。

工具：此菜单中包括对物体进行操作的常用命令，这些命令在主工具栏中也可以找到并可以直接使用。

组：使用此菜单中的命令可以将场景中的两个或两个以上的物体编成一组，也可以将成组的物体拆分为单个物体。

视图：此菜单中的命令主要用来控制视图的显示方式及视图的相关参数设置（如视图的配置与导航器的显示等）。

创建：此菜单中的命令主要用来创建几何物体、二维物体、灯光和粒子等，在“创建”面板中也可以执行相同的操作。

修改器：此菜单中包含“修改”面板中的所有修改器。

动画：此菜单主要用来制作动画，包括正向动力学、反向动力学，以及创建和修改骨骼的命令。

图形编辑器：此菜单中的命令用图形化视图方式来表达场景元素之间的关系，包括“轨迹视图-曲线编辑器”“轨迹视图-摄影表”“新建图解视图”“粒子视图”等命令。

渲染：此菜单主要用于设置渲染参数。

自定义：此菜单主要用来更改用户界面或系统设置，通过这个菜单可以自定义界面，还可以对3ds Max系统进行设置，如设置单位和自动备份文件等。

脚本：3ds Max支持脚本程序设计语言，可以编写脚本程序来自动执行某些命令。此菜单中包括新建、测试和运行脚本的一些命令。

帮助：此菜单中主要是3ds Max的一些帮助信息，供用户参考学习。

3.主工具栏

主工具栏中集合了一些常用的编辑工具，图1-12所示为默认状态下的主工具栏。某些工具的右下角有一个三角形图标，表示该工具为一个工具组，单击该图标就会弹出下拉工具菜单。以“捕捉”为例，单击“捕捉”按钮就会弹出捕捉工具菜单，如图1-13所示。

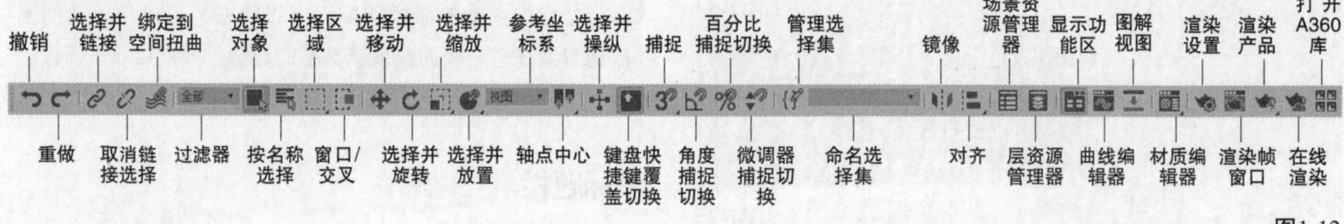

图1-12

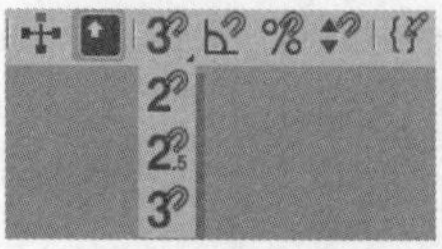

图1-13

提示 若显示器的分辨率较低或缩小软件界面，主工具栏中的工具可能无法完全显示出来，这时可以将鼠标指针放置在主工具栏上的空白处，当鼠标指针变成手形时，向左或向右拖曳主工具栏即可查看没有显示出来的工具。

重要参数解析

“撤销”工具（快捷键为Ctrl+Z）：撤销上一步执行的操作。在该工具上单击鼠标右键，会弹出一个撤销列表，选择相应的操作以后，单击“撤销”按钮即可撤销执行的操作，如图1-14所示。

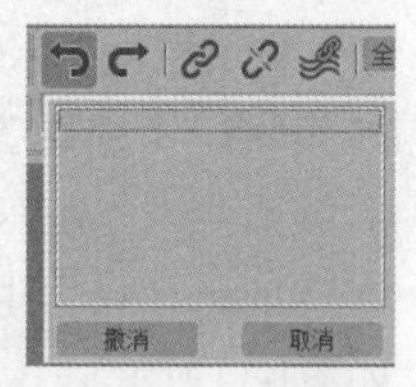

图1-14

“重做”工具：取消上一次的撤销操作。

“选择并链接”工具：该工具主要用于建立对象之间的父子链接关系与定义层级关系，但是只能是父级物体带动子级物体，而子级物体的变化不会影响到父级物体。

“取消链接选择”工具：该工具与“选择并链接”工具的作用恰好相反，用来断开链接关系。

“绑定到空间扭曲”工具：使用该工具可以将对象绑定到空间扭曲对象上，在“第8章 粒子系统与空间扭曲”中会讲解该工具的使用方法。

“过滤器”工具：该工具主要用来过滤不需要选择的对象类型，这对于批量选择同一种类型的对象非常有用，如图1-15所示。例如，在下拉列表中选择“L-灯光”选项，那么在场景中选择对象时，只能选择灯光，而无法选择几何体、图形、摄影机等对象，如图1-16所示。

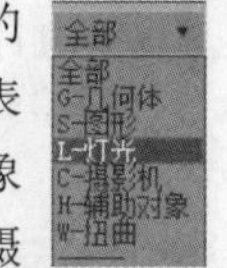

图1-15

图1-16

“选择对象”工具（**快捷键为Q**）：这是一个很重要的工具，用于选择对象。当想选择对象而又不想移动、旋转或缩放时，建议选择这个工具。使用该工具单击对象即可选择相应的对象，如图1-17所示。

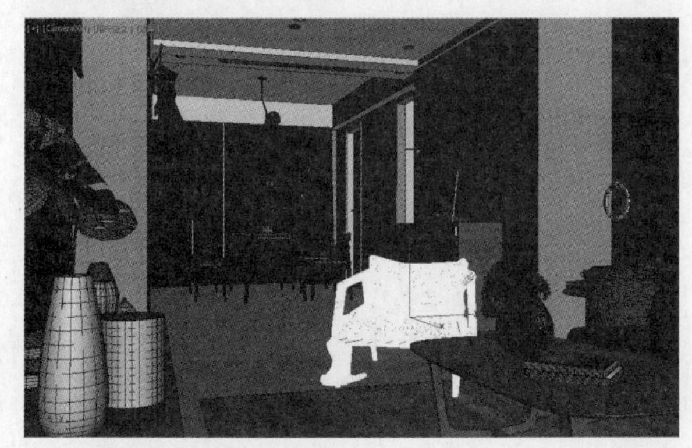

图1-17

“按名称选择”工具：单击该工具会弹出“从场景选择”对话框，在该对话框中选择对象的名称后，单击“确定”按钮 确定 即可将其选中。

“选择区域”工具组：该工具组包含5种工具，如图1-18所示，主要用来配合“选择对象”工具一起使用。

矩形选择区域
圆形选择区域
围栏选择区域
套索选择区域
绘制选择区域

图1-18

“窗口/交叉”工具：当未激活该工具时，其显示效果为，这时如果在视图中选择对象，只要选择的区域包含对象的一部分即可选中该对象，如图1-19所示；当激活该工具时，其显示效果为，这时如果在视图中选择对象，只有选择区域包含对象的全部才能将其选中，如图1-20所示。在实际工作中，一般要让该工具处于未激活状态。

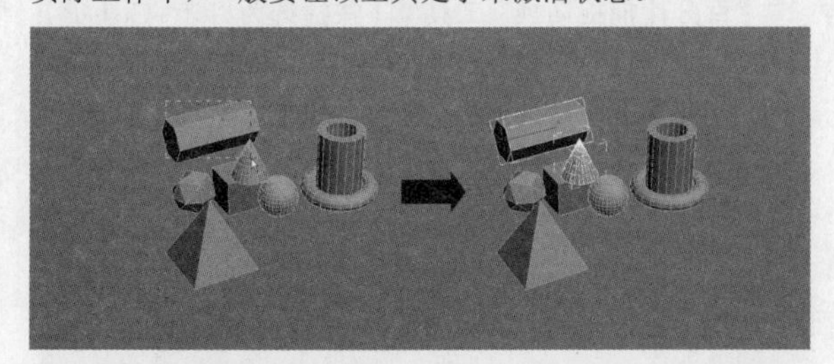

图1-19

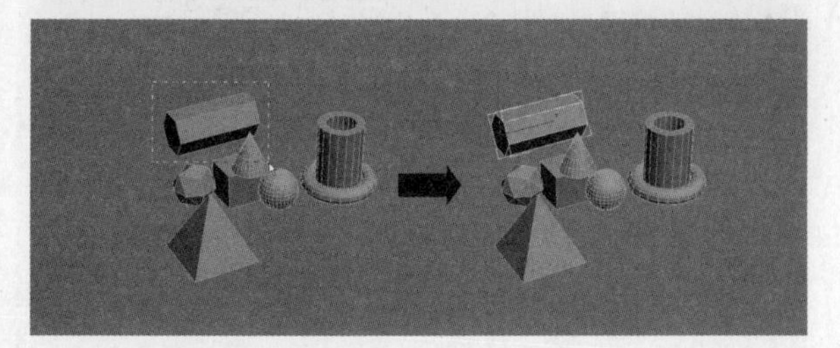

图1-20

“选择并移动”工具（**快捷键为W**）：这也是一个重要的工具，主要用来选择并移动对象，其选择对象的方法与“选择对象”工具相同。当使用该工具选择对象时，视图中会显示坐标移动控制器，在默认的四视图中，只有透视视图显示的是*x*轴、*y*轴和*z*轴这3个轴向，而其他3个视图只显示其中的某两个轴向，如图1-21所示。如果想移动对象，可以将鼠标指针放在某个轴向上，然后按住鼠标左键进行拖曳，如图1-22所示。

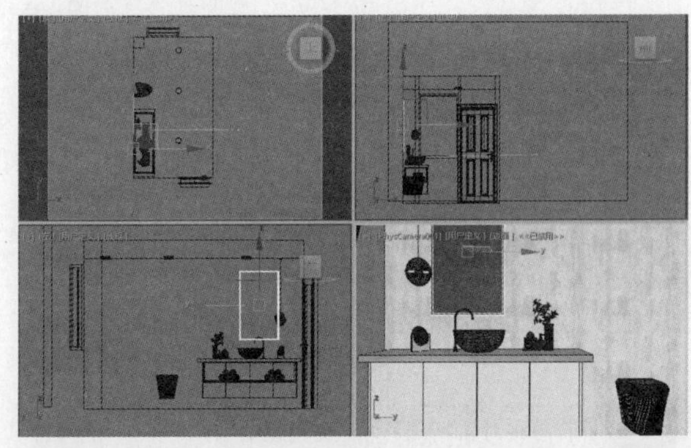

图1-21

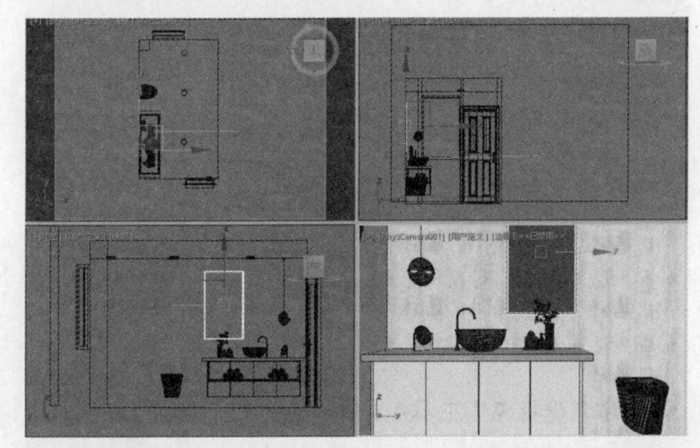

图1-22

“选择并旋转”工具（**快捷键为E**）：该工具用于选择并旋转对象，其使用方法与“选择并移动”工具相似，当该工具处于激活状态（选择状态）时，被选中的对象可以绕着*x*轴、*y*轴或*z*轴进行旋转。

“选择并缩放”工具组（**快捷键为R**）：该工具组用于选择并缩放对象，共包含3种缩放工具，如图1-23所示。使用“选择并均匀缩放”工具可以沿3个轴等比例缩放对象，如图1-24所示；使用“选择并非均匀缩放”工具可以根据活动轴约束以非均匀方式缩放对象，如图1-25所示；使用“选择并挤压”工具可以创建“挤压和拉伸”效果，如图1-26所示。

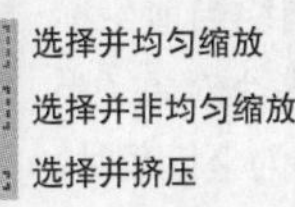

图1-23

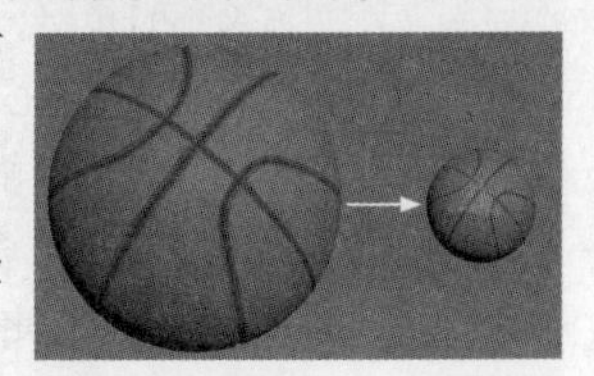

图1-24

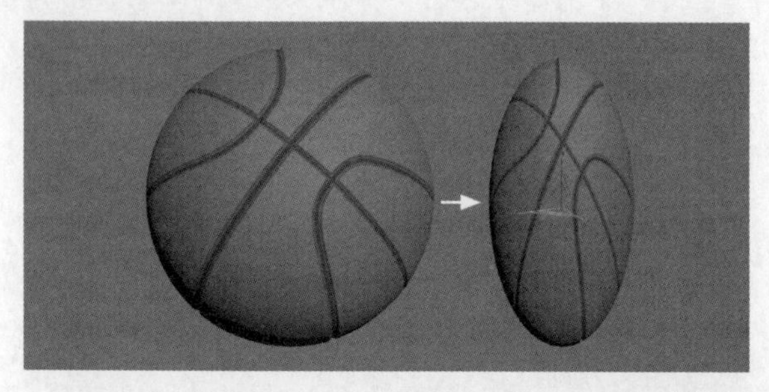

图1-25

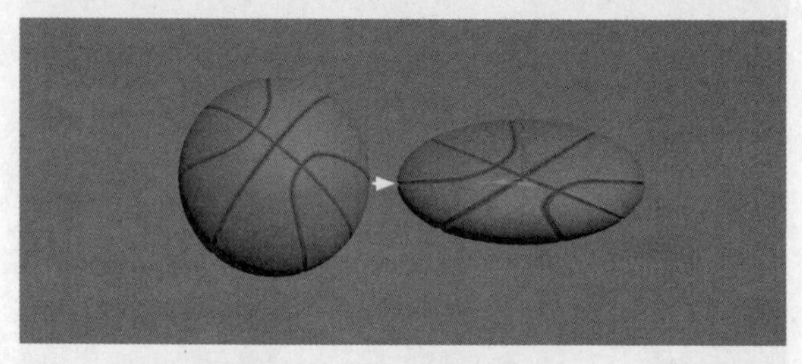

图1-26

提示 若想将对象精确移动、旋转或缩放，可以在“选择并移动”工具、“选择并旋转”工具或“选择并缩放”工具组上单击鼠标右键，在弹出的对话框中输入数值，如图1-27所示。

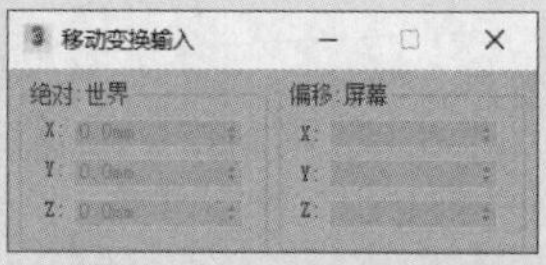

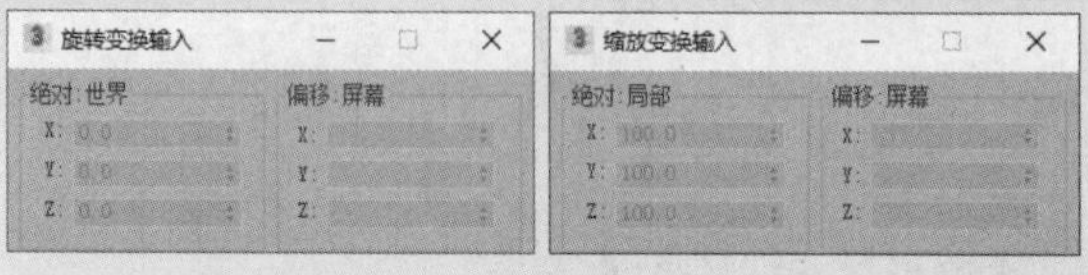

图1-27

“参考坐标系”工具：该工具可以用来指定变换操作（如移动、旋转、缩放等）所使用的坐标系统，包括视图、屏幕、世界、父对象、局部、万向、栅格、工作、局部对齐和拾取10种坐标系，如图1-28所示。

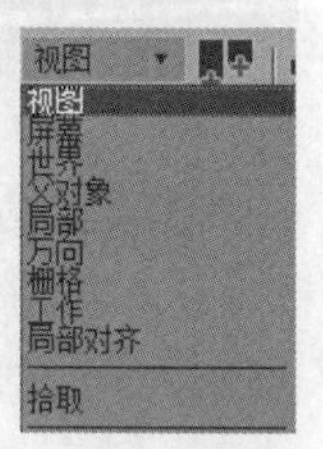

图1-28

“轴点中心”工具组：该工具组有3种工具，如图1-29所示。使用“使用轴点中心”工具可以围绕对象各自的轴点旋转或缩放一个或多个对象；使用“使用选择中心”工具可以围绕对象共同的几何中心旋转或缩放一个或多个对象（在变换多个对象时，该工具会计算所有对象的平均几何中心，并将该几何中心用作变换中心）；使用“使用变换坐标中心”工具可以围绕当前坐标系的中心旋转或缩放一个或多个对象（当使用拾取功能将其他对象指定为坐标系时，其坐标中心在该对象的轴的位置上）。

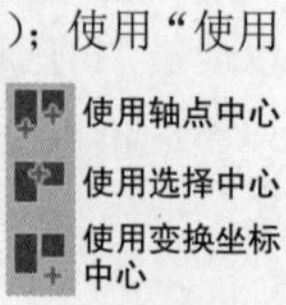

使用轴点中心
使用选择中心
使用变换坐标中心

图1-29

“捕捉”工具组：该工具组包含3种工具，如图1-30所示。“2D捕捉”工具主要用于捕捉活动的栅格；“2.5D捕捉”工具主要用于捕捉结构或捕捉根据网格得到的几何体；“3D捕捉”工具用于捕捉3D空间中的位置。

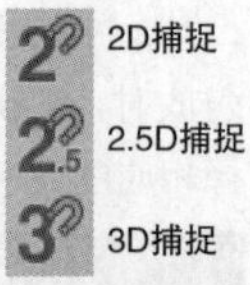

图1-30

提示 在“捕捉”工具组上单击鼠标右键，可以打开“栅格和捕捉设置”对话框，在该对话框中可以设置捕捉类型和捕捉的相关选项，如图1-31所示。

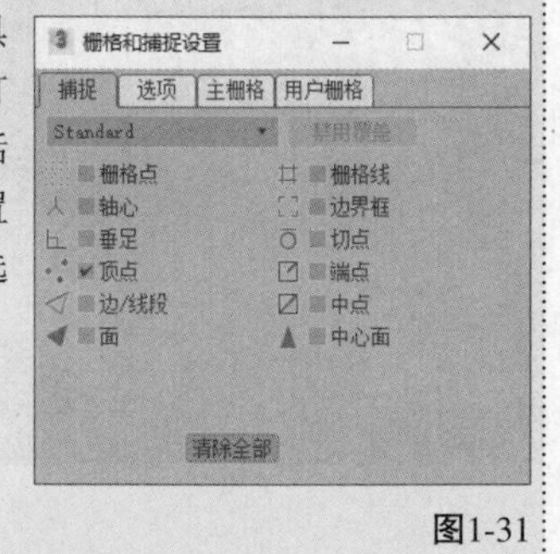

图1-31

“角度捕捉切换”工具（快捷键为A）：该工具可以用来指定捕捉的角度，激活该工具后，角度捕捉将影响所有的旋转变换，在默认状态下以5°为增量进行旋转。

提示 若要更改旋转增量，可以在“角度捕捉切换”工具上单击鼠标右键，在弹出的“栅格和捕捉设置”对话框中设置“角度”选项的数值，如图1-32所示。

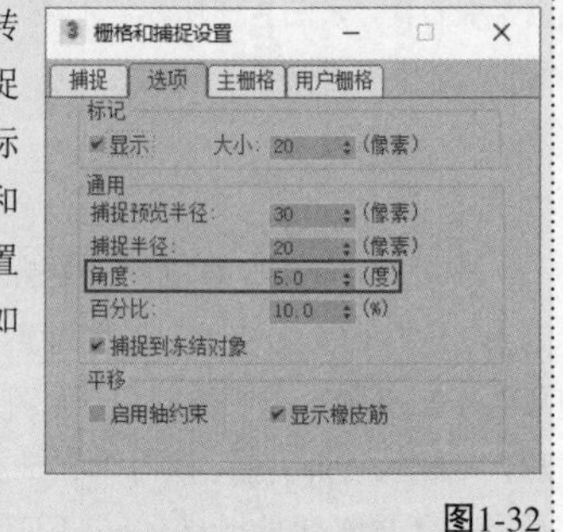

图1-32

“百分比捕捉切换”工具（快捷键为Shift+Ctrl+P）：使用该工具可以将对象缩放捕捉到自定义的百分比，在缩放状态下，默认每次的缩放百分比为10%。

提示 若要更改缩放百分比，可以在“百分比捕捉切换”工具上单击鼠标右键，在弹出的“栅格和捕捉设置”对话框中设置“百分比”选项的数值，如图1-33所示。

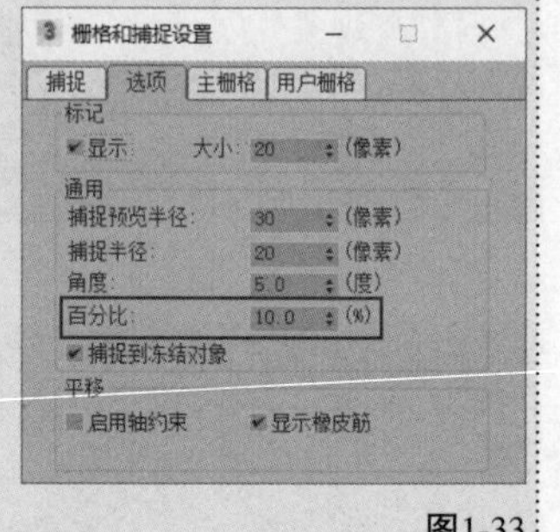

图1-33

“镜像”工具：使用该工具可以围绕一个轴心镜像一个或多个副本对象。选中要镜像的对象后，单击“镜像”工具，可以打开“镜像:世界 坐标”对话框，在该对话框中可以对“镜像轴”“克隆当前选择”“镜像IK限制”进行设置，如图1-34所示。

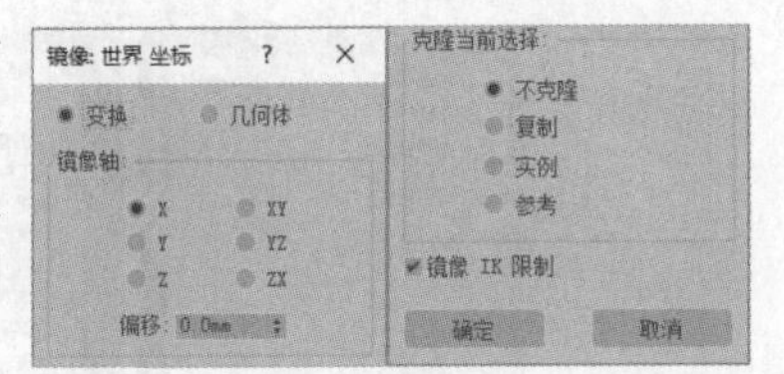

图1-34

“对齐”工具组：该工具组包含6种工具，如图1-35所示。使用“对齐”工具（快捷键为Alt+A）可以将当前选定对象与目标对象对齐；使用“快速对齐”工具（快捷键为Shift+A）可以立即将当前选定对象的位置与目标对象的位置对齐；使用“法线对齐”工具（快捷键为Alt+N）可以基于每个对象的面或以选择的法线方向来对齐两个对象；使用“放置高光”工具（快捷键为Ctrl+H）可以将灯光或对象对齐到另一个对象，以便精确定位其高光或反射；使用“对齐摄影机”工具可以将摄影机与选定面的法线对齐；使用“对齐到视图”工具可以将对象或子对象的局部轴与当前视图对齐。

图1-35

“场景资源管理器”工具：单击该工具，打开“场景资源管理器”窗口，在其中可以快速选择或删除场景中的对象，隐藏或显示对象和层，编辑多个对象，展开或收拢层次、层、容器或组，以及重命名对象等，如图1-36所示。

图1-36

“曲线编辑器”工具：单击该工具可以打开“轨迹视图-曲线编辑器”窗口，如图1-37所示。曲线编辑器是一种“轨迹视图”模式，可以用曲线来表示运动，而“轨迹视图”模式可以使运动的插值及软件在关键帧之间创建的对象变换更加直观。

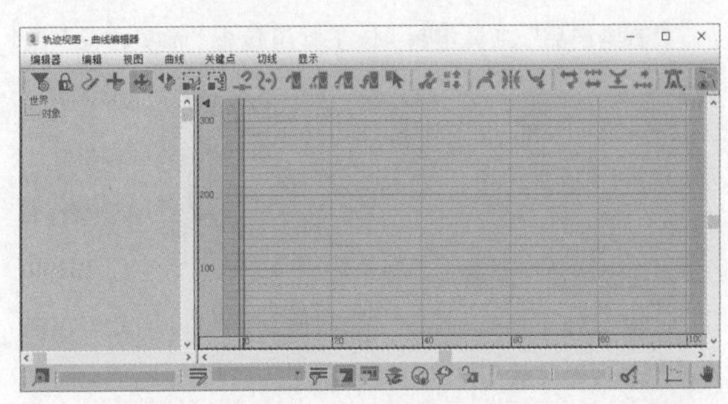

图1-37

“材质编辑器”工具组（快捷键为M）：常用的编辑器，用于编辑对象的材质，后面将专门对其进行介绍。3ds Max 2020的“材质编辑器”分为“精简材质编辑器”和“Slate材质编辑器”两种。

“渲染设置”工具（快捷键为F10）：单击该工具，可以打开“渲染设置”对话框，几乎所有的渲染设置参数都在该对话框中，如图1-38所示。“渲染设置”对话框在后面也会专门进行介绍。

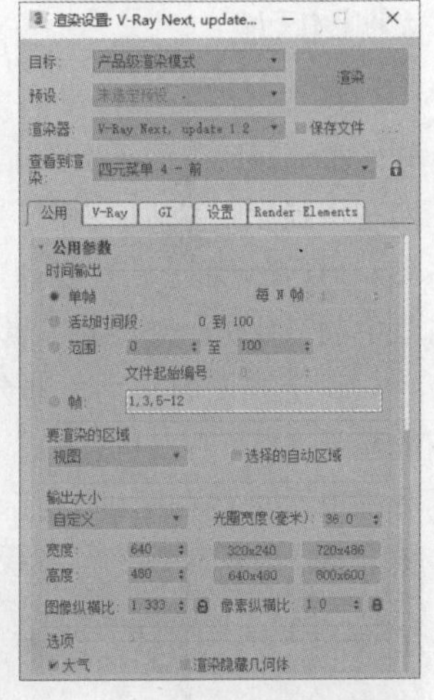

图1-38

“渲染帧窗口”工具：单击该工具可以打开“渲染帧窗口”，在该窗口中可执行选择渲染区域、切换图像通道和存储渲染图像等任务，如图1-39所示。“渲染帧窗口”在后面也会专门进行介绍。

图1-39

“渲染产品”工具组：该工具组包含“渲染产品”工具（快捷键为Shift+Q）、“渲染迭代”工具和ActiveShade工具，如图1-40所示，这3种工具后面也会专门进行介绍。

渲染产品
渲染迭代
ActiveShade

图1-40

“在线渲染”工具：该工具用于使用 A360 云渲染场景，A360 渲染使用云资源，因此可以在渲染的同时继续使用软件。

“打开A360库”工具：启用后，当用户提交渲染时，“A360 库”页面将打开，该工具默认设置为启用。

4.视图区域

视图区域是工作界面中最大的一个区域，也是3ds Max 2020中用于实际工作的区域，默认状态下为四视图显示，包括顶视图、左视图、前视图和透视视图4个视图，通过这些视图，可以从不同的角度对场景中的对象进行观察和编辑。

每个视图的左上角都会显示视图的名称及模型的显示方式，右上角有一个导航器（不同视图显示的状态也不同），如图1-41所示。

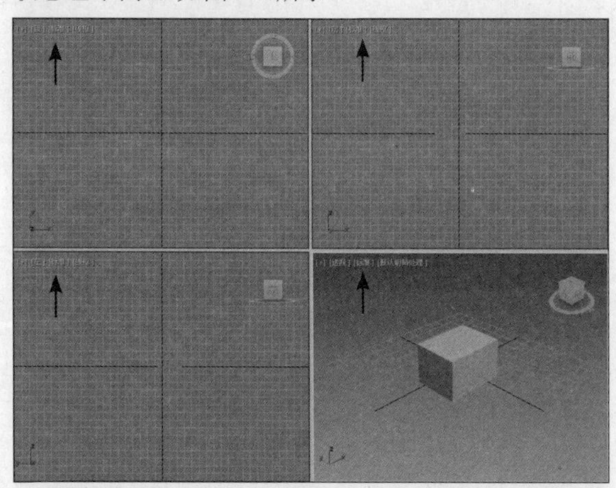

图1-41

> **提示** 常用的几种视图都有其对应的快捷键，顶视图的快捷键为T，底视图的快捷键为B，左视图的快捷键为L，前视图的快捷键为F，透视视图的快捷键为P，摄影机视图的快捷键为C。

3ds Max 2020中视图的名称被分为4个小部分，用鼠标右键分别单击这4个部分会弹出不同的菜单，如图1-42所示。第1个菜单用于视图设置和栅格显示等，第2个菜单用于切换视图的角度和安全框等，第3个菜单用于设置视图显示的质量，第4个菜单用于设置对象在视图中的显示方式及背景的显示方式等。

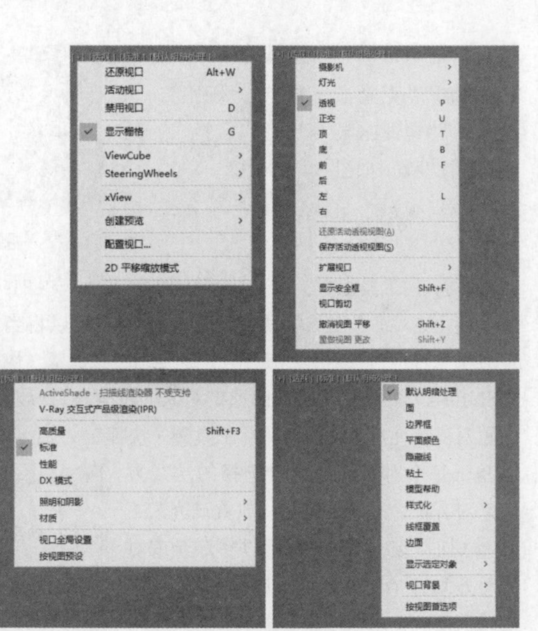

图1-42

5.命令面板

命令面板非常重要，场景对象的操作都可以在命令面板中完成。命令面板由6个面板组成，默认状态下显示的是“创建”面板，其他面板分别是“修改”面板、“层次”面板、“运动”面板、“显示”面板和“实用程序”面板，如图1-43所示。

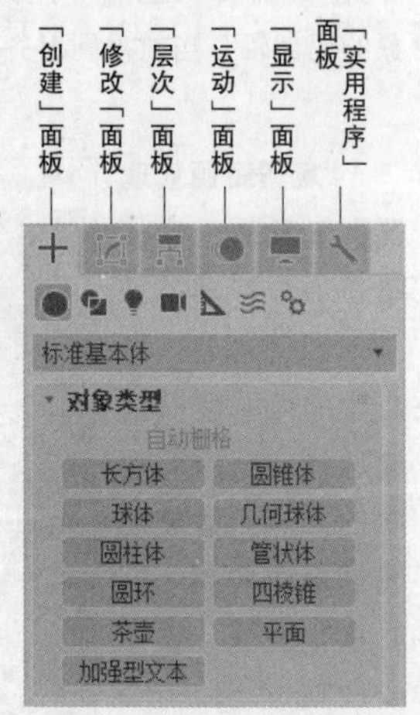

图1-43

重要参数解析

“创建”面板：该面板可以创建7种对象，分别是“几何体”“图形”“灯光”“摄影机”“辅助对象”“空间扭曲”“系统”，如图1-44所示。

» **几何体**：创建各种模型，包括“标准基本体”“扩展基本体”“复合对象”等。

» **图形**：创建“样条线”和“NURBS曲线”等图形。

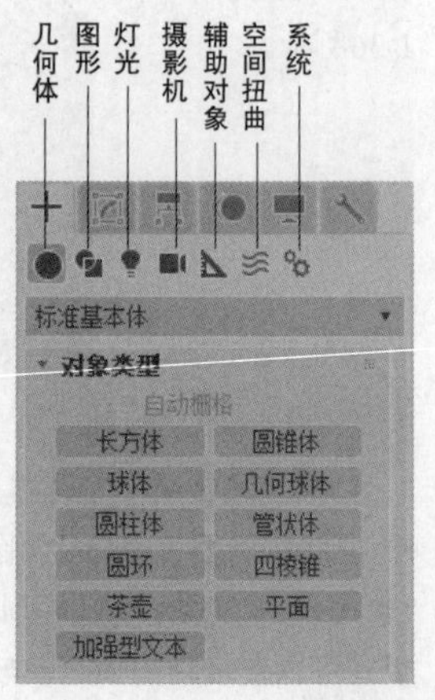

图1-44

» **灯光**：创建软件自带的灯光系统、VRay灯光和Arnold灯光。

» **摄影机**：创建软件自带的摄影机、VRay摄影机和Arnold摄影机。

» **辅助对象**：创建虚拟对象和大气装置等辅助对象。

» **空间扭曲**：结合粒子系统创建力场等对象。

» **系统**：创建骨骼和太阳系统等对象。

“修改”面板：主要用来调整场景对象的参数，同样可以使用该面板中的修改器来调整对象的几何形状，图1-45所示是默认状态下的“修改”面板。

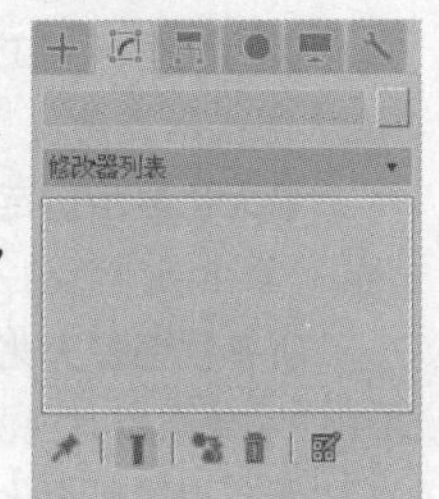

图1-45

提示 关于“修改”面板中参数的设置方法将在后面详细讲解。

“层次”面板：可以访问和调整对象间的层次链接信息，通过将一个对象与另一个对象链接，可以创建对象之间的父子关系，如图1-46所示。

图1-46

» **轴** 轴 ：该按钮下的参数主要用来调整对象和修改器中心位置，以及定义对象之间的父子关系和确定反向动力学IK的关节位置等，如图1-47所示。

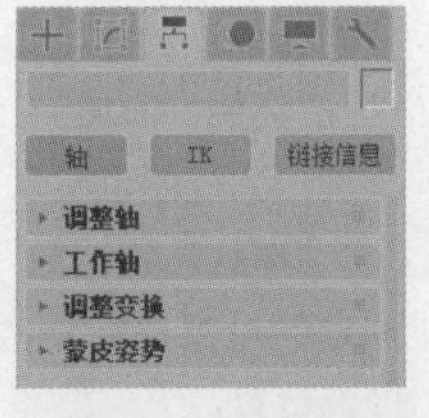

图1-47

» IK IK ：该按钮下的参数主要用来设置动画的相关属性，如图1-48所示。

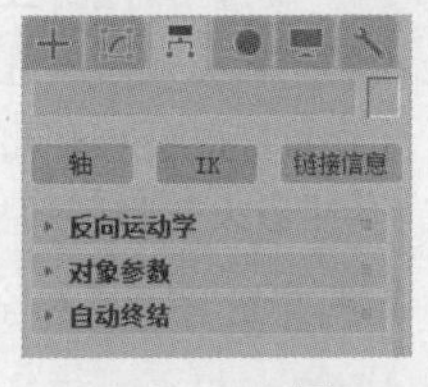

图1-48

» **链接信息** 链接信息 ：该按钮下的参数主要用来限制对象在特定轴中的移动，如图1-49所示。

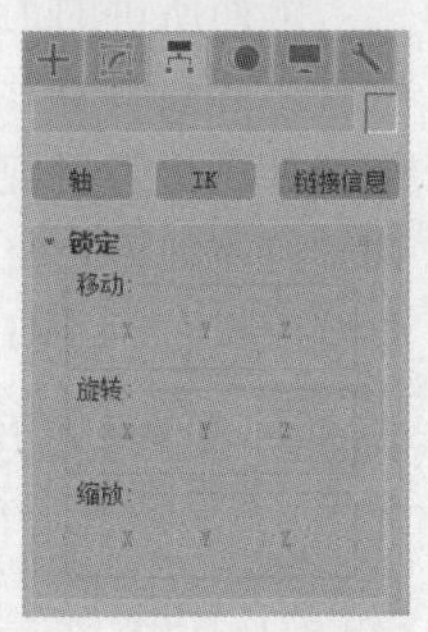

图1-49

“运动”面板：主要用来调整选定对象的运动属性，如图1-50所示。

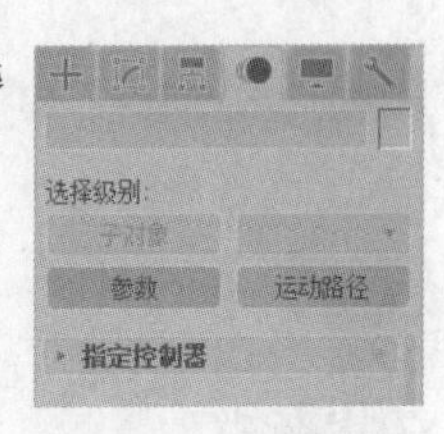

图1-50

提示 可以使用“运动”面板中的工具来调整关键点的时间及其缓入和缓出效果。“运动”面板还提供了“轨迹视图”的替代选项来指定动画控制器，如果指定的动画控制器具有参数，则“运动”面板中会显示其卷展栏。如果将“路径约束”指定给对象的位置轨迹，则“路径参数”卷展栏将添加到“运动”面板中。

“显示”面板：主要用来设置场景中对象的显示方式，如图1-51所示。

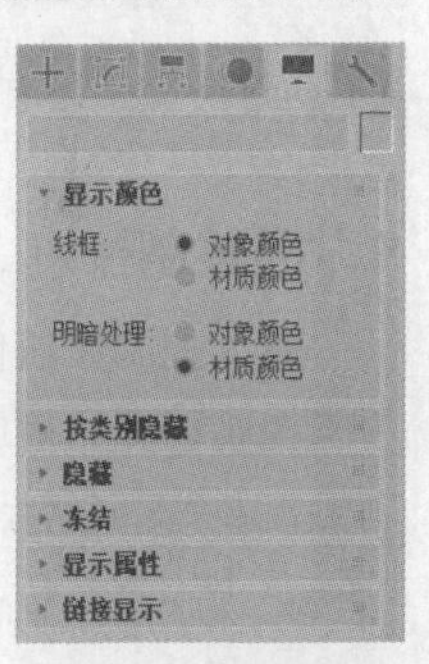

图1-51

“实用程序”面板：用来访问各种工具程序，包含用于管理和调用的卷展栏，如图1-52所示。

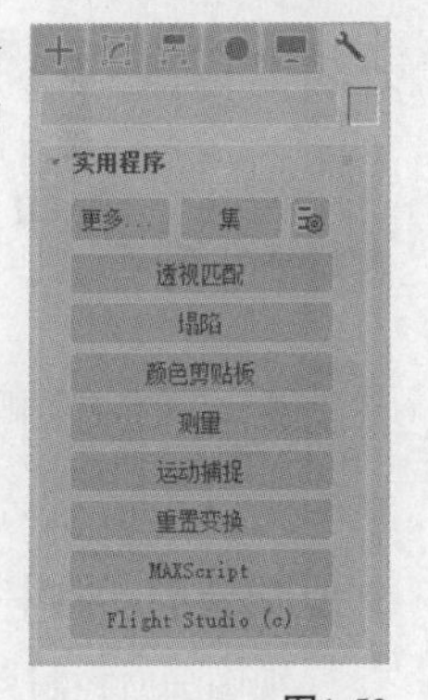

图1-52

6.时间尺

时间尺包括时间线滑块和轨迹栏两大部分。时间线滑块位于视图区域的下方，主要用于指定帧，默认的帧数为100帧，具体数值可以根据动画长度来进行修改。拖曳时间线滑块可以在帧之间迅速移动，单击时间线滑块左右的向左箭头<与向右箭头>可以向前或者向后移动一帧，如图1-53所示。轨迹栏位于时间线滑块的下方，主要用于显示帧数和选择对象的关键点，在这里可以移动、复制、删除关键点及更改关键点的属性，如图1-54所示。

图1-53

图1-54

提示 轨迹栏的左侧有一个“打开迷你曲线编辑器”按钮，单击该按钮可以显示轨迹视图。

7.状态栏

状态栏位于轨迹栏的下方，它提供了选择对象的数目、类型、变换值和栅格数目等信息，状态栏可以基于当前鼠标指针位置和当前操作来提供动态反馈信息，如图1-55所示。

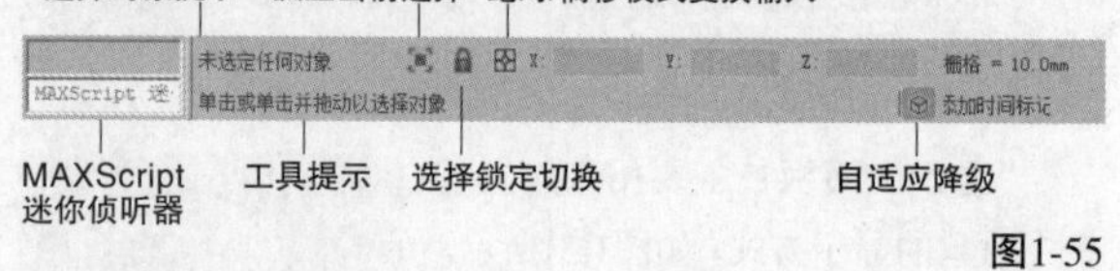

图1-55

8.时间控制按钮

时间控制按钮位于状态栏的右侧，这些按钮主要用来控制动画的播放效果，包括关键点控制和时间控制等，如图1-56所示。

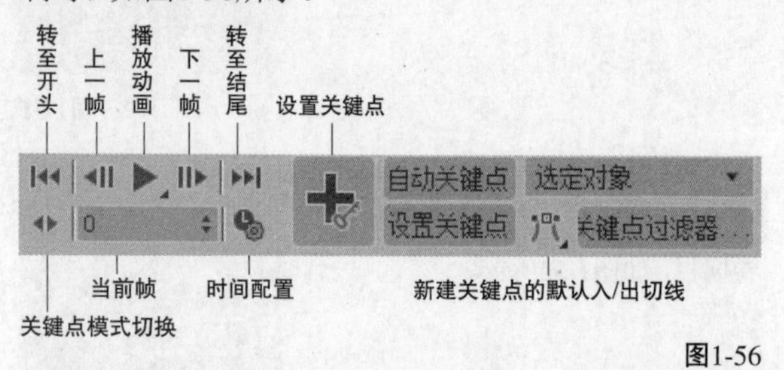

图1-56

提示 关于时间控制按钮的用法将在“第10章 动画技术”中进行详细介绍。

9.视图导航控制栏

视图导航控制栏位于状态栏的最右侧，主要用来控制视图的显示和导航。使用其中的工具可以缩放、平移和旋转活动的视图，如图1-57所示。

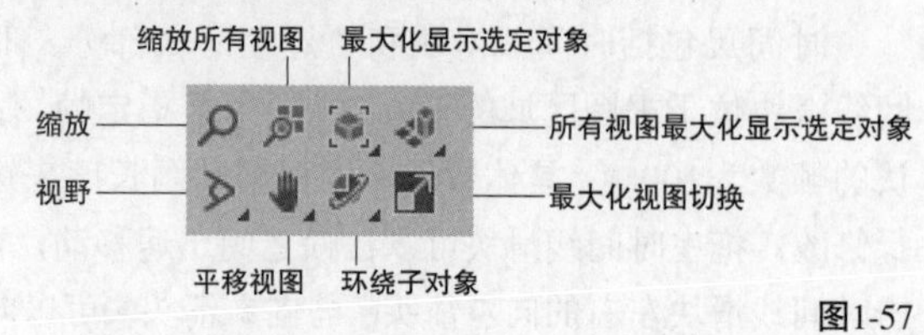

图1-57

重要参数解析

“缩放”工具：使用该工具可以在透视视图或正交视图中通过拖曳鼠标来调整对象的显示比例。

“缩放所有视图”工具：使用该工具可以同时调整透视视图和所有正交视图（正交视图包括顶视图、前视图和左视图）中对象的显示比例。

“最大化显示”工具：使用该工具可以将当前活动视图最大化显示。

“最大化显示选定对象”工具：使用该工具可以将选择的对象在当前活动视图中最大化显示。

“所有视图最大化显示”工具：使用该工具可以将场景中的对象在所有视图中居中显示。

“所有视图最大化显示选定对象”工具：使用该工具可以将所有可见的选择对象或对象集在所有视图中以居中最大化的方式显示。

“缩放区域”工具：使用该工具可以放大选择的矩形区域，该工具适用于顶视图等二维视图，但是不能用于摄影机视图和透视视图。

“视野”工具：使用该工具可以推进或拉远视图，该工具适用于透视视图和摄影机视图。

“平移视图”工具：使用该工具可以将选择的视图平移到任何位置，按住鼠标中键也可以平移视图。

“环绕”工具：使用该工具可以将视图边缘附近的对象旋转到视图范围以外。

“环绕选定对象”工具：使用该工具可以让视图围绕选定的对象进行旋转，同时选择的对象会保留在视图中相同的位置。

“环绕子对象”工具：使用该工具可以让视图围绕选定的子对象或对象进行旋转的同时，使选择的子对象或对象保留在视图中相同的位置。

“最大化视图切换”工具：使用该工具可以将活动视图在正常大小和全屏大小之间进行切换，其快捷键为Alt+W。

上面所讲的工具属于透视视图和正交视图中的控件。当创建摄影机以后，按C键切换到摄影机视图，此时的视图导航控制栏会变成摄影机视图导航控制栏，如图1-58所示。

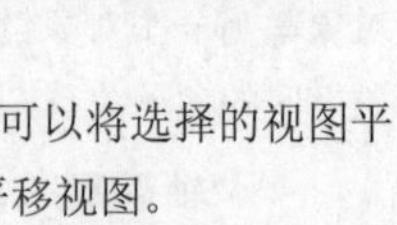

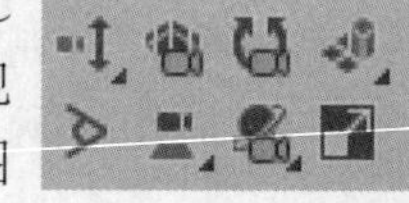

图1-58

提示 在场景中创建摄影机后，按C键可以切换到摄影机视图。若想从摄影机视图切换回原来的视图，可以按相应视图的快捷键（即视图名称的首字母）。例如，要将摄影机视图切换回透视视图，可以直接按P键。

重要参数解析

“推拉摄影机”工具/“推拉目标”工具/“推拉摄影机+目标”工具：这3个工具主要用来移动摄影机或其目标，同时也可以移向或移离摄影机所指的方向。

“透视”工具：使用该工具可以增加透视张角量，同时也可以保持场景的构图。

“侧滚摄影机”工具：使用该工具可以围绕摄影机的视线来旋转“目标”摄影机，同时也可以围绕摄影机局部的z轴来旋转“自由”摄影机。

“视野”工具：使用该工具可以调整视图中可见对象的数量和透视张角量。视野的效果与摄影机的镜头相关，视野越大，观察到的对象就越多（与广角镜头相关），而透视会扭曲；视野越小，观察到的对象就越少（与长焦镜头相关），而透视会展平。

“平移摄影机”工具/“穿行”工具：这两个工具主要用来平移和穿行摄影机视图。

> **提示** 按住Ctrl键可以随意移动摄影机视图，按住Shift键可以将摄影机视图在垂直方向或水平方向进行移动。

“环游摄影机”工具/“摇移摄影机”工具：使用“环游摄影机”工具可以围绕目标来旋转摄影机；使用“摇移摄影机”工具可以围绕摄影机来旋转目标。

1.3 加载VRay渲染器

安装完VRay渲染器后，单击主工具栏上的“渲染设置”按钮，弹出“渲染设置”对话框，如图1-59所示。

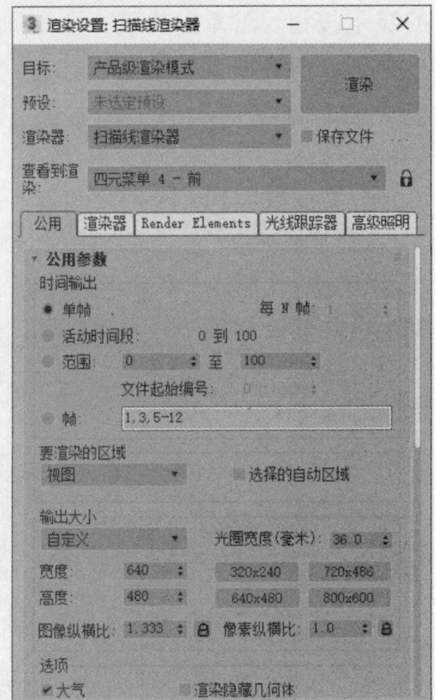

图1-59

在“渲染器”的下拉列表中将默认的“扫描线渲染器”选项切换为“V-Ray Next, update 1.2”选项，如图1-60所示。

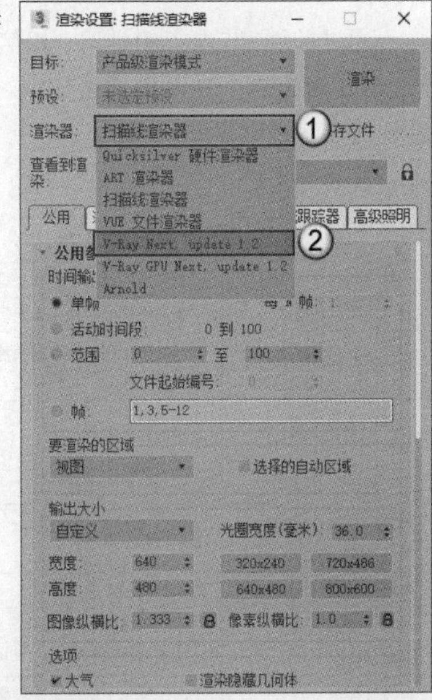

图1-60

> **提示** 本书都使用“V-Ray Next，update 1.2”渲染器，读者请注意不要错选到“V-Ray GPU Next，update 1.2”渲染器，两者的界面和使用方法是有差异的。

如果要将VRay渲染器设置为默认的渲染器，需要展开“指定渲染器”卷展栏，单击“保存为默认设置”按钮 保存为默认设置 ，如图1-61所示。

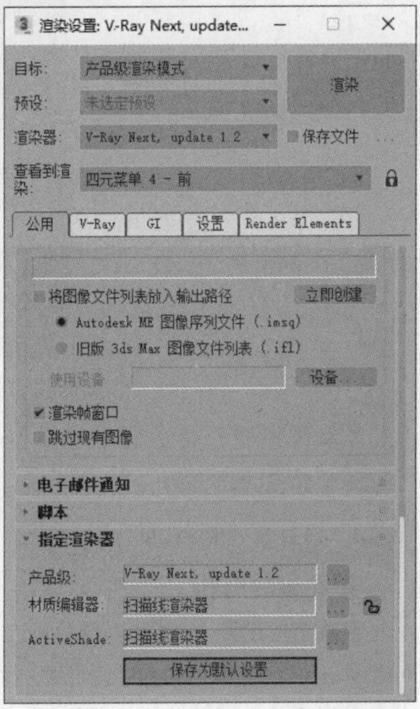

图1-61

1.4 3ds Max 2020的基础操作

通过前面3节内容的学习，相信读者已经掌握了3ds Max 2020的一些基础理论知识。这一节将讲解该软件的一些基础操作。

本节内容介绍

名称	作用	重要程度
场景单位的设置	设置场景的显示单位和模型单位	高
设置对象显示模式	对象的线框显示和实体显示	中
自动备份和快捷键设置	自动备份文件和命令的快捷键设置	高
文件的新建/打开/合并/保存	常用的文件操作	高
视图的移动/缩放/旋转	常用的视图快捷操作	高
对象的加选/减选/反选/孤立选择	对象的基本操作	高
对象的复制	对象的复制方法	高
对象的镜像/对齐	对象的镜像和对齐方法	中
对象的捕捉	对象的捕捉对齐方法	中
参考坐标系	不同坐标系下快速调整对象	中

1.4.1 场景单位的设置

设置场景单位是制作一个场景之前必须要做的，不同类型的场景会有不同的单位。执行“自定义>单位设置”菜单命令，弹出“单位设置”对话框，如图1-62所示。

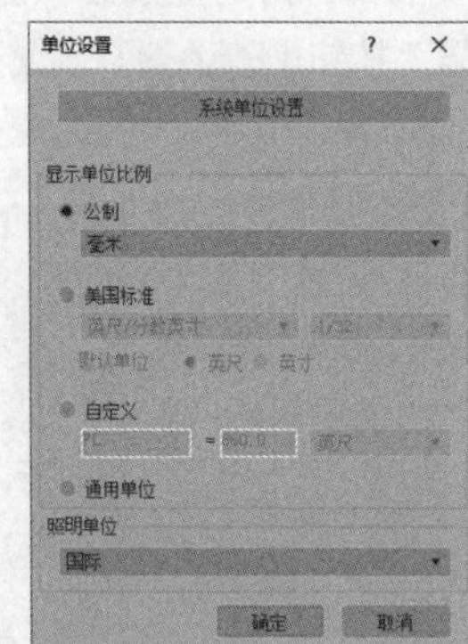

图1-62

“单位设置”对话框中的单位分为两种，一种是“系统单位设置”，另一种是“显示单位比例”，这两者之间是有一定区别的。

重要参数解析

系统单位设置： 单击“系统单位设置”按钮 系统单位设置 ，可以弹出“系统单位设置”对话框，如图1-63所示。对话框中显示系统默认的单位是“毫米”，如果想更改系统的单位，可在下拉列表中选择其他单位，如图1-64所示。

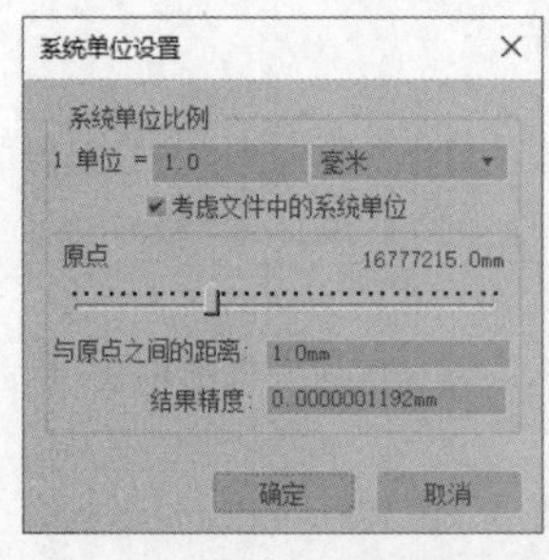

图1-63

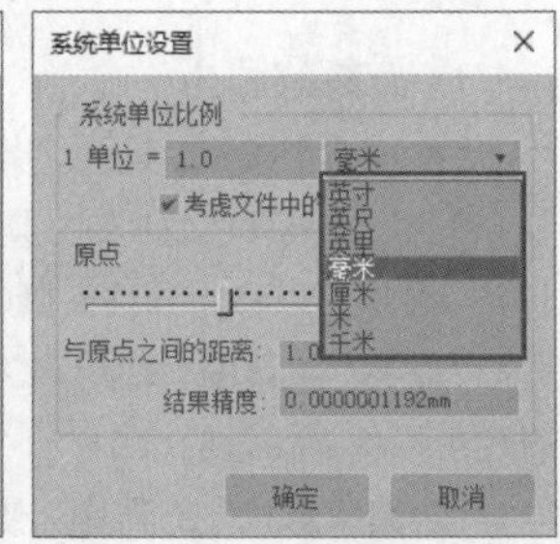

图1-64

显示单位比例： 用于控制各个卷展栏中参数的单位，在“公制”下拉列表中选择“毫米”选项，如图1-65所示，则卷展栏中参数的单位显示为mm，如图1-66所示。如果不想参数后面有单位，可选择“通用单位”选项。

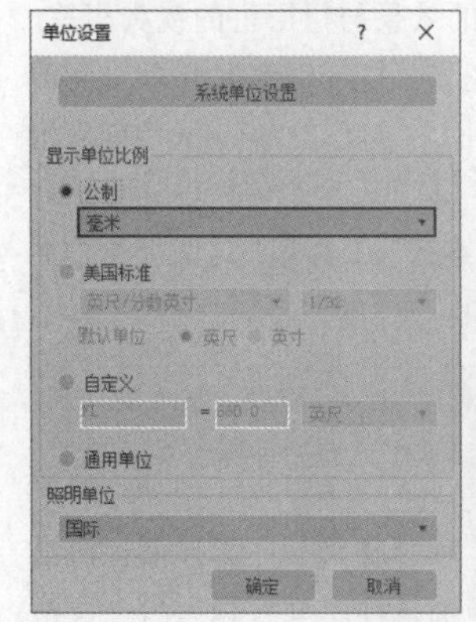

图1-65

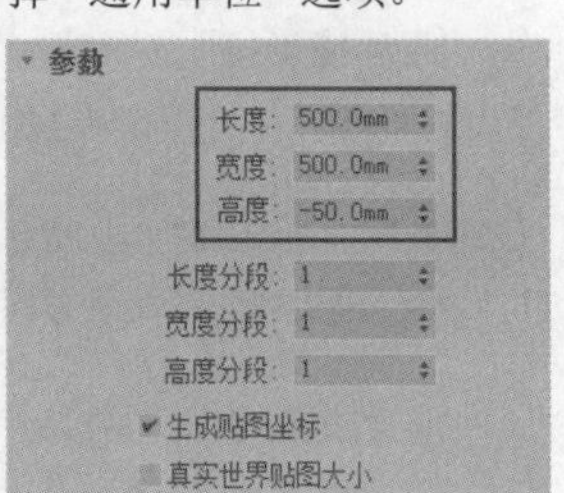

图1-66

1.4.2 设置对象显示模式

单击视图区域左上角的显示按钮，在弹出的菜单中可以切换场景的显示模式，如图1-67所示。

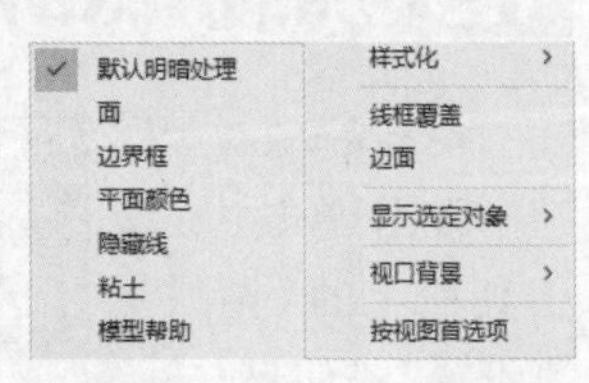

图1-67

重要参数解析

默认明暗处理： 显示场景对象的颜色和明暗，如图1-68所示，这也是实际工作中运用最多的显示模式。

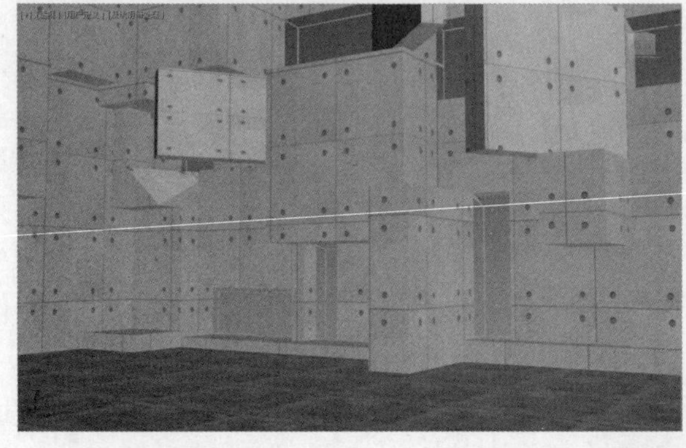

图1-68

边界框：显示场景对象的边界框，如图1-69所示，这种模式的好处是可以减少视图中模型显示的面数，提高系统运行速度，但缺点也同样很明显，即不能很好地观察视图中的对象。

图1-69

线框覆盖：将视图中的对象以线框形式显示，既提高了系统的运行速度，又方便观察，如图1-70所示。

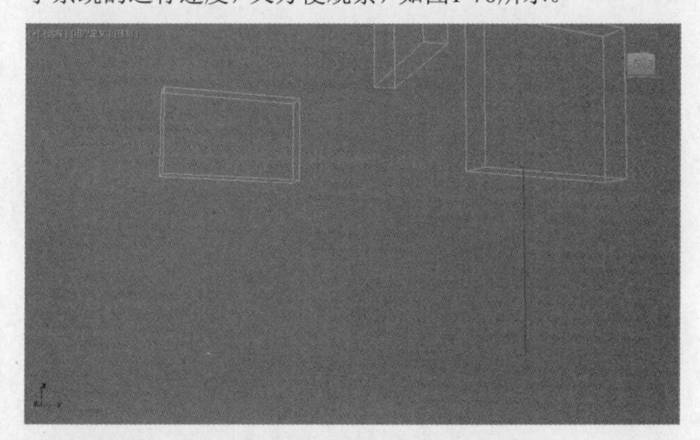

图1-70

提示 按F3键可以将视图中的对象在“线框覆盖”和“默认明暗处理”两个模式间快速切换。

边面：将视图中场景对象的颜色和线框同时显示，如图1-71所示。这种模式一般不建议使用，一些配置较低的计算机会因此而产生卡顿现象。

图1-71

提示 按F4键可以将视图中的对象在“边面”和“默认明暗处理”两个模式间快速切换。

1.4.3 自动备份和快捷键设置

自动备份可以保证在软件遇到意外情况而退出时，将已有未保存的场景进行保存。快捷键则能快速调用一些工具或命令，提高制作效率。

1.自动备份

3ds Max 2020对计算机的配置要求比较高，一些低配置的计算机经常会出现软件自动崩溃退出的情况，如果没有保存已经制作好的场景，就有可能丢失这部分文件。为了避免文件丢失，就需要在制作场景之前开启文件的自动备份。

第1步：执行“自定义>首选项”菜单命令，弹出“首选项设置”对话框。

第2步：切换到“文件”选项卡，勾选“自动备份”选项组中的“启用”选项，设置“备份间隔(分钟)”为30，单击“确定”按钮 确定 ，如图1-72所示。

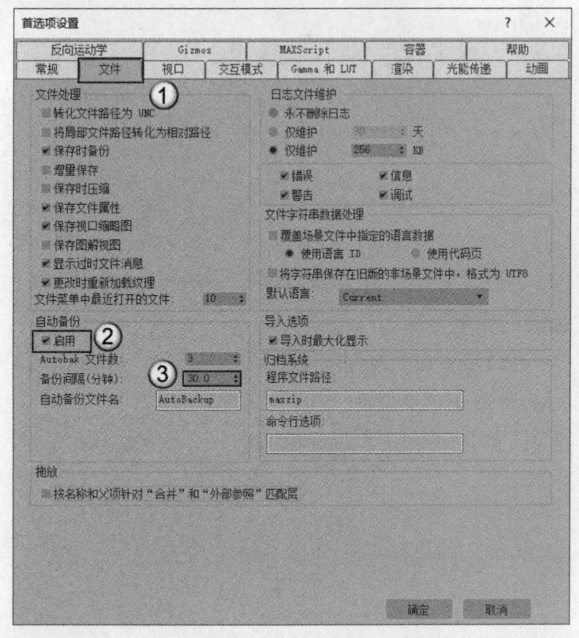

图1-72

提示 默认的间隔时间是5分钟，这个频率太高，会造成软件卡顿频繁，30分钟的间隔比较合适。

一旦软件崩溃退出，在本机的“文档”文件夹中可以找到最后自动保存的文件。以笔者的计算机为例，自动保存的文件路径是C:\Users\Administrator\Documents\3ds Max 2020\autoback，在文件夹中找到保存时间最晚的文件，它就是最后一次保存的文件，如图1-73所示。

名称	修改日期	类型	大小
AutoBackup01	2020-08-08 9:53	3dsMax scene file	700 KB
AutoBackup02	2020-08-08 10:53	3dsMax scene file	700 KB
AutoBackup03	2020-08-07 17:25	3dsMax scene file	712 KB
MaxBack.bak	2019-02-20 10:40	BAK 文件	69,670 KB
maxhold.bak	2020-06-30 17:25	BAK 文件	309,786 KB
maxhold.mx	2020-06-30 18:12	MX 文件	107,271 KB
RenderPreset.bak	2020-07-06 17:25	BAK 文件	616 KB

图1-73

2.快捷键设置

快捷键能极大地提高制作效率，除了系统自带的默认快捷键，用户还可以根据自己的喜好自定义快捷键。执行“自定义>自定义用户界面”菜单命令，在打开的“自定义用户界面”对话框中就可以设置任意命令的快捷键，如图1-74所示。

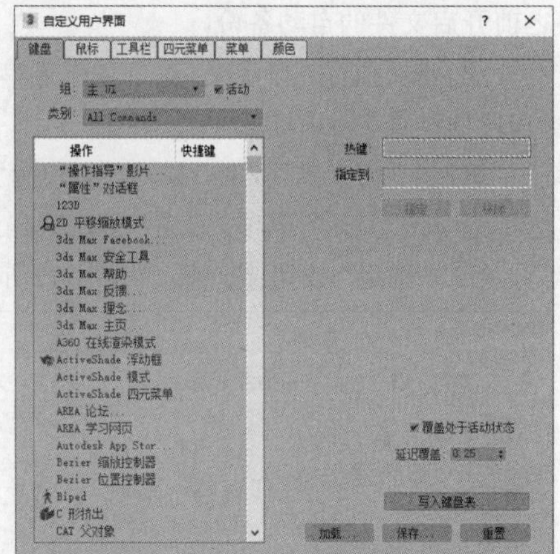

图1-74

下面以添加“挤出修改器”的快捷键为例讲解快捷键的设置方法。

第1步：在“类别”下拉列表中选择“Modifiers”（修改器）选项，如图1-75所示。

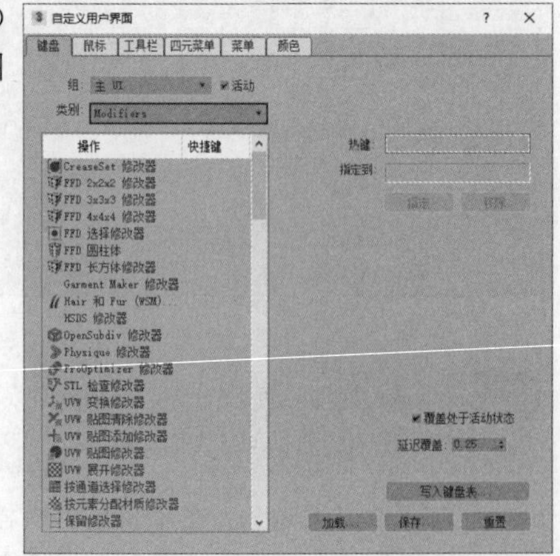

图1-75

第2步：在下方的列表中选择“挤出修改器”选项，如图1-76所示。

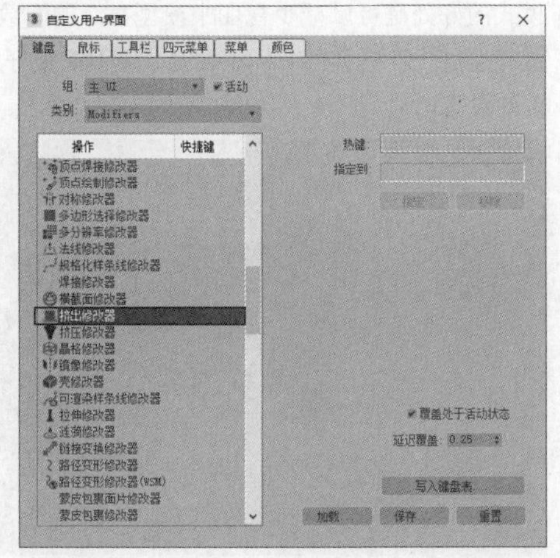

图1-76

第3步：将鼠标指针定位到右侧的“热键”文本框中，按下键盘中的Shift键和E键，此时文本框内显示Shift+E，如图1-77所示。

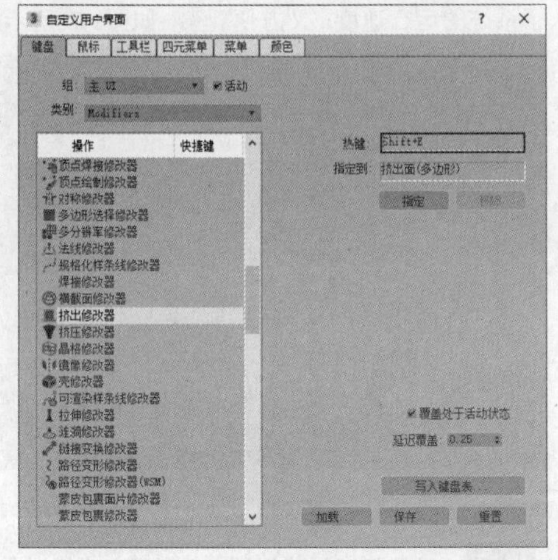

图1-77

第4步：单击“指定”按钮 指定 ，就可以在左侧的列表中看到“挤出修改器”的后方显示刚才输入的快捷键Shift+E，如图1-78所示。

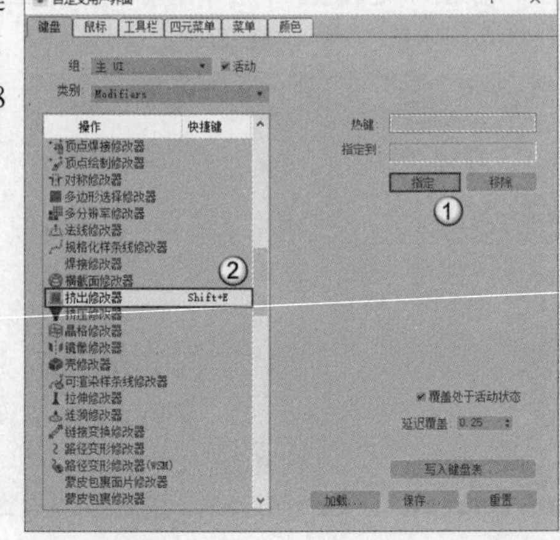

图1-78

除了系统自带的快捷键外，读者可以为其他常用的命令添加方便自己使用的快捷键，可以是单个按键，也可以是多个按键的组合。将设置的快捷键保存下来，还可以在其他计算机上加载使用。

1.4.4 文件的新建/打开/合并/保存

文件操作是制作场景的必备技能，下面讲解文件的各项操作方法。

1.新建文件

新建文件的方法有两种，一种是使用“新建”命令，另一种是使用“重置”命令，如图1-79所示。

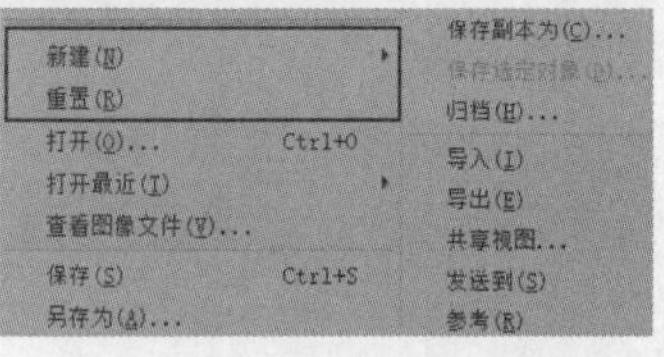

图1-79

重要参数解析

新建全部：执行“文件>新建”菜单命令，在弹出的子菜单中执行“新建全部”命令，如图1-80所示，这种方式是在原有的工程文件路径内重新建立新的界面。

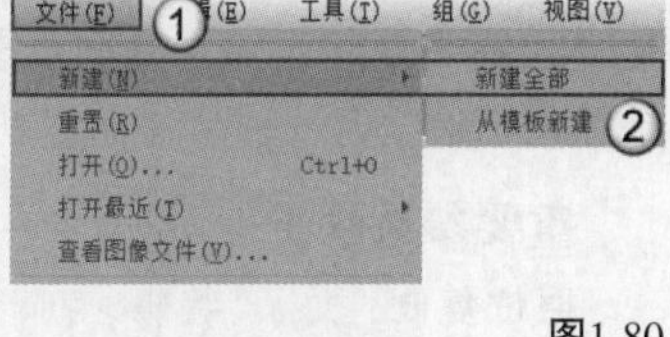

图1-80

重置：执行“文件>重置”菜单命令，可以将界面和工程文件路径全部新建。

2.打开文件

使用“打开”命令（快捷键为Ctrl+O）和“打开最近”命令都可以打开已经存在的.max文件。当鼠标指针移动到“打开最近”命令时，会在右侧弹出最近一段时间在软件中打开过的文件，如图1-81所示。

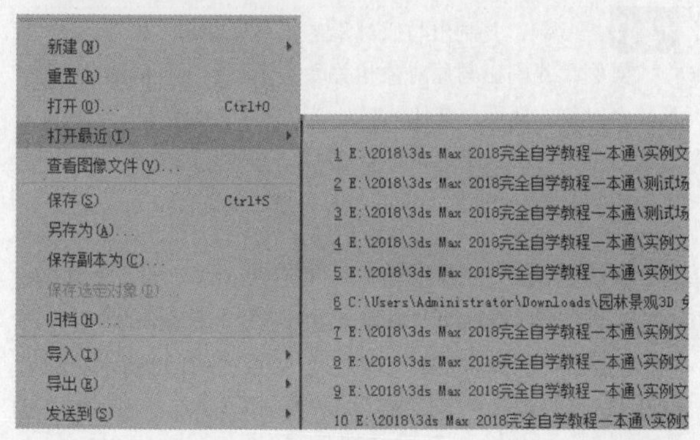

图1-81

3.合并文件

合并文件是指将已有的.max文件添加到当前的场景中。执行“文件>导入>合并”菜单命令，会打开“合并文件”对话框，如图1-82所示。在对话框中选择.max文件后，单击“打开”按钮 打开(O) ，就可以将该文件添加到当前场景中。

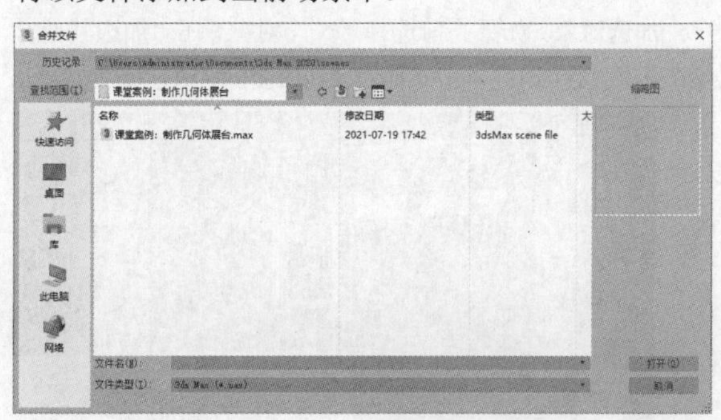

图1-82

4.保存文件

使用“保存”“另存为”“保存副本为”“保存选定对象”“归档”命令都可以将已经制作好的场景保存为.max文件，如图1-83所示，它们之间有一定的区别。

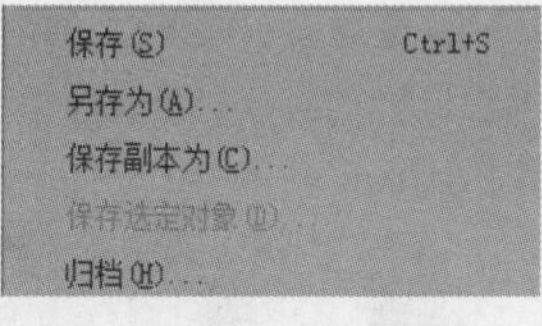

图1-83

重要参数解析

保存（快捷键为Ctrl+S）：会在原有文件的基础上覆盖保存，所保存的文件始终为一个。

另存为：在原有文件的基础上单独保存为一个新文件，不会将原有的文件覆盖。

保存副本为：与“另存为”命令类似，也是单独保存为独立文件。

保存选定对象：将场景中单个或多个选择的对象保存为一个独立的文件。

归档：将场景中的贴图文件、光度学文件和场景文件进行打包，生成一个压缩包文件。

1.4.5 视图的移动/缩放/旋转

除了使用软件右下角的视图导航控制栏控制视图外，还可以应用快捷键来操控视图。

重要参数解析

平移视图：按住鼠标中键并拖曳。

缩放视图：滚动鼠标中键。

旋转视图：按住Alt键和鼠标中键并拖曳。

1.4.6 对象的加选/减选/反选/孤立选择

除了运用“选择对象”工具选择场景中的对象外，还可以依靠快捷键实现对象的加选、减选、反选和孤立选择。

重要参数解析

加选对象：如果当前选择了一个对象，还想加选其他对象，可以按住Ctrl键单击其他对象，如图1-84所示。

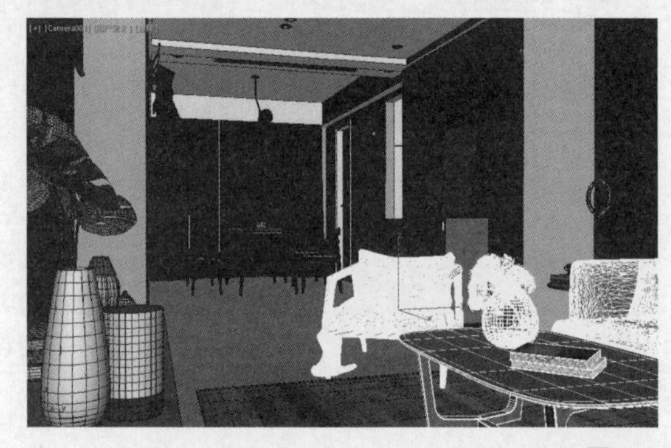

图1-84

减选对象：如果想从当前选择的多个对象中减去某个不想选择的对象，可以按住Alt键单击想要减去的对象，如图1-85所示。

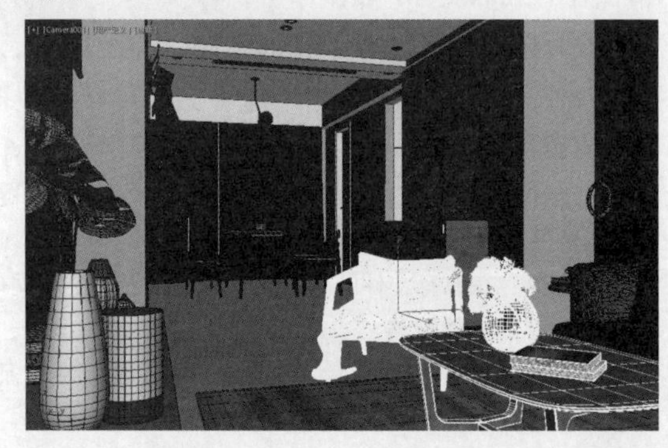

图1-85

反选对象：如果当前选择了某些对象，想要反选其他的对象，可以按快捷键Ctrl+I完成，如图1-86所示。

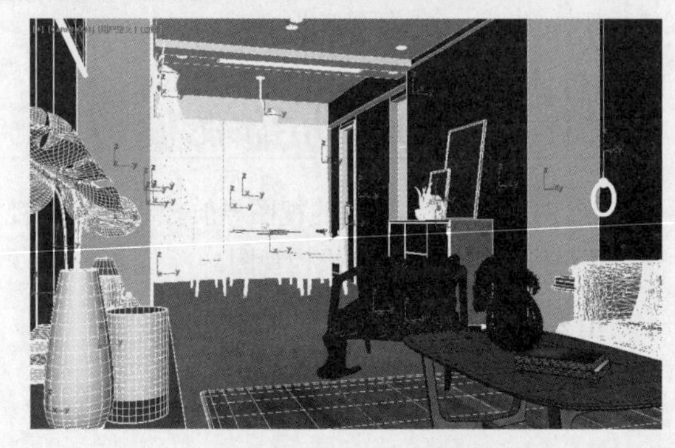

图1-86

孤立选择对象：这是一种特殊的选择对象的方法，可以将选择的对象单独显示，以方便对其进行编辑，如图1-87所示。孤立当前选择对象的方法主要有两种，一种是执行“工具>孤立当前选择”菜单命令或直接按快捷键Alt+Q；另一种是在视图中单击鼠标右键，在弹出的菜单中执行“孤立当前选择”命令。

图1-87

1.4.7 对象的复制

复制对象操作在实际工作中运用的频率非常高，是必须要掌握的技能。复制对象的方法有两种，一种是原位复制，另一种是移动复制。

重要参数解析

原位复制：执行“编辑>克隆”菜单命令（快捷键为Ctrl+V）可将选中的对象原位复制，并弹出“克隆选项”对话框，单击“确定”按钮 确定 ，如图1-88所示，接着使用“选择并移动”工具移动复制出的对象到合适的位置。

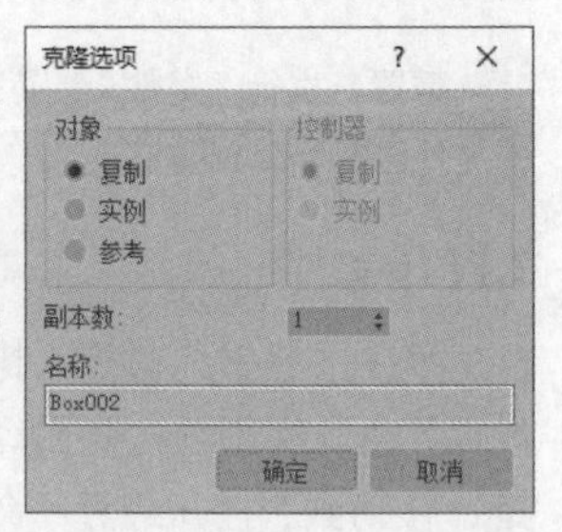

图1-88

提示 复制：复制出与原对象完全一致的新对象。

实例：复制出与原对象相关联的新对象，且修改其中任意一个对象的属性，其他关联对象也会随之改变。

参考：复制出原对象的参考对象，修改复制的参考对象时不会影响原对象，但修改原对象时参考对象也会随之改变。

移动复制：选中对象的同时按住Shift键，然后使用“选择并移动”工具移动对象到合适的位置，在弹出的“克隆选项”对话框中选择需要的克隆方式，效果如图1-89所示。除了使用“选择并移动”工具，也可以使用“选择并旋转”工具和“选择并均匀缩放”工具进行移动复制，如图1-90所示。

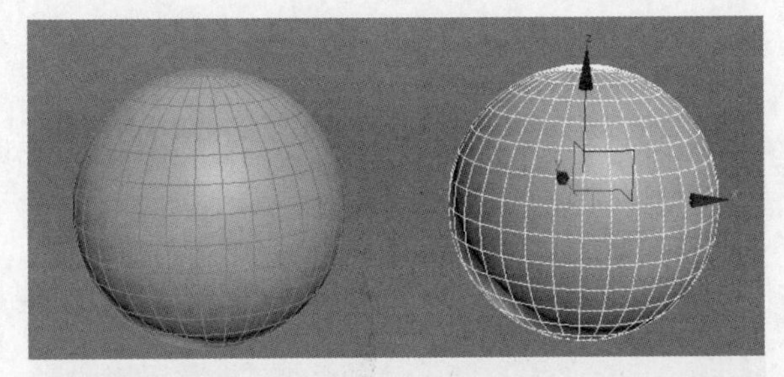

图1-89

图1-90

1.4.8 对象的镜像/对齐

本小节介绍“镜像”工具和对齐工具的使用方法。

1. “镜像”工具

“镜像”工具的使用方法较为简单。

第1步：选中要镜像的对象，单击“镜像”工具，打开“镜像:世界 坐标”对话框，如图1-91所示。

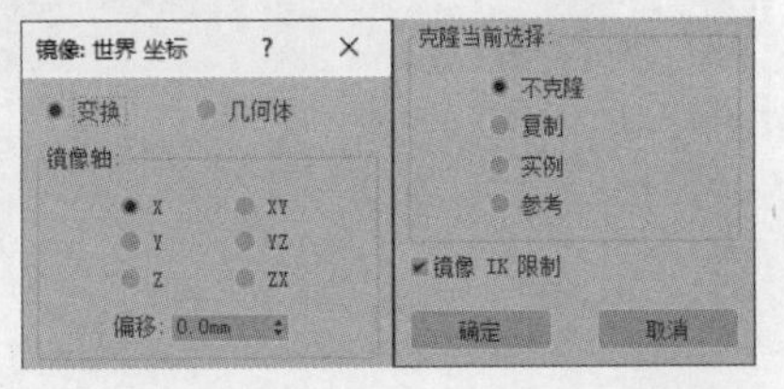

图1-91

第2步：选择“镜像轴”的方向，图1-92所示是将一个圆凳模型以x轴为镜像轴镜像后的效果。

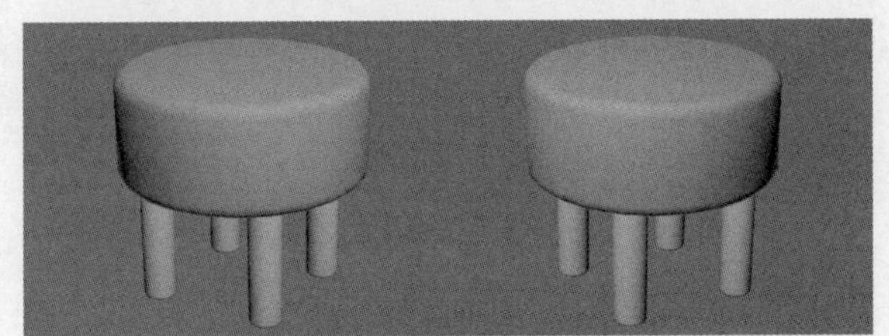

图1-92

第3步：设置“镜像轴”后，对象会按照镜像轴的方向转变，原有的对象并不会保留，如果既要保留原有的对象，又要生成镜像对象，就需要在“克隆当前选择”选项组中选择“复制”或“实例”选项。

2.对齐工具

在6种对齐工具中，最常用的还是默认的“对齐”工具，其使用方法如下。

第1步：选中场景中需要对齐的其中一个对象，单击“对齐”工具，然后单击场景中需要对齐的另一个对象，此时会弹出“对齐当前选择”对话框，如图1-93所示。

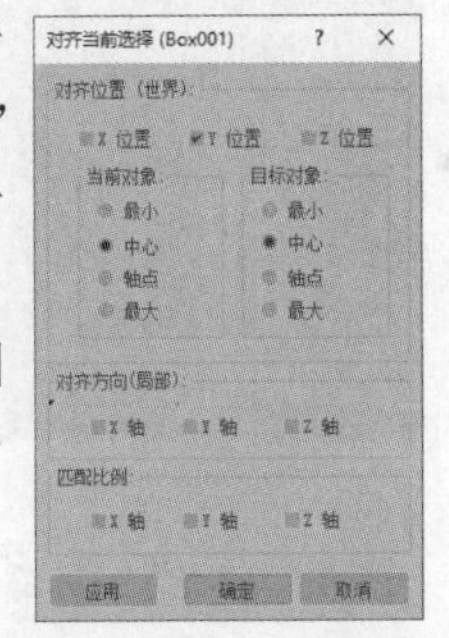

图1-93

第2步：设置两个对齐对象的对齐位置及对齐方式，图1-94所示是长方体与圆柱体在x轴和y轴各轴点对齐的效果。

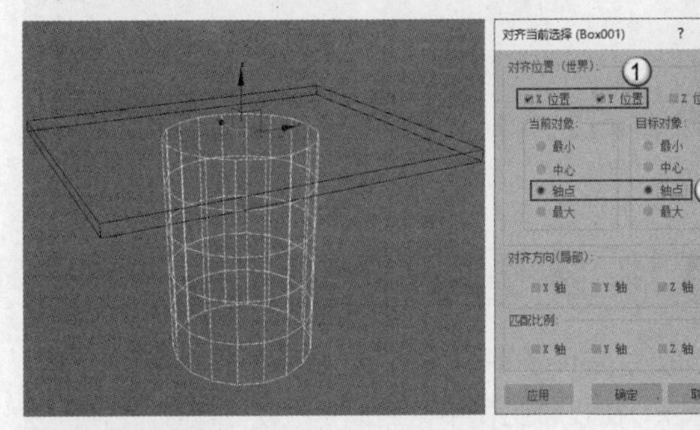

图1-94

1.4.9 对象的捕捉

使用3种捕捉工具能在不同的视图中实现对象的对齐和连接效果。

重要参数解析

“2D捕捉”工具：用于在二维视图中进行捕捉，如图1-95所示。

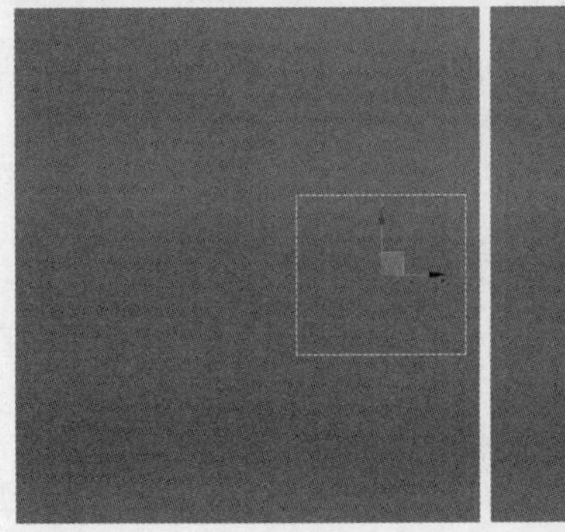

图1-95

“2.5D捕捉”工具：用于在二维视图中进行捕捉，也可用于在三维视图中进行捕捉，但在三维视图中捕捉会存在误差，如图1-96所示。

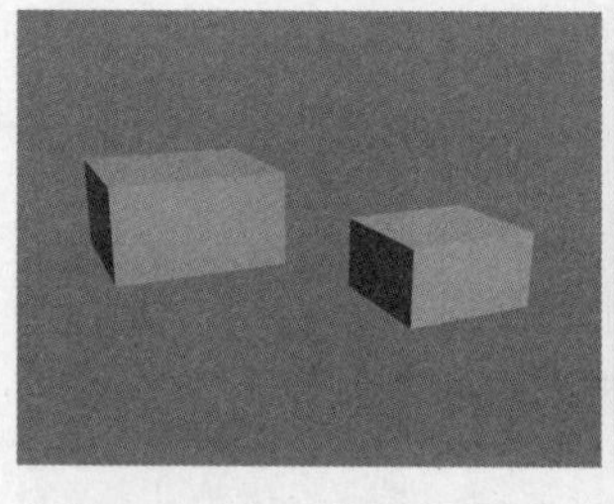

图1-96

“3D捕捉”工具：用于在三维视图中进行捕捉，结果相对“2.5D捕捉”工具更加精确，如图1-97所示。

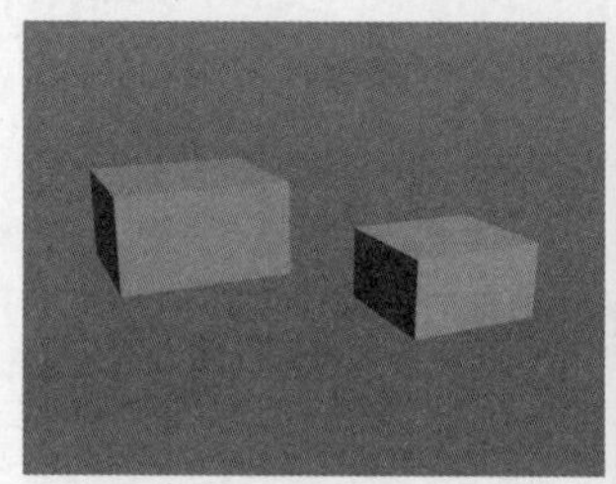
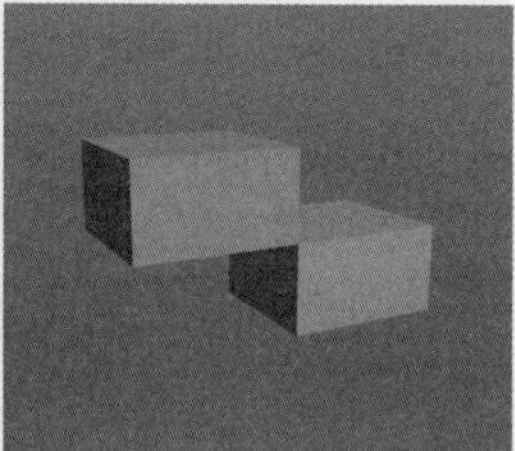

图1-97

1.4.10 参考坐标系

软件提供了图1-98所示的10种坐标系，在日常工作中常用的是“视图”“世界”“局部”这3种。

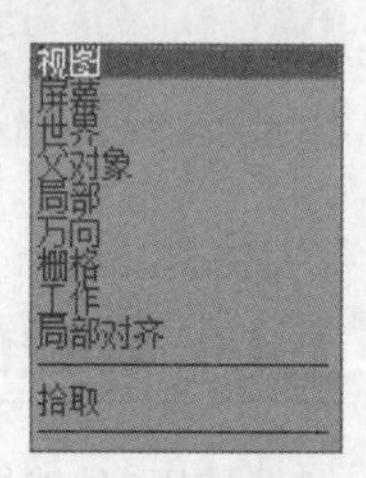

图1-98

重要参数解析

视图：系统默认的坐标系，在不同的视图中有不同的坐标系，如图1-99所示。

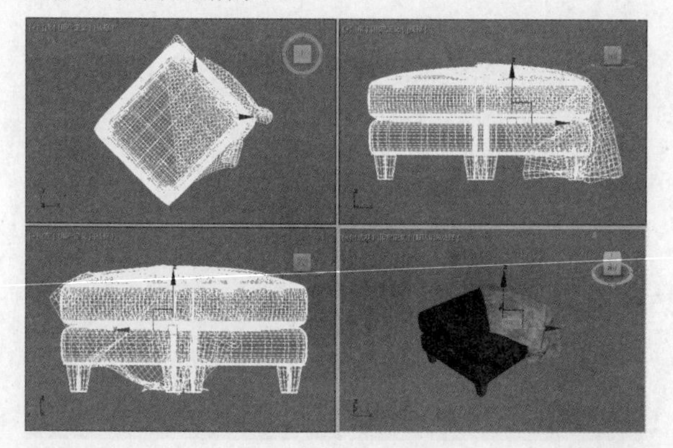

图1-99

世界：每个视图的坐标系显示方式，都与该视图左下角的世界坐标系吻合，如图1-100所示。

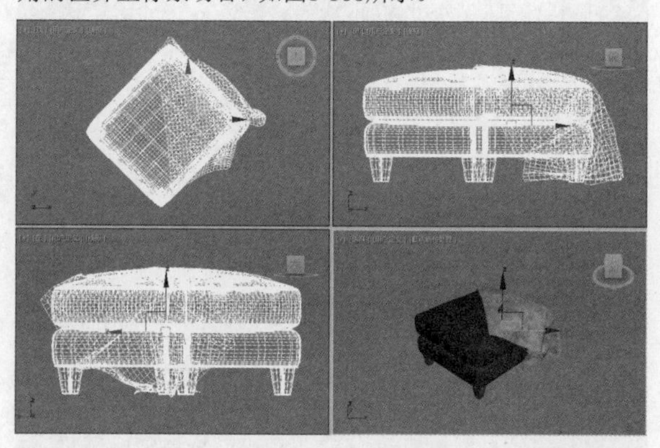

图1-100

局部：根据对象的法线方向显示坐标系的位置，如图1-101所示，这种模式的坐标系对于移动带有角度的模型非常方便。

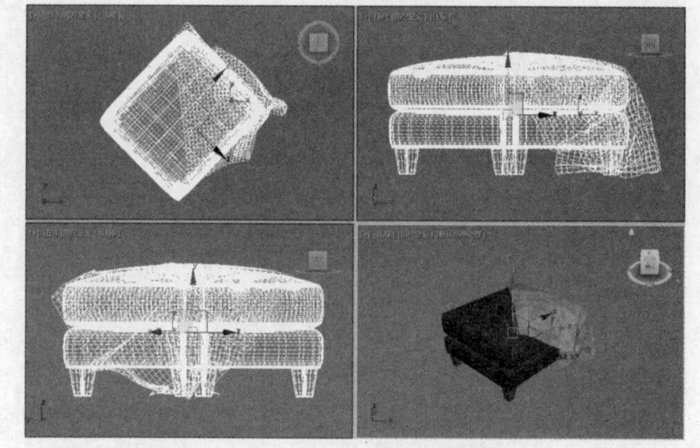

图1-101

第2章

基础建模技术

本章将介绍3ds Max 2020的基础建模技术，包括建模的思路与方法、创建标准基本体、创建扩展基本体、创建复合对象、创建二维图形和创建VRay对象。通过对本章的学习，读者可以快速地创建出一些简单的模型。

课堂学习目标

- 了解建模的思路
- 掌握标准基本体的创建方法
- 掌握扩展基本体的创建方法
- 掌握复合对象的创建方法
- 掌握二维图形的创建方法
- 掌握VRay对象的创建方法

2.1 建模的思路与方法

使用3ds Max 2020制作作品时，应遵循“建模→灯光→材质→渲染”这个基本流程。建模是一幅作品的基础，没有模型，灯光和材质就无从谈起，图2-1所示是两幅非常优秀的建模作品。

图2-1

本节内容介绍

名称	作用	重要程度
建模思路解析	了解建模的思路	中
建模的常用方法	了解建模的常用方法	中

2.1.1 建模思路解析

在开始学习建模之前，先要掌握建模的思路。在3ds Max 2020中，建模的过程相当于现实生活中“拼积木”的过程，需要将单独的模型经过拼接形成一个完整的模型。下面以一个留声机模型为例来讲解建模的思路，如图2-2所示。

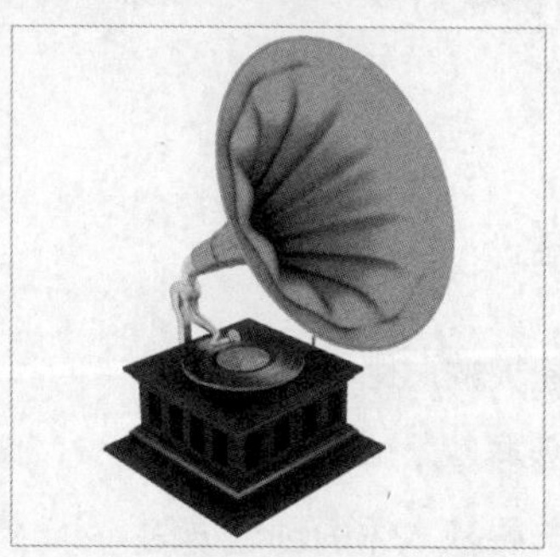

图2-2

经过分析，发现可以将留声机模型分解为6个独立的部分分别进行创建，如图2-3所示。

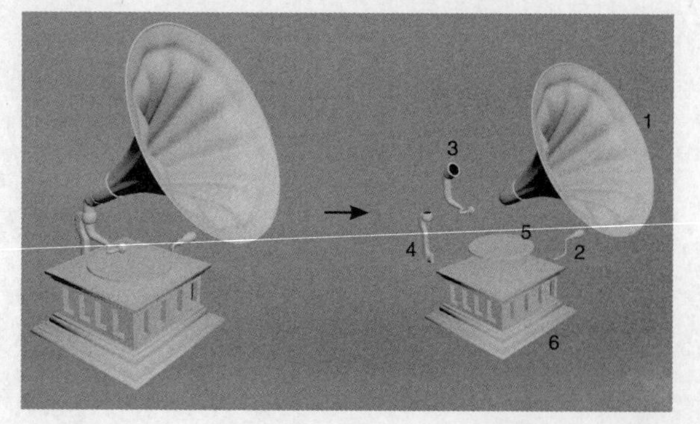

图2-3

可以看到，第5部分的创建非常简单，可以通过修改圆柱体得到，其他部分则可以使用多边形建模的方法来进行制作。

提示 多边形建模是指通过创建与模型相似的基本体变形得到想要的模型，这一建模思路类似于“雕刻”。

2.1.2 建模的常用方法

建模的方法有很多种，大致可以分为基本体建模、复合对象建模、二维图形建模、网格建模、多边形建模、面片建模和NURBS建模7种，这7种建模方法之间可以交互使用。在实际工作中，基本体建模、二维图形建模和多边形建模是最常见的3种建模方法，在后续的内容中将对这些建模方法进行详细介绍。

2.2 创建标准基本体

标准基本体是3ds Max 2020中自带的一些模型，用户可以直接创建出这些模型。例如，想创建一个沙发，可以使用长方体和圆柱体来创建。

在“创建”面板中单击“几何体”按钮，然后在下拉列表中选择“标准基本体”选项。标准基本体包含11种对象类型，分别是长方体、圆锥体、球体、几何球体、圆柱体、管状体、圆环、四棱锥、茶壶、平面和加强型文本，如图2-4所示。

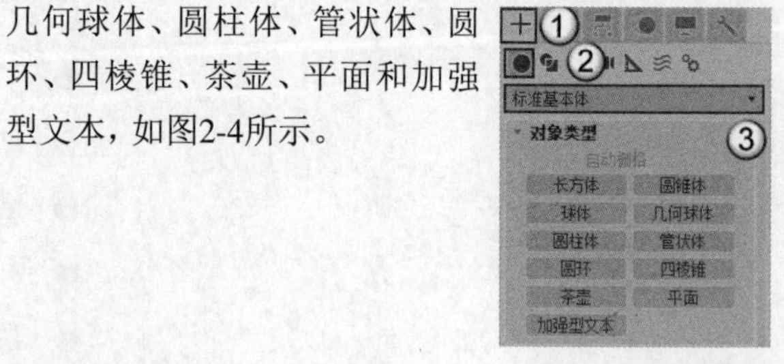

图2-4

本节内容介绍

名称	作用	重要程度
长方体	用于创建长方体	高
圆锥体	用于创建圆锥体	中
球体	用于创建球体	高
圆柱体	用于创建圆柱体	高
管状体	用于创建管状体	中
圆环	用于创建圆环	中
四棱锥	用于创建四棱锥	中
平面	用于创建平面	高
加强型文本	用于创建立体文字	中

2.2.1 课堂案例：制作几何体展台

场景位置 无
实例位置 案例文件>CH02>课堂案例：制作几何体展台.max
学习目标 掌握各种标准基本体的创建方法

使用标准基本体中的工具，通过"搭积木"的方式可以拼出一个几何体展台模型，案例效果如图2-5所示。

图2-5

01 使用"圆柱体"工具 圆柱体 在场景中创建一个圆柱体模型，在"参数"卷展栏下设置"半径"为50mm，"高度"为3mm，"高度分段"为1，"端面分段"为1，"边数"为36，如图2-6所示。

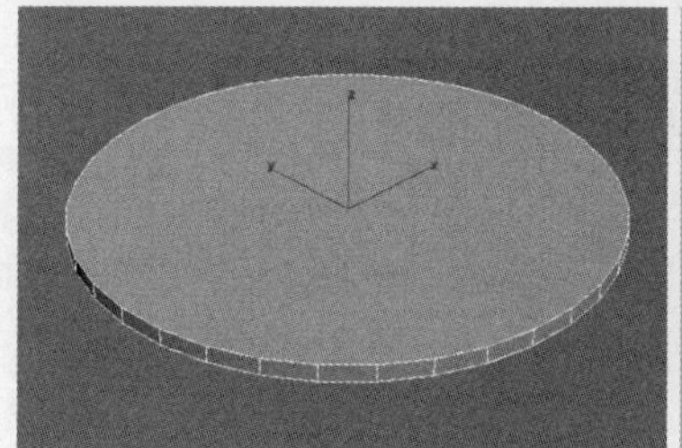
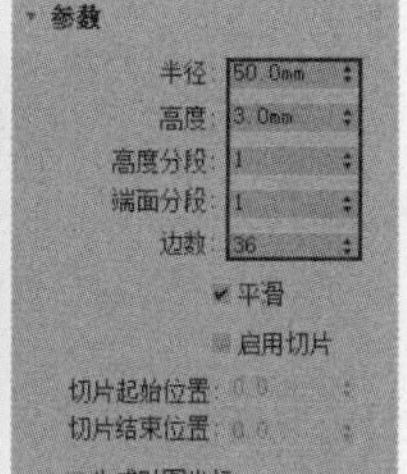

图2-6

02 选中上一步创建的圆柱体模型，按住Shift键向上移动并复制一个圆柱体模型，在弹出的"克隆选项"对话框中设置"对象"为"复制"，单击"确定"按钮 确定 ，如图2-7所示。

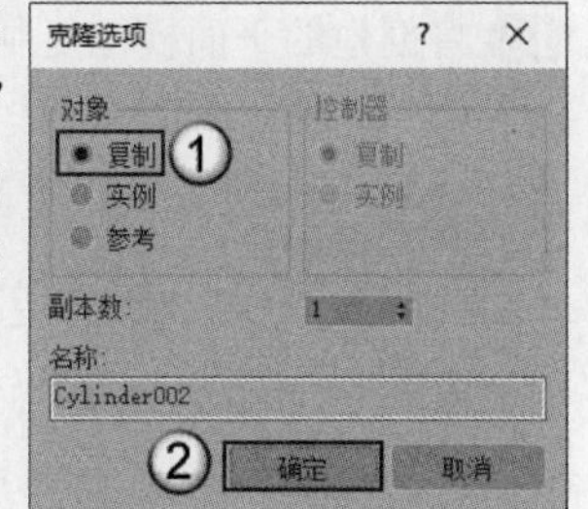

图2-7

03 选中复制的圆柱体模型，修改"半径"为45mm，"高度"为10mm，如图2-8所示。

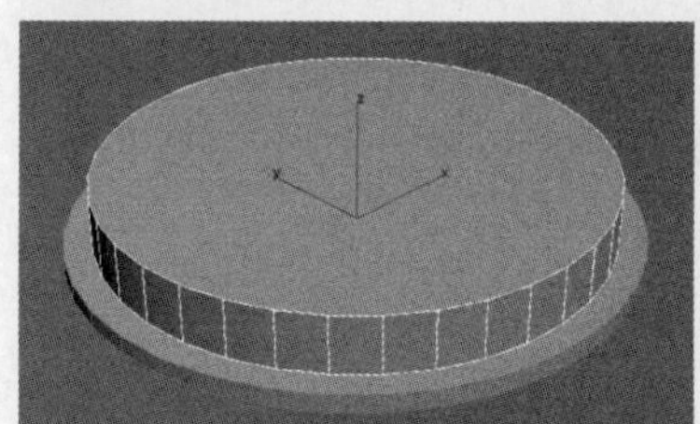
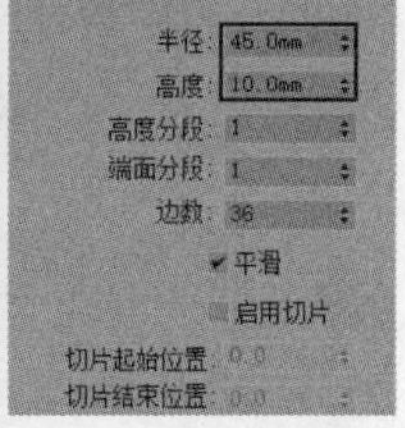

图2-8

04 使用"长方体"工具 长方体 在场景中创建一个长方体模型，设置"长度""宽度""高度"都为20mm，如图2-9所示。

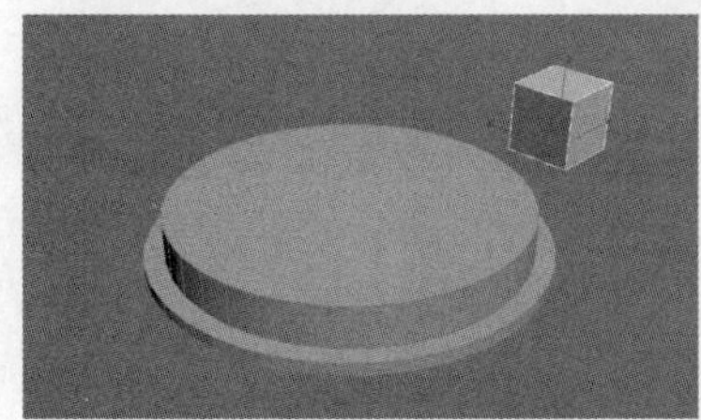
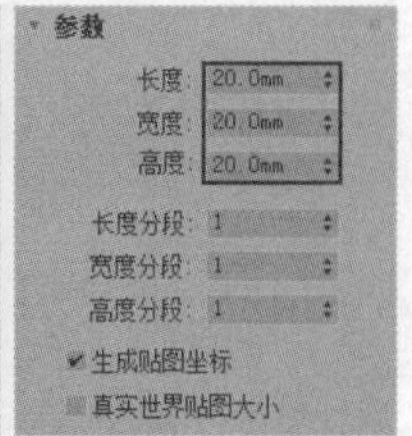

图2-9

05 使用"选择并旋转"工具旋转长方体模型，如图2-10所示。

图2-10

> **提示** 使用"角度捕捉切换"工具旋转模型，能快速地将模型旋转到合适的角度。

06 将上一步旋转后的长方体模型向上复制一份，如图2-11所示。

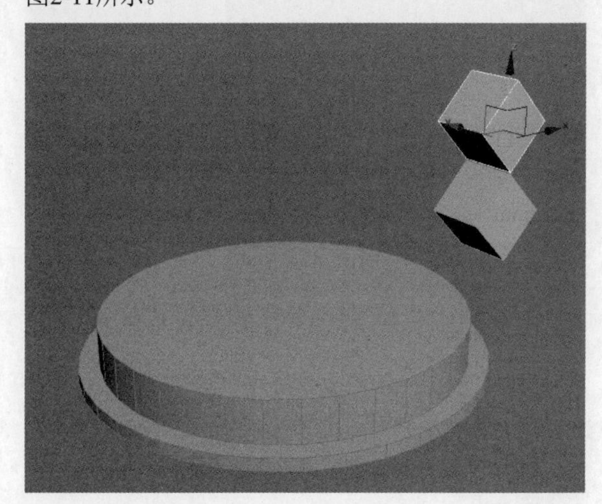

图2-11

07 使用“长方体”工具 长方体 在场景中创建一个长方体模型，设置“长度”“宽度”“高度”都为30mm，如图2-12所示。

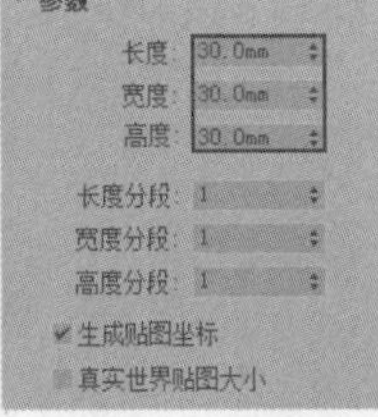

图2-12

08 使用“选择并旋转”工具 将上一步创建的长方体模型进行旋转，效果如图2-13所示。

图2-13

09 使用“球体”工具 球体 在场景中创建一个球体模型，设置“半径”为15mm，如图2-14所示。

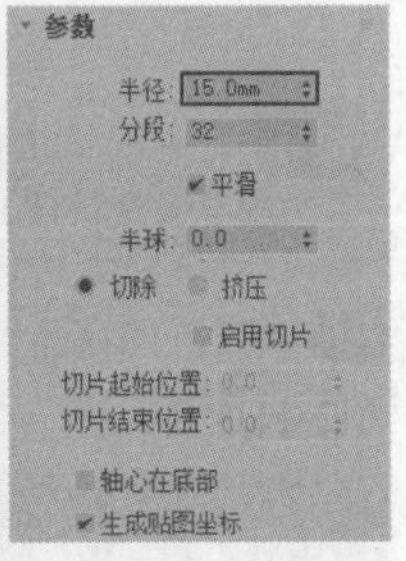

图2-14

10 使用“圆环”工具 圆环 在球体模型外侧创建一个圆环模型，设置“半径1”为25mm，“半径2”为1.5mm，如图2-15所示。

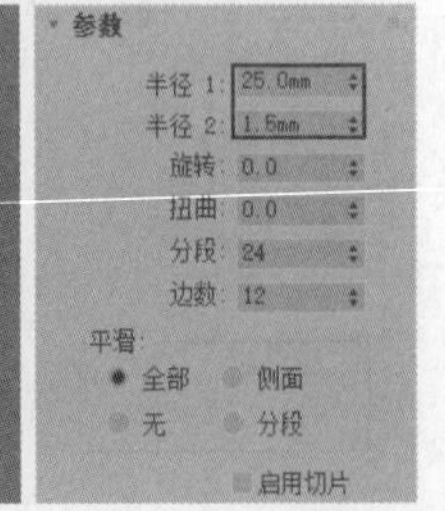

图2-15

11 使用“选择并旋转”工具 旋转圆环模型的角度，如图2-16所示。

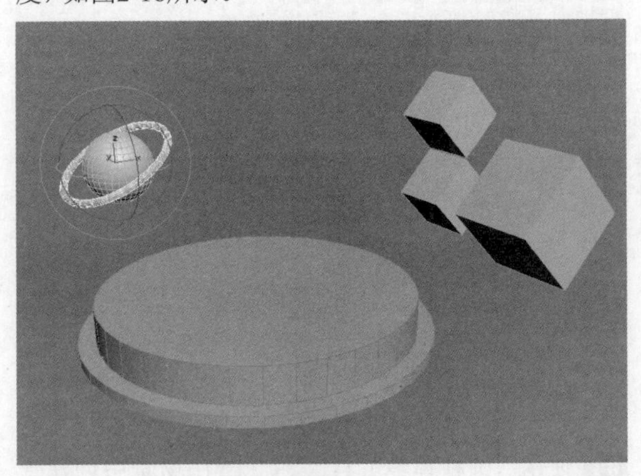

图2-16

12 使用“平面”工具 平面 在场景中创建一个平面模型作为地面，设置“长度”为320mm，“宽度”为430mm，如图2-17所示。

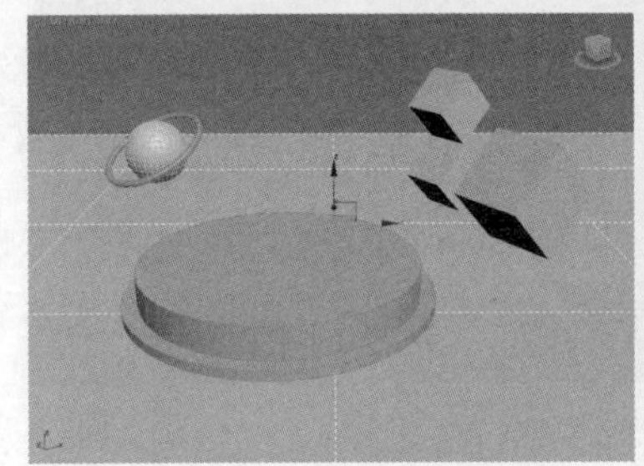
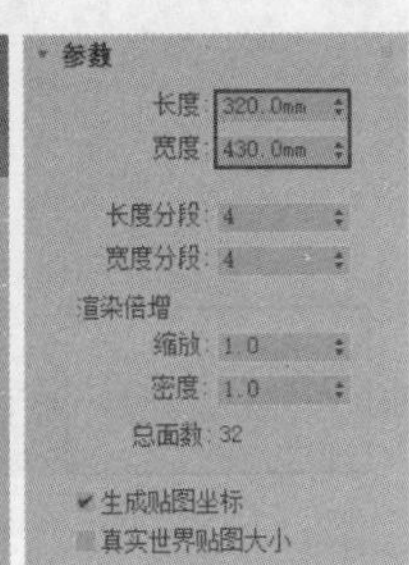

图2-17

13 将创建的平面模型复制一份，将复制的平面模型旋转90°放置在场景后方作为背景板，如图2-18所示。

图2-18

14 使用“长方体”工具 长方体 在场景后方创建一个长方体模型，设置“长度”为80mm，“宽度”为220mm，“高度”为160mm，如图2-19所示。

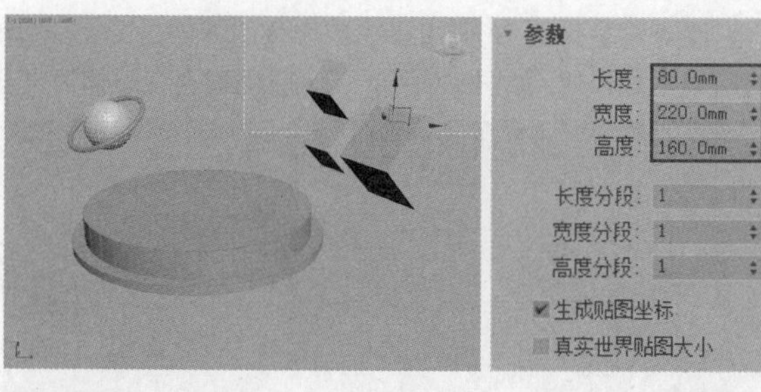

图2-19

15 调整场景中模型的位置，案例最终效果如图2-20所示。

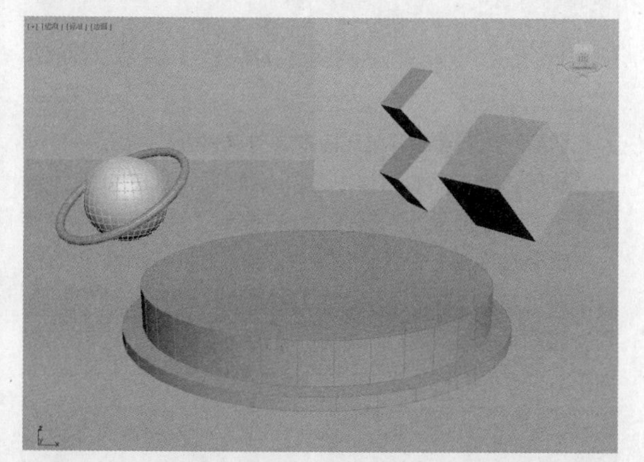

图2-20

2.2.2 长方体

长方体是建模中最常用的几何体之一，现实中外形与长方体接近的物体有很多。因此可以直接使用长方体创建出很多模型，如方桌、墙体等，同时还可以将长方体用作多边形建模的基础模型。长方体的“参数”卷展栏如图2-21所示。

图2-21

重要参数解析

长度/宽度/高度：这3个参数决定了长方体的外形，分别用来设置长方体的长度、宽度和高度。

长度分段/宽度分段/高度分段：这3个参数用来设置长方体沿着每个轴的分段数量。

生成贴图坐标：自动产生贴图坐标。

真实世界贴图大小：不勾选该选项时，贴图大小符合创建的对象的尺寸；勾选该选项后，贴图大小由绝对尺寸决定。

2.2.3 圆锥体

圆锥体在现实生活中经常看到，如冰激凌的外壳、吊坠等。圆锥体的“参数”卷展栏如图2-22所示。

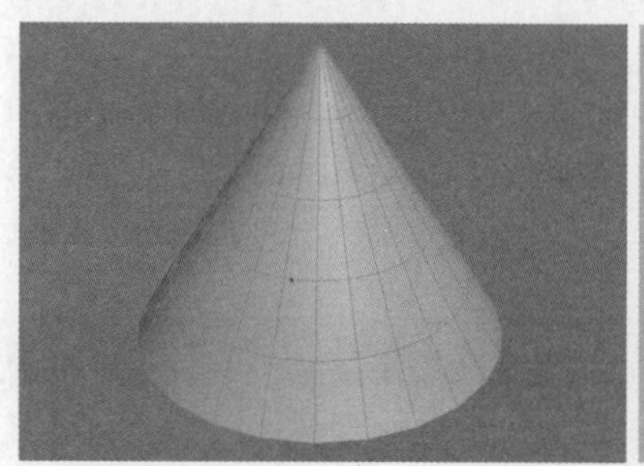

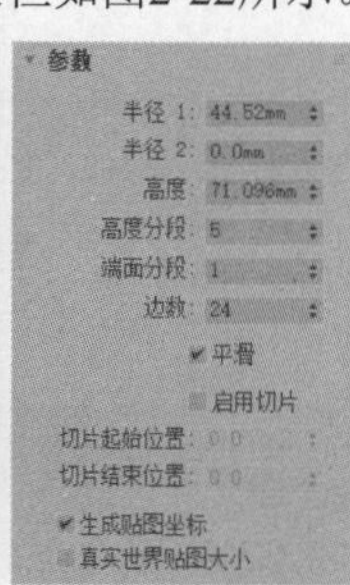

图2-22

重要参数解析

半径1/半径2：设置圆锥体的第1个半径和第2个半径，两个半径的最小值都是0。

高度：设置圆锥体的高度。

高度分段：设置圆锥体曲面上的分段数量。

端面分段：设置圆锥体底部圆面的分段数量。

边数：设置圆锥体周围的边数，数值越大，底部的圆面越圆滑。

平滑：混合圆锥体的面，从而在渲染视图中创建平滑的外观。

启用切片：控制是否开启“切片”功能。

切片起始位置/切片结束位置：设置从局部x轴的零点开始围绕局部z轴旋转的度数。

提示 圆柱体、球体和圆锥体等标准基本体都有“启用切片”选项，勾选该选项后可以对模型进行切片。读者初次接触切片功能时，可能不能很好地理解“切片起始位置”和“切片结束位置”这两个参数，下面通过切片的具体原理来帮助理解。

勾选“启用切片”选项后，切片将以y轴的正方向为0°轴，在xy平面内围绕z轴旋转一周（360°），如图2-23所示。

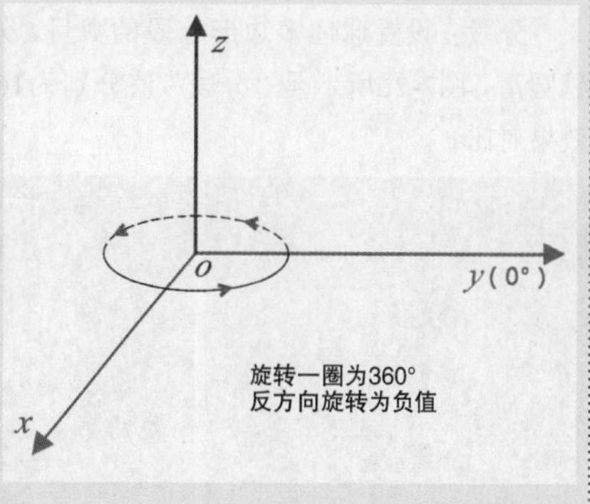

图2-23

读者明白其中的原理后，就能很好地理解“切片起始位置”和“切片结束位置”这两个参数。当设置“切片起始位置”为90时，代表切片从y轴开始，围绕z轴逆时针旋转90°，此处就是切片的起始位置；当设置“切片结束位置”为180时，代表切片从y轴开始，围绕z轴逆时针旋转180°，此处就是切片的结束位置，如图2-24所示。

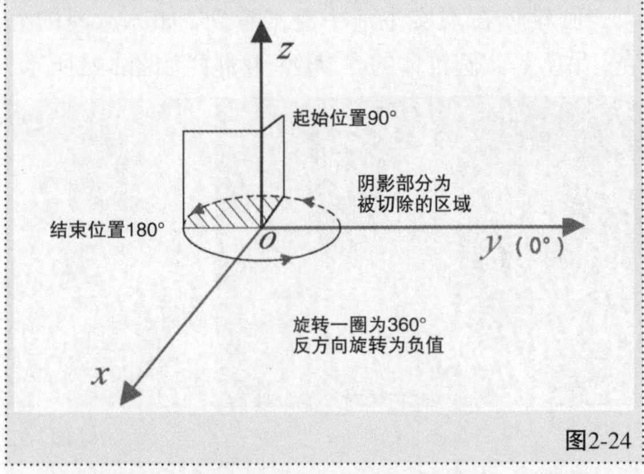

图2-24

2.2.4 球体

球体也是现实生活中常见的物体。在3ds Max 2020中，可以创建完整的球体，也可以创建半球体或球体的其他部分。球体“参数”卷展栏如图2-25所示。

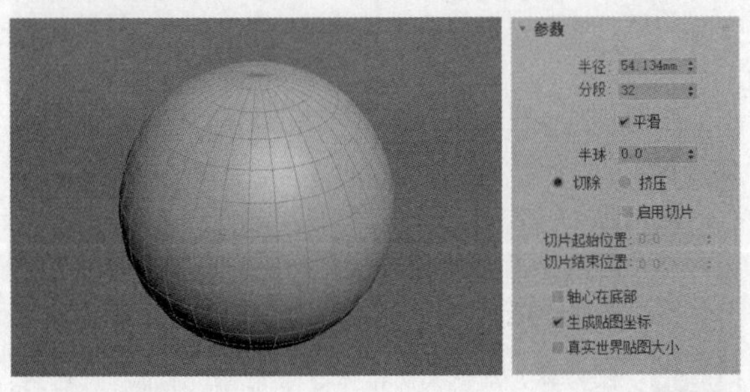

图2-25

重要参数解析

半径：指定球体的半径。

分段：设置球体多边形分段的数目，分段越多，球体越圆滑，图2-26所示是“分段”值分别为16和64时的球体效果对比。

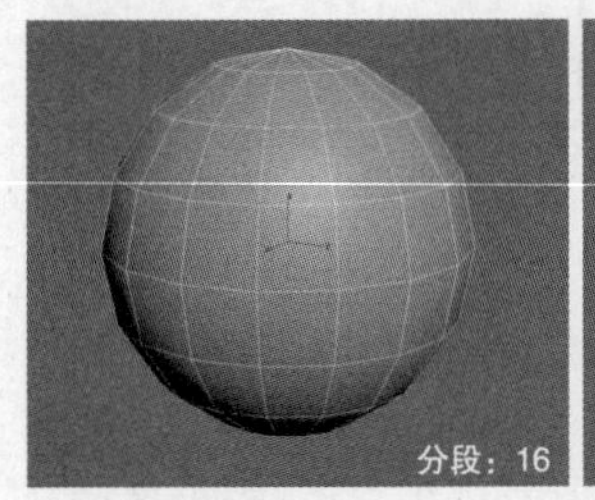

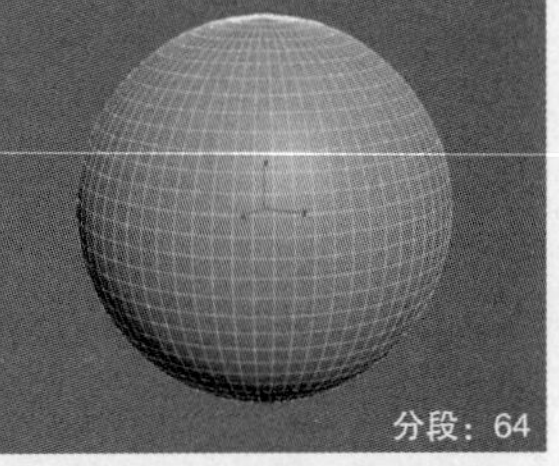

图2-26

半球：当设置为0时可以生成完整的球体；设置为0.5时可以生成半球，如图2-27所示；设置为1时会使球体消失。

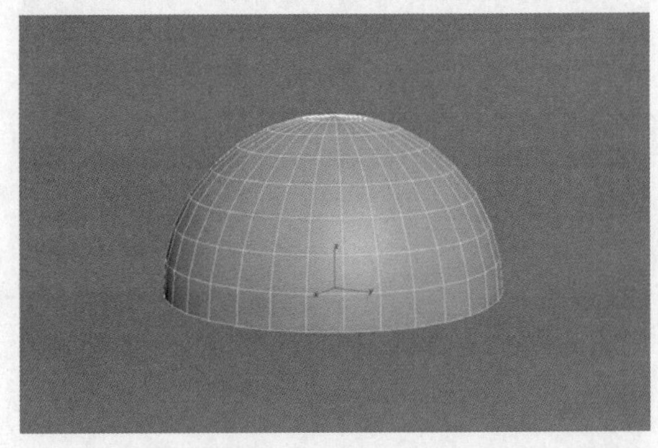
图2-27

切除：在半球断开时删除多余的点和面。

挤压：保持原始球体中的顶点数和面数，将几何体向着球体的顶部挤压，使其体积越来越小。

轴心在底部：在默认情况下，轴点位于球体中心的构造平面上，如图2-28所示；如果勾选“轴心在底部”选项，则会将球体沿着其局部z轴向上移动，使轴点位于其底部，如图2-29所示。

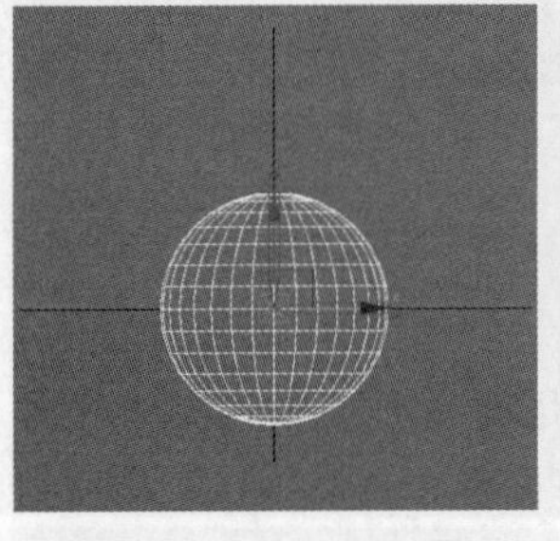
图2-28

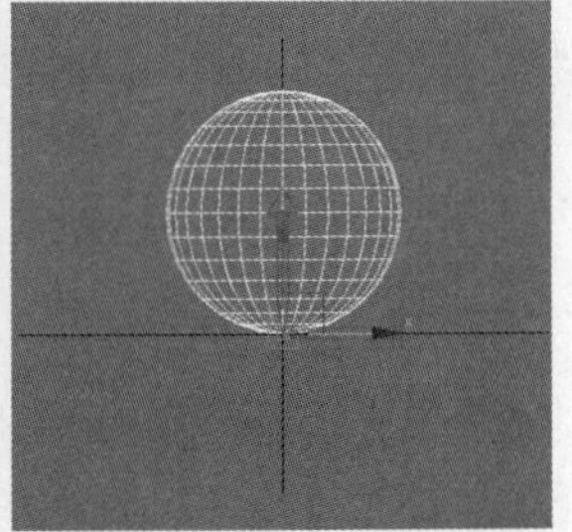
图2-29

提示 “几何球体”工具 几何球体 与“球体”工具 球体 类似，都是用来创建球体模型的。两者在模型的布线上有所区别，几何球体是由三角形面拼接而成的，如图2-30所示。

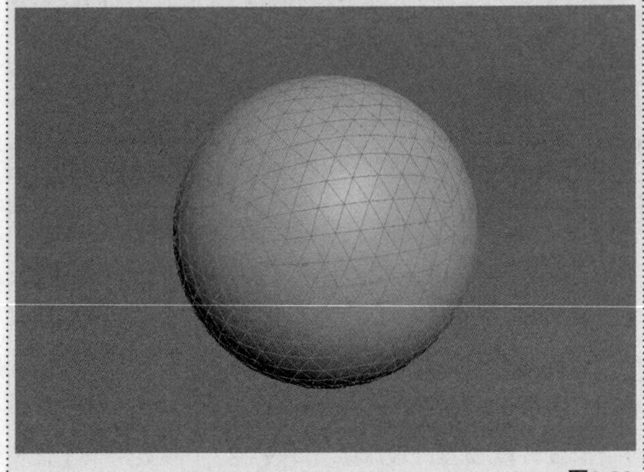
图2-30

2.2.5 圆柱体

圆柱体在现实中很常见，如玻璃杯和桌腿等。制作由圆柱体构成的物体时，可以先将圆柱体转换成可编辑多边形，然后对细节进行调整。圆柱体的“参数”卷展栏如图2-31所示。

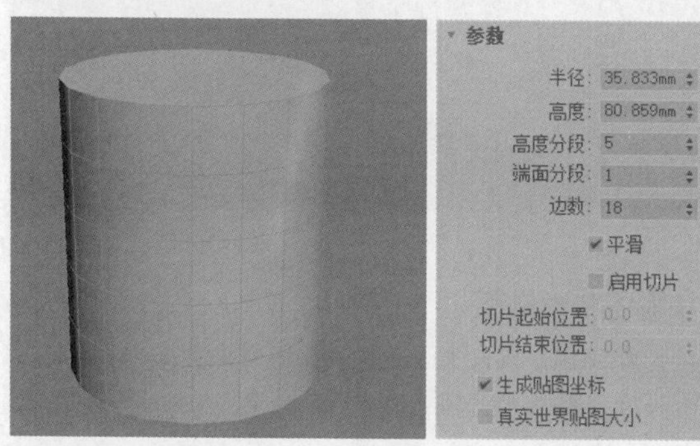

图2-31

重要参数解析

半径：设置圆柱体的半径。

高度：设置沿着中心轴的高度，若是负值，则在构造平面下方创建圆柱体。

高度分段：设置沿着圆柱体主轴的分段数量。

端面分段：设置围绕圆柱体顶部和底部的中心的同心分段数量。

边数：设置圆柱体周围的边数。

2.2.6 管状体

管状体的外形与圆柱体相似，不过管状体是空心的，因此管状体有两个半径，即外径（半径1）和内径（半径2）。管状体的“参数”卷展栏如图2-32所示。

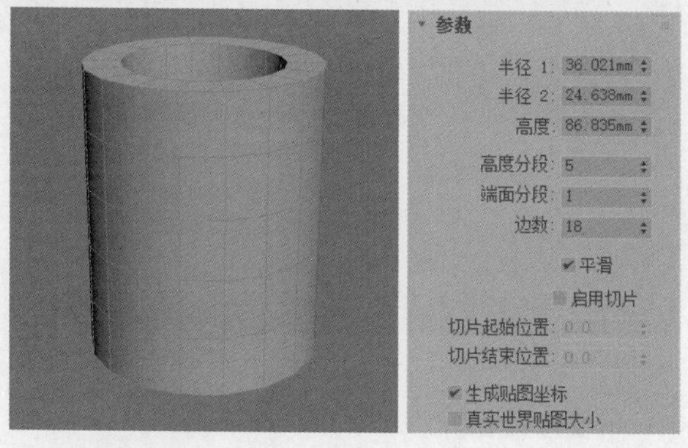

图2-32

重要参数解析

半径1/半径2：“半径1”是指管状体的外径，“半径2”是指管状体的内径，如图2-33所示。

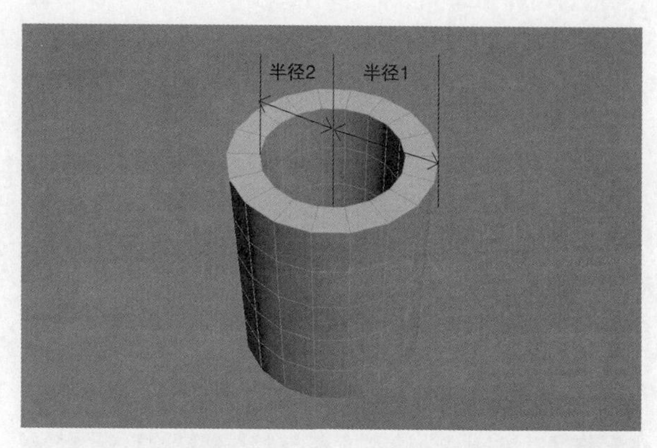

图2-33

高度：设置沿着中心轴的高度，若是负值，则在构造平面下方创建管状体。

高度分段：设置沿着管状体主轴的分段数量。

端面分段：设置围绕管状体顶部和底部的中心的同心分段数量。

边数：设置管状体的边数，数值越大，模型的曲面越圆滑。

2.2.7 圆环

圆环常用于创建环形或具有圆形横截面的环状物体。圆环的“参数”卷展栏如图2-34所示。

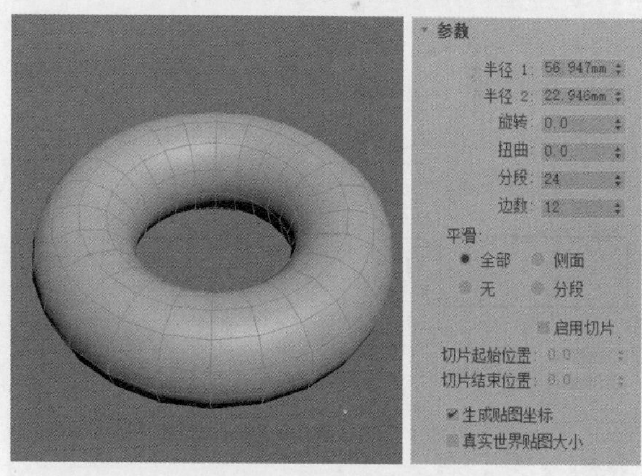

图2-34

重要参数解析

半径1：设置从环形的中心到横截面圆形的中心的距离，控制圆环的整体大小。

半径2：设置横截面圆形的半径，控制圆环的粗细。

旋转：设置旋转的度数，围绕圆心的边将沿着圆环进行旋转。

扭曲：设置扭曲的度数，圆环的横截面通过旋转产生扭曲。

分段：设置围绕环形的分段数目，数值越大，圆环的曲面越圆滑，如图2-35所示。

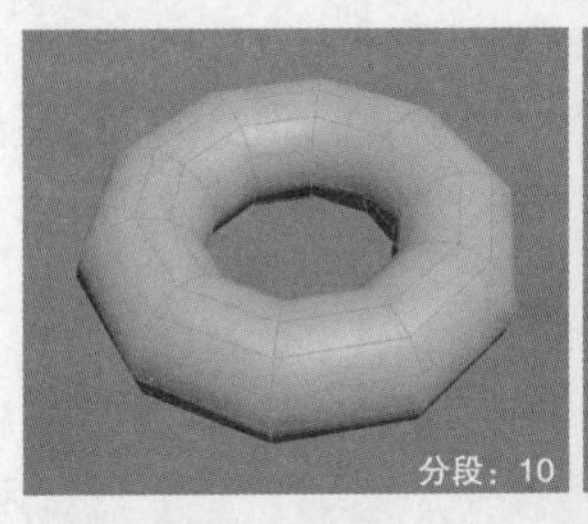

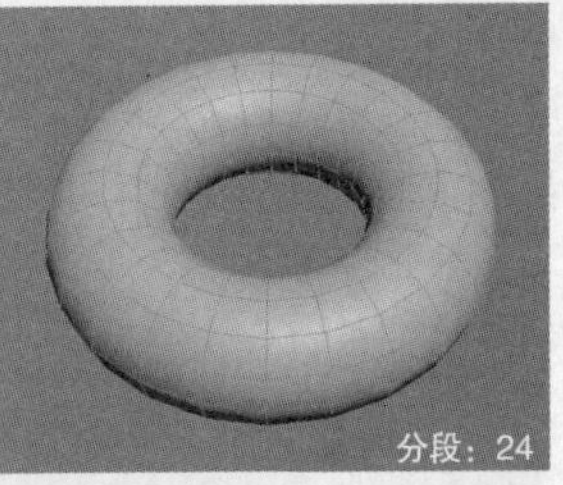

图2-35

边数：设置环形横截面圆形的边数，数值越大，圆环的截面越圆滑，如图2-36所示。

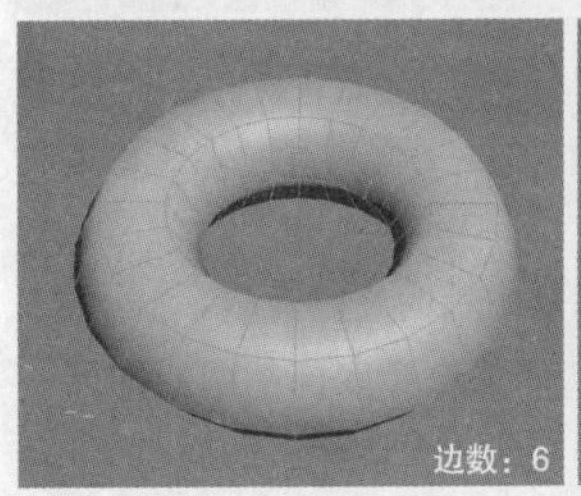

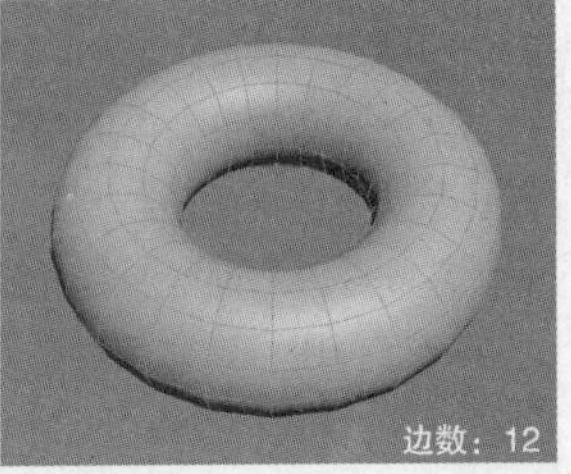

图2-36

2.2.8 四棱锥

四棱锥的外形与圆锥体相似，不同点是四棱锥的底面是正方形或矩形，侧面是三角形。四棱锥的“参数”卷展栏如图2-37所示。

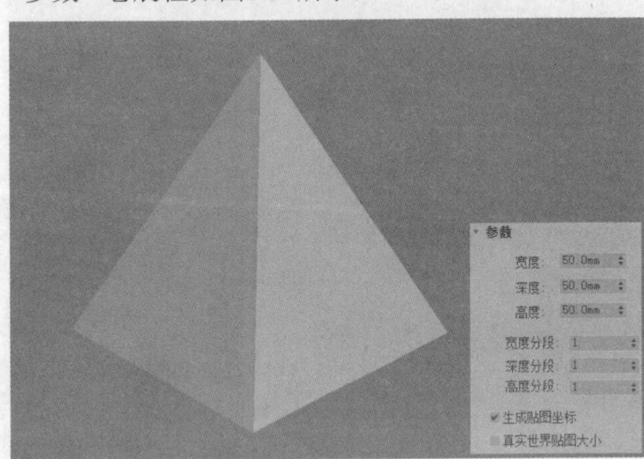

图2-37

重要参数解析

宽度/深度/高度：设置四棱锥对应面的维度。

宽度分段/深度分段/高度分段：设置四棱锥对应面的分段数。

2.2.9 平面

平面在建模过程中使用的频率非常高，如创建墙面和地面等。平面的“参数”卷展栏如图2-38所示。

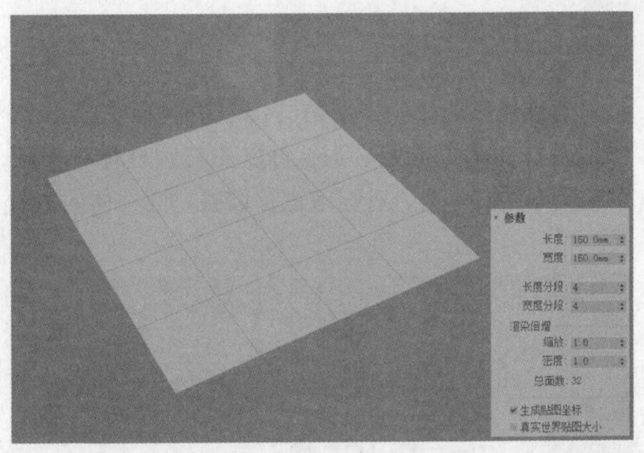

图2-38

重要参数解析

长度/宽度：设置平面对象的长度和宽度。

长度分段/宽度分段：设置沿着对象各个轴的分段数量。

2.2.10 加强型文本

加强型文本是3ds Max 2017新加入的工具，它在原有样条线“文本”工具 文本 的基础上，添加了挤出和倒角等命令，可以快速制作三维字体模型。加强型文本的“参数”卷展栏如图2-39所示。

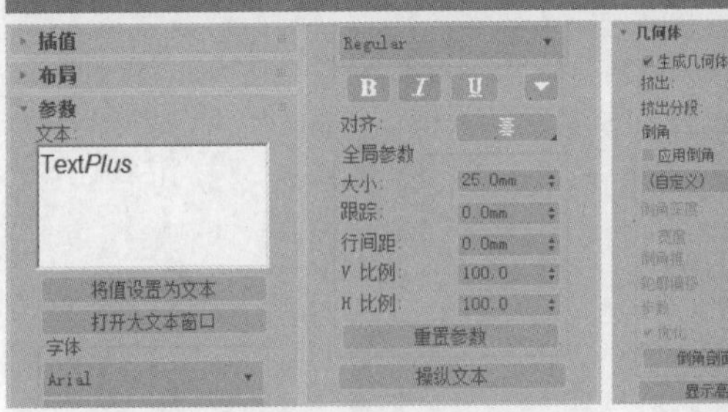

图2-39

重要参数解析

文本：在文本框中可以输入需要生成模型的文本内容。

字体：设置文本的字体。

大小：设置文本的大小。

跟踪：设置文本的字间距。

行间距：设置文本的行间距。

V比例/H比例：设置文本的纵向或横向的比例，如图2-40所示。

图2-40

生成几何体：默认勾选此选项，不勾选时，文本模型为样条形式，如图2-41所示。

图2-41

挤出：设置文本模型的厚度。

应用倒角：勾选后，模型会出现倒角效果，如图2-42所示。

图2-42

2.3 创建扩展基本体

"扩展基本体"是基于"标准基本体"的一种扩展模型，共有13种，分别是异面体、环形结、切角长方体、切角圆柱体、油罐、胶囊、纺锤、L-Ext、球棱柱、C-Ext、环形波、软管和棱柱，如图2-43所示。本节只对在实际工作中比较常用的一些扩展基本体进行介绍。

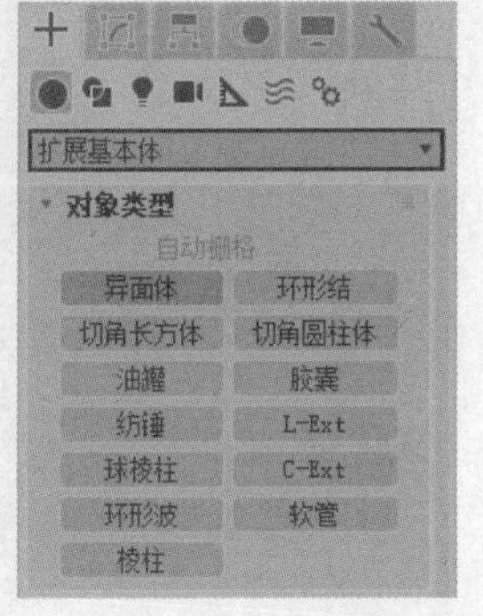

图2-43

本节内容介绍

名称	作用	重要程度
异面体	用于创建多面体和星形	中
切角长方体	用于创建带圆角效果的长方体	高
切角圆柱体	用于创建带圆角效果的圆柱体	高

2.3.1 课堂案例：制作茶几

场景位置	无
实例位置	案例文件>CH02>课堂案例：制作茶几.max
学习目标	掌握切角长方体和切角圆柱体的创建方法

茶几模型由大小不同的切角长方体组合而成，而坐垫模型则是由切角圆柱体制作而成，案例效果如图2-44所示。

图2-44

01 使用"切角长方体"工具 切角长方体 在场景中创建一个切角长方体模型，然后在"参数"卷展栏下设置"长度"为120mm，"宽度"为60mm，"高度"为5mm，"圆角"为1mm，如图2-45所示。

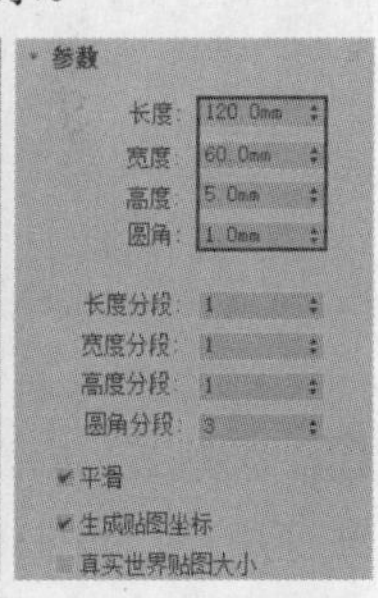

图2-45

02 使用"切角长方体"工具 切角长方体 在上一步创建的切角长方体下方创建一个模型，设置"长度"为20mm，"宽度"为60mm，"高度"为8mm，"圆角"为1mm，如图2-46所示。

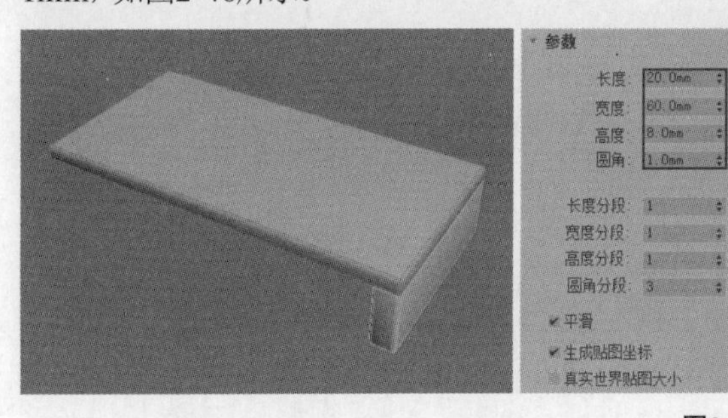

图2-46

03 选中上一步创建的切角长方体模型，按住Shift键并使用“选择并移动”工具向另一侧复制一个模型，如图2-47所示。

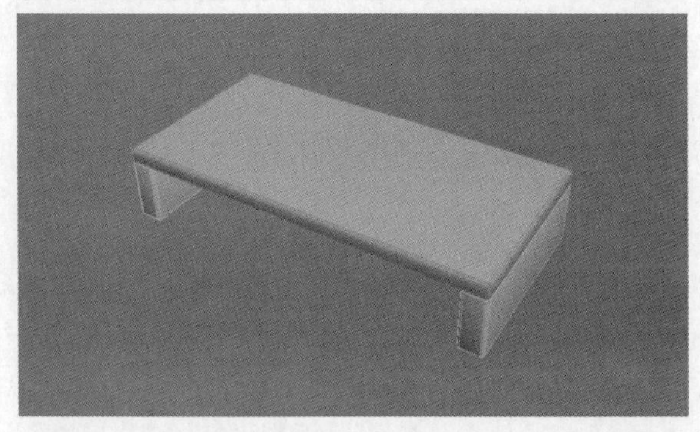

图2-47

04 使用“切角圆柱体”工具 切角圆柱体 在桌子旁边创建一个切角圆柱体模型，设置“半径”为20mm，“高度”为10mm，“圆角”为3mm，“圆角分段”为3，“边数”为36，如图2-48所示。

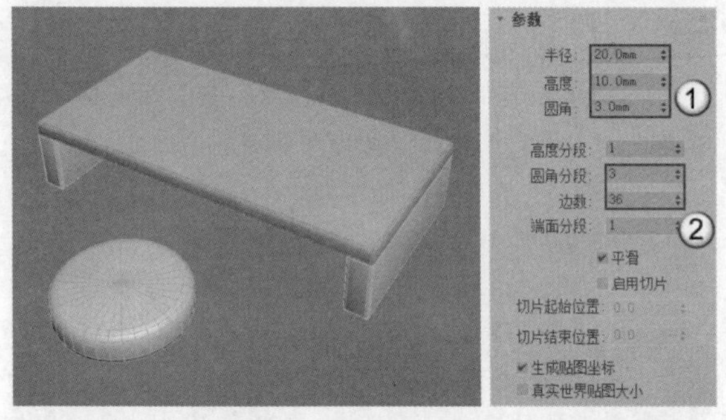

图2-48

05 选中上一步创建的切角圆柱体模型，按住Shift键并使用“选择并移动”工具向桌子模型的另一侧复制一个模型，如图2-49所示。

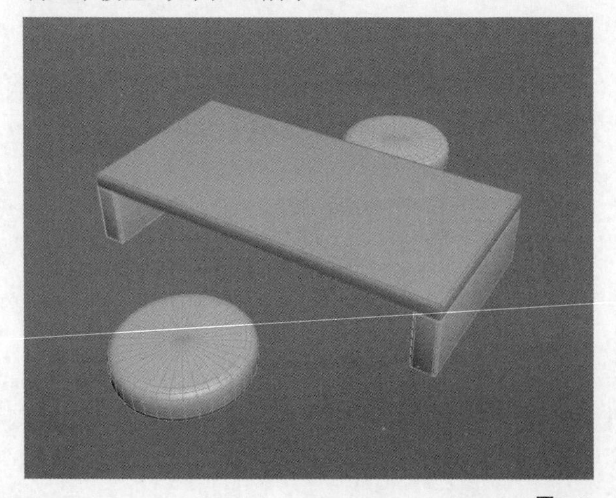

图2-49

提示 在复制对象到某个位置时，一般都不可能一步到位，这时就需要调整对象的位置。调整对象的位置需要在各个视图中进行。

“复制”与“实例”的区别：用“复制”方式复制对象，在修改复制出来的对象的参数值时，原对象（也就是被复制的对象）不会发生变化；用“实例”方式复制对象，在修改复制出来的对象的参数值时，原对象也会发生相同的变化。用户在复制对象时，可根据实际情况来选择复制方式。

2.3.2 异面体

异面体是一种很典型的扩展基本体，可以用它来创建四面体、立方体和星形等。异面体的“参数”卷展栏如图2-50所示。

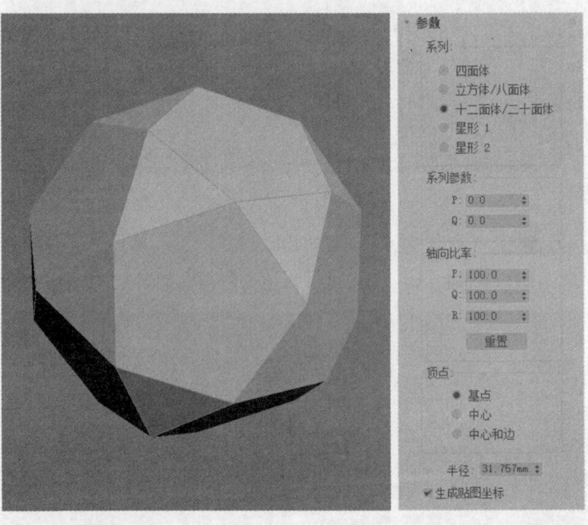

图2-50

重要参数解析

系列：在这个选项组下可以选择异面体的类型，图2-51所示是5种异面体的效果。

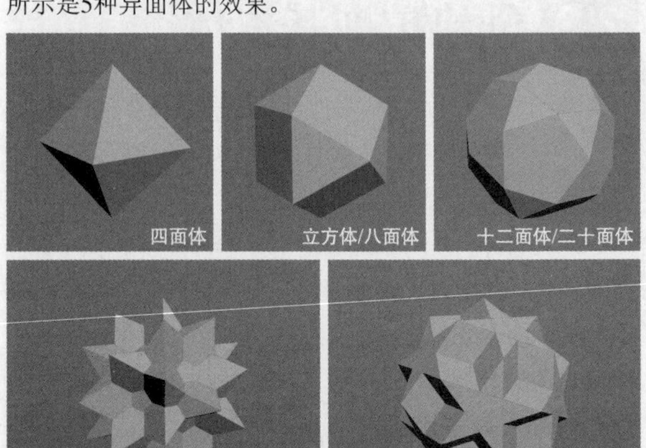

图2-51

系列参数：P、Q两个选项主要用来切换多面体顶点与面之间的关联关系，其取值范围为0~1。

轴向比率：多面体可以拥有多达3种多面体的面，如三角形、方形或五角形，这些面可以是规则的，也可以是不规则的；如果多面体只有一种或两种面，则只有一个或两个轴向比率参数处于活动状态，不活动的参数不起作用；P、Q、R控制多面体每个轴所对应的面；如果调整了参数，单击"重置"按钮 重置 可以将P、Q、R的数值恢复到默认值100。

顶点：这个选项组中的参数决定多面体每个面的内部几何体，"中心"和"中心和边"选项会增加对象中的顶点数，从而增加面数。

半径：设置任何多面体的半径。

2.3.3 切角长方体

切角长方体是长方体的扩展体，用它可以快速创建出带圆角效果的长方体。切角长方体的"参数"卷展栏如图2-52所示。

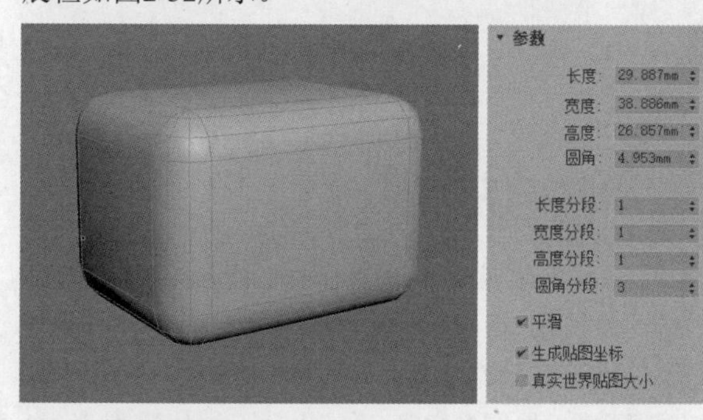

图2-52

重要参数解析

长度/宽度/高度：用来设置切角长方体的长度、宽度和高度。

圆角：切开切角长方体的边，以创建圆角效果，图2-53所示为不同的圆角效果。

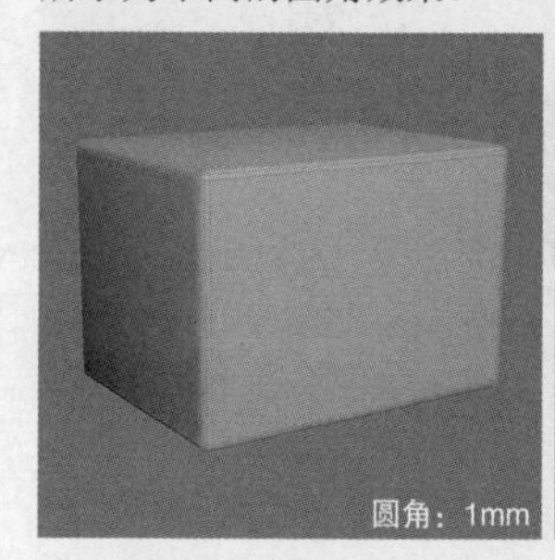

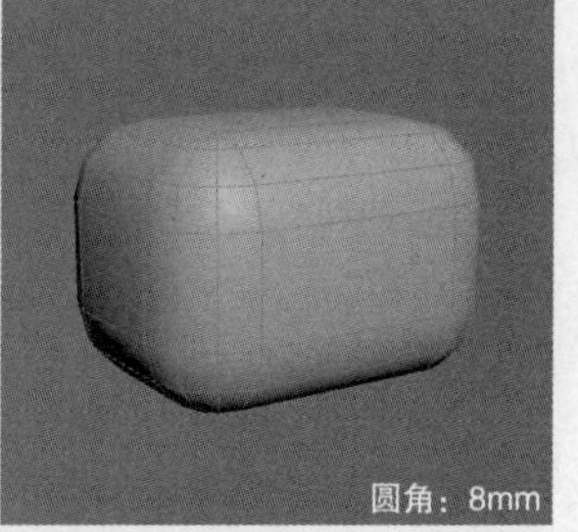

图2-53

长度分段/宽度分段/高度分段：设置沿着相应轴的分段数量。

圆角分段：设置切角长方体圆角边的分段数量。

2.3.4 切角圆柱体

切角圆柱体是圆柱体的扩展体，用它可以快速创建出带圆角效果的圆柱体。切角圆柱体的"参数"卷展栏如图2-54所示。

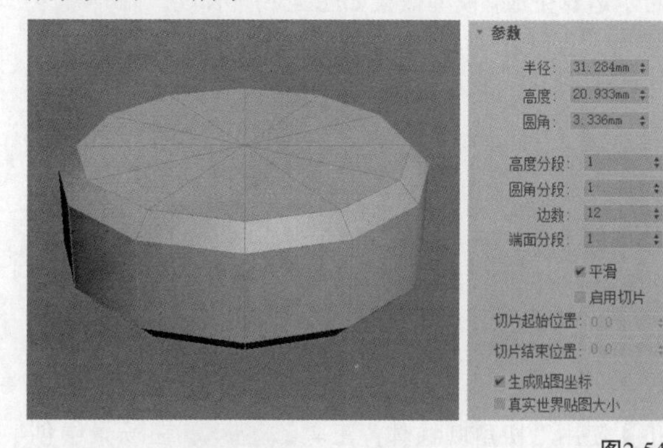

图2-54

重要参数解析

半径：设置切角圆柱体的半径。

高度：设置沿着中心轴的高度，若是负值，则在构造平面下方创建切角圆柱体。

圆角：斜切切角圆柱体的顶部和底部封口边。

高度分段：设置沿着相应轴的分段数量。

圆角分段：设置切角圆柱体圆角边的分段数量。

边数：设置切角圆柱体周围的边数。

端面分段：设置沿着切角圆柱体顶部和底部的中心的同心分段数量。

2.4 创建复合对象

使用3ds Max 2020内置的模型就可以创建出很多优秀的模型，但是在很多时候还会使用复合对象，因为使用复合对象来创建模型可以大大节省建模时间。复合对象包括12种对象类型，如图2-55所示。

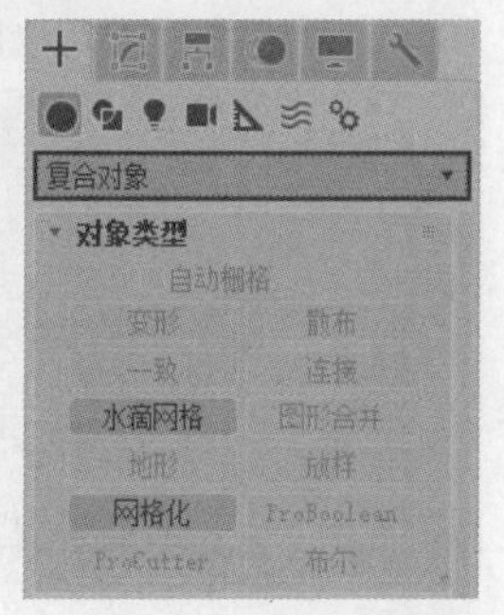

图2-55

本节内容介绍

名称	作用	重要程度
图形合并	将图形嵌入其他对象的网格中或从网格中移除	中
布尔	对两个以上的对象进行并集、差集、交集运算	高
放样	将二维图形作为路径的剖面生成复杂的三维对象	中

2.4.1 课堂案例：制作螺帽

场景位置 无
实例位置 案例文件>CH02>课堂案例：制作螺帽.max
学习目标 掌握“布尔”工具的使用方法

螺帽模型通过切角圆柱体模型和圆柱体模型的布尔运算生成，模型效果如图2-56所示。

图2-56

01 使用“切角圆柱体”工具 切角圆柱体 在场景中创建一个切角圆柱体模型，设置“半径”为40mm，“高度”为15mm，“圆角”为1mm，“圆角分段”为3，“边数”为6，如图2-57所示。

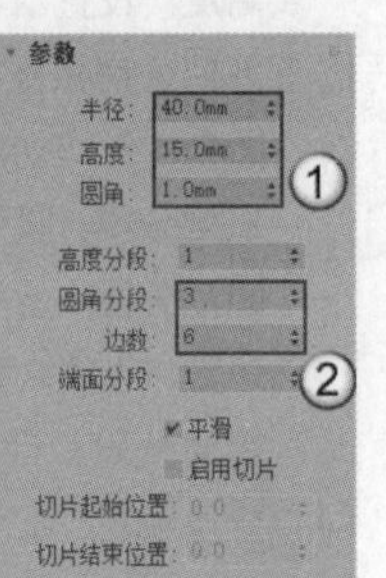

图2-57

02 使用“圆柱体”工具 圆柱体 在场景中创建一个圆柱体模型，设置“半径”为20mm，“高度”为40mm，“边数”为32，如图2-58所示。

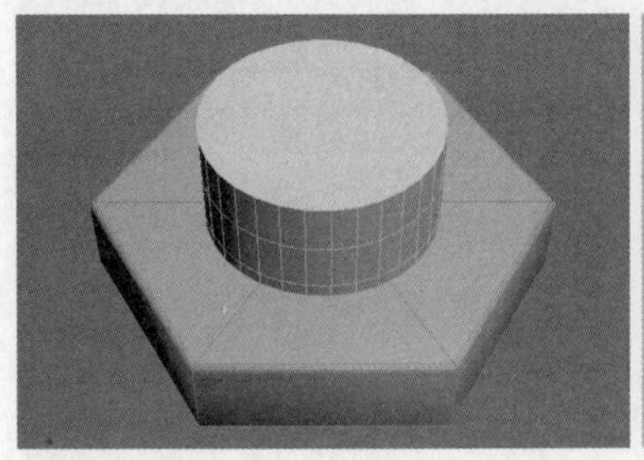
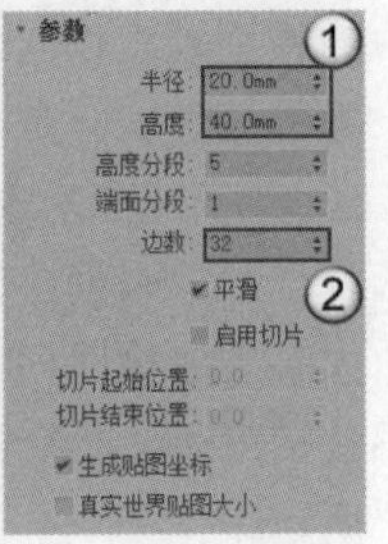

图2-58

提示 圆柱体模型只要比切角圆柱体模型高即可，这里的参数仅供参考。

03 选中切角圆柱体模型，在“创建”面板中切换到“复合对象”，如图2-59所示。

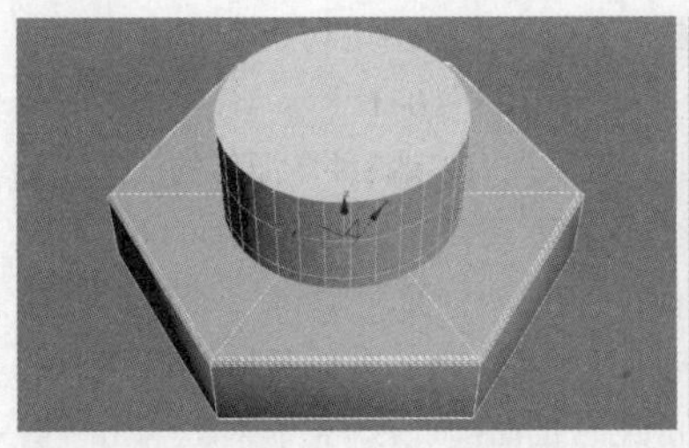
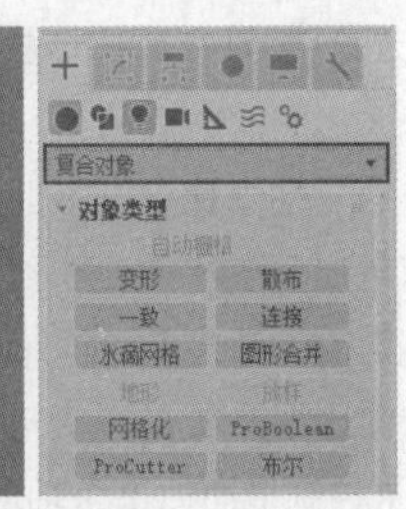

图2-59

04 单击“布尔”按钮 布尔 ，在下方的“布尔参数”卷展栏中单击“添加运算对象”按钮 添加运算对象 ，然后单击场景中的圆柱体模型，如图2-60所示。

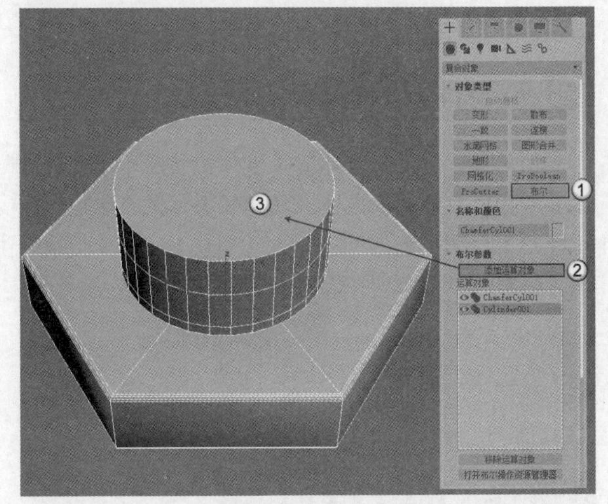

图2-60

05 在“运算对象参数”卷展栏中单击“差集”按钮 差集 ，如图2-61所示。此时圆柱体模型消失，原有的切角圆柱体模型呈现镂空效果，如图2-62所示。至此，案例制作完成。

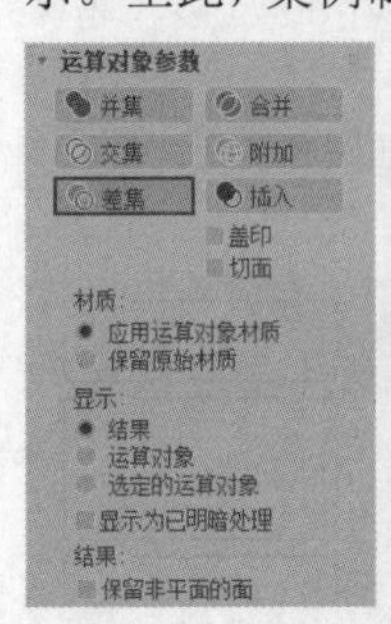

图2-61

图2-62

2.4.2 图形合并

使用“图形合并”工具 图形合并 可以将一个或多个图形嵌入其他对象的网格中或从网格中移除。图形合并的参数设置卷展栏如图2-63所示。

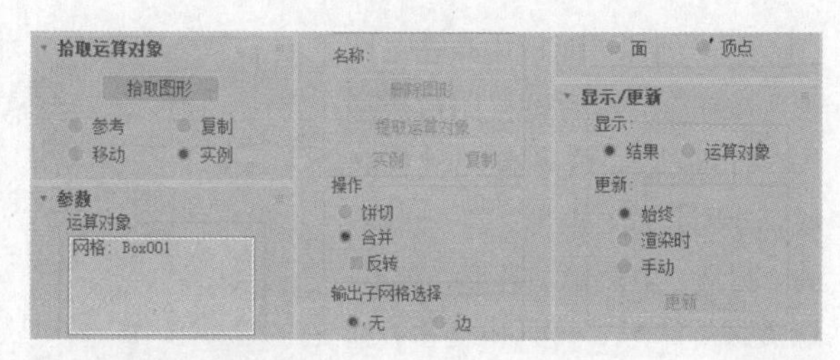

图2-63

重要参数解析

"拾取图形"按钮 ：单击该按钮，然后单击要嵌入网格对象中的图形，图形会沿图形局部的z轴负方向投射到网格对象上。

参考/复制/移动/实例：指定如何将图形传输到复合对象中。

运算对象：在"运算对象"列表框中列出所有操作对象，第1个操作对象是网格对象，以下是任意数目的基于图形的操作对象。

删除图形 ：从复合对象中删除选中的图形。

提取运算对象 ：提取选中运算对象的副本或实例，在"运算对象"列表框中选择操作对象时，该按钮才可用。

实例/复制：指定如何提取操作对象。

操作：该选项组决定如何将图形应用于网格中。选择"饼切"选项时，可切去网格对象曲面外部的图形；选择"合并"选项时，可将图形与网格对象曲面合并；选择"反转"选项时，可反转"饼切"或"合并"效果。

输出子网格选择：该选项组决定了将哪个选择级别传送到"堆栈"中。

2.4.3 布尔

使用"布尔"工具 可以对两个及两个以上的对象进行并集、差集、交集运算，从而得到新的模型。布尔运算的参数设置卷展栏如图2-64所示。

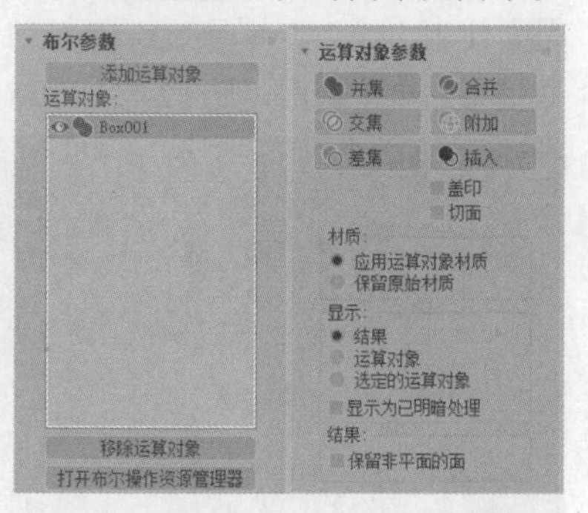

图2-64

重要参数解析

添加运算对象 ：单击该按钮可以在场景中选择另一个运算对象来完成布尔运算。

运算对象：用来显示当前运算对象的名称。

并集 ：将两个对象合并，相交的部分将被删除，运算完成后两个物体将合并为一个物体，如图2-65所示。

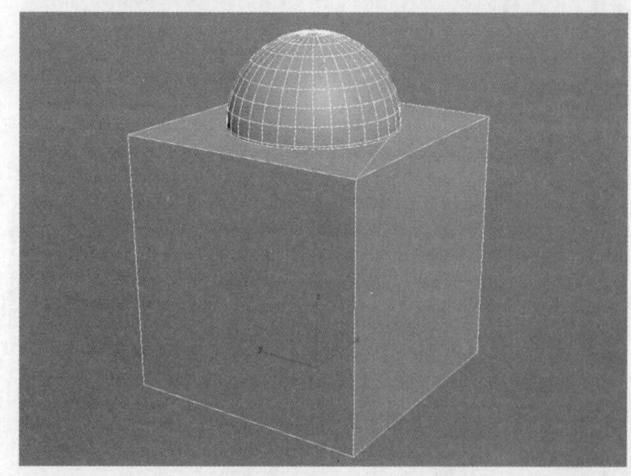

图2-65

交集 ：将两个对象相交的部分保留下来，删除不相交的部分，如图2-66所示。

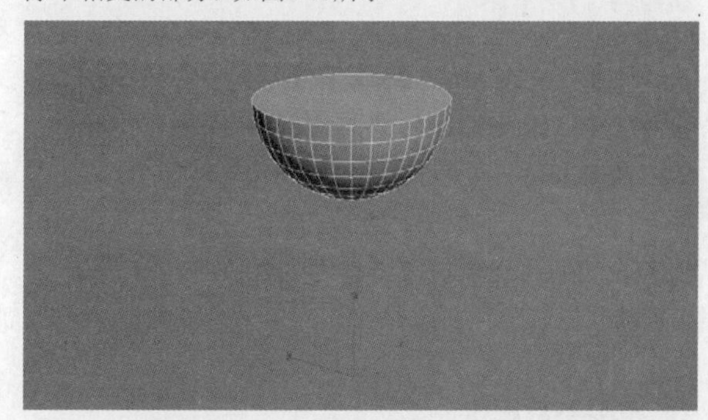

图2-66

差集 ：从A物体中减去与B物体重合的部分，如图2-67所示。

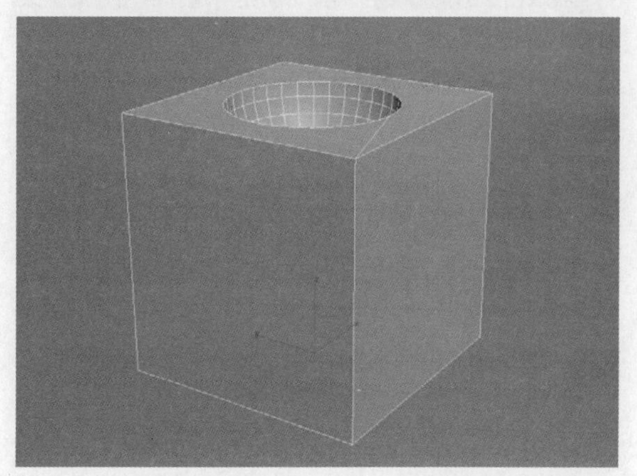

图2-67

合并 ：与并集相似，将两个单独的模型合并为一个整体。

附加 附加：将两个单独的模型合并为一个整体，不改变各自模型的布线，如图2-68所示。

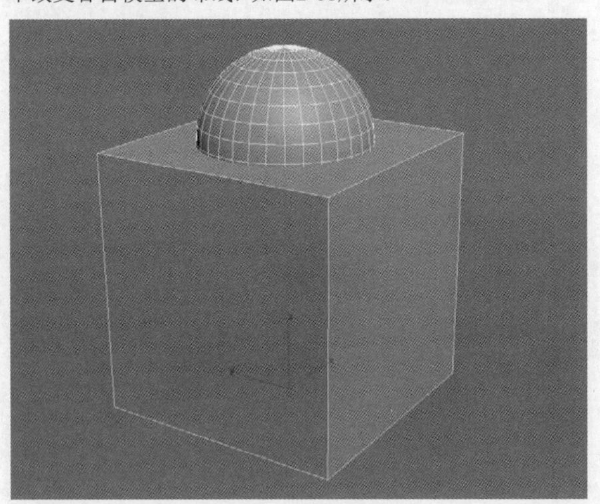

图2-68

2.4.4 放样

使用"放样"工具 放样 可以将一个二维图形作为剖面，沿某个路径排列，从而形成复杂的三维对象。放样是一种特殊的建模方法，能快速地创建出多种模型，其参数设置卷展栏如图2-69所示。

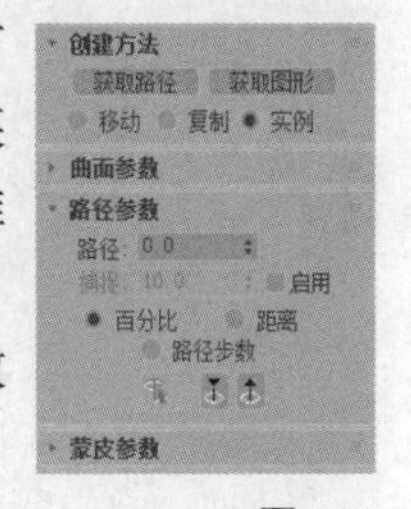

图2-69

重要参数解析

获取路径 获取路径：将路径指定给选择的图形或更改当前指定的路径。

获取图形 获取图形：将图形指定给选择的路径或更改当前指定的图形。

移动/复制/实例：用于指定路径或图形转换为放样对象的方式。

> **提示** "扫描"修改器的功能与放样相似，但比放样更强大。在软件更新了"扫描"修改器后，放样功能的使用频率大大降低。

2.5 创建二维图形

二维图形由一条或多条样条线组成，样条线由顶点和线段组成。所以只需要调整顶点及样条线的参数就可以生成复杂的二维图形，利用这些二维图形就可以生成三维模型。

在"创建"面板中单击"图形"按钮，然后设置图形类型为"样条线"，这里有13种样条线，分别是线、矩形、圆、椭圆、弧、圆环、多边形、星形、文本、螺旋线、卵形、截面和徒手，如图2-70所示，下面介绍常用的样条线。

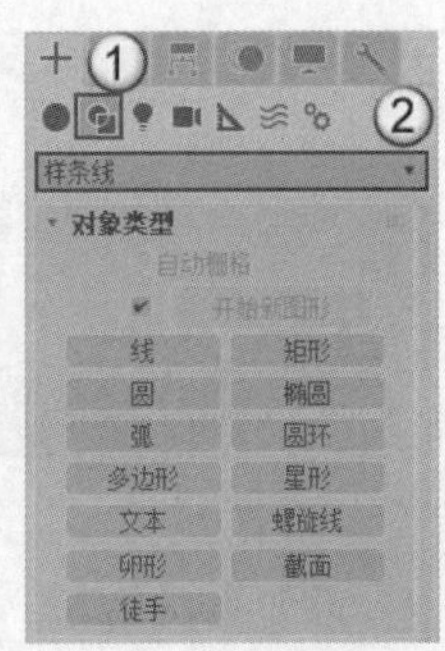

图2-70

本节内容介绍

名称	作用	重要程度
线	绘制任意形状的样条线	高
矩形	绘制矩形样条线	高
文本	创建文本图形	中

2.5.1 课堂案例：制作花瓶

场景位置　无
实例位置　案例文件>CH02>课堂案例：制作花瓶.max
学习目标　掌握样条线的用法，学习用修改器将样条线转换为三维模型的方法

花瓶模型的形状不是规则的圆柱体，利用标准基本体进行建模会比较麻烦。用"线"工具 线 绘制花瓶的截面后再为其添加"车削"修改器，就能快速生成花瓶模型，如图2-71所示。

图2-71

01 使用"线"工具 线 在前视图中绘制出花瓶模型的半个截面，如图2-72所示。

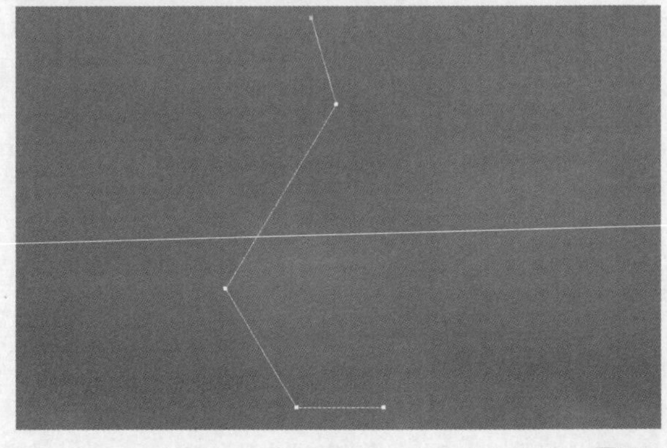

图2-72

02 选中样条线的顶点，单击鼠标右键，在弹出的菜单中执行“Bezier”命令，如图2-73所示。此时样条线的顶点发生了变化，如图2-74所示。

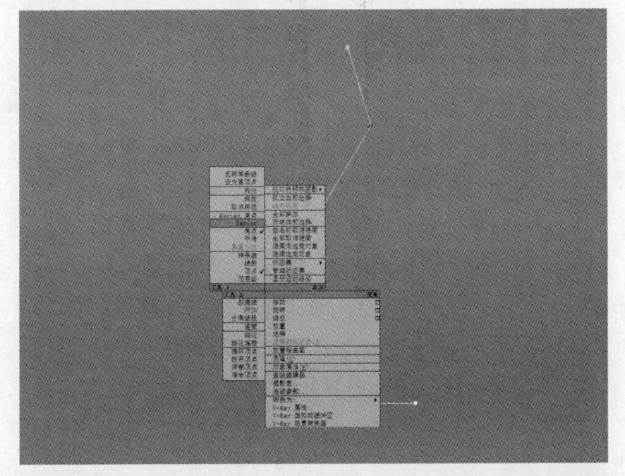

图2-73

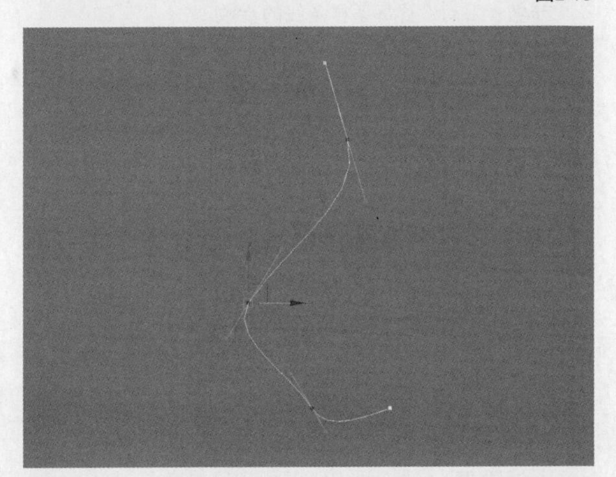

图2-74

03 使用“选择并移动”工具调整角点的控制手柄，使样条线的外形更接近花瓶的形状，如图2-75所示。

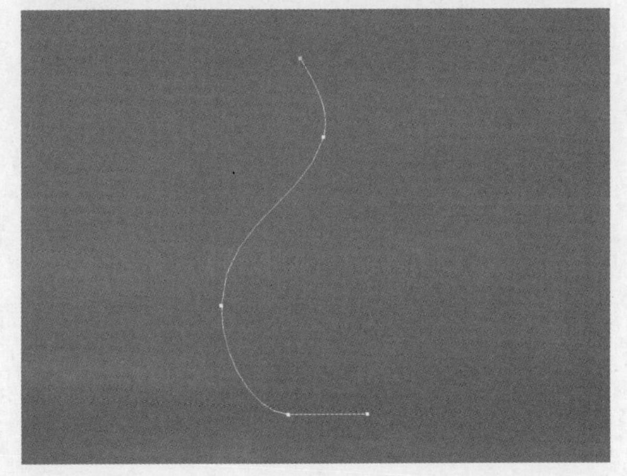

图2-75

04 仔细观察样条线，可以发现弯曲的位置上有锯齿。在“修改”面板中展开“插值”卷展栏，设置“步数”为12，如图2-76所示。

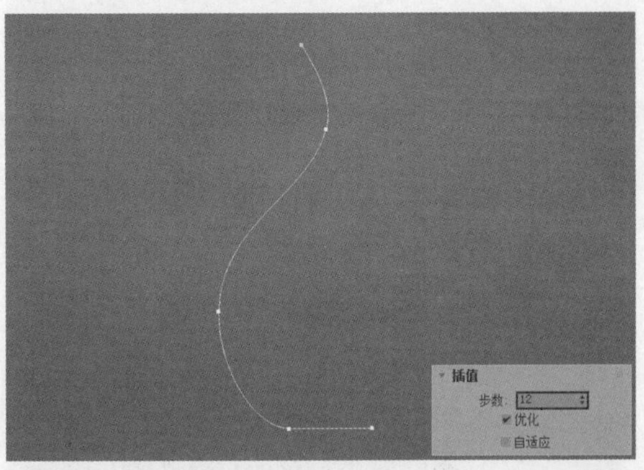

图2-76

05 切换到“样条线”层级，在“轮廓”按钮后的文本框中输入0.5，原有的样条线周围会出现一圈新的样条线，如图2-77所示。

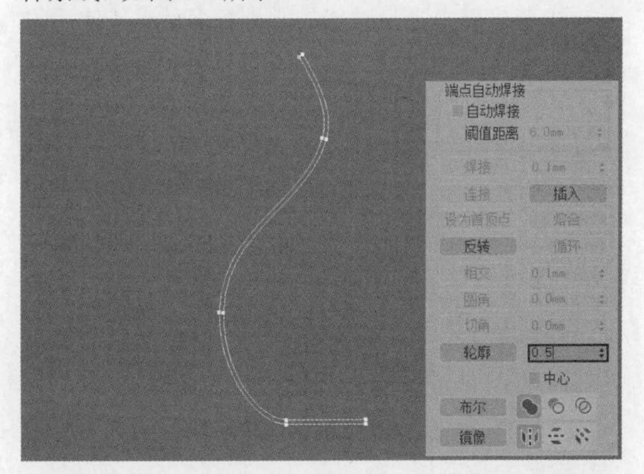

图2-77

06 展开“修改器列表”下拉列表，选择“车削”选项，此时样条线会生成模型，如图2-78所示。

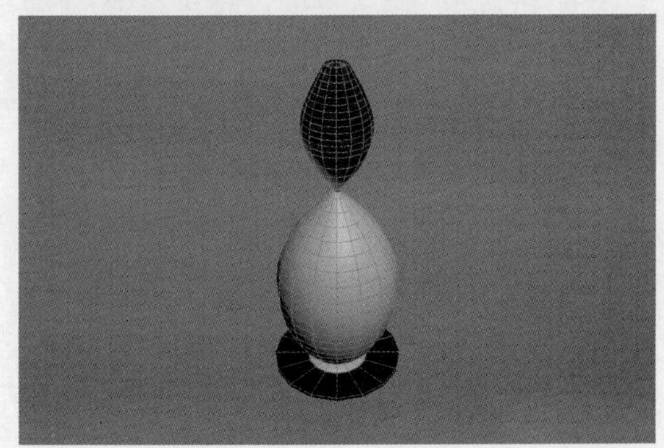

图2-78

07 生成的模型与花瓶形状相差较大。在“参数”卷展栏中勾选“焊接内核”选项，设置“分段”为36，“对齐”为“最大”，如图2-79所示。场景中的模型会转变为花瓶的形状，如图2-80所示。至此，案例制作完成。

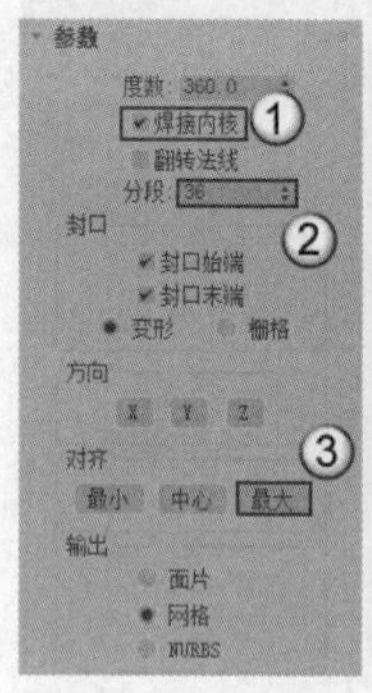

图2-79

图2-80

2.5.2 线

线在建模中是最常用的一种样条线，其使用方法非常灵活，形状也不受约束，可以封闭也可以不封闭，拐角处可以是尖锐的也可以是平滑的。线的参数设置卷展栏如图2-81所示。

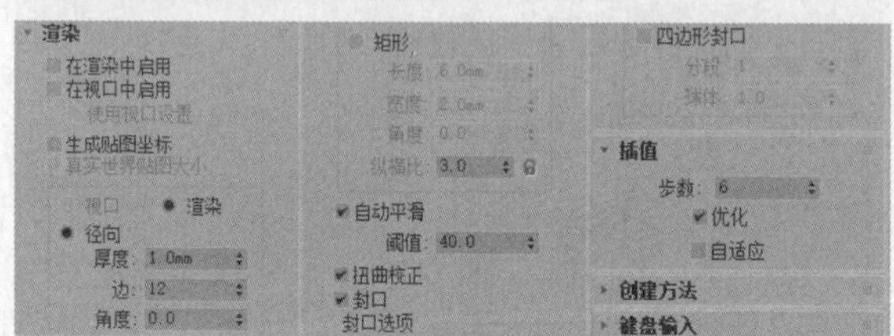

图2-81

重要参数解析

在渲染中启用：勾选该选项才能渲染出样条线，若不勾选，将不能渲染出样条线。

在视口中启用：勾选该选项后，样条线会以网格的形式显示在视口中。

使用视口设置：该选项只有在勾选了“在视口中启用”选项后才可用，主要用于设置不同的渲染参数。

生成贴图坐标：控制是否应用贴图坐标。

真实世界贴图大小：控制应用于对象的纹理贴图材质所使用的缩放方法。

视口/渲染：当勾选“在视口中启用”选项时，样条线将显示在视口中；当同时勾选“在视口中启用”和“渲染”选项时，样条线在视口中和渲染时都可以显示出来。

径向：将3D网格显示为圆柱体对象，其参数包含“厚度”“边”“角度”。

» **厚度**：该选项用于指定视图或渲染样条线网格的直径。

» **边**：该选项用于在视图或渲染器中为样条线网格设置边数或面数。

» **角度**：该选项用于调整视图或渲染器中的横截面的旋转位置。

矩形：将3D网格显示为矩形对象，其参数包含“长度”“宽度”“角度”“纵横比”。

» **长度**：该选项用于设置沿局部轴的横截面大小。

» **宽度**：该选项用于设置沿局部轴的横截面大小。

» **角度**：该选项用于调整视图或渲染器中的横截面的旋转位置。

» **纵横比**：该选项用于设置矩形横截面的纵横比。

自动平滑：勾选该选项可以激活下面的“阈值”选项，调整“阈值”数值可以自动平滑样条线。

步数：手动设置每条样条线的步数。

优化：勾选该选项后，可以从样条线中删除不需要的步数。

2.5.3 矩形

矩形在实际建模中较为常用，可以生成大小不等的矩形样条线。矩形的“参数”卷展栏如图2-82所示。

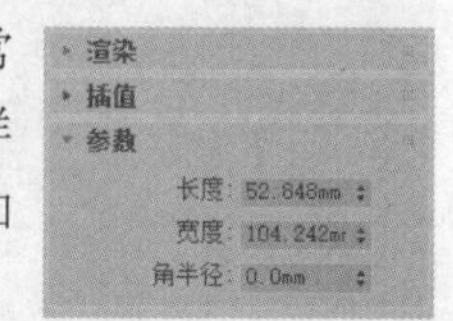

图2-82

重要参数解析

长度/宽度：设置矩形的长度和宽度数值。

角半径：设置矩形样条线的圆角大小，如图2-83所示。

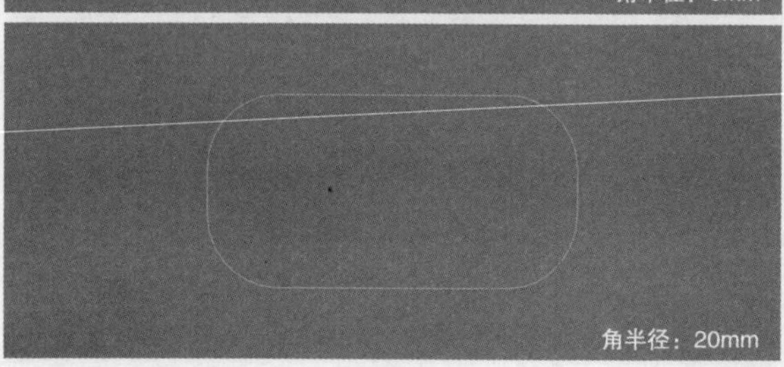

图2-83

2.5.4 文本

"文本"工具 文本 是"加强型文本"的简化版，只能生成文本样条线，不能直接生成拥有厚度和倒角的三维模型。文本的"参数"卷展栏如图2-84所示。

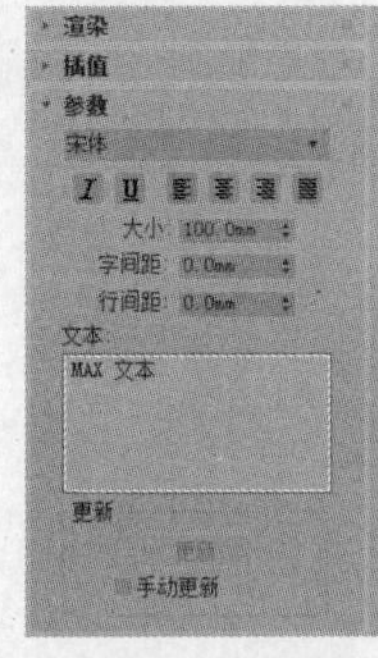

图2-84

提示 "文本"工具的参数与"加强型文本"工具的参数较为相似，这里不再赘述。

2.6 VRay对象

只有安装了VRay渲染器，才能在"创建"面板的"几何体"下拉列表中找到VRay选项，如图2-85所示。面板中包含VRay自带的一些对象，以方便日常的制作，下面介绍常用的对象类型。

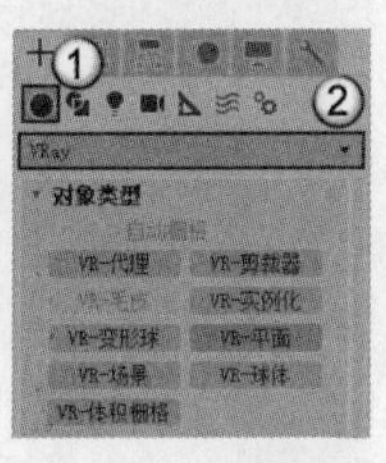

图2-85

本节内容介绍

名称	作用	重要程度
VR-毛皮	生成毛发模型	高
VR-平面	创建无限延伸的平面模型	中

2.6.1 课堂案例：制作地毯

场景位置 无
实例位置 案例文件>CH02>课堂案例：制作地毯.max
学习目标 掌握"VR-毛皮"工具的使用方法

使用"VR-毛皮"工具 VR-毛皮 可以快速生成较为逼真的毛发模型，常用于模拟地毯、毛巾、角色毛发和植物等模型。地毯效果如图2-86所示。

图2-86

01 使用"切角长方体"工具 切角长方体 在场景中创建一个切角长方体模型，设置"长度"为60mm，"宽度"为120mm，"高度"为2mm，"圆角"为1mm，"长度分段"为10，"宽度分段"为20，"高度分段"为1，"圆角分段"为2，如图2-87所示。

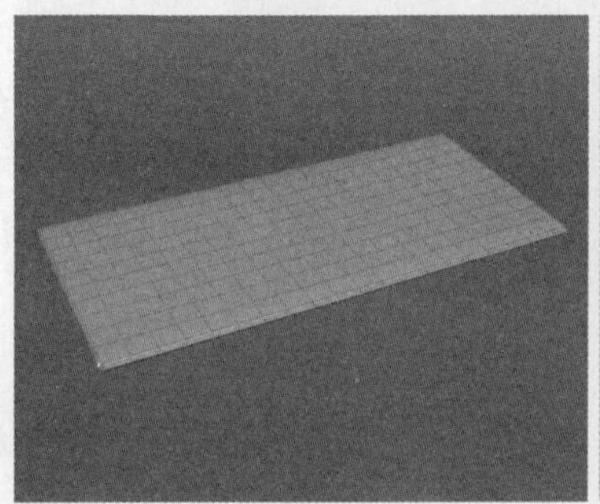

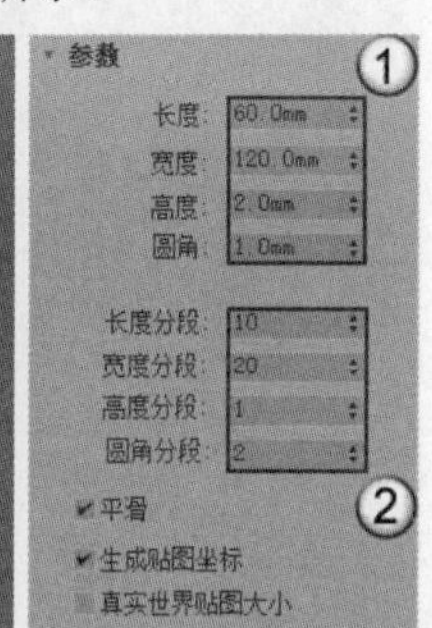

图2-87

02 选中上一步创建的模型，在"创建"面板中切换到VRay选项，单击"VR-毛皮"按钮 VR-毛皮，如图2-88所示。此时模型上会自动生成许多毛发，如图2-89所示。

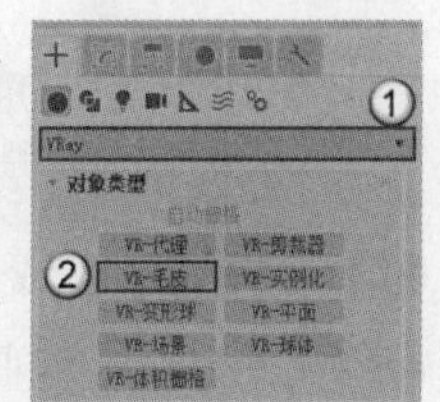

图2-88

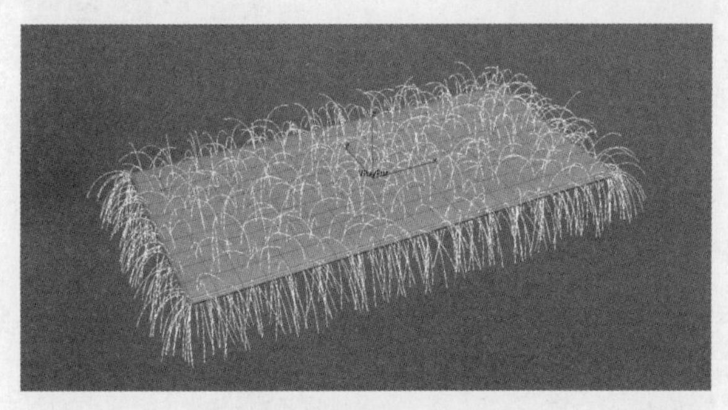

图2-89

03 选中生成的毛发模型，切换到"修改"面板，在"参数"卷展栏中设置"长度"为5mm，"厚度"为0.2mm，"重力"为-0.5mm，"弯曲"为1，"锥度"为0.8，如图2-90所示。生成的毛发效果如图2-91所示。

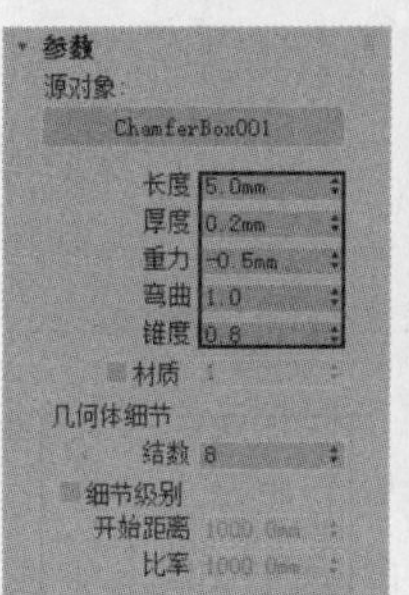

图2-90

图2-91

04 按F9键预览毛发效果，如图2-92所示，可以看到地毯的毛发较为稀疏。

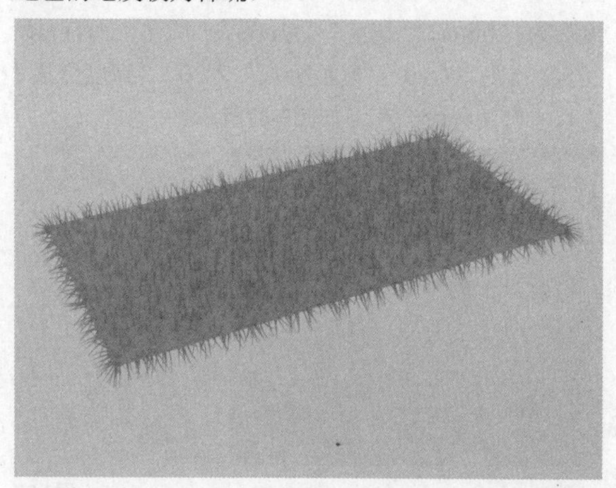

图2-92

> **提示** 仅通过毛发模型无法直观地看到模型的最终效果，必须通过渲染才能准确观察。

05 设置“每区域”为1，如图2-93所示，按F9键渲染场景。案例最终效果如图2-94所示。

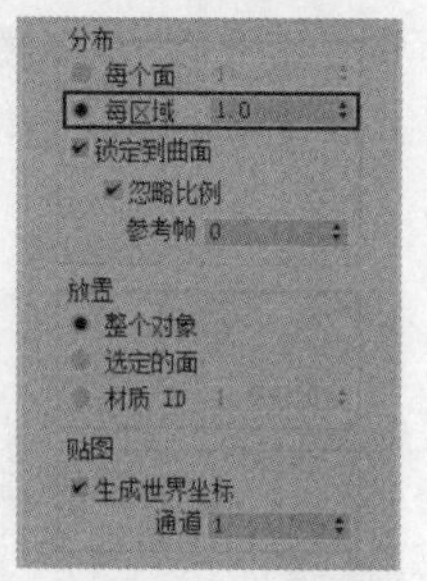

图2-93

图2-94

2.6.2 VR-毛皮

“VR-毛皮”工具 VR-毛皮 用于模拟毛发、地毯和草坪等效果。选中需要添加毛发的模型后，单击“VR-毛皮”按钮 VR-毛皮 ，就能自动在模型上生成毛发。其参数设置卷展栏如图2-95所示。

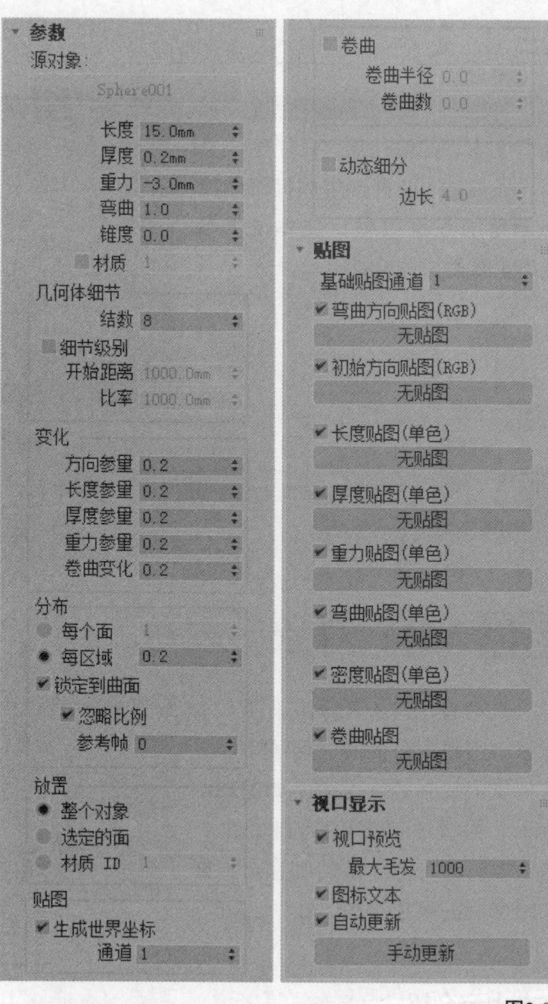

图2-95

重要参数解析

长度：设置毛发的长度。

厚度：设置毛发的粗细。

重力：该参数值为负值时，毛发会向下弯曲。

弯曲：设置毛发的弯曲效果，取值范围为0~1。

锥度：设置发根与发梢间的过渡效果。

结数：数值越大，毛发弯曲的弧度越圆滑。

方向参量/长度参量/厚度参量/重力参量/卷曲变化：设置毛发的随机变化效果。

每个面/每区域：设置毛发的密度，数值越大，毛发数量越多。

2.6.3 VR-平面

“VR-平面”工具 VR-平面 用于创建一种无限延伸、没有边界的平面。VR-平面不仅可以被赋予材质，也可以被渲染，在实际工作中常用作背景板、地面和水面等。只需要单击"VR-平面"按钮 VR-平面 ，然后在场景中单击即可创建该模型，如图2-96所示。

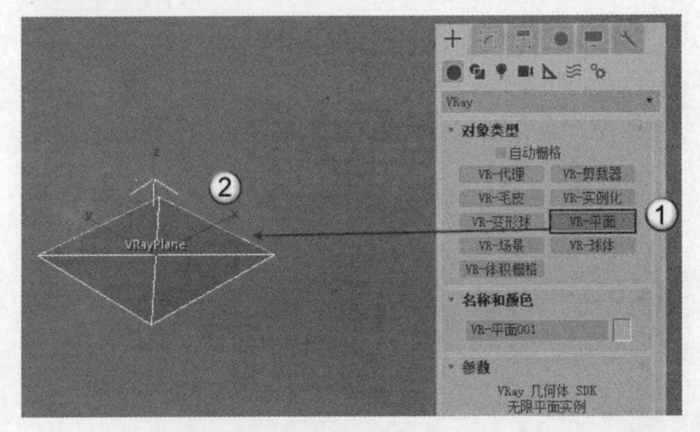

图2-96

2.7 课堂练习

下面准备了两个课堂练习，请读者根据提示完成。

2.7.1 课堂练习：制作积木组合

场景位置 无
实例位置 案例文件>CH02>课堂练习：制作积木组合.max
学习目标 掌握各种标准基本体的创建方法

本练习使用标准基本体模型制作一个积木组合，最终效果如图2-97所示。

图2-97

步骤分解如图2-98所示。

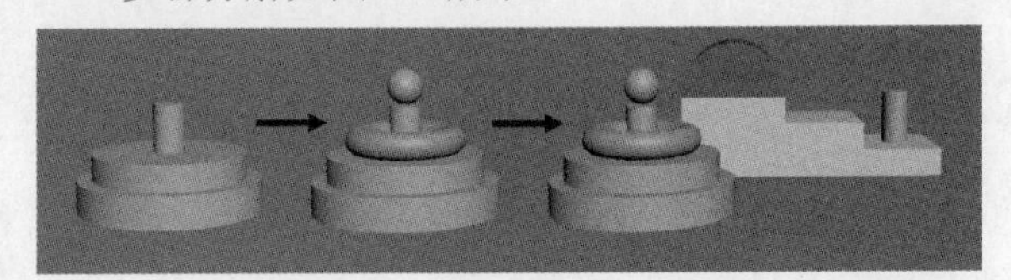

图2-98

2.7.2 课堂练习：制作圆凳

场景位置 无
实例位置 案例文件>CH02>课堂练习：制作圆凳.max
学习目标 掌握切角长方体和切角圆柱体的创建方法

圆凳模型由切角长方体和切角圆柱体拼合而成，最终效果如图2-99所示。

图2-99

步骤分解如图2-100所示。

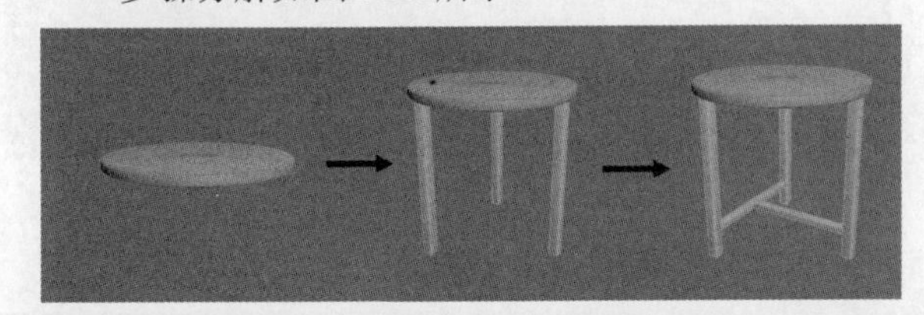

图2-100

2.8 课后习题

下面准备了两个课后习题，请读者根据提示完成。

2.8.1 课后习题：制作管道

场景位置 无
实例位置 案例文件>CH02>课后习题：制作管道.max
学习目标 掌握样条线的创建方法

本习题使用"线"工具 线 绘制管道的路径，并将管道调整为带体积的管道模型，最终效果如图2-101所示。

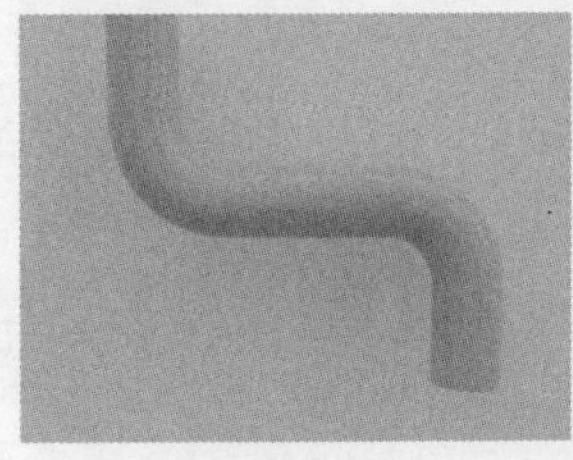

图2-101

步骤分解如图2-102所示。

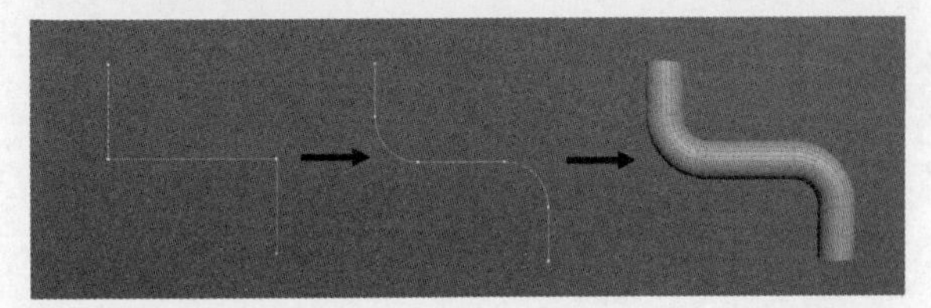

图2-102

2.8.2 课后习题：制作推拉窗

场景位置 无
实例位置 案例文件>CH02>课后习题：制作推拉窗.max
学习目标 掌握矩形和平面的创建方法

本习题使用矩形样条、平面模型和“挤出”修改器制作推拉窗模型，最终效果如图2-103所示。

图2-103

步骤分解如图2-104所示。

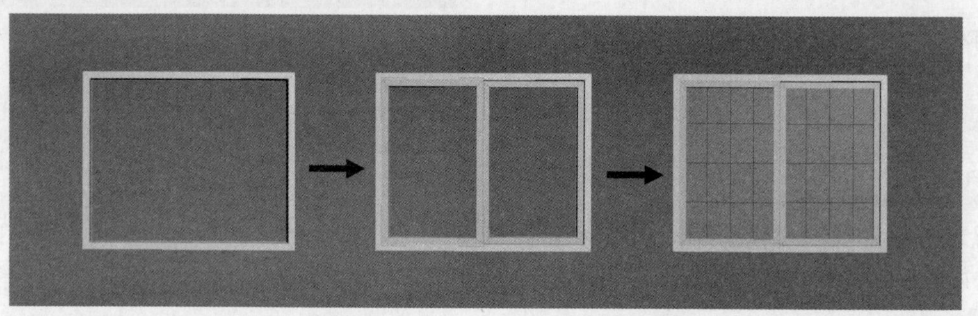

图2-104

第3章

高级建模技术

本章将介绍3ds Max 2020的高级建模技术，包括修改器建模和多边形建模。本章非常重要，在实际工作中运用的高级建模技术基本上都包含在本章中。通过对本章的学习，读者可以掌握具有一定难度的模型的制作思路与方法。

课堂学习目标

- 掌握常用修改器的使用方法
- 掌握多边形建模的思路和相关技巧

3.1 修改器的基础知识

修改器是3ds Max 2020非常重要的功能之一，用它可以快速对基础模型或样条线进行变形，形成更为复杂的模型。3ds Max 2020将这些修改器默认分为“选择修改器”“世界空间修改器”“对象空间修改器”3个部分，如图3-1所示。

选择修改器
网格选择
面片选择
样条线选择
多边形选择
体积选择
世界空间修改器
Hair 和 Fur (WSM)
摄影机贴图 (WSM)
曲面变形 (WSM)
曲面贴图 (WSM)
点缓存 (WSM)
粒子流碰撞图形 (WSM)
细分 (WSM)
置换网格 (WSM)
贴图缩放器 (WSM)
路径变形 (WSM)
面片变形 (WSM)
对象空间修改器
(PG)地板生成器
Arnold Properties
Cloth
CoronaCameraMod
CoronaDisplacementMod
CoronaHairMod
CreaseSet
FFD 2x2x2
FFD 3x3x3
FFD 4x4x4
FFD(圆柱体)
FFD(长方体)
HSDS
MassFX RBody
mCloth
MultiRes
OpenSubdiv
Particle Skinner
Physique
STL 检查
UVW 变换
UVW 展开
UVW 贴图
UVW 贴图添加
UVW 贴图清除
VR-毛发农场模式
VR-置换模式
X 变换
专业优化
优化
体积选择
保留
修剪/延伸
倒角
倒角剖面
倾斜
切片
切角
删除样条线
删除网格
删除面片
变形器
可渲染样条线
噪波
四边形网格化
圆角/切角
壳
多边形选择
对称
属性承载器
平滑
弯曲
影响区域
扫描
扭曲
投影
折缝
拉伸
按元素分配材质
按通道选择
挤出
挤压
推力
摄影机贴图
数据通道
晶格
曲面
曲面变形
替换
服装生成器
材质
松弛
柔体
样条线 IK 控制
样条线选择
横截面
法线
波浪
涟漪
涡轮平滑
点缓存
焊接
球形化
粒子面创建器
细分
细化
编辑多边形
编辑样条线
编辑法线
编辑网格
编辑面片
网格平滑
网格选择
置换
置换近似
蒙皮
蒙皮包裹
蒙皮包裹面片
蒙皮变形
融化
补洞
规格化样条线
贴图缩放器
路径变形
车削
转化为多边形
转化为网格
转化为面片
链接变换
锥化
镜像
面挤出
面片变形
面片选择
顶点焊接
顶点绘制

图3-1

本节内容介绍

名称	作用	重要程度
修改器的加载方法	了解为对象加载修改器的方法	高
修改器的排序	了解修改器排序的重要性	高
修改器的使用	了解启用与禁用修改器的方法	高
修改器的编辑	了解如何编辑修改器	高

3.1.1 修改器的加载方法

为对象加载修改器的方法非常简单。

第1步：选择一个对象，切换到“修改”面板。

第2步：单击“修改器列表”后面的▼按钮，在弹出的下拉列表中选择相应的修改器，如图3-2所示。

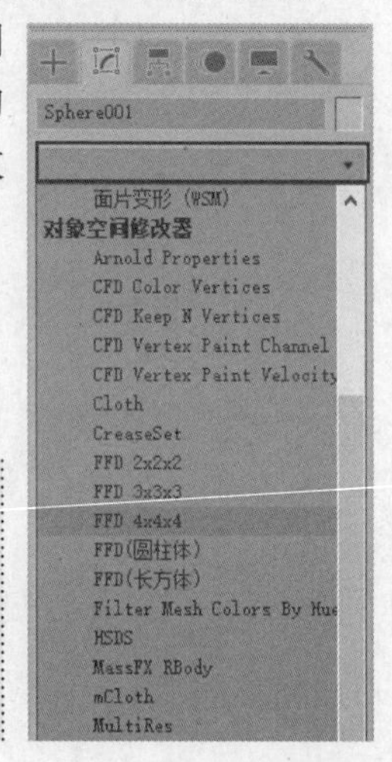

图3-2

> **提示** 修改器可以在“修改”面板的“修改器列表”中进行加载，也可以在菜单栏中的“修改器”菜单下进行加载，这两个地方的修改器完全一样。

3.1.2 修改器的排序

修改器的排列顺序非常重要，先加入的修改器位于修改器列表的下方，后加入的修改器则位于修改器列表的顶部，不同的修改器添加顺序对同一物体起到的效果是不一样的。

在图3-3所示的圆柱体上添加了“弯曲”修改器后，效果如图3-4所示。

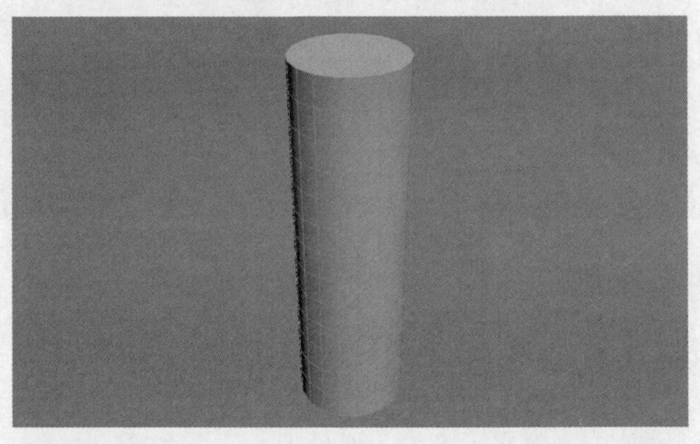

图3-3

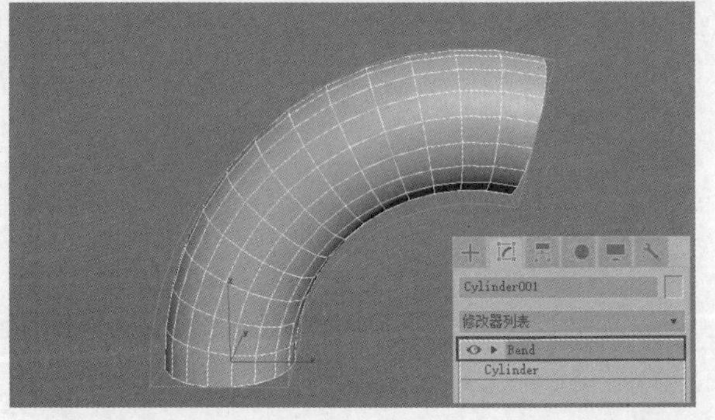

图3-4

继续为圆柱体添加“倾斜”修改器，效果如图3-5所示。

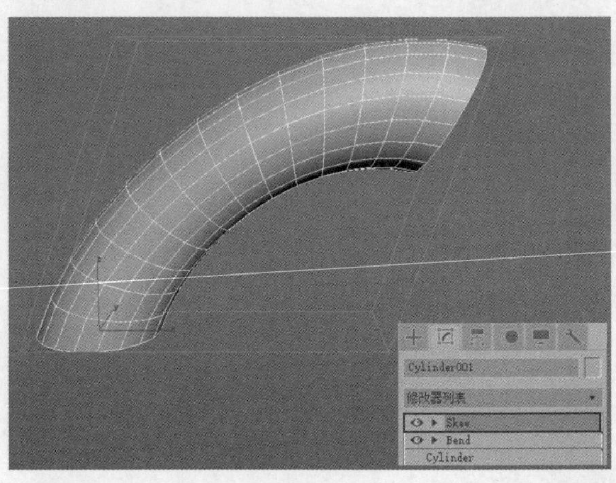

图3-5

下面调整两个修改器的位置。选中“倾斜”修改器，将其拖曳到“弯曲”修改器的下方后松开鼠标左键（拖曳时修改器下方会出现一条蓝色的线），调整排序后可以发现圆柱体的效果发生了很大的变化，如图3-6所示。

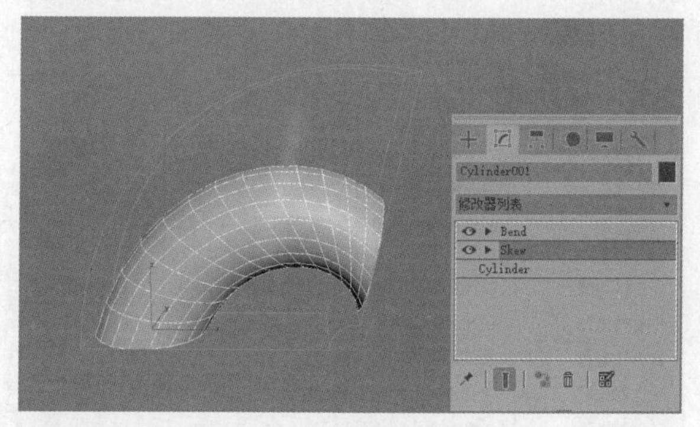

图3-6

通过上述操作可知，修改器的顺序不同，产生的效果也不同，所以在加载修改器时，加载的先后顺序一定要合理。

提示 在修改器列表中，如果要同时选择多个修改器，可以先选中一个修改器，然后按住Ctrl键单击其他修改器进行加选；如果按住Shift键，则可以选择多个连续的修改器。

3.1.3 修改器的使用

在修改器列表中可以看到每个修改器前面都有个眼睛图标，这个图标表示修改器的启用或禁用状态。当眼睛图标处于睁开的状态时，表示这个修改器是启用的；当眼睛图标处于关闭的状态时，表示这个修改器被禁用了。单击眼睛图标即可切换修改器的启用和禁用状态。

下面继续以上一小节中的圆柱体为例进行讲解，圆柱体加载了“弯曲”修改器和“倾斜”修改器，如图3-7所示。

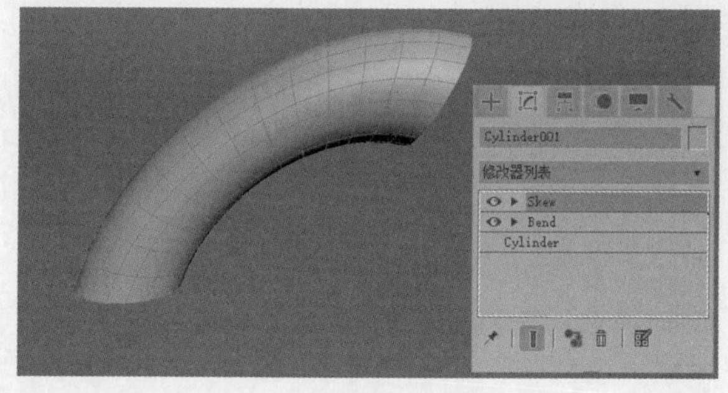

图3-7

当单击“倾斜”修改器前的眼睛图标时，图标会从状态变为状态，此时场景中的模型也不再显示倾斜效果，如图3-8所示。

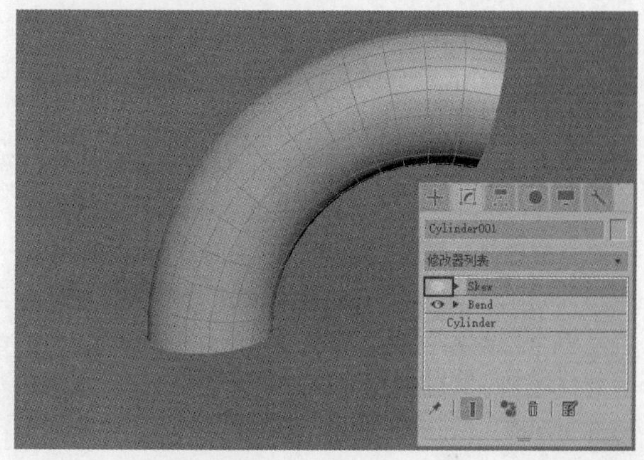

图3-8

3.1.4 修改器的编辑

在修改器上单击鼠标右键会弹出一个菜单，该菜单中包含对修改器进行编辑的常用命令，如图3-9所示。

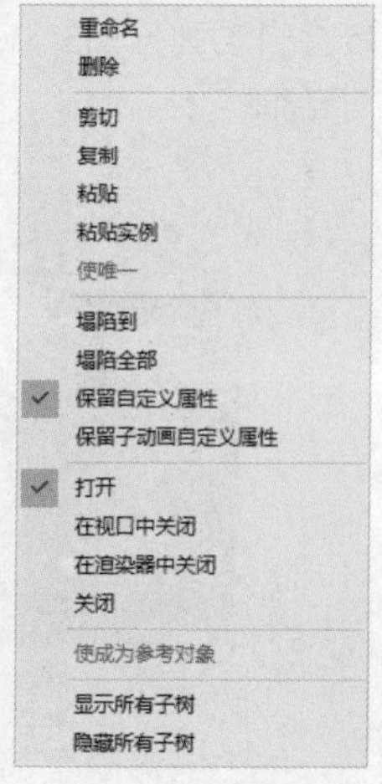

图3-9

1.复制与粘贴修改器

修改器是可以复制到其他对象上的，复制的方法有以下两种。

第1种：在修改器上单击鼠标右键，在弹出的菜单中执行“复制”命令，然后在需要的位置单击鼠标右键，在弹出的菜单中执行“粘贴”命令即可。

第2种：直接将修改器拖曳到场景中的某一对象上。

提示 在选中某一修改器后，如果按住Ctrl键将其拖曳到其他对象上，可以将这个修改器作为实例粘贴到其他对象上；如果按住Shift键将其拖曳到其他对象上，就相当于将原对象上的修改器剪切并粘贴到新对象上。

2.塌陷修改器

塌陷修改器会将目标对象转换为可编辑网格，并删除其中所有的修改器，这样可以简化对象，并且还能够节约内存。但是，塌陷之后就不能对修改器的参数进行调整，也不能将修改器恢复到基准值。

塌陷修改器有“塌陷到”和“塌陷全部”两种方法。使用“塌陷到”命令可以塌陷到当前选定的修改器，即删除当前修改器及列表中位于当前修改器下面的所有修改器，保留当前修改器上面的所有修改器。使用“塌陷全部”命令，会塌陷整个修改器列表，删除所有修改器，并使对象变成可编辑网格。

选中“倾斜”修改器，单击鼠标右键，在弹出的菜单中执行“塌陷全部”命令，如图3-10所示。此时系统会自动弹出图3-11所示的对话框。

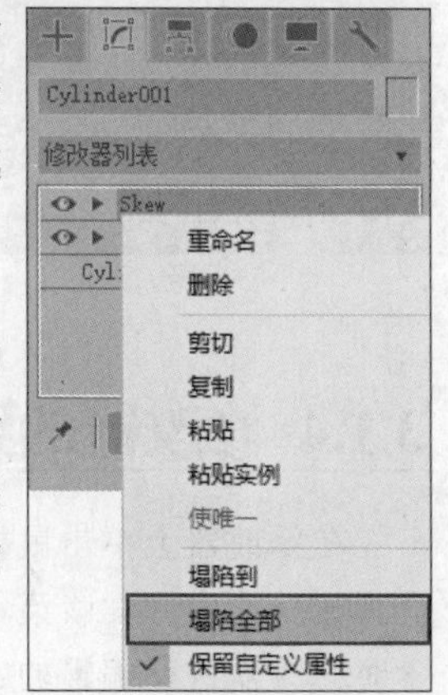

图3-10

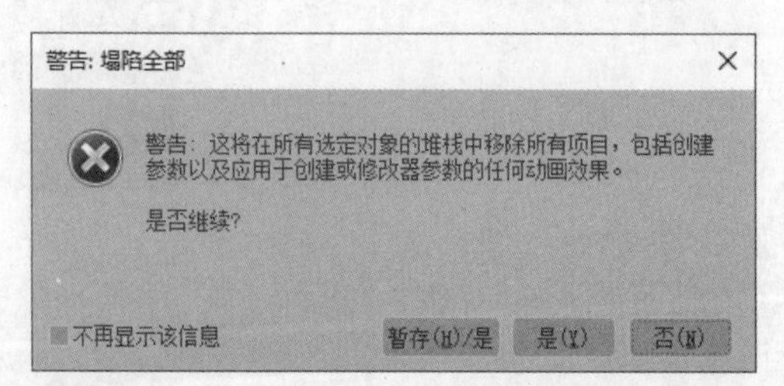

图3-11

“警告:塌陷全部”对话框中有3个按钮，分别为“暂存/是”按钮 暂存(H)/是 、“是”按钮 是(Y) 和“否”按钮 否(N) 。

重要参数解析

暂存/是 暂存(H)/是：将当前对象的状态保存到“暂存”缓冲区，然后才应用“塌陷全部”命令，执行“编辑>取回”菜单命令，可以恢复到塌陷前的状态。

是 是(Y)：塌陷所有修改器，且模型会变成可编辑网格，如图3-12所示。

否 否(N)：不进行塌陷操作。

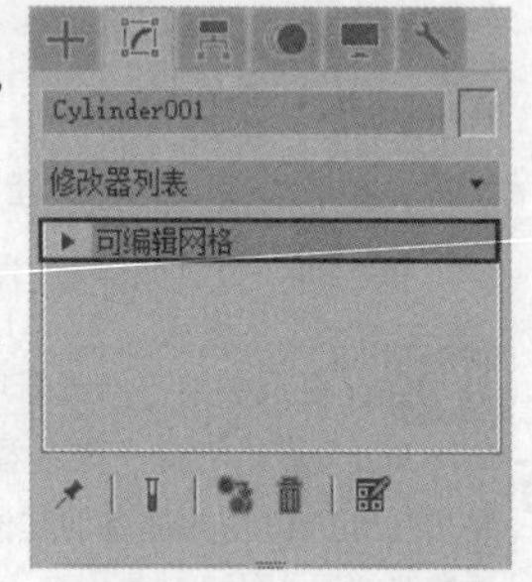

图3-12

3.2 常用修改器

“参数化修改器”集合中有很多修改器，本节就针对这个集合及其他集合中较为常用的一些修改器进行详细介绍。熟练运用这些修改器，可以大大简化建模流程，节省操作时间。

本节内容介绍

名称	作用	重要程度
挤出修改器	为二维图形添加深度	高
车削修改器	绕轴旋转一个图形或NURBS曲线来创建3D对象	高
弯曲修改器	在任意轴上控制物体的弯曲角度和方向	高
扭曲修改器	在任意轴上控制物体的扭曲角度和方向	高
置换修改器	重塑对象的几何外形	中
噪波修改器	使对象表面的顶点随机变动	中
FFD修改器	自由改变物体的外形	高
晶格修改器	将图形的线段或边转化为圆柱形结构	中
平滑类修改器	平滑几何体	高
Hair和Fur（WSN）修改器	3ds Max自带的毛发修改器	中
Cloth修改器	用于模拟布料碰撞效果	中

3.2.1 课堂案例：制作广告灯箱

场景位置　无
实例位置　案例文件>CH03>课堂案例：制作广告灯箱.max
学习目标　掌握“挤出”修改器的使用方法

广告灯箱是使用“矩形”工具和“挤出”修改器制作而成的，效果如图3-13所示。

图3-13

01 使用“矩形”工具 矩形 在前视图中绘制一个矩形，设置“长度”为240mm，“宽度”为200mm，“角半径”为20mm，如图3-14所示。

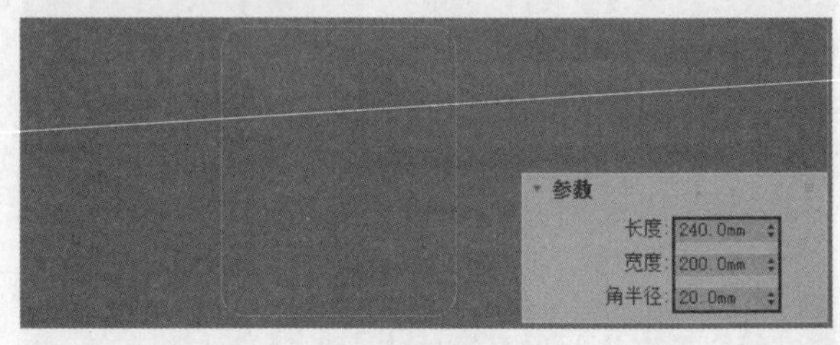

图3-14

02 选中绘制的矩形，单击鼠标右键，在弹出的菜单中执行“转换为>转换为可编辑样条线”命令，如图3-15所示。

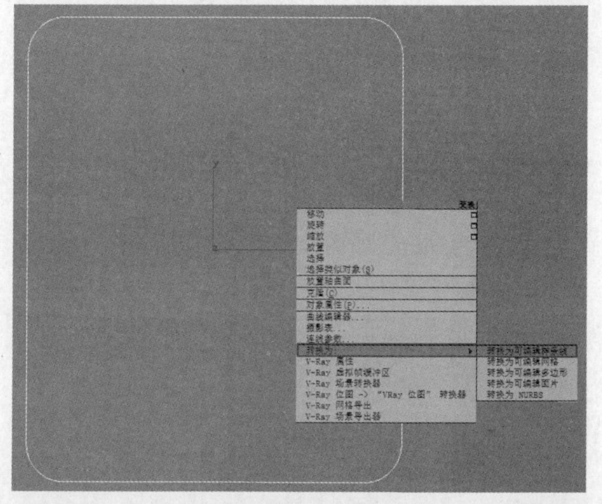

图3-15

03 在“选择”卷展栏中单击“样条线”按钮，此时场景中的矩形会转换为样条线层级效果，如图3-16所示。

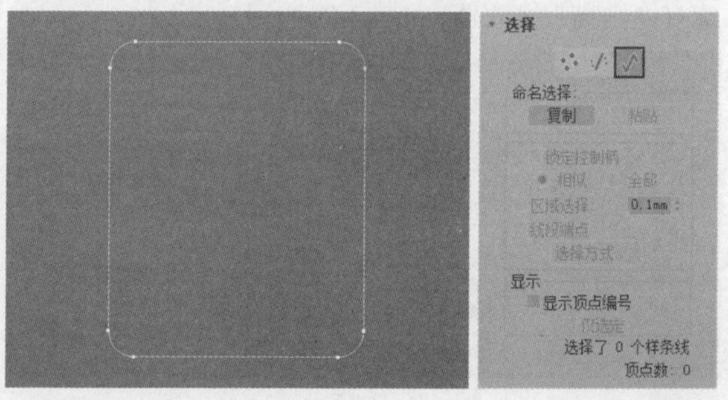

图3-16

04 在“几何体”卷展栏中找到“轮廓”按钮 轮廓 ，在右侧的文本框中输入10mm，原有的矩形样条线的内侧会出现一圈新的矩形样条线，如图3-17所示。

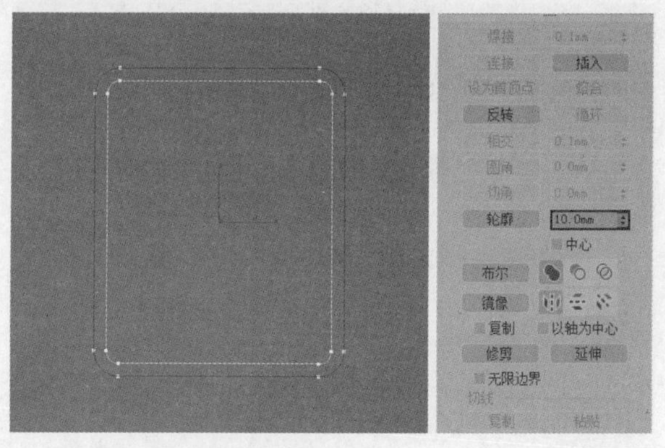

图3-17

05 在“修改器列表”中选择“挤出”修改器，设置“数量”为12mm，在透视视图中可以看到矩形样条线变成了带厚度的模型，如图3-18所示。

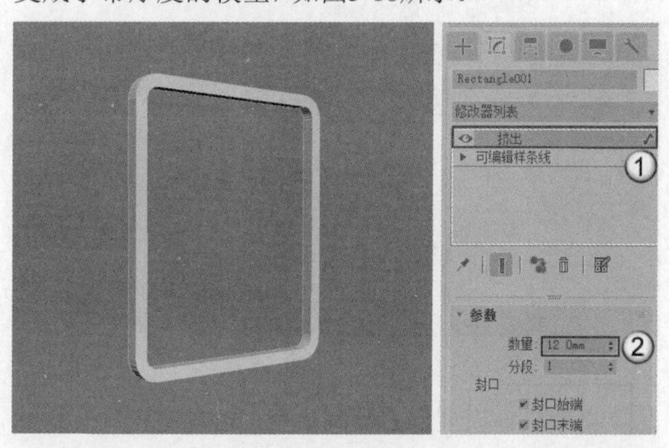

图3-18

06 使用“矩形”工具 矩形 在生成的模型内部绘制一个矩形，设置“长度”为230mm，“宽度”为190mm，“角半径”为15mm，如图3-19所示。

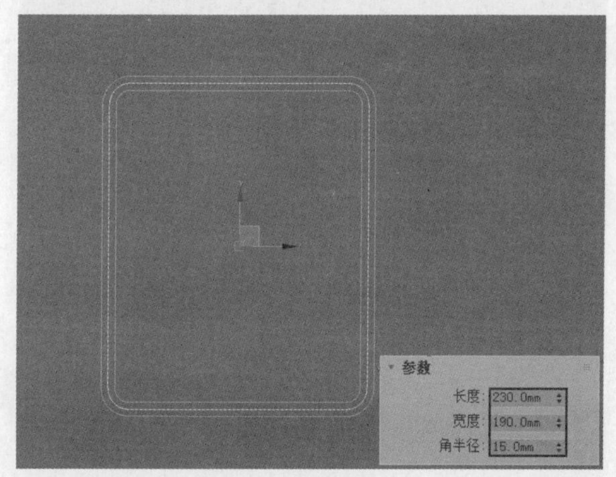

图3-19

07 选中上一步创建的矩形，在“修改器列表”中选择“挤出”修改器，设置“数量”为6mm，效果如图3-20所示。

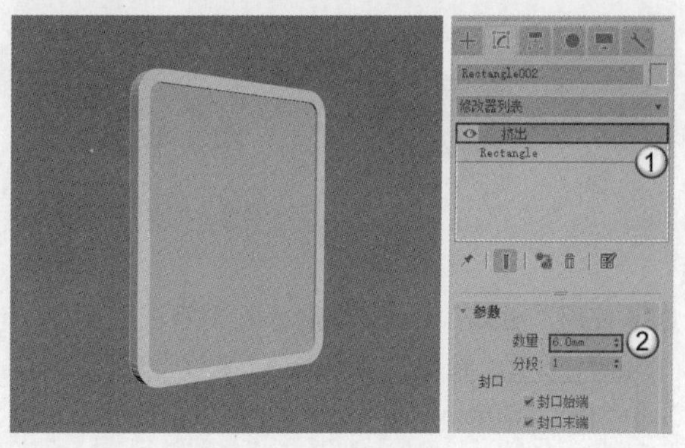

图3-20

08 使用“圆柱体”工具 圆柱体 在模型上方创建一个圆柱体模型，设置“半径”为2mm，“高度”为100mm，如图3-21所示。

图3-21

09 将圆柱体模型向右复制一个，案例最终效果如图3-22所示。

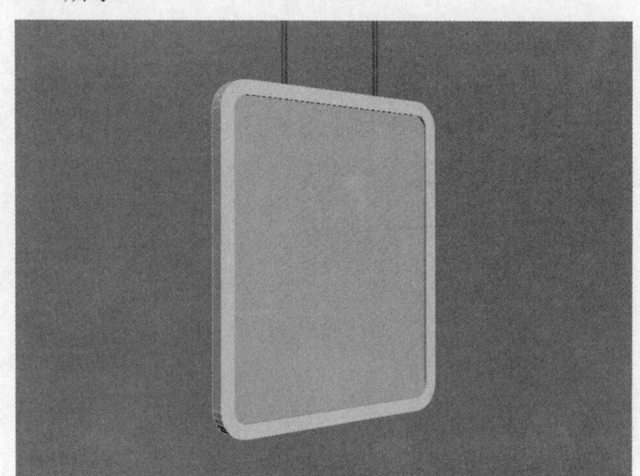

图3-22

3.2.2 课堂案例：制作传送带

场景位置	无
实例位置	案例文件>CH03>课堂案例：制作传送带.max
学习目标	掌握“扫描”修改器的使用方法

传送带模型由两个大小不等的矩形通过“扫描”修改器扫描而成，案例效果如图3-23所示。

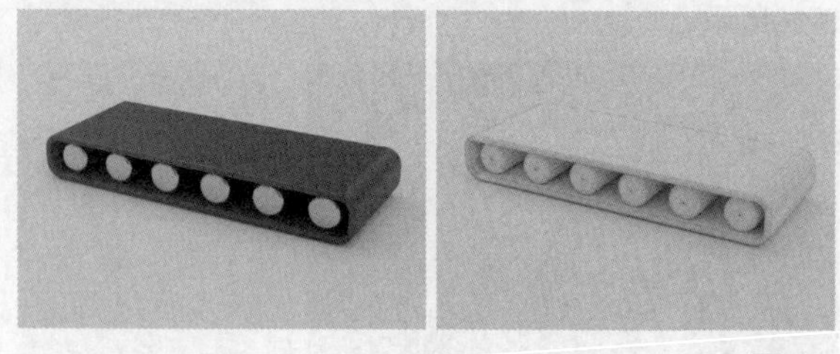

图3-23

01 使用“矩形”工具 矩形 在前视图中创建一个矩形，设置“长度”为60mm，“宽度”为500mm，“角半径”为30mm，如图3-24所示。这个矩形代表传送带的路径。

图3-24

02 使用“矩形”工具 矩形 在前视图中创建一个矩形，设置“长度”为200mm，“宽度”为10mm，“角半径”为5mm，如图3-25所示。这个矩形代表传送带的截面。

图3-25

03 选中步骤01中绘制的矩形，在“修改器列表”中选择“扫描”修改器，如图3-26所示。

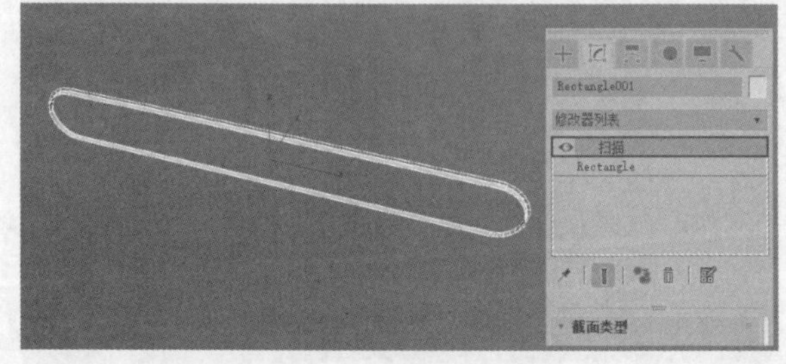

图3-26

04 在“截面类型”卷展栏中选择“使用自定义截面”选项，单击“拾取”按钮 拾取，然后单击在步骤02中绘制的矩形，如图3-27所示。

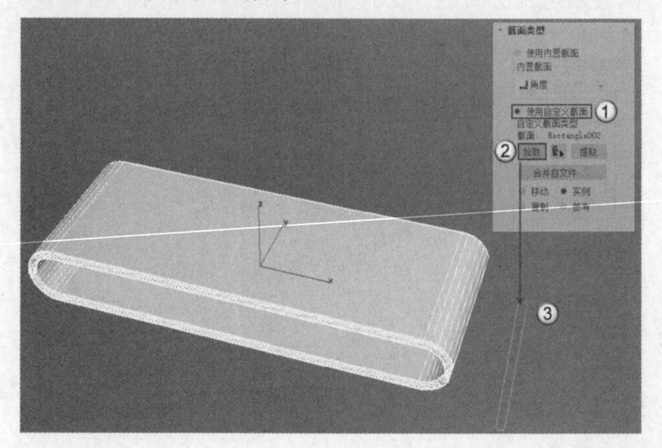

图3-27

05 观察扫描的传送带模型，发现两侧出现变形。选中代表路径的矩形，修改“角半径”为20mm，如图3-28所示。

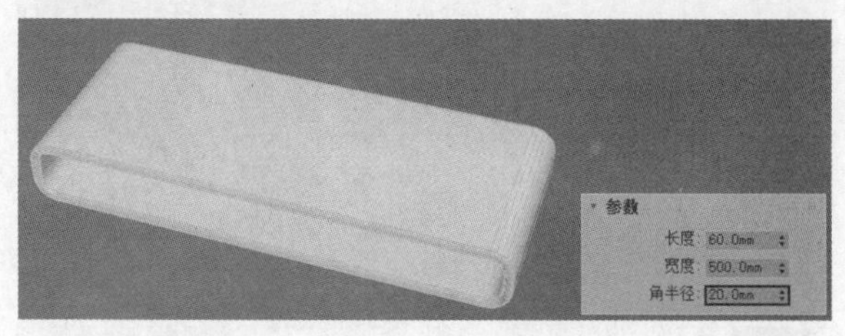

图3-28

06 使用“切角圆柱体”工具 切角圆柱体 在传送带模型的空隙中创建一个切角圆柱体模型，设置“半径”为25mm，“高度”为180mm，“圆角”为6mm，“圆角分段”为3，“边数”为24，如图3-29所示。

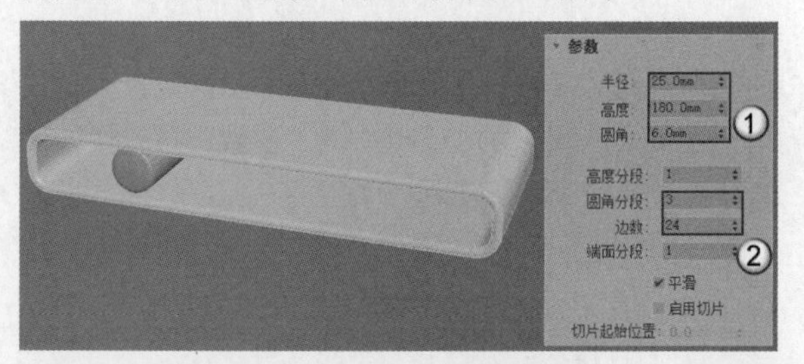

图3-29

07 将上一步创建的切角圆柱体复制5个，案例最终效果如图3-30所示。

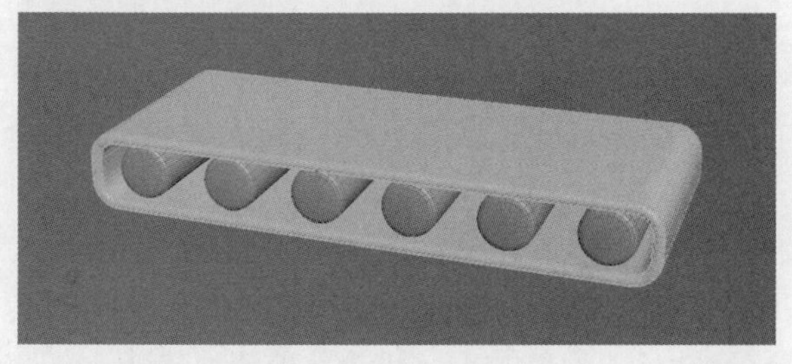

图3-30

3.2.3 挤出修改器

使用“挤出”修改器可以将深度添加到二维图形中，并且可以将对象转换成一个参数化对象，其“参数”卷展栏如图3-31所示。

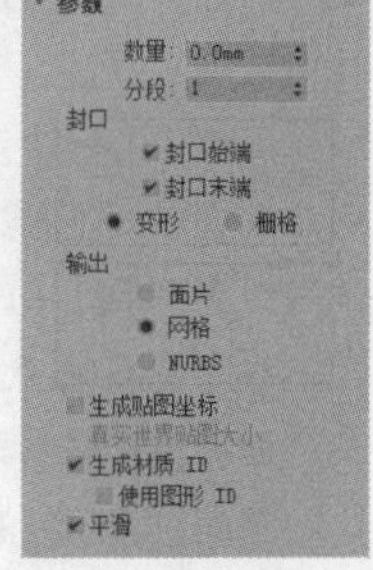

图3-31

重要参数解析

数量：设置挤出的深度。

分段：指定要在挤出对象中创建的线段数目。

封口：用来设置挤出对象的封口，包含以下4个选项。

» **封口始端：**在挤出对象的初始端生成一个平面。

» **封口末端：**在挤出对象的末端生成一个平面。

» **变形：**以可预测、可重复的方式排列封口面，这是创建变形目标所必需的操作。

» **栅格：**在图形边界的方形上修剪栅格中安排的封口面。

输出：指定挤出对象的输出方式，包含以下3个选项。

» **面片：**产生一个可以折叠到面片对象中的对象。

» **网格：**产生一个可以折叠到网格对象中的对象。

» **NURBS：**产生一个可以折叠到NURBS对象中的对象。

3.2.4 车削修改器

使用“车削”修改器可以通过围绕坐标轴旋转一个图形或NURBS曲线来生成3D对象，其“参数”卷展栏如图3-32所示。

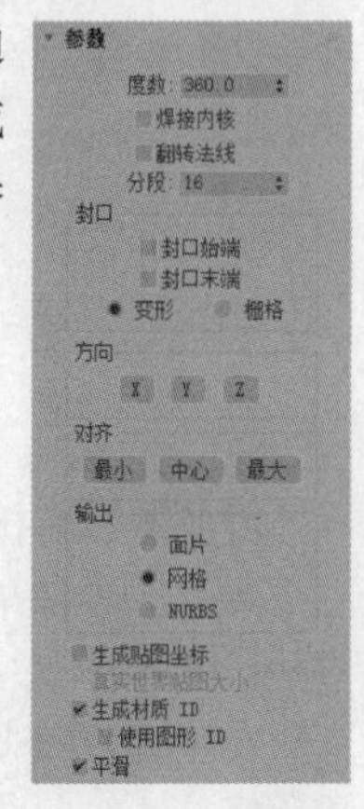

图3-32

重要参数解析

度数：设置对象围绕坐标轴旋转的角度，其取值范围为0°~360°，默认值为360°。

焊接内核：通过焊接旋转轴中的顶点来简化网格。

翻转法线：使物体的法线翻转，翻转后物体的内部会外翻。

分段：设置旋转的分段数，数值越大，所生成的模型越圆滑。

封口：设置车削对象的“度数”小于360°时，该选项用来控制是否在车削对象的内部创建封口。

» **封口始端：**车削的起点，用来设置封口的最大程度。

» **封口末端：**车削的终点，用来设置封口的最大程度。

» **变形**：按照创建变形目标所需的可预见且可重复的模式来排列封口面。

» **栅格**：在图形边界的方形上修剪栅格中安排的封口面。

方向：设置轴的旋转方向，包含X、Y、Z 3个选项。

对齐：设置对齐的方式，有"最小""中心""最大"3种方式可供选择。

输出：指定车削对象的输出方式，包含以下3个选项。

» **面片**：产生一个可以折叠到面片对象中的对象。

» **网格**：产生一个可以折叠到网格对象中的对象。

» NURBS：产生一个可以折叠到NURBS对象中的对象。

3.2.5 弯曲修改器

使用"弯曲"修改器可以控制物体在任意轴上弯曲的角度和方向，也可以限制几何体的某一段的弯曲效果，其"参数"卷展栏如图3-33所示。

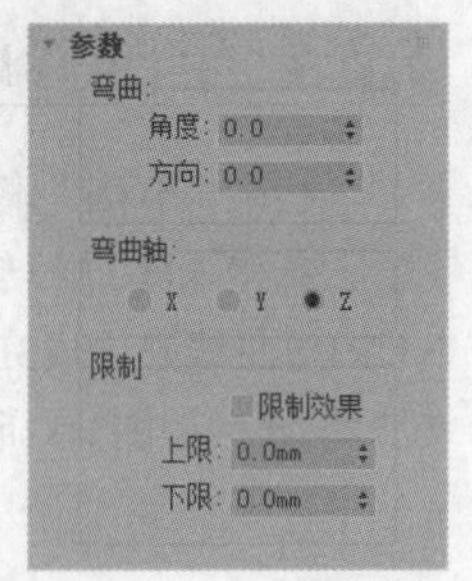

图3-33

重要参数解析

角度：从顶点平面设置要弯曲的角度，范围为－999999~999999。

方向：设置弯曲相对于水平面的方向，范围为－999999~999999。

X/Y/Z：指定弯曲的轴，默认轴为z轴。

限制效果：将限制约束应用于弯曲效果。

上限：以世界单位设置上部边界，该边界位于弯曲中心点的上方，超出该边界弯曲将不再影响几何体，其范围为0~999999。

下限：以世界单位设置下部边界，该边界位于弯曲中心点的下方，超出该边界弯曲将不再影响几何体，其范围为－999999~0。

3.2.6 扭曲修改器

"扭曲"修改器与"弯曲"修改器的参数比较相似，但使用"扭曲"修改器产生的是扭曲效果，而使用"弯曲"修改器产生的是弯曲效果。使用"扭曲"修改器可以使对象产生一个旋转效果（就像拧湿抹布），并且可以控制任意轴上的扭曲角度，同时还可以使对象的某一段产生限制扭曲效果，其"参数"卷展栏如图3-34所示。

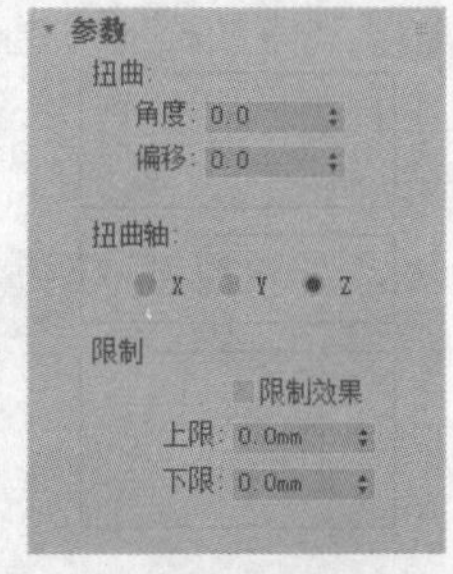

图3-34

提示 "扭曲"修改器与"弯曲"修改器的参数基本相同，这里不再重复介绍。

3.2.7 置换修改器

"置换"修改器以力场的形式来推动和重塑对象的几何外形，可以直接从修改器的Gizmo（也可以使用位图）来应用它的变量力，其"参数"卷展栏如图3-35所示。

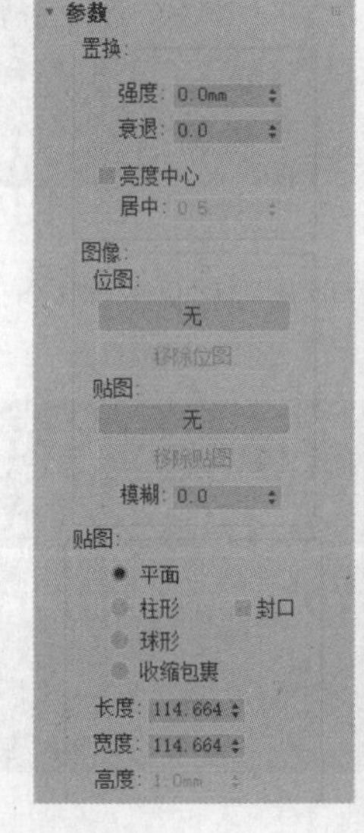

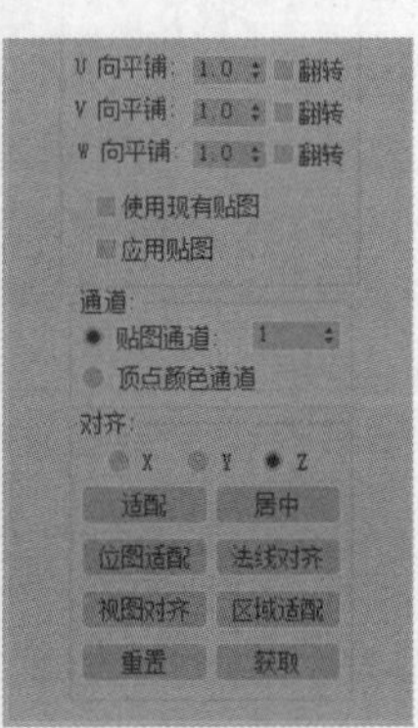

图3-35

重要参数解析

强度：设置置换的强度，数值为0时没有任何效果。

衰退：如果设置"衰退"值，则置换强度会随距离的变化而衰退。

亮度中心：决定使用什么样的灰度作为0的置换值，勾选该选项以后，可以设置下面的"居中"值。

位图/贴图：加载位图或贴图。

移除位图/移除贴图：移除指定的位图或贴图。

模糊：模糊或柔化位图的置换效果。

平面：从单独的平面对贴图进行投影。

柱形：以环绕在圆柱体上的方式对贴图进行投影，勾选“封口”选项可以从圆柱体的末端投射贴图副本。

球形：从球体出发对贴图进行投影，位图边缘在球体两极的交汇处均为奇点。

收缩包裹：从球体投射贴图，与“球形”贴图类似，但是它会截去贴图的各个角，然后在一个单独的奇点将它们全部结合在一起，在底部创建一个奇点。

长度/宽度/高度：指定置换Gizmo的边界框尺寸，其中高度对“平面”贴图没有任何影响。

U/V/W向平铺：设置位图沿指定尺寸重复的次数。

翻转：沿相应的U/V/W方向翻转贴图的方向。

使用现有贴图：让置换使用堆栈中较早的贴图设置，如果没有为对象应用贴图，该功能将不起任何作用。

应用贴图：将置换UV贴图应用到绑定对象。

贴图通道：指定UVW通道用来贴图，其后面的文本框用来设置通道的数目。

顶点颜色通道：选择该选项可以对贴图使用顶点颜色通道。

X/Y/Z：选择对齐的方式，可以选择沿*x*轴、*y*轴或*z*轴进行对齐。

适配 适配：缩放Gizmo以适配对象的边界框。

居中 居中：相对于对象的中心来调整Gizmo的中心。

位图适配 位图适配：单击该按钮可以打开“选择图像”对话框，通过缩放Gizmo来适配选定位图的纵横比。

法线对齐 法线对齐：单击该按钮可以将曲面的法线进行对齐。

视图对齐 视图对齐：使Gizmo指向视图的方向。

区域适配 区域适配：单击该按钮可以将指定的区域进行适配。

重置 重置：将Gizmo恢复到默认值。

获取 获取：选择另一个对象并获得它的置换Gizmo设置。

3.2.8 噪波修改器

“噪波”修改器可以使对象表面的顶点进行随机变动，从而让表面变得起伏不规则，常用于制作复杂的地形、地面和水面效果。“噪波”修改器可以应用在任何类型的对象上，其“参数”卷展栏如图3-36所示。

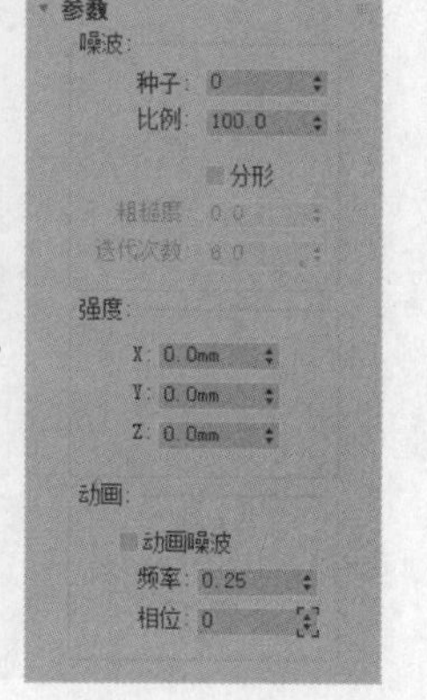

图3-36

重要参数解析

种子：从设置的数值中生成一个随机起始点，该参数在创建地形时非常有用，因为每种设置都可以生成不同的效果。

比例：设置噪波影响的大小而不是强度，较大的值可以产生平滑的噪波，较小的值可以产生锯齿现象非常严重的噪波。

分形：控制是否产生分形效果。勾选该选项以后，下面的“粗糙度”和“迭代次数”选项才可用。

粗糙度：决定分形变化的程度。

迭代次数：控制分形功能所使用的迭代次数。

X/Y/Z：设置噪波在*x*轴、*y*轴或*z*轴上的强度（至少要为其中一个轴输入强度数值）。

3.2.9 FFD修改器

FFD是“自由变形”的意思，FFD修改器即“自由变形”修改器。FFD修改器包含5种类型，分别为FFD 2×2×2修改器、FFD 3×3×3修改器、FFD 4×4×4修改器、FFD（长方体）修改器和FFD（圆柱体）修改器，如图3-37所示。FFD修改器使用晶格框包围几何体，然后通过调整晶格的控制点来改变几何体的形状。

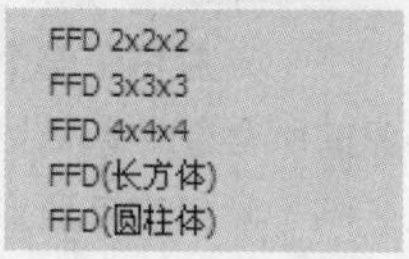

FFD 2x2x2
FFD 3x3x3
FFD 4x4x4
FFD(长方体)
FFD(圆柱体)

图3-37

FFD修改器的使用方法基本相同，这里以FFD（长方体）修改器为例进行讲解，其“FFD参数”卷展栏如图3-38所示。

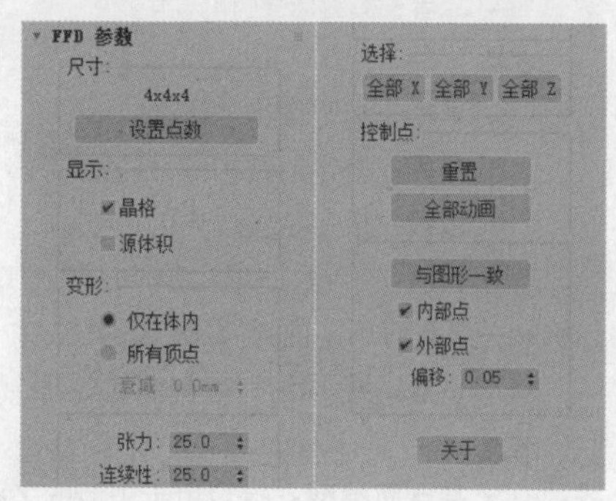

图3-38

重要参数解析

设置点数 设置点数：单击该按钮可以打开“设置FFD尺寸”对话框，在该对话框中可以设置晶格中所需控制点的数目，如图3-39所示。

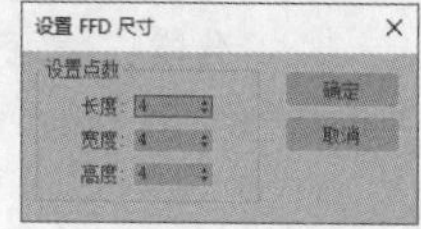

图3-39

晶格：控制是否使连接控制点的线条形成栅格。

源体积：勾选该选项可以将控制点和晶格以未修改的状态显示出来。

仅在体内：只有位于源体积内的顶点会变形。

所有顶点：所有顶点都会变形。

张力/连续性：调整变形样条线的张力和连续性。

重置 重置 ：将所有控制点恢复到原始位置。

3.2.10 晶格修改器

使用"晶格"修改器可以将图形的线段或边转化为圆柱体结构，并在顶点上生成可选择的关节（多面体），其"参数"卷展栏如图3-40所示。

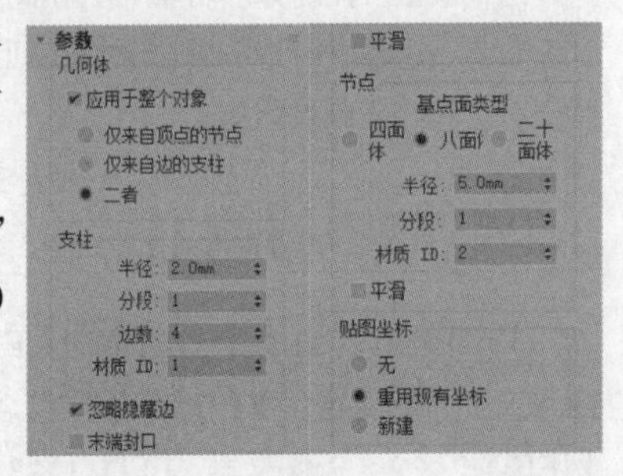

图3-40

重要参数解析

几何体

» **应用于整个对象**：将"晶格"修改器应用到对象的所有边或线段上。

» **仅来自顶点的节点**：仅显示由原始网格顶点产生的关节（多面体）。

» **仅来自边的支柱**：仅显示由原始网格线段产生的支柱（多面体）。

» **二者**：显示支柱和关节。

支柱

» **半径**：指定结构的半径。

» **分段**：指定沿结构的分段数。

» **边数**：指定结构边界的边数。

» **材质ID**：指定用于结构的材质ID，这样可以使结构和关节具有不同的材质ID。

» **平滑**：将平滑应用于结构。

节点

» **基点面类型**：指定用于关节的多面体类型，包括"四面体""八面体""二十面体"3种类型。注意，"基点面类型"对"仅来自边的支柱"选项不起作用。

» **半径**：设置关节的半径。

» **分段**：指定关节中的分段数，分段数越多，关节形状越接近球形。

» **材质ID**：指定用于结构的材质ID。

» **平滑**：将平滑应用于关节。

3.2.11 平滑类修改器

"平滑"修改器、"网格平滑"修改器和"涡轮平滑"修改器都可以用来平滑几何体，但是在效果和可调节性上有所差别。简单地说，对于相同的物体，"平滑"修改器的参数比其他两种修改器要简单一些，但是平滑的强度不强；"网格平滑"修改器与"涡轮平滑"修改器的使用方法相似，后者能够更快、更有效率地利用内存，但在运算时也更容易发生错误。因此，在实际工作中，"网格平滑"修改器是最常用的一种修改器。下面就对"网格平滑"修改器进行讲解。

使用"网格平滑"修改器可以通过多种方法来平滑场景中的几何体，它允许细分几何体，同时可以使角和边变得平滑，其参数设置卷展栏如图3-41所示。

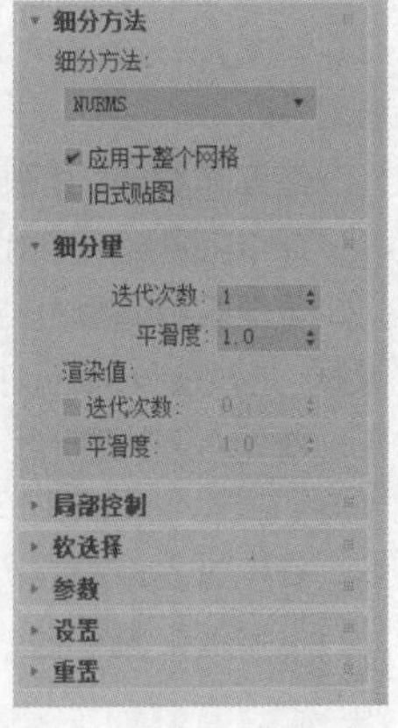

图3-41

重要参数解析

细分方法：选择细分的方法，包含"经典"、NURMS和"四边形输出"3种方法。

» **经典**：生成三面和四面的多面体，如图3-42所示。

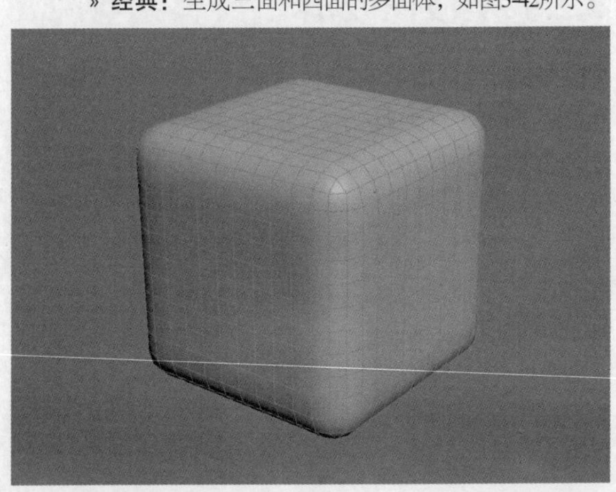

图3-42

» NURMS：生成的对象与可以为每个控制顶点设置不同权重的NURBS对象相似，这是默认设置，如图3-43所示。

图3-43

» **四边形输出**：仅生成四面多面体，如图3-44所示。

图3-44

应用于整个网格：勾选该选项后，平滑效果将应用于整个对象。

迭代次数：设置网格细分的次数，数值越大，平滑效果越好，取值范围为0~10，对比效果如图3-45所示。

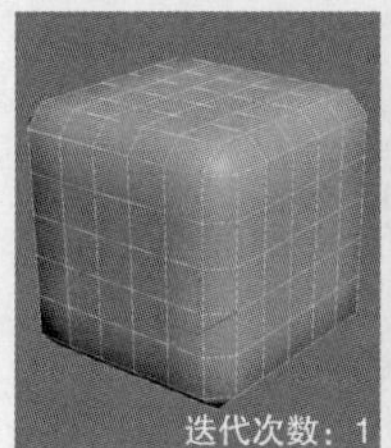

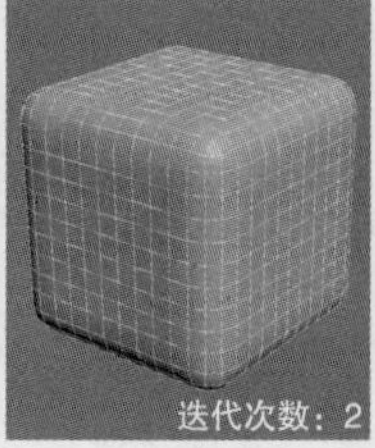

图3-45

提示 "网格平滑"修改器的参数虽然有7个卷展栏，但是一般只会用到"细分方法"和"细分量"卷展栏下的参数，特别是"细分量"卷展栏下的"迭代次数"参数，应重点掌握。

3.2.12 Hair和Fur（WSN）修改器

Hair和Fur（WSN）修改器是3ds Max 2020自带的毛发编辑工具，通过在模型上加载该修改器，可以生成毛发效果，其参数设置卷展栏如图3-46所示。

图3-46

重要参数解析

毛发数量：控制对象上生成的毛发总数，对比效果如图3-47所示。

图3-47

毛发段：控制毛发弯曲的平滑度。

毛发过程数：控制毛发从根部到梢部的透明情况。

密度：控制毛发的密度。

随机比例：控制毛发随机生成的比例，如图3-48所示。

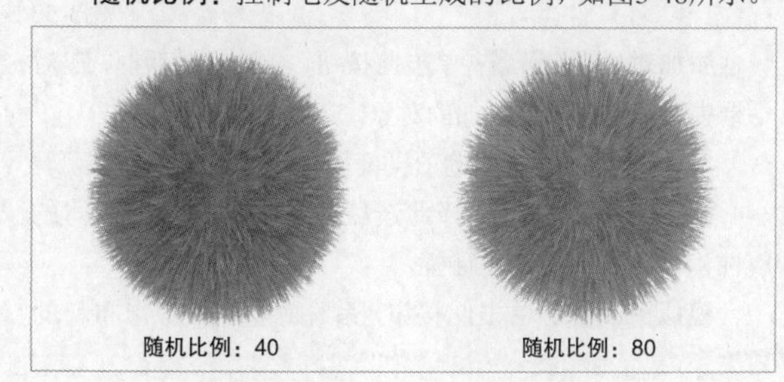

图3-48

根厚度/梢厚度：控制发根和发梢的粗细。

3.2.13 Cloth修改器

Cloth修改器是专门用于模拟布料效果的工具，软件通过计算可以模拟出布料与物体碰撞的效果，其“对象”卷展栏如图3-49所示。

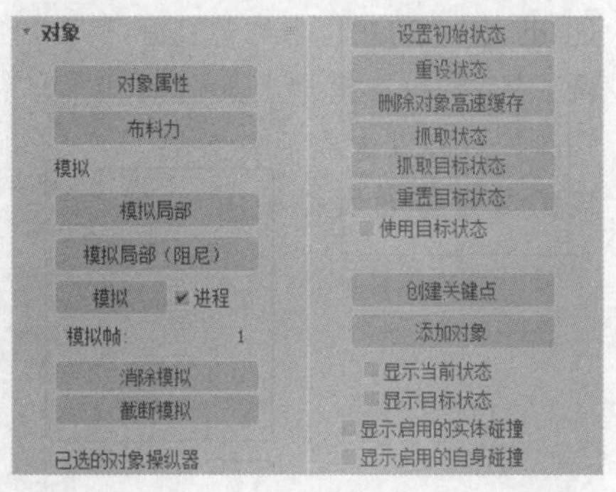

图3-49

重要参数解析

对象属性：单击此按钮，系统会弹出“对象属性”对话框，如图3-50所示。

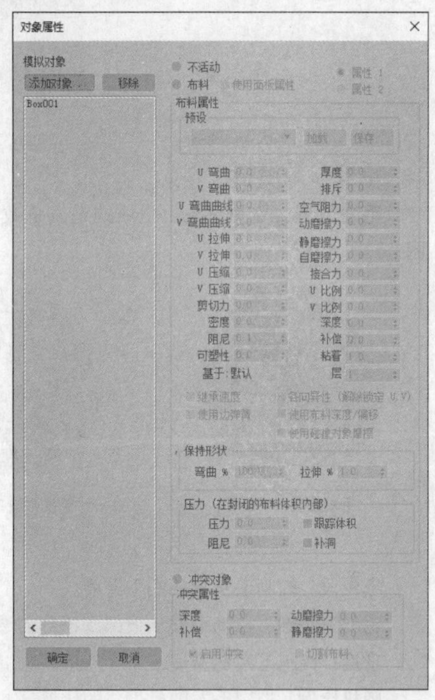

图3-50

添加对象：单击此按钮，会弹出对话框，在对话框中可以选择需要添加的对象。

» **布料**：选择此选项，模型会附带布料的属性。

» **冲突对象**：选择此选项，模型会附带碰撞体的属性，与布料模型产生碰撞。

模拟：单击此按钮，系统就可以模拟出布料的效果。

消除模拟：单击此按钮，会将模拟的效果清除，恢复原始效果。

3.3 多边形建模

多边形建模作为当今主流的建模方式之一，已经被广泛应用到游戏角色、影视、工业造型、室内外效果图等模型制作中。多边形建模在编辑上更加灵活，对硬件的要求也很低，其建模思路类似于雕刻，而且在模型的面数上也没有特别严格的要求，图3-51所示是一些比较优秀的多边形建模作品。

图3-51

本节内容介绍

名称	作用	重要程度
多边形的转换方法	熟悉转换多边形的方法	高
选择卷展栏	熟悉多边形的不同层级	中
编辑几何体	掌握卷展栏中常用的工具	中
编辑顶点	掌握顶点层级的编辑方法	高
编辑边	掌握边层级的编辑方法	高
编辑多边形	掌握多边形层级的编辑方法	高

3.3.1 课堂案例：制作卡通房子

场景位置 无

实例位置 案例文件>CH03>课堂案例：制作卡通房子.max

学习目标 掌握多边形建模方法

本案例运用多边形建模制作一个卡通房子，效果如图3-52所示。

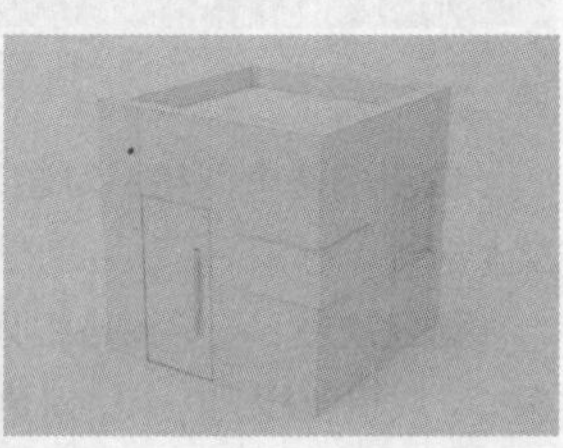

图3-52

01 使用“长方体”工具在场景中创建一个长方体模型，设置“长度”“宽度”“高度”都为60mm，如图3-53所示。

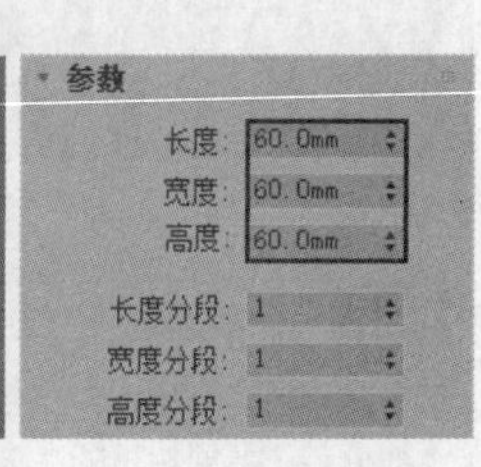

图3-53

02 选择长方体模型，单击鼠标右键，在弹出的菜单中执行“转换为>转换为可编辑多边形”命令，如图3-54所示。

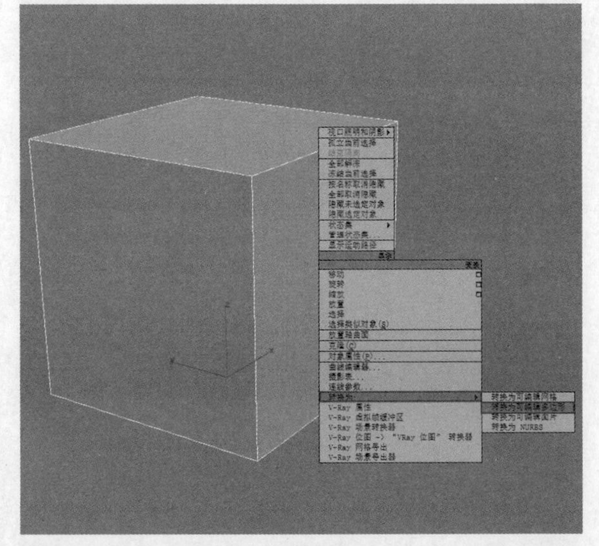

图3-54

03 在“选择”卷展栏下单击“多边形”按钮■，进入“多边形”层级，选择图3-55所示的多边形。

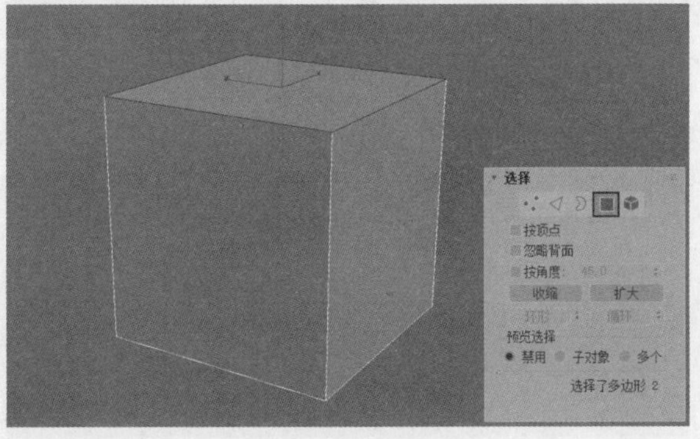

图3-55

04 保持选中的多边形不变，在“编辑多边形”卷展栏中单击“插入”按钮 插入 后的“设置”按钮■，设置“数量”为5mm，如图3-56所示。

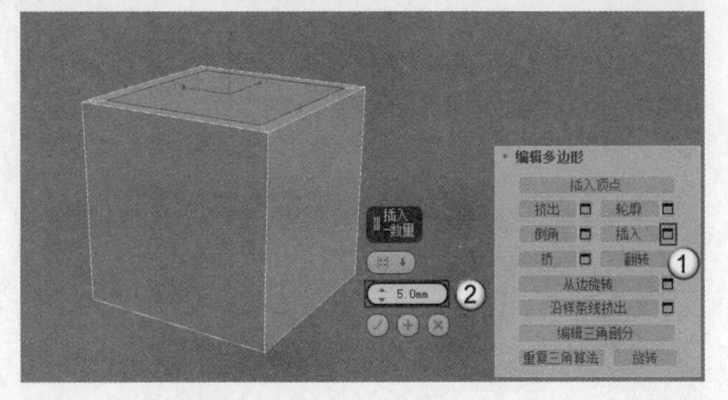

图3-56

05 单击“编辑多边形”卷展栏中“挤出”按钮 挤出 后的“设置”按钮■，设置“高度”为-5mm，如图3-57所示。

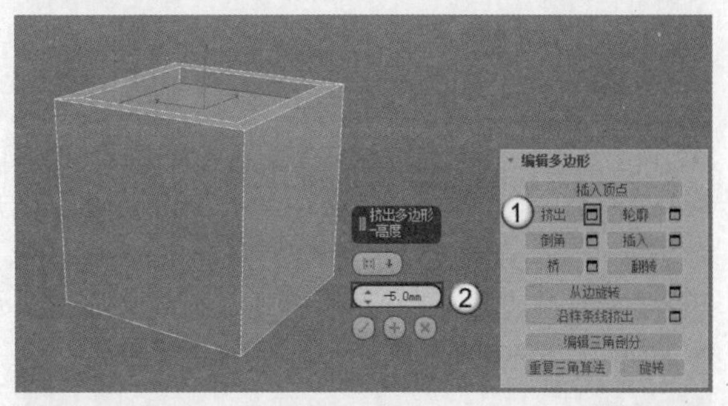

图3-57

提示 “高度”值为正数时向外挤出，为负数时向内挤出。

06 在“选择”卷展栏中单击“边”按钮◁，切换到“边”层级，如图3-58所示。

图3-58

07 选中图3-59所示的边，在“编辑边”卷展栏中单击“连接”按钮 连接 后的“设置”按钮■，设置“分段”为2，“滑块”为40，如图3-60所示。

图3-59

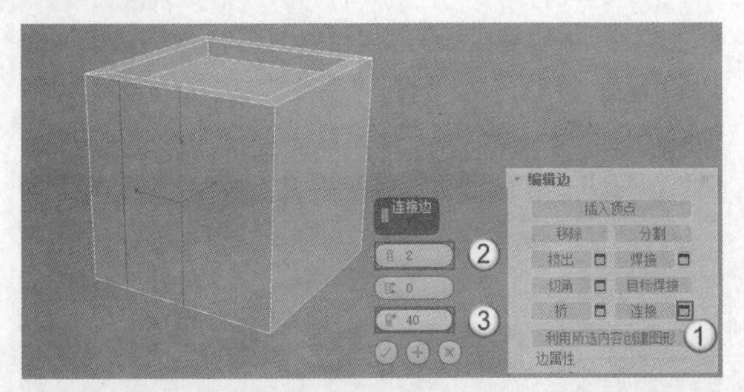

图3-60

08 在添加的两条边上继续添加一条边，从而形成门框的效果，如图3-61所示。

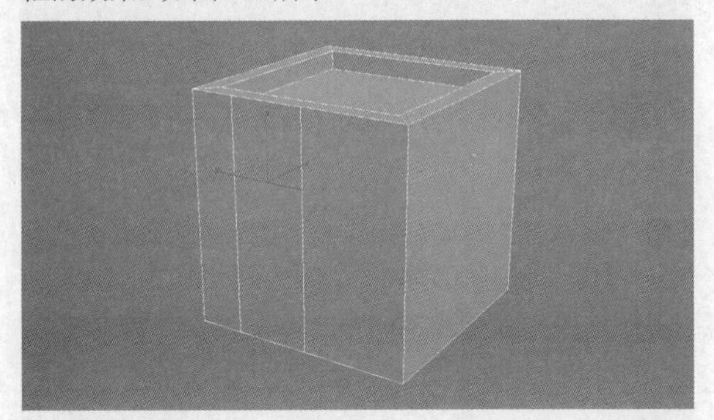

图3-61

09 选中图3-62所示的两条边，单击“连接”按钮 连接 后的“设置”按钮，添加两条边，如图3-63所示。

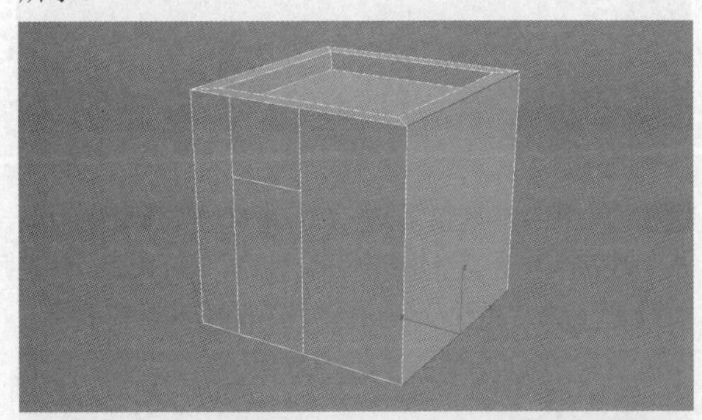

图3-62

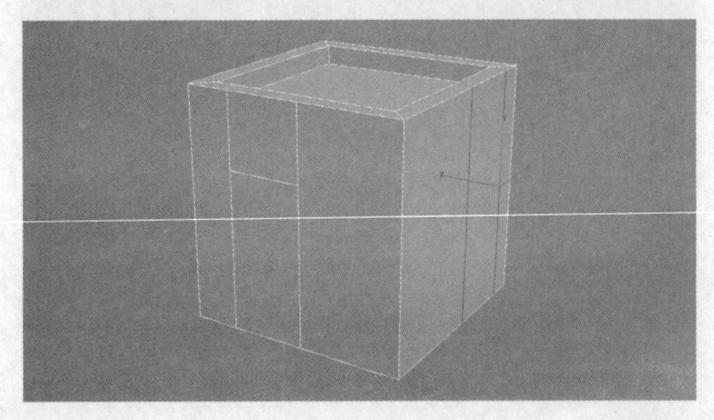

图3-63

10 在添加的两条边上使用“连接”工具 连接 再添加两条边，从而形成窗框的效果，如图3-64所示。

图3-64

11 切换到“多边形”层级，选中图3-65所示的多边形，单击“挤出”按钮 挤出 后的“设置”按钮，设置“高度”为－2mm，如图3-66所示。

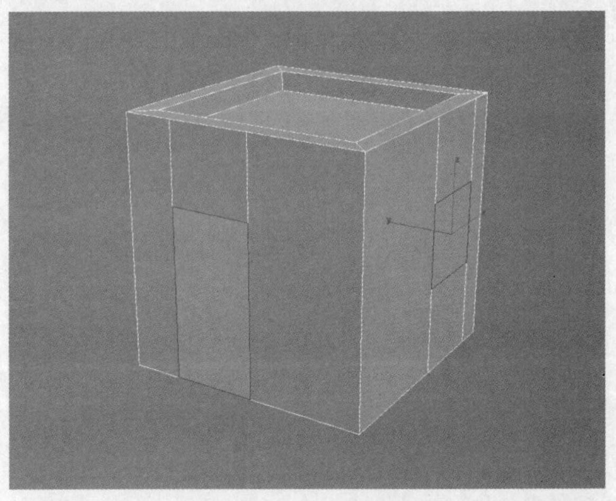

图3-65

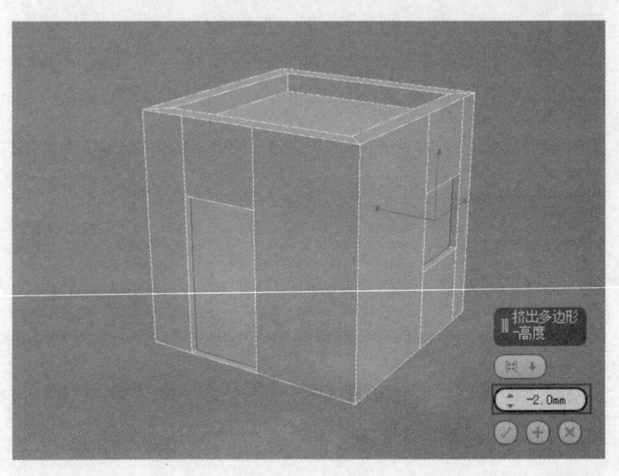

图3-66

12 将向内挤出的多边形删除，这样就做好了门洞和窗洞，如图3-67所示。

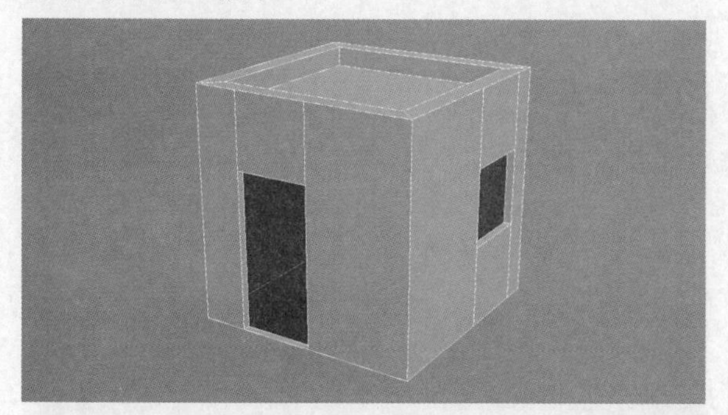

图3-67

13 使用“长方体”工具 长方体 在门洞的位置创建一个长方体模型，设置“长度”为40.628mm，“宽度”为20mm，“高度”为1mm，如图3-68所示。

图3-68

提示 长方体模型的大小与门洞完全相同，若读者在建模时做的门洞与案例中不一样大，可灵活处理这里的参数。使用“2.5D捕捉”工具 可以在二维视图中快速创建相同大小的长方体模型。

14 将上一步创建的长方体模型转换为可编辑多边形，然后在“边”层级 中选中所有的边，如图3-69所示。

图3-69

15 在“编辑边”卷展栏中单击“切角”按钮 切角 后的“设置”按钮，设置“边切角量”为0.5mm，如图3-70所示。

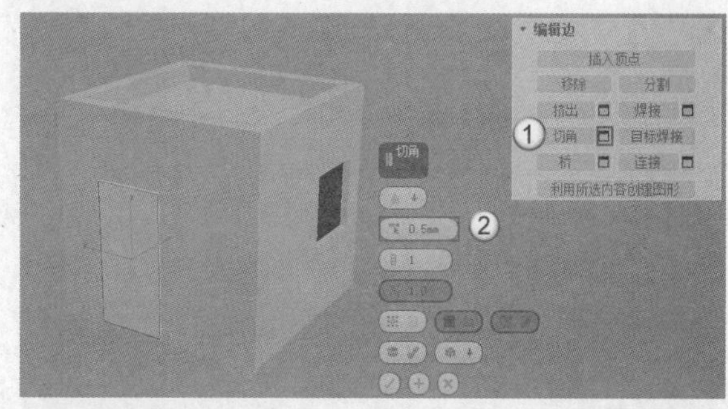

图3-70

提示 使用“切角长方体”工具 切角长方体 可以快速创建带切角的长方体模型。

16 使用“切角圆柱体”工具 切角圆柱体 在长方体外侧创建一个切角圆柱体模型作为把手，设置“半径”为0.5mm，“高度”为20mm，“圆角”为0.2mm，“圆角分段”为3，如图3-71所示。

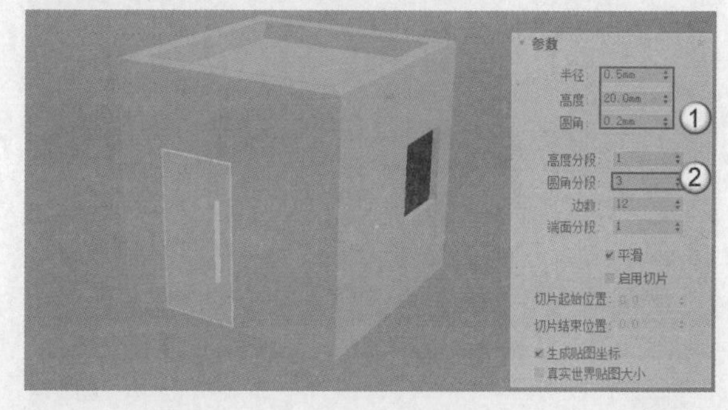

图3-71

17 使用“矩形”工具 矩形 沿着窗洞的轮廓绘制一个矩形，设置“长度”为20.043mm，“宽度”为20mm，如图3-72所示。

图3-72

18 在“渲染”卷展栏中勾选“在渲染中启用”和“在视口中启用”选项，设置“长度”为2mm，“宽度”为2mm，如图3-73所示。

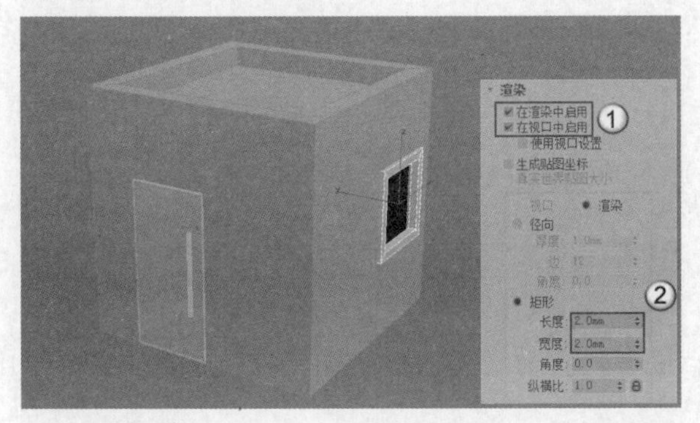

图3-73

19 使用“矩形”工具 矩形 在窗框模型内绘制两个“长度”为17mm，“宽度”为8mm的矩形，如图3-74所示。

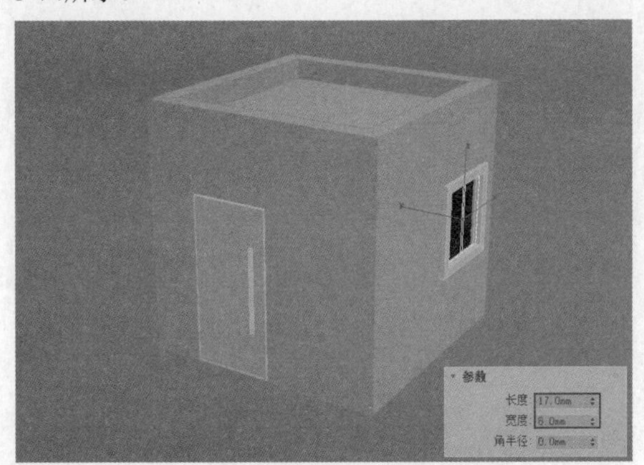

图3-74

20 选中矩形，在“渲染”卷展栏中勾选“在渲染中启用”和“在视口中启用”选项，设置“长度”为1mm，“宽度”为1mm，如图3-75所示。

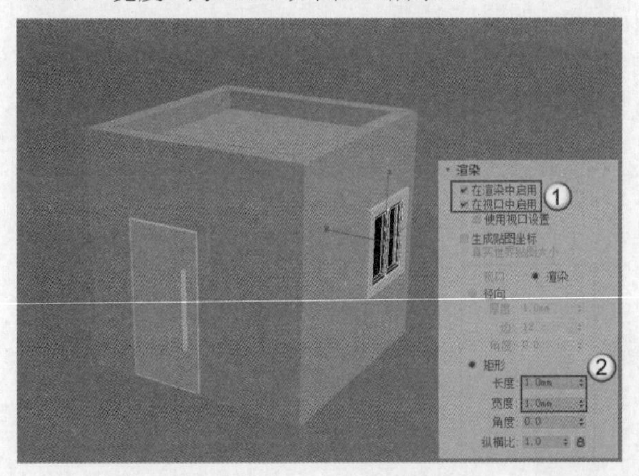

图3-75

21 使用“平面”工具 平面 在窗框模型中创建两个平面模型，设置“长度”为17mm，“宽度”为8mm，如图3-76所示。至此，窗户模型制作完成。

图3-76

22 使用“线”工具 线 在房屋的拐角处绘制一段样条线，如图3-77所示。

图3-77

23 切换到“样条线”层级，设置“轮廓”为－1mm，如图3-78所示。

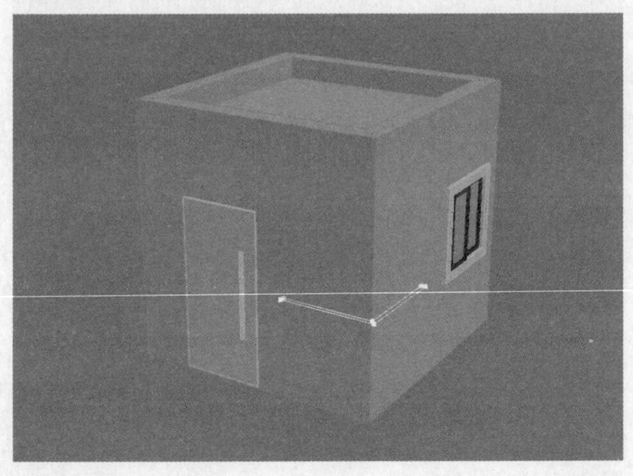

图3-78

24 为样条线添加“挤出”修改器，设置“数量”为12mm，如图3-79所示。案例最终效果如图3-80所示。

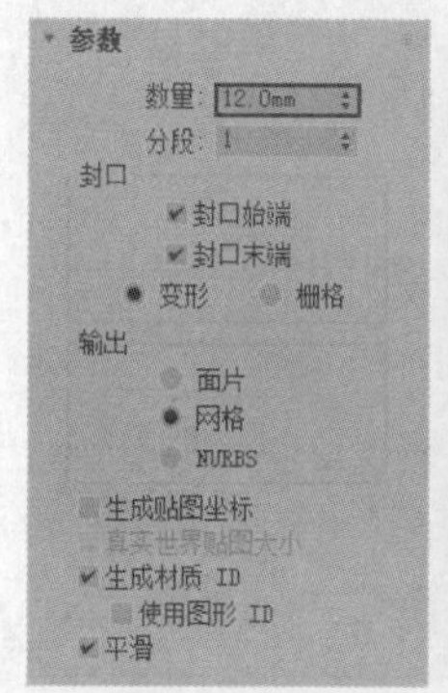

图3-79

图3-80

3.3.2 课堂案例：制作游戏武器

场景位置	无
实例位置	案例文件>CH03>课堂案例：制作游戏武器.max
学习目标	掌握多边形建模方法

本案例制作一个游戏武器，该武器是在圆柱体模型的基础上编辑实现的，效果如图3-81所示。

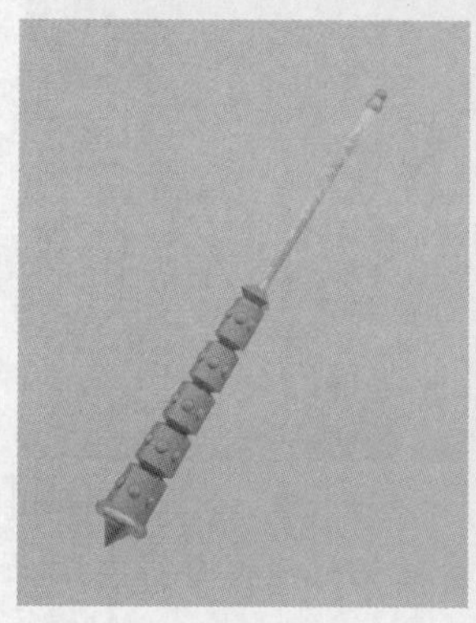

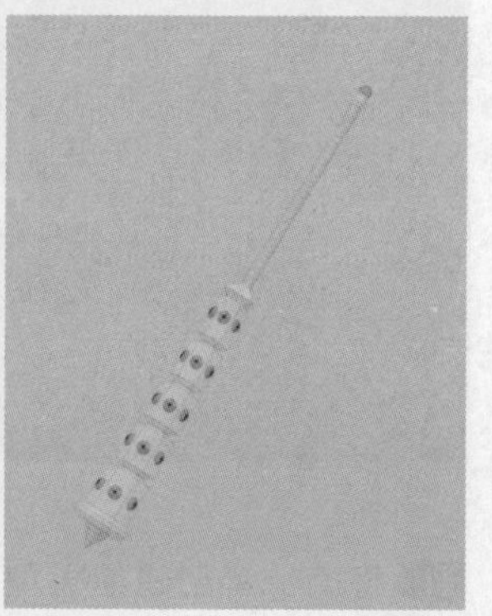

图3-81

01 使用“圆柱体”工具 圆柱体 在场景中创建一个圆柱体模型，设置“半径”为2mm，“高度”为80mm，如图3-82所示。

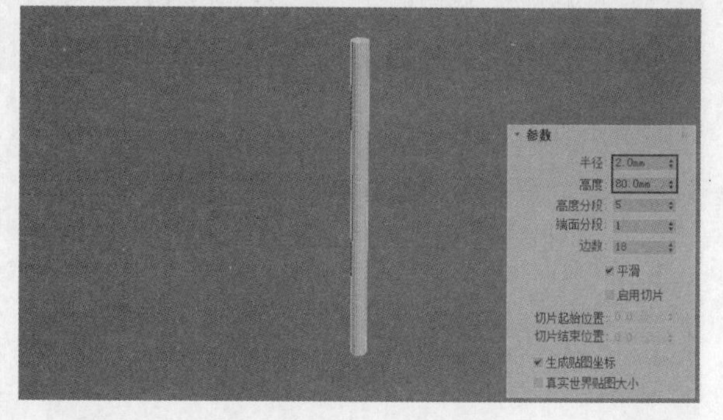

图3-82

02 将上一步创建的圆柱体模型向上复制一份，修改“半径”为8mm，“高度分段”为1，“边数”为6，如图3-83所示。

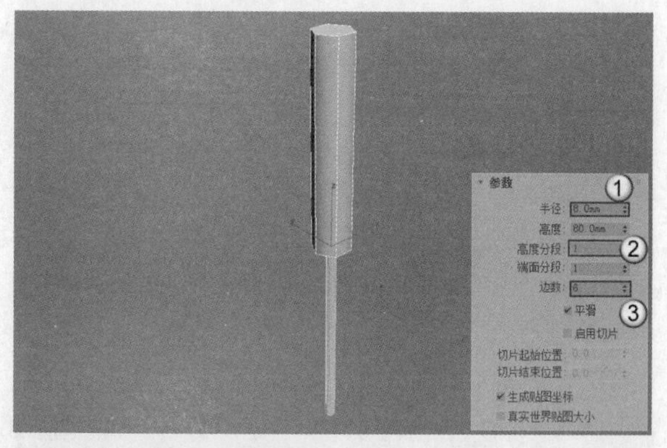

图3-83

03 将修改后的圆柱体模型转换为可编辑多边形，然后切换到“点”层级，选中底部的所有点，如图3-84所示。

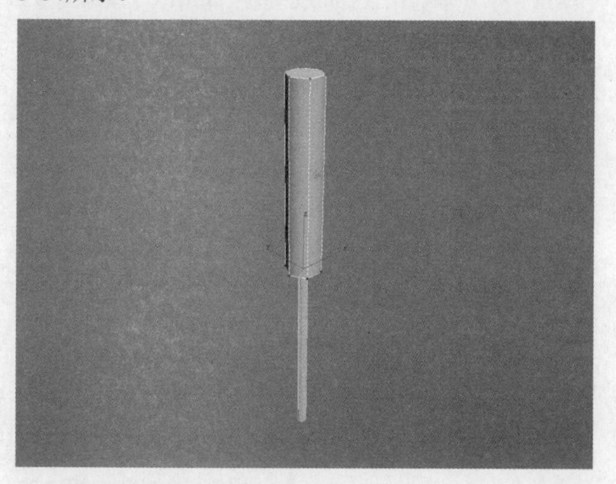

图3-84

04 使用“选择并均匀缩放”工具将底部的点向内收缩，如图3-85所示。

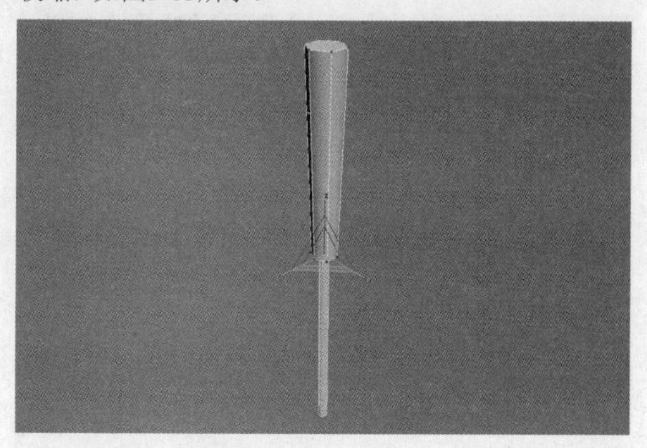

图3-85

05 切换到“边”层级，选中圆柱体模型曲面上的边，单击“连接”按钮 连接 后的“设置”按钮，设置“分段”为4，如图3-86所示。这样就能为圆柱体模型添加4条分段线。

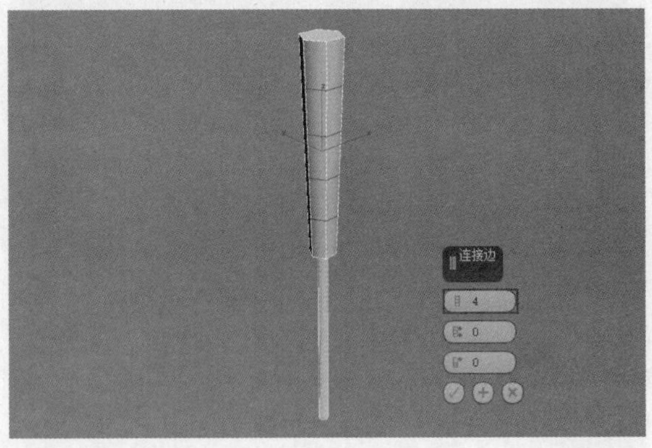

图3-86

06 保持选中的边不变，单击“挤出”按钮 挤出 后的“设置”按钮，设置“高度”为 -3mm，“宽度”为1.5mm，如图3-87所示。

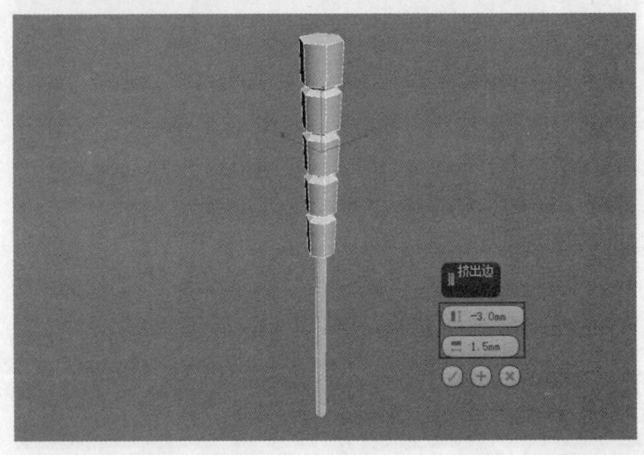

图3-87

07 使用“异面体”工具 异面体 创建一个四面体模型，设置“半径”为15mm，如图3-88所示。

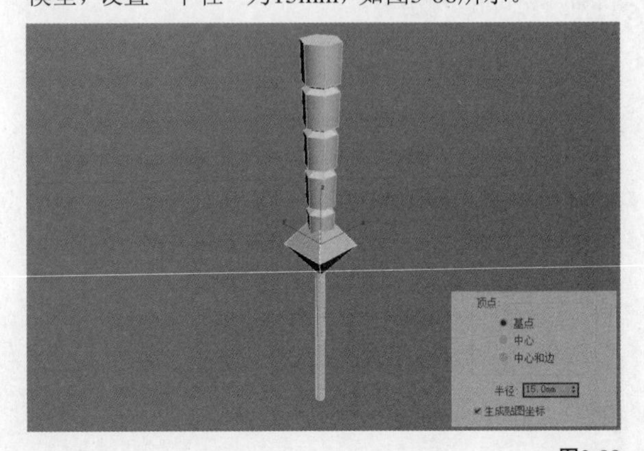

图3-88

08 将四面体模型转换为可编辑多边形，然后调整其高度和宽度，如图3-89所示。

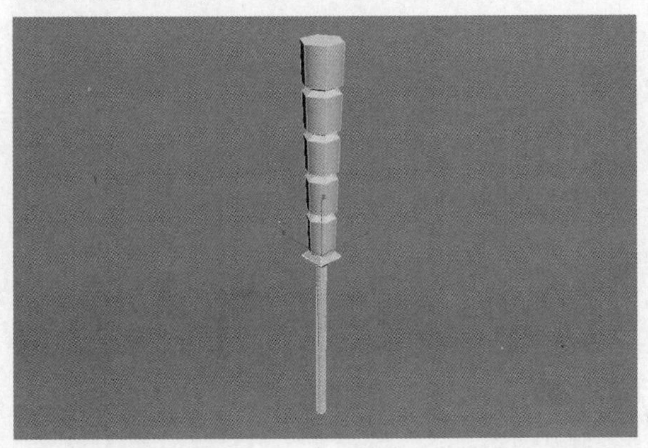

图3-89

09 使用“圆柱体”工具 圆柱体 在上方创建一个六棱柱模型，设置“半径”为10mm，“高度”为5mm，“高度分段”为3，如图3-90所示。

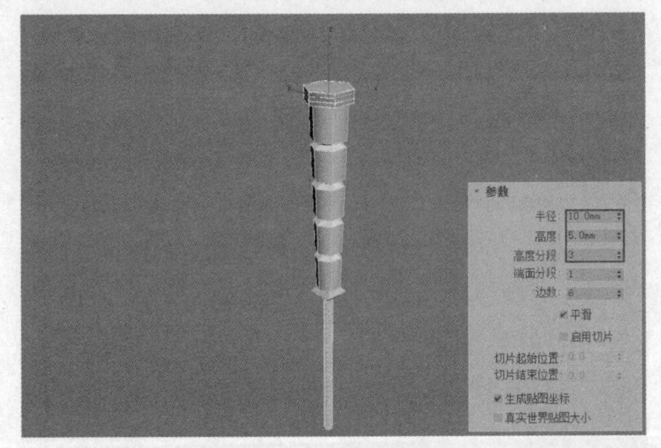

图3-90

10 将上一步创建的模型转换为可编辑多边形，在“点”层级中选中顶部和底部的所有点，如图3-91所示。

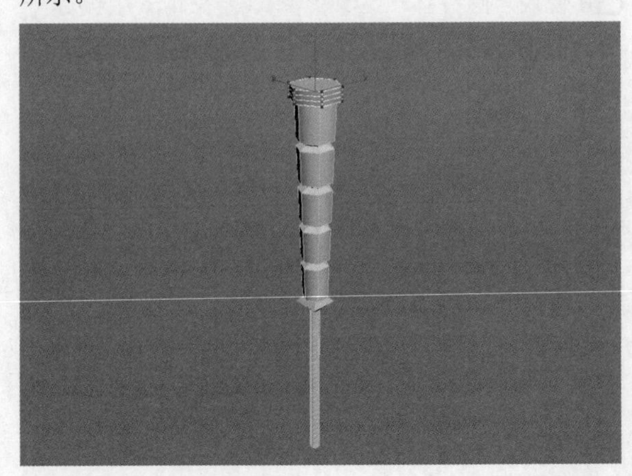

图3-91

11 使用“选择并均匀缩放”工具将顶部和底部向内收缩，如图3-92所示。

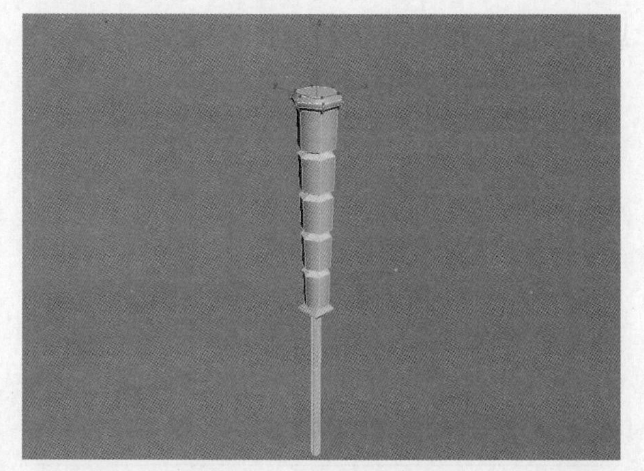

图3-92

12 使用“圆锥体”工具 圆锥体 在模型顶部创建一个圆锥体模型，设置“半径1”为5mm，“半径2”为0mm，“高度”为8mm，“边数”为6，如图3-93所示。

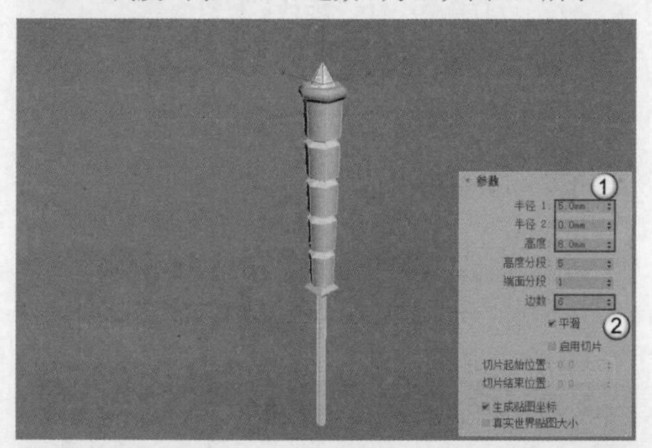

图3-93

13 使用“球体”工具 球体 在模型上创建一个半球体模型，设置“半径”为2.5mm，“半球”为0.5，如图3-94所示。

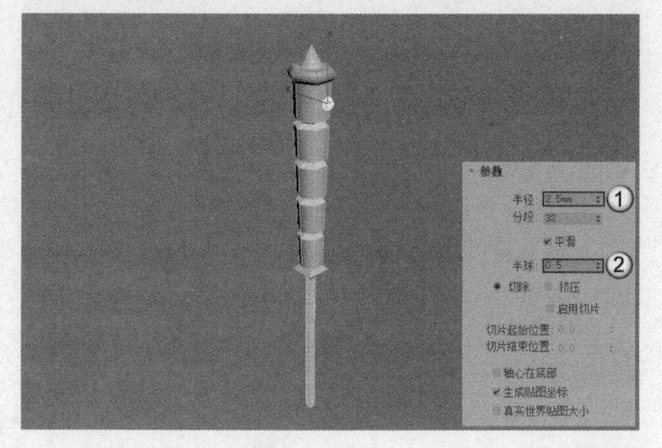

图3-94

14 使用“选择并均匀缩放”工具将半球体压扁一些，然后复制多个，放在每个面上，如图3-95所示。

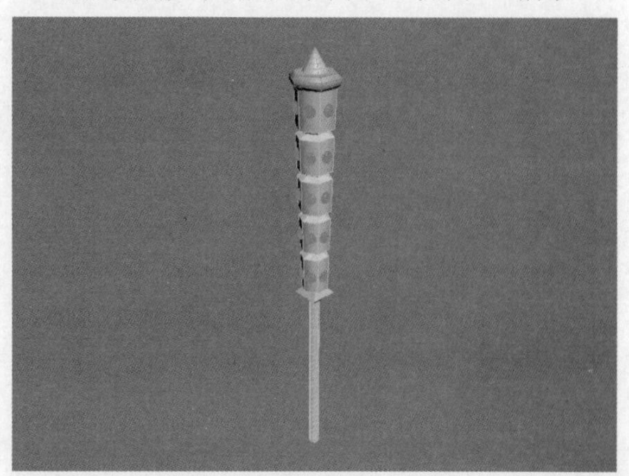

图3-95

提示 如果按照面的大小将半球体的半径从上到下依次递减，生成的模型效果会更好。

15 使用“圆柱体”工具 圆柱体 在下方创建一个六棱柱模型，设置“半径”为3mm，“高度”为5mm，“高度分段”为4，“边数”为6，如图3-96所示。

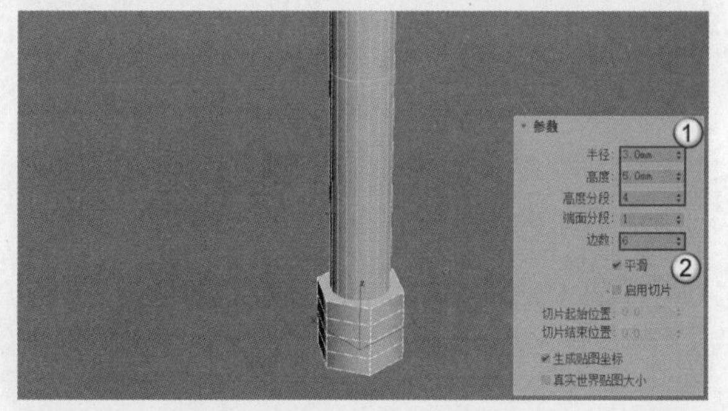

图3-96

16 将上一步创建的模型转换为可编辑多边形，在“顶点”层级中选中顶部的所有点，使用“选择并均匀缩放”工具将顶部向内收缩，如图3-97所示。

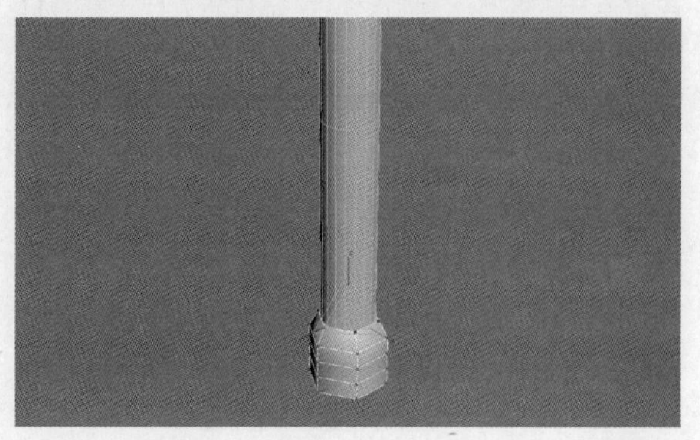

图3-97

17 选中下方的点，使用“选择并均匀缩放”工具将下方向内收缩，如图3-98所示。

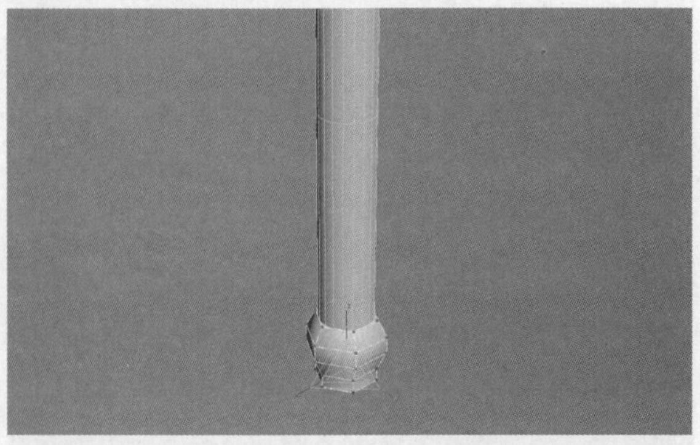

图3-98

18 使用“球体”工具 球体 在模型最下方创建一个“半径”为2.3mm的球体模型，最终效果如图3-99所示。

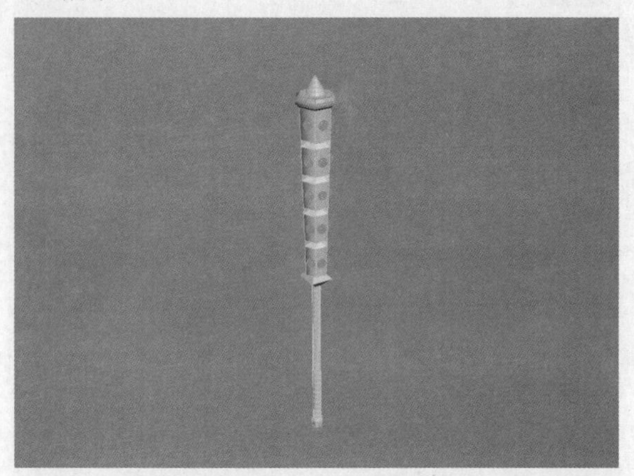

图3-99

3.3.3 多边形的转换方法

在编辑多边形对象之前，先要明确多边形对象不是创建出来的，而是转换来的（在有些书中，这个过程叫作“塌陷”）。转换多边形对象的方法主要有以下3种。

第1种：在对象上单击鼠标右键，在弹出的菜单中执行“转换为>转换为可编辑多边形”命令，如图3-100所示。

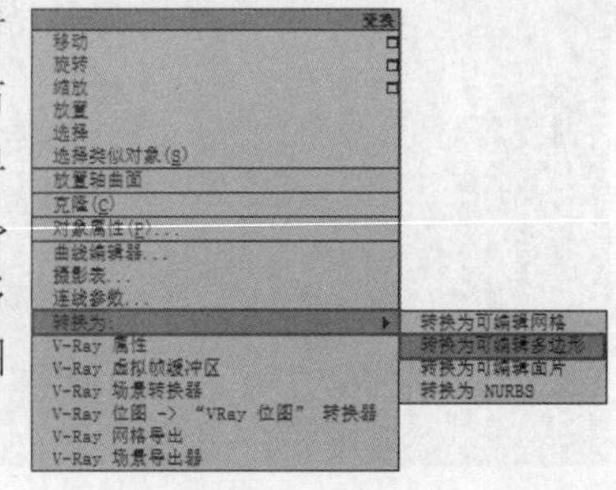

图3-100

第2种：为对象加载“编辑多边形”修改器，如图3-101所示。

第3种：在修改器列表中选中对象，然后单击鼠标右键，在弹出的菜单中执行“可编辑多边形”命令，如图3-102所示。

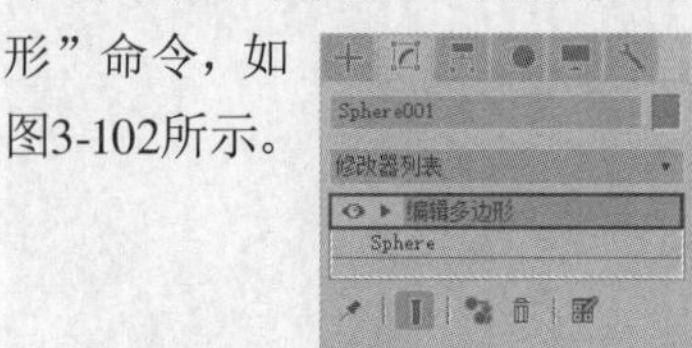

图3-101

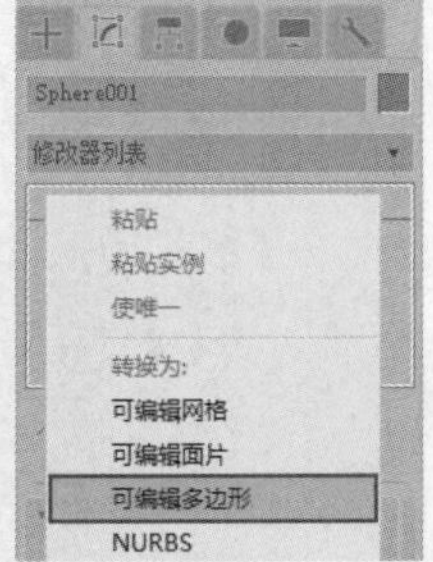

图3-102

3.3.4 选择卷展栏

将对象转换为可编辑多边形对象后，就可以对可编辑多边形对象的顶点、边、边界、多边形和元素分别进行编辑。在“选择”卷展栏中可以选择对象的编辑层级，如图3-103所示。

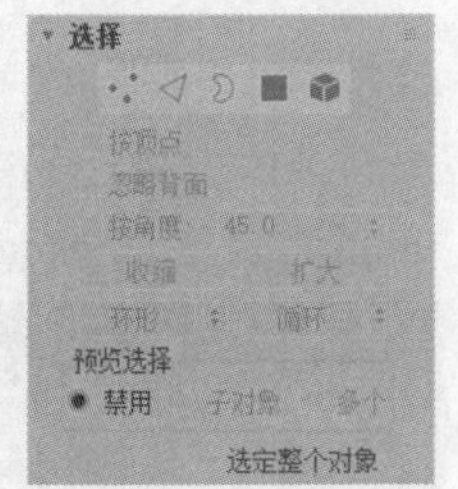

图3-103

重要参数解析

顶点：单击此按钮后，可对模型的点进行编辑。

边：单击此按钮后，可对模型的边进行编辑。

边界：单击此按钮后，可对模型的边界进行编辑，如图3-104所示。

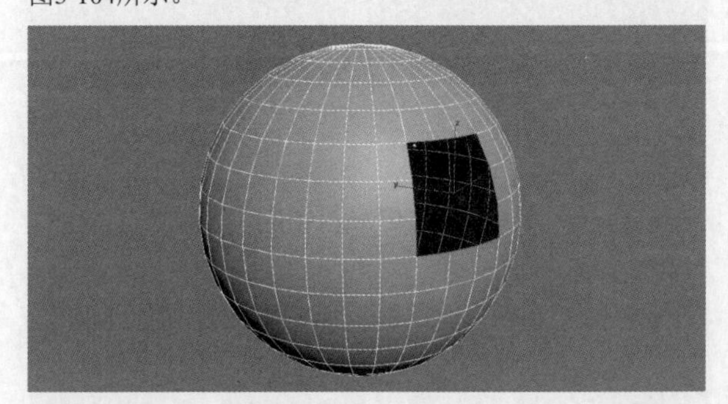

图3-104

多边形：单击此按钮后，可对模型的面进行编辑。

元素：单击此按钮后，可对连续的多边形进行编辑。

忽略背面：勾选该选项后，只能选择法线指向当前视图的子对象。

收缩 收缩 ：单击一次该按钮，可以在当前选择范围中向内收缩一圈对象。

扩大 扩大 ：与“收缩”按钮 收缩 的作用相反，单击一次该按钮，可以在当前选择范围中向外扩大一圈对象。

环形 ：该按钮只能在“边”和“边界”级别中使用，在选中一部分子对象后，单击该按钮可以自动选择与当前对象在同一个环状上的其他对象。

循环 ：该按钮同样只能在“边”和“边界”级别中使用，在选中一部分子对象后，单击该按钮可以自动选择与当前对象在同一曲线上的其他对象。

提示 有的读者可能会疑惑，如何选择循环的点或多边形呢？选中点或多边形后，按住Shift键，将鼠标指针移动到旁边的点或多边形上，循环点或多边形会显示为黄色高亮效果，确认无误后，单击即可，如图3-105所示。

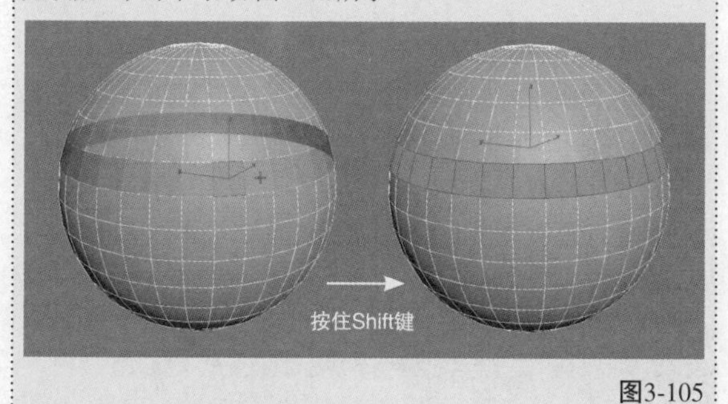

图3-105

3.3.5 编辑几何体

“编辑几何体”卷展栏下的工具适用于所有层级，主要用来全局修改多边形几何体，如图3-106所示。

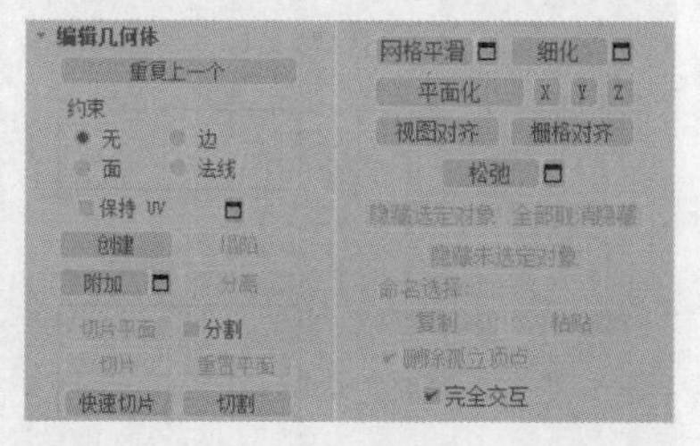

图3-106

重要参数解析

重复上一个 ：重复使用上一次使用的命令。

创建 ：创建新的几何体。

附加 ：将场景中的其他对象附加到选定的可编辑多边形中。

分离 ：将选定的子对象作为单独的对象或元素分离出来。

切片平面 ：沿某一平面分开网格对象。

切片 ：在切片平面位置处执行切割操作。

重置平面 ：将执行过“切片”的平面恢复到之前的状态。

快速切片 ：将对象进行快速切片，切片线沿着对象表面，所以可以更加准确地进行切片。

网格平滑 ：使选定的对象产生平滑效果。

细化 ：增加局部网格的密度，从而方便处理对象的细节。

3.3.6 编辑顶点

在“选择”卷展栏中单击“顶点”按钮，下方会生成“编辑顶点”卷展栏，如图3-107所示。“编辑顶点”卷展栏中的工具用于编辑点的形状。

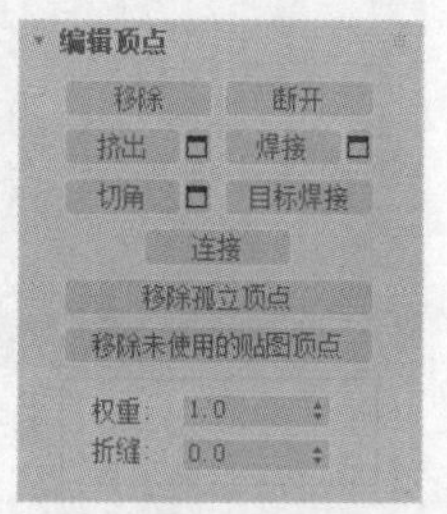

图3-107

重要参数解析

移除 ：选中一个或多个顶点以后，单击该按钮可以将其移除，并接合起使用它们的多边形。

提示 这里详细介绍一下移除顶点与删除顶点的区别。

移除顶点：选中一个或多个顶点以后，单击“移除”按钮或按BackSpace键即可移除顶点，但只能移除顶点，面仍然存在，如图3-108所示。注意，移除顶点可能导致网格形状发生严重变形。

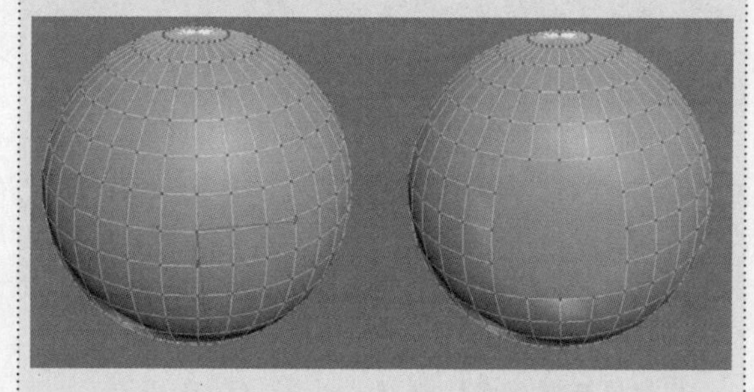

图3-108

删除顶点：选中一个或多个顶点以后，按Delete键可以删除顶点，同时也会删除连接到这些顶点的面，如图3-109所示。

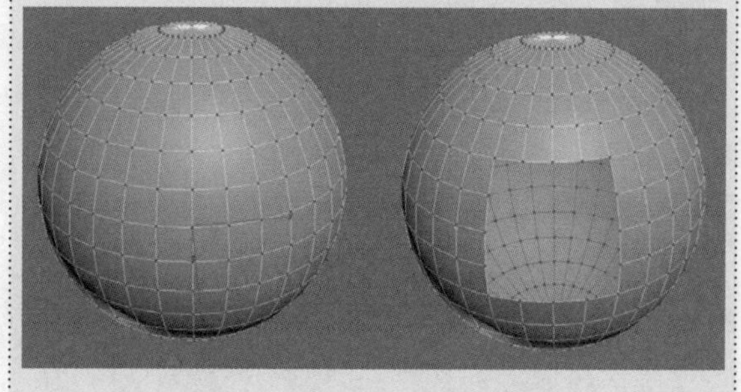

图3-109

断开 ：选中顶点以后，单击该按钮可以在与选定顶点相连的每个多边形上都创建一个新顶点，这可以使多边形的转角相互分开，使它们不再相连于原来的顶点上。

挤出 挤出：单击该按钮，可以在视图中手动挤出顶点，如图3-110所示；如果要精确设置挤出的高度和宽度，可以单击“挤出”按钮后面的“设置”按钮，在视图中的“挤出顶点”下的文本框中输入数值即可，如图3-111所示。

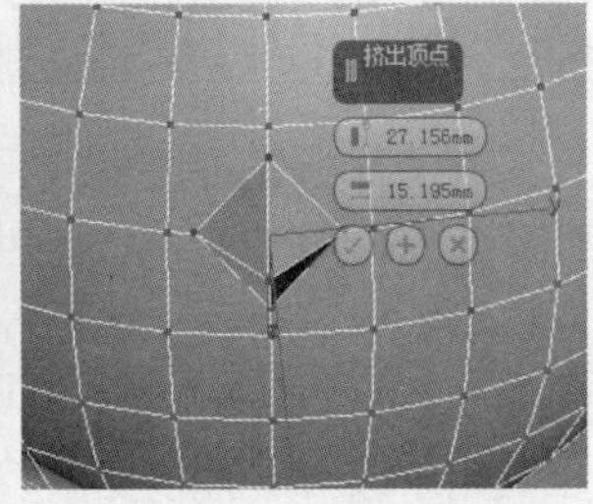

图3-110 图3-111

焊接 焊接：对“焊接顶点”对话框中指定的“焊接阈值”范围之内的连续顶点进行合并，合并后所有边都会与产生的单个顶点连接，单击“焊接”按钮后面的“设置”按钮可以设置“焊接阈值”。

切角 切角：选中顶点以后，单击该按钮，在视图中拖曳鼠标，可以手动为顶点切角，如图3-112所示；单击“切角”按钮后面的“设置”按钮，在弹出的“切角”对话框中可以设置精确的“顶点切角量”值。

图3-112

目标焊接 目标焊接：选择一个顶点后，使用该工具可以将其焊接到相邻的目标顶点。

提示 使用“目标焊接”按钮 目标焊接 只能焊接成对的连续顶点。也就是说，选择的顶点与目标顶点必须有一个边相连。

连接 连接：在选中的对角顶点之间创建新的边，如图3-113所示。

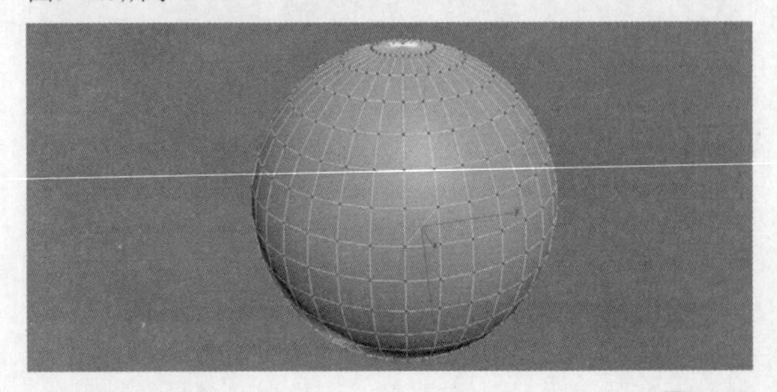

图3-113

3.3.7 编辑边

进入“边”层级以后，“修改”面板中会增加一个“编辑边”卷展栏，如图3-114所示。这个卷展栏下的工具都是用来编辑边的。

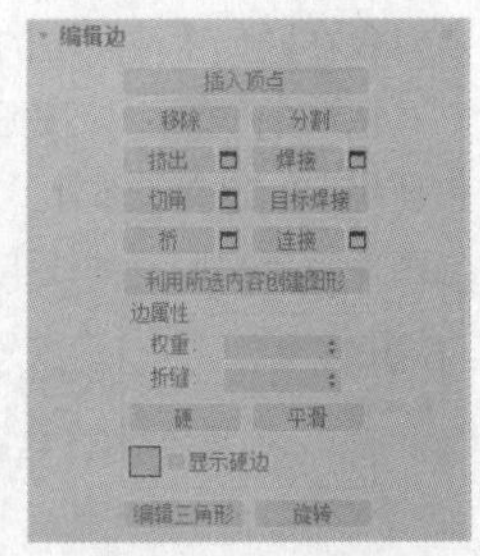

图3-114

重要参数解析

插入顶点 插入顶点：单击该按钮，在任意边上单击，可以添加新的顶点。

挤出 挤出：单击该按钮，可以在视图中手动挤出边；如果要精确设置挤出的高度和宽度，可以单击“挤出”按钮后面的“设置”按钮，然后在“挤出边”文本框中输入数值即可，如图3-115所示。

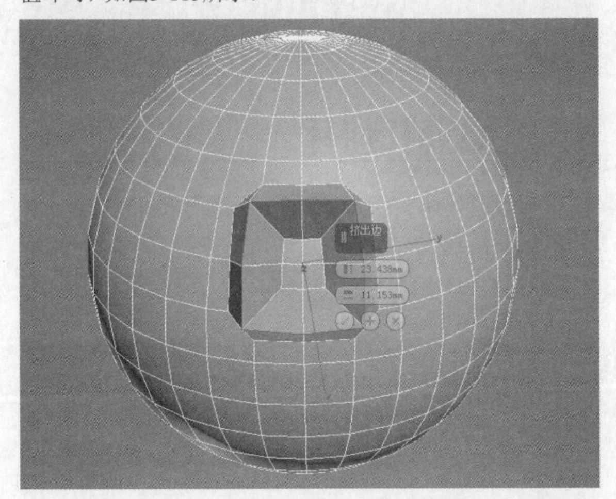

图3-115

切角 切角：这是多边形建模中使用频率较高的按钮，可以对选定的边进行切角（圆角）处理，从而生成平滑的棱角，如图3-116所示。

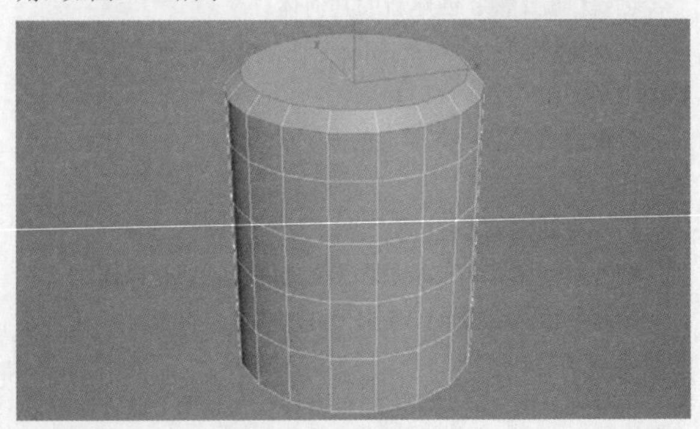

图3-116

连接 连接 ：单击该按钮，可以在每对选定边之间创建新边，对于创建或细化边循环特别有用，如图3-117所示。

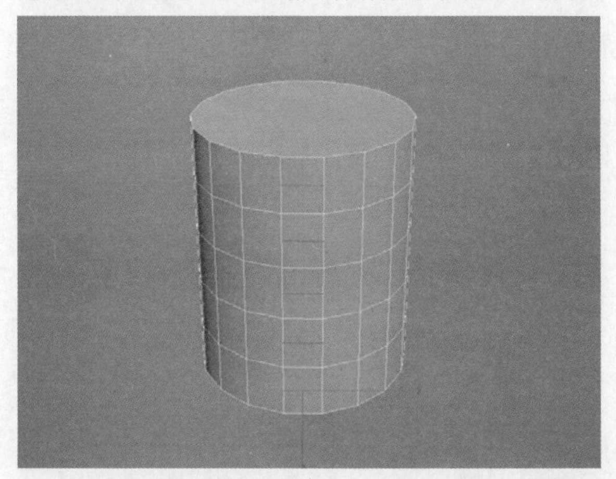

图3-117

利用所选内容创建图形 利用所选内容创建图形 ：单击该按钮，可以将选定的边创建为样条线图形。生成的样条线有两种形式，选择“平滑”选项会生成平滑后的样条线，如图3-118所示；选择“硬”选项会生成与原模型的布线完全相同的样条线，如图3-119所示。

图3-118

图3-119

3.3.8 编辑多边形

切换到“多边形”层级■以后，“修改”面板中会增加“编辑多边形”卷展栏，如图3-120所示。这个卷展栏下的工具都是用来编辑多边形的。

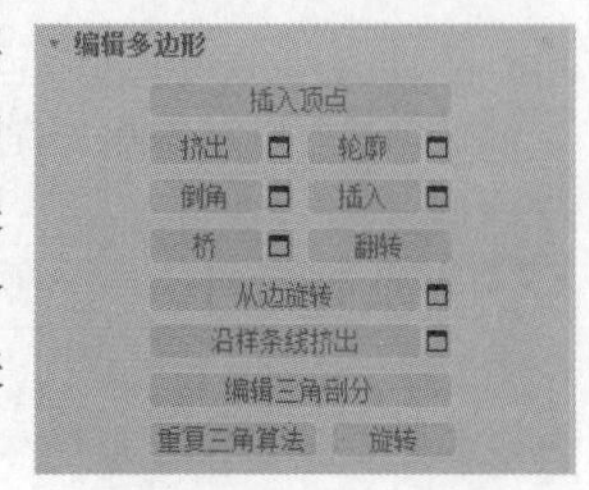

图3-120

重要参数解析

挤出 挤出 ：用于挤出多边形，如果要精确设置挤出的高度，可以单击“挤出”按钮后面的“设置”按钮■，然后在“挤出多边形”文本框中输入数值即可。挤出多边形时，输入正值可向外挤出多边形，输入负值可向内挤出多边形，如图3-121所示。

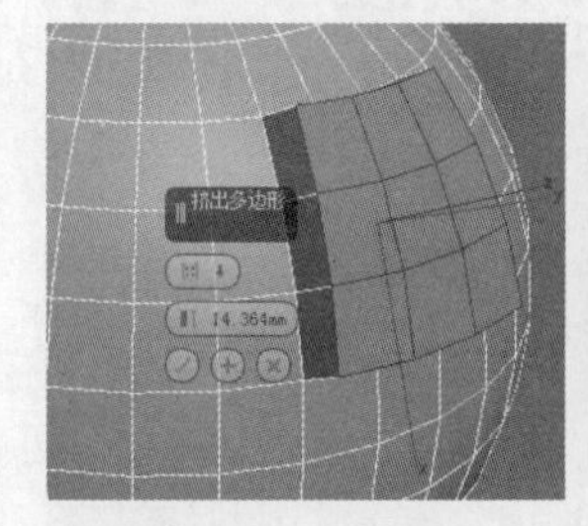

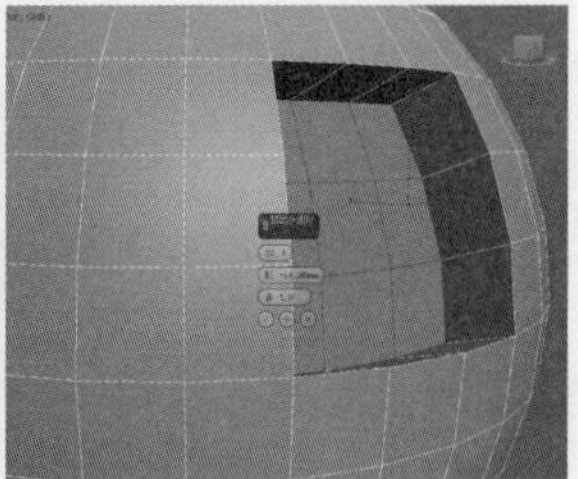

图3-121

轮廓 轮廓 ：用于增加或减少选定的每组连续多边形的外边。

插入 插入 ：执行没有高度的倒角操作，在选定多边形的平面内执行该操作，如图3-122所示。

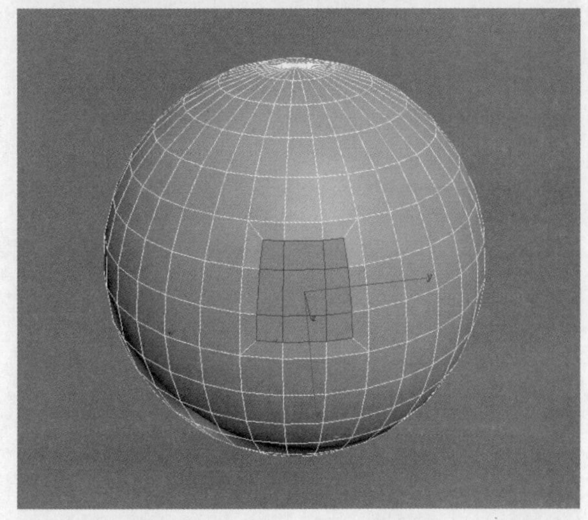

图3-122

翻转 翻转 ：反转选定多边形的法线方向，从而使其面向用户的正面。

3.4 课堂练习

下面有两个课堂练习，这两个练习具有一定的综合性，读者可以参考相关提示来完成。

3.4.1 课堂练习：制作球形吊灯

场景位置 无
实例位置 案例文件>CH03>课堂练习：制作球形吊灯.max
学习目标 掌握“晶格”修改器的用法和多边形建模的方法

球形吊灯由“晶格”修改器搭配多边形建模共同制作而成，最终效果如图3-123所示。

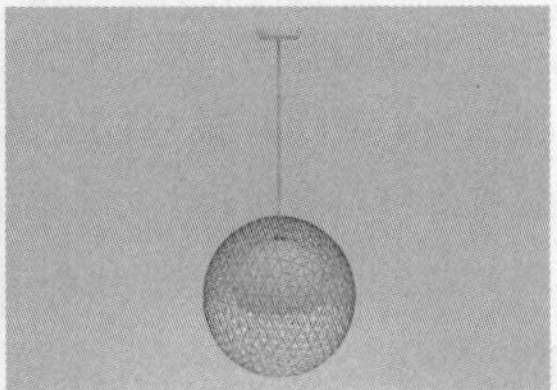

图3-123

步骤分解如图3-124所示。

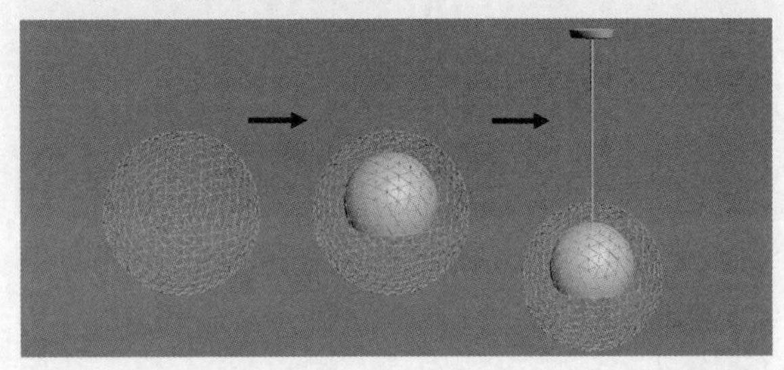

图3-124

3.4.2 课堂练习：制作马克杯

场景位置 无
实例位置 案例文件>CH03>课堂练习：制作马克杯.max
学习目标 熟练使用多边形建模的方法创建对象

马克杯模型是由一个圆柱体转换而来的，最终效果如图3-125所示。

图3-125

步骤分解如图3-126所示。

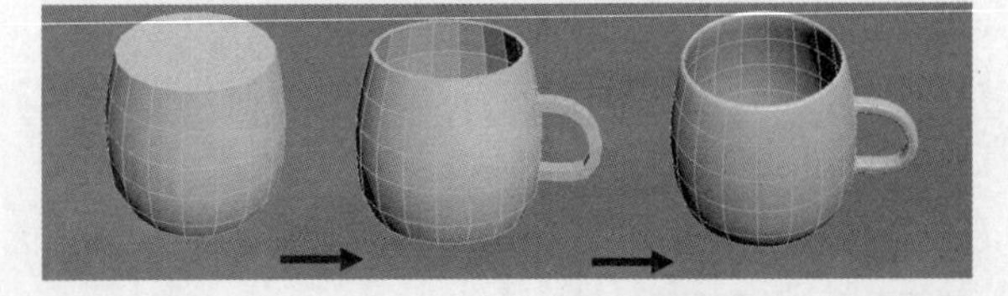

图3-126

3.5 课后习题

下面提供了两个习题供读者练习，这些习题都比较简单，希望读者能根据相关提示认真完成。

3.5.1 课后习题：制作标志牌

场景位置 无
实例位置 案例文件>CH03>课后习题：制作标志牌.max
学习目标 掌握多边形建模的方法

本习题制作游戏场景中常见的标志牌，最终效果如图3-127所示。

图3-127

步骤分解如图3-128所示。

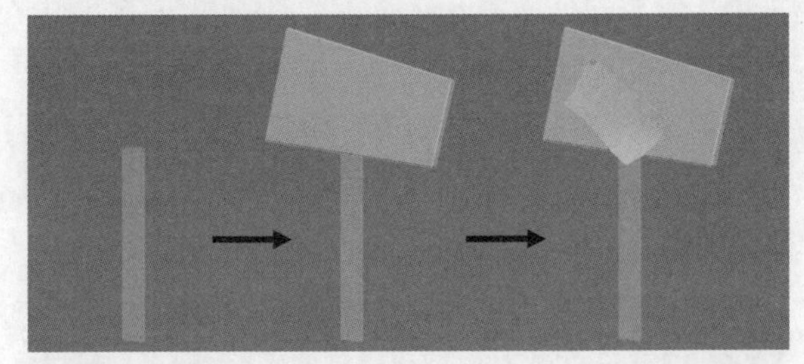

图3-128

3.5.2 课后习题：制作单人沙发

场景位置 无
实例位置 案例文件>CH03>课后习题：制作单人沙发.max
学习目标 掌握多边形建模方法

本习题制作一个单人沙发，最终效果如图3-129所示。

图3-129

步骤分解如图3-130所示。

图3-130

第4章 摄影机技术

本章将介绍3ds Max 2020的摄影机技术。通过学习真实摄影机的结构及相关术语，读者可以对摄影机有一个大致的了解。熟悉场景构图和画面比例，可以为构建场景打下基础。常用的摄影机工具和特殊镜头效果是本章学习的重点。

课堂学习目标

- 了解真实摄影机的基本原理
- 熟悉场景构图和画面比例的相关知识
- 掌握常用的摄影机工具
- 掌握摄影机的特殊镜头效果

4.1 摄影机的相关术语

3ds Max 2020中的摄影机与真实的摄影机有很多术语都是相同的，本节介绍摄影机的相关术语。

本节内容介绍

名称	作用	重要程度
镜头	了解摄影机的各种镜头	中
焦平面	了解焦平面的概念	低
光圈	了解光圈的概念	中
快门	了解快门的概念	中
胶片感光度	了解胶片感光度的概念	中

4.1.1 镜头

摄影机的镜头是摄影机组成部分中的重要部件。一个结构简单的镜头可以是一块凸形毛玻璃，它折射来自被摄对象上每一点被扩大了的光线，这些光线聚集起来形成连贯的点，即焦平面。当镜头准确聚集时，胶片的位置就与焦平面互相叠合。镜头一般分为标准镜头、广角镜头、远摄镜头、鱼眼镜头和变焦镜头等。

4.1.2 焦平面

焦平面是通过镜头折射后的光线聚集起来形成清晰的、上下颠倒的影像的地方。在进行拍摄时，光线会被不同程度地折射后聚合在焦平面上，因此就需要调节聚焦装置。当镜头聚焦准确时，胶片的位置和焦平面应叠合在一起。

4.1.3 光圈

光圈通常位于镜头的中央，它是一个环形，可以控制圆孔的开口大小，从而控制曝光时光线的亮度。若需要大量的光线来进行曝光，就需要扩大光圈的圆孔；若只需要少量光线曝光，就需要缩小圆孔，让少量的光线进入。

光圈越大，进光量就越大，所呈现的画面也会越亮，反之则画面越暗。光圈的计量单位是光圈值（f-number）或者级数（f-stop）。

提示 除了考虑进光量之外，光圈的大小还跟景深有关。景深是物体成像后的清晰程度。光圈越大，景深越浅（清晰的范围越小）；光圈越小，景深越深（清晰的范围越大）。

大光圈的镜头非常适合低光量的环境，因为它可以在微亮光的环境下获取更多的现场光，让我们可以用较快速的快门来拍照，以便保持拍摄时相机的稳定性。但是大光圈的镜头不易制作，价格较高。

好的摄影机会根据测光的结果自动计算出光圈的大小。一般情况下，快门速度越快，光圈就越大，以保证有足够的光线通过。所以快门速度越快的摄影机越适合拍摄高速运动的物体，如运动中的汽车、落下的水滴等。

4.1.4 快门

快门是摄影机中的一个机械装置，大多位于机身接近底片的位置（有的大型摄影机的快门位于镜头中），用于控制快门的速度，并且决定了底片接受光线的时间长短。也就是说，在每一次拍摄时，光圈的大小控制了光线的进入量，快门的速度决定光线进入的时间长短，这样一次动作便完成了所谓的“曝光”。

快门以“秒”作为单位，它有一定的数字格式，一般在摄影机上可以见到的数字格式有以下15种：B、1、2、4、8、15、30、60、125、250、500、1000、2000、4000、8000。

快门速度越快，进光量越小，所呈现的画面越暗，反之则越亮。在拍摄一些夜景画面时，通常会使用速度较慢的快门，以保证更多的进光量。

光圈决定了景深，快门则决定了拍摄的时间。当拍摄一个快速移动的物体时，通常需要比较高速的快门才可以拍摄到清晰的画面，所以在拍动态画面时，通常都要考虑可以使用的快门速度。有时要拍摄的画面可能需要有连续性的感觉，例如，拍摄瀑布或小河时，就必须使用速度比较慢的快门，通过延长曝光时间来拍摄画面的连续动作。

4.1.5 胶片感光度

根据胶片感光度，可以把胶片归纳为三大类，分别是快速胶片、中速胶片和慢速胶片。快速胶片具有较高的ISO（国际标准协会）数值，慢速胶片的ISO数值较低，快速胶片适用于低照度下的摄影。相对而言，当使用感光性能较低的慢速胶片可能引起曝光不足时，使用快速胶片获得正确曝光的可能性就更大。但是感光度的提高会降低影像的清晰度，增大反差。慢速胶片在照度良好时，对获取高质量的照片非常有利。

在照度十分低的情况下，如在昏暗的室内或黄昏时分的户外，可以选用超快速胶片（高ISO）进行拍摄。这种胶片对光非常敏感，即使在火柴光下拍摄，也能获得满意的效果，其产生的景象颗粒度可以营造出画面的戏剧性氛围，从而获得引人注目的效果。在光线十分充足的情况下，如在阳光明媚的户外，可以选用超慢速胶片（低ISO）进行拍摄。

4.2 场景构图与画面比例

场景构图是指通过控制元素之间所占比例的大小关系，在二维平面中体现三维的透视关系，具体包括场景给人总的视觉感受，主体与陪体、环境的处理，被摄对象之间相互关系的处理，空间关系的处理，影像的虚实控制，以及光线、影调、色调的配置，气氛的渲染等。

本节内容介绍

名称	作用	重要程度
横构图与竖构图	常见的两种构图方式	高
近焦构图与远焦构图	带景深的两种构图方式	中
其他构图方式	不同形态的构图方式	中
调整图像的长宽	确定渲染图像的大小	高
渲染安全框	在视图中观察渲染区域	高

4.2.1 横构图与竖构图

横构图和竖构图是比较常见的两种构图方式，下面将详细讲解两者的使用场合。

1.横构图

横构图是最常用的构图方式，其画面比例包括4∶3、16∶9和16∶10等。横构图与人的视野类似，宽阔的地平线上事物依次展开，呈横向排列，特别能满足人眼的开阔视野。横构图还有利于表现物体的运动趋势，使静止的景物产生流动的节奏美，如图4-1所示。

图4-1

2.竖构图

竖构图也叫纵向构图，适用于表现高度较高或者纵深较大的空间，如别墅中庭、会议室、走廊等。竖构图不仅有利于展示垂直方向上的高大事物，还能够表现人们积极向上的态度。

竖构图可以表现树木、建筑、高塔等高大、垂直的物体，给人一种纵深感，如图4-2所示。

图4-2

4.2.2 近焦构图与远焦构图

近焦构图与远焦构图是两种带景深的构图方式，通过景深的位置，突出需要表现的对象。

1.近焦构图

近焦构图是指画面的焦点在近处的主体对象上，超出目标前后一定范围的对象都会被虚化，如图4-3所示。近焦构图适合特写类镜头，着重表现焦点物体。在制作近焦构图的场景时一定要开启景深，且摄影机的目标点要放在近处的物体上，这样远处的物体才能在渲染时显示模糊的景深效果。

图4-3

2.远焦构图

远焦构图与近焦构图相反，是指画面的焦点在远处的主体对象上，近处的对象会被虚化，如图4-4所示。远焦构图让场景看起来更加宽阔，让画面更有纵深感。在制作远焦构图的场景时，摄影机距离目标物体较远，且必须开启景深。

图4-4

4.2.3 其他构图方式

除了以上4种常见的构图方式以外，还有一些其他构图方式。

1.全景构图

将场景的360°内容完全展示在画面中。全景构图常用于后期制作三维的VR视觉世界，如图4-5所示。

图4-5

2.黄金分割构图

在画面中画两条竖线，将画面纵向平分成3部分，再画两条横线，将画面横向平分成3部分，4条线为黄金分割线，4个交点就是黄金分割点。将视觉中心或主体物放在黄金分割线上或附近，特别是黄金分割点上，会得到很好的构图效果，如图4-6所示。

图4-6

3.三角构图

三角构图是指将画面主体物放在三角形中，或画面主体物本身形成三角形的态势，这种构图给人一种稳定感，如图4-7所示。

图4-7

4.S形构图

S形构图是指物体以S形从前景向中景和后景延伸，画面构成纵深方向的视觉感，一般以河流、道路、铁轨等物体最为常见，如图4-8所示。

图4-8

4.2.4 调整图像的长宽

调整图像的长宽就是设置画面最终输出的大小，具体设置方法如下。“公用参数”卷展栏如图4-9所示。

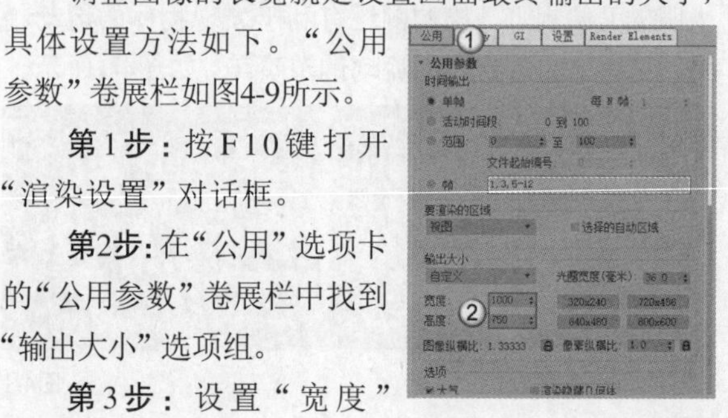

图4-9

第1步：按F10键打开“渲染设置”对话框。

第2步：在“公用”选项卡的“公用参数”卷展栏中找到“输出大小”选项组。

第3步：设置“宽度”和“高度”值。

除了直接设置画面的“宽度”和“高度”值外，还可以在“输出大小”下拉列表中选择预设的画面比例，如图4-10所示。使用这些预设可以快速设置固定的画面比例，方便用户确定画面构图。

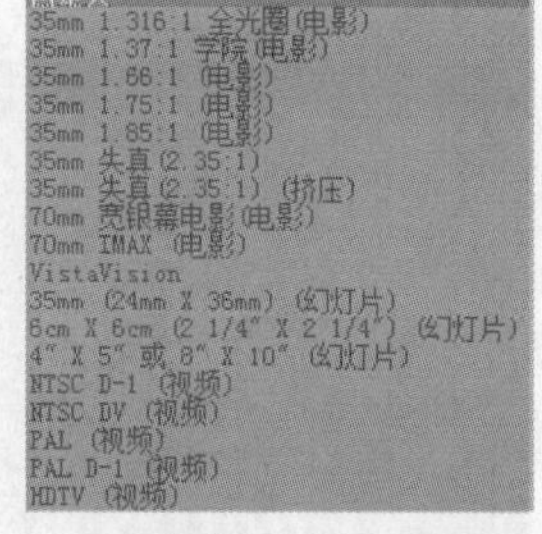

图4-10

通过设置“图像纵横比”就可以控制渲染图像是横构图还是竖构图。当“宽度”与“高度”数值相同时，“图像纵横比”为1；当“宽度”大于“高度”呈现横构图时，“图像纵横比”大于1；当“宽度”小于“高度”呈现竖构图时，“图像纵横比”小于1。单击“锁定”按钮后，修改“宽度”和“高度”中任意一个数值，另一个数值也会随之发生变化。

4.2.5 渲染安全框

调整了图像的长宽之后，我们并不能在视图中直观地看到摄影机的显示效果，这时就需要添加“渲染安全框”。“渲染安全框”类似于相框，添加后不仅框内所显示的对象最终都会在渲染的图像中呈现，而且还能直接在视图中看到图像的长宽比例。添加“渲染安全框”前后的效果如图4-11和图4-12所示。

图4-11

图4-12

“渲染安全框”的添加方法有以下两种。

第1种：在视图左上角的名称上单击鼠标右键，弹出快捷菜单，执行“显示安全框”命令，如图4-13所示。

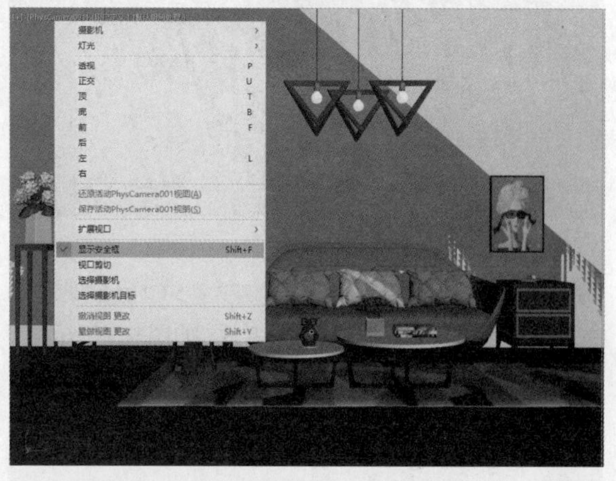

图4-13

第2种：按快捷键Shift+F直接打开。

4.3 常用的摄影机工具

3ds Max 2020中的摄影机在制作效果图和动画时非常有用。常用的摄影机包括“物理”和“目标”两种，以及VRay渲染器自带的“VR-物理摄影机”，如图4-14所示。

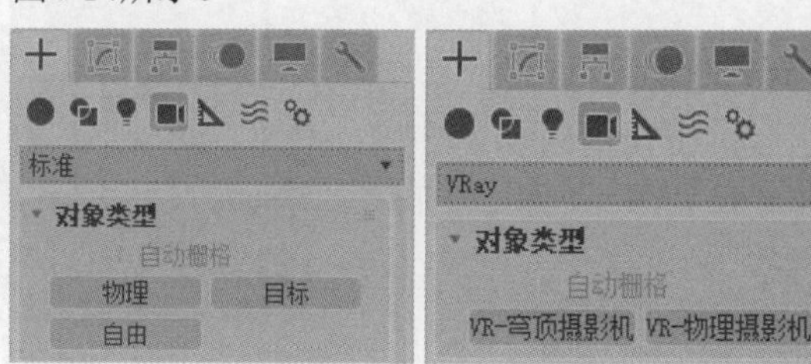

图4-14

本节内容介绍

名称	作用	重要程度
物理摄影机	对场景进行拍摄	高
目标摄影机	查看所放置的目标周围的区域	高
VR-物理摄影机	对场景进行拍摄	高

4.3.1 课堂案例：创建物理摄影机

场景位置　案例文件>CH04>课堂案例：创建物理摄影机>01.max
实例位置　案例文件>CH04>课堂案例：创建物理摄影机.max
学习目标　掌握在场景中创建物理摄影机的方法

本案例需要在制作好的场景中创建一台物理摄影机，效果如图4-15所示。

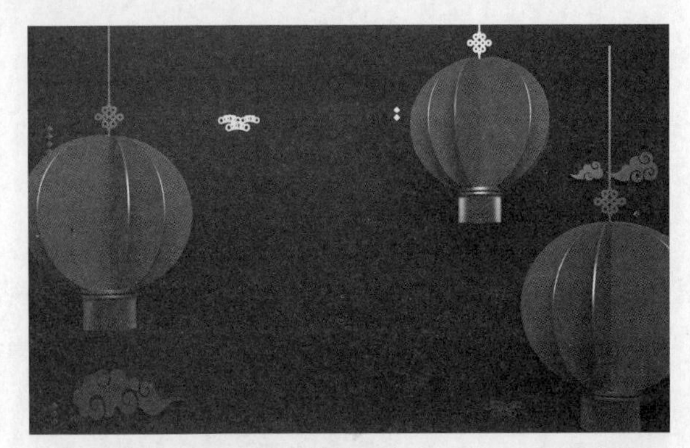

图4-15

01 打开本书学习资源中的“案例文件>CH04>课堂案例：创建物理摄影机>01.max”文件，如图4-16所示。

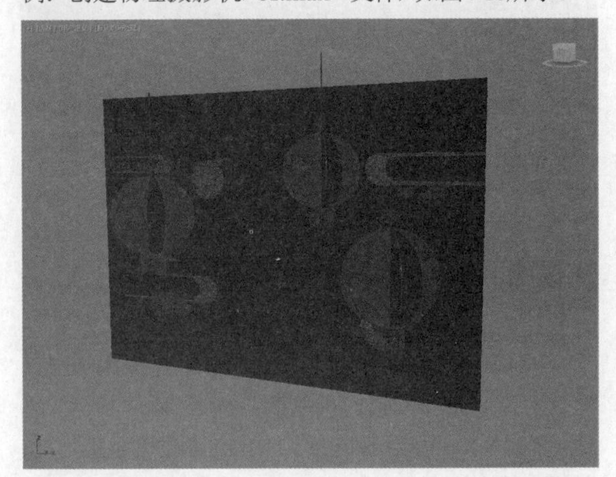

图4-16

02 在“创建”面板中单击“摄影机”按钮，然后单击“物理”按钮 物理 ，如图4-17所示。

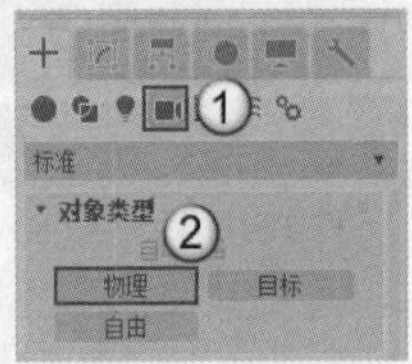

图4-17

03 切换到顶视图，从下往上拖曳鼠标创建一台物理摄影机，如图4-18所示。

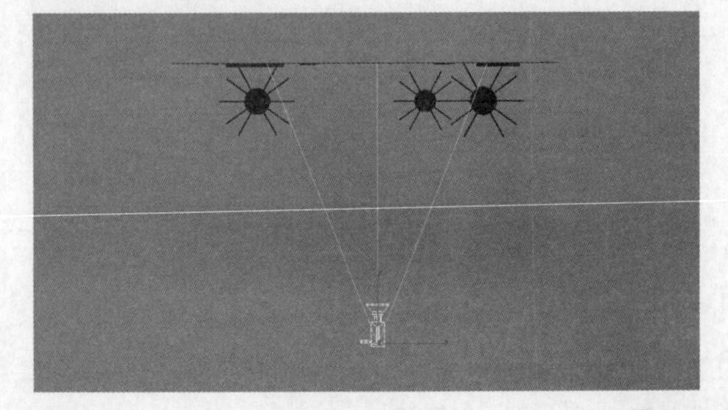

图4-18

04 切换到左视图，调整摄影机的高度，如图4-19所示。

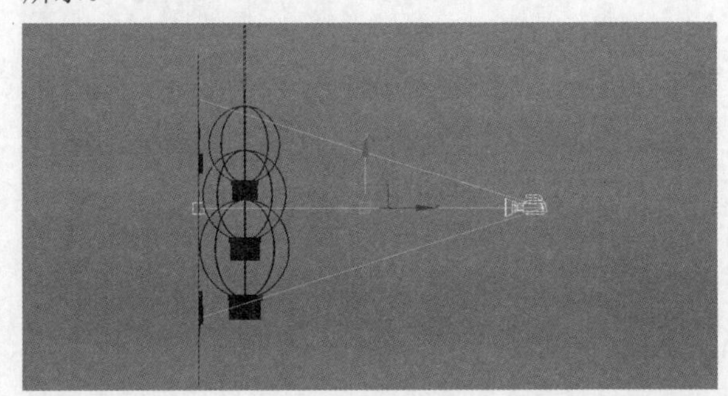

图4-19

提示 在透视视图中按快捷键Ctrl+C，可以根据当前视图快速创建物理摄影机。

05 按C键切换到摄影机视图，效果如图4-20所示。可以看到场景中的灯光给画面造成很多阴影，影响观察场景。

图4-20

06 展开画面左上角的“用户定义”菜单，执行“照明和阴影>用默认灯光照亮”命令，不勾选“阴影”和“环境光阻挡”选项，如图4-21所示。此时画面中不存在阴影，可以完整看到模型的细节。

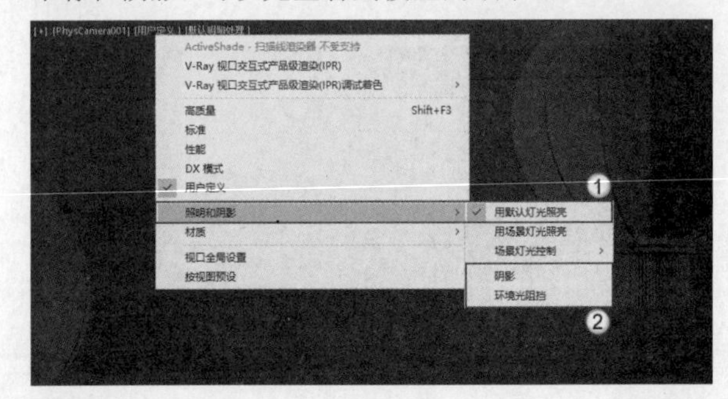

图4-21

07 选中摄影机，在“物理摄影机”卷展栏中设置“焦距”为36毫米，如图4-22所示。

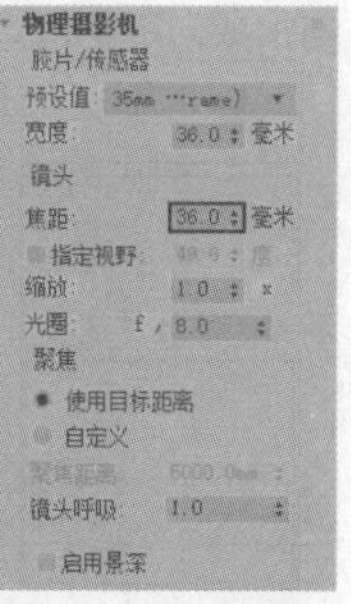

图4-22

08 在“曝光”卷展栏中设置“曝光增益”为“手动”，ISO为800，如图4-23所示。

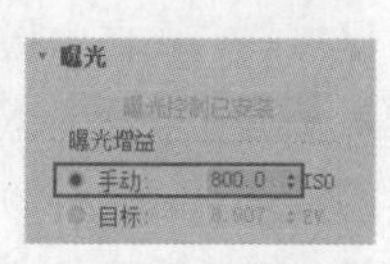

图4-23

> **提示** 物理摄影机的默认曝光方式为“目标”，通常情况下会出现曝光效果，调整为“手动”后再降低ISO的数值就可以得到比较合适的画面亮度。

09 可以看到画面中仍然没有全部显示场景中的模型。使用“推拉摄影机”工具向后移动摄影机，并调整摄影机的横向位置，如图4-24所示。

图4-24

10 按F9键渲染当前场景，最终效果如图4-25所示。

图4-25

4.3.2 物理摄影机

物理摄影机是3ds Max 2020中常用的摄影机，其特点与VR-物理摄影机类似，使用“物理”工具 物理 在视图中拖曳鼠标可以创建一台物理摄影机，可以看到物理摄影机包含摄影机和目标点两个对象，如图4-26所示。

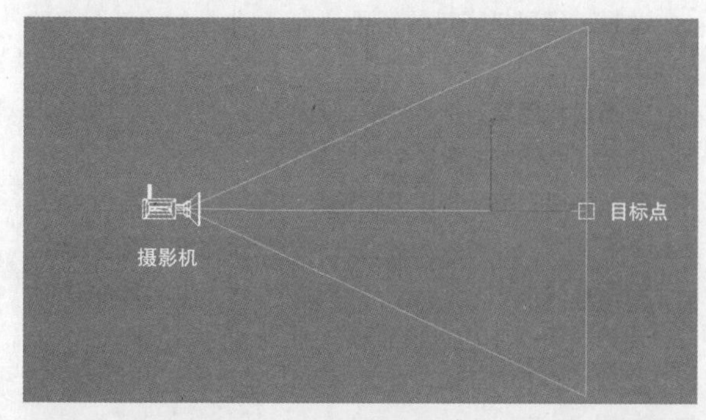

图4-26

物理摄影机包含8个卷展栏，如图4-27所示，下面介绍常用的卷展栏。

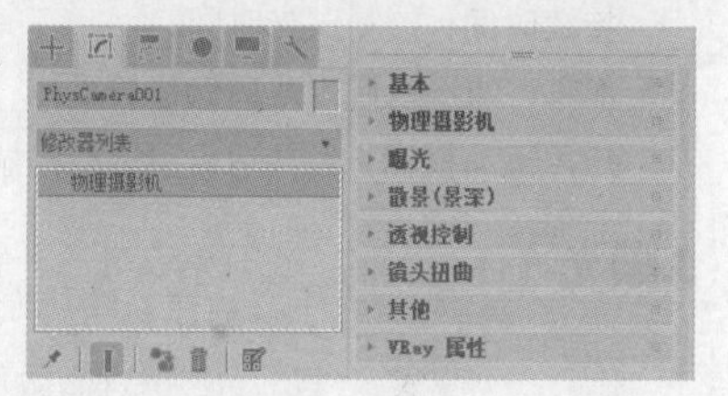

图4-27

1.基本

展开“基本”卷展栏，如图4-28所示。

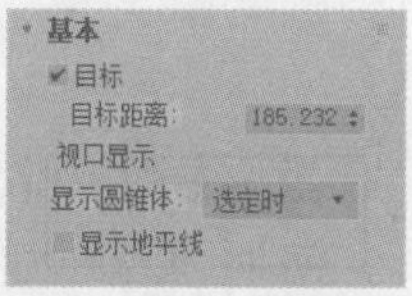

图4-28

重要参数解析

目标：勾选后摄影机有目标点。

目标距离：目标点离摄影机的距离。

视口显示

» **显示圆锥体：**有“选定时”“始终”“从不”3个选项，如图4-29所示，用来控制摄影机圆锥体的显示方式。

图4-29

» **显示地平线：**勾选后可在摄影机视图中显示地平线。

2.物理摄影机

展开“物理摄影机”卷展栏，如图4-30所示。

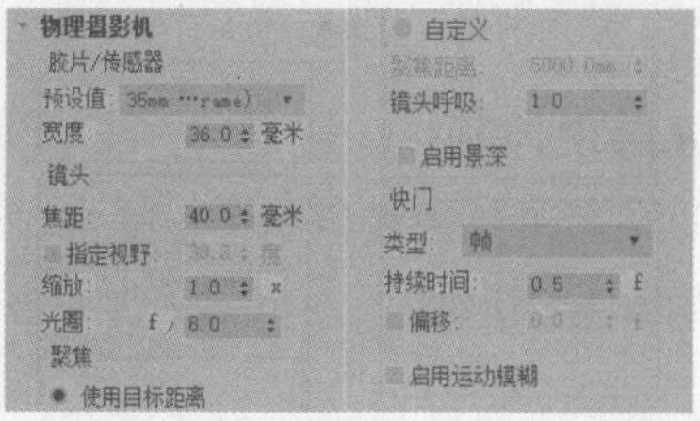

图4-30

重要参数解析

预设值：系统预置的镜头类型，如图4-31所示。

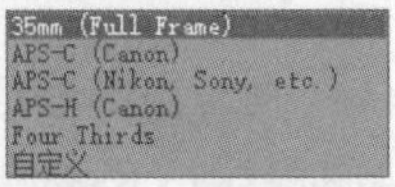

图4-31

宽度：手动调节镜头范围的大小。

焦距：设置摄影机的焦长。

指定视野：勾选后可以手动调节视野大小。

缩放：缩放场景。

光圈：设置摄影机的光圈大小，用来控制渲染图像的亮度和景深。

使用目标距离：使用目标点的距离。

自定义：勾选后可以手动调节距离。

镜头呼吸：基于焦距更改视野，镜头必须移动，才能在不同的距离聚焦，当聚焦更近时视野变得更窄，该值为0时表示禁用此效果。

启用景深：勾选后开启景深效果。

类型：按不同的单位控制进光时间，如图4-32所示。

图4-32

持续时间：控制进光时间。

偏移：勾选后启用快门偏移效果。

启用运动模糊：勾选后启用运动模糊效果。

3.曝光

展开"曝光"卷展栏，如图4-33所示。

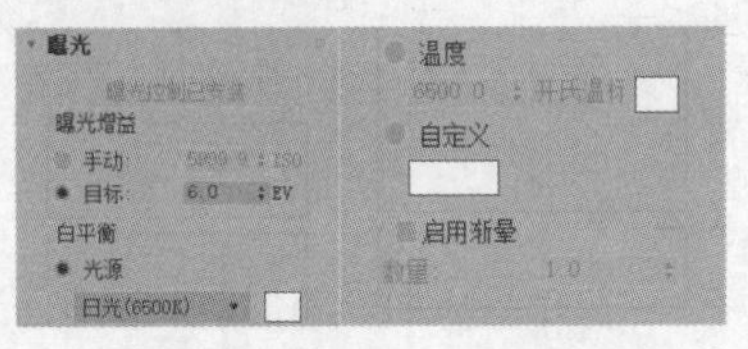

图4-33

重要参数解析

手动：传统胶片曝光，选择后可调整ISO数值。

目标：摄影机的默认曝光方式，可调节EV值。

光源：用光源颜色控制白平衡，如图4-34所示。

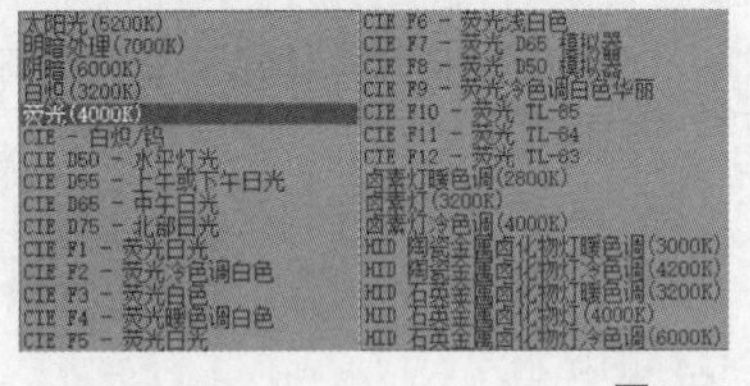

图4-34

温度：用色温控制白平衡。

自定义：自定义颜色控制白平衡。

启用渐晕：勾选后镜头有渐晕效果。

4.透视控制

展开"透视控制"卷展栏，如图4-35所示。

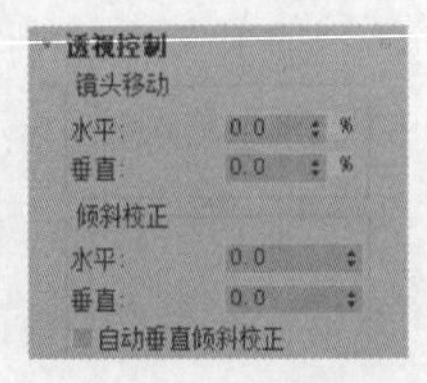

图4-35

重要参数解析

镜头移动：水平或垂直移动胶片平面，用于使摄影机向上或向下拍摄，而不必倾斜。

倾斜校正：水平或垂直倾斜镜头，用于更正摄影机向上或向下倾斜的透视程度。

自动垂直倾斜校正：勾选后自动调整垂直倾斜，以便沿z轴对齐透视。

4.3.3 目标摄影机

使用目标摄影机可以查看所放置的目标周围的区域，它比自由摄影机更容易定向，因为只需将目标对象定位在所需位置的中心即可。使用"目标"工具 目标 在场景中拖曳鼠标可以创建一台目标摄影机，可以看到目标摄影机包含目标点和摄影机两个对象，如图4-36所示。

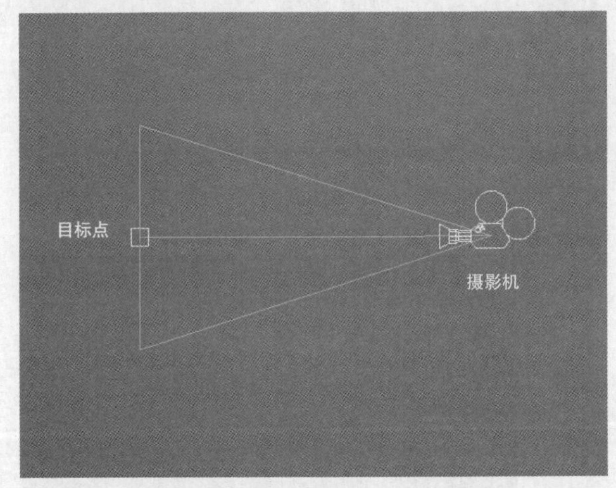

图4-36

在默认情况下，目标摄影机包含"参数"和"景深参数"两个卷展栏，如图4-37所示。当在"参数"卷展栏下设置"多过程效果"为"运动模糊"时，目标摄影机的参数就变成了"参数"和"运动模糊参数"两个卷展栏，如图4-38所示。

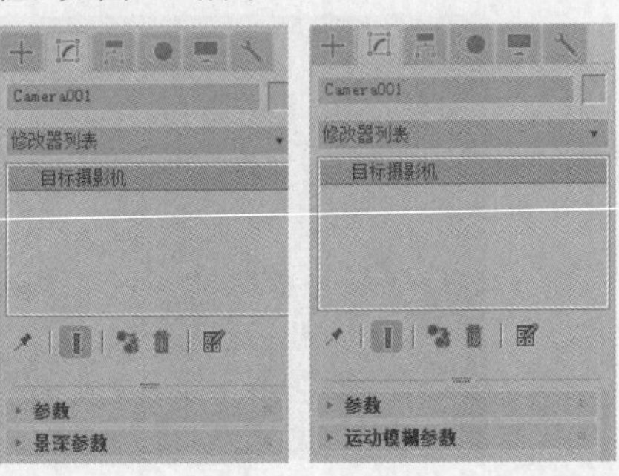

图4-37　图4-38

实际工作中常用的只有“参数”卷展栏，展开“参数”卷展栏，如图4-39所示。

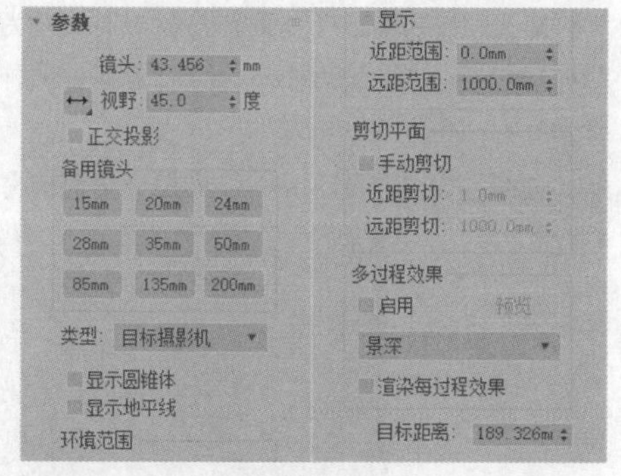

图4-39

重要参数解析

镜头：以mm为单位来设置摄影机的焦距。

视野：设置摄影机查看区域的宽度视野，有“水平”、“垂直”和“对角线”3种方式。

正交投影：勾选该选项，摄影机视图为用户视图；不勾选该选项，摄影机视图为标准的透视视图。

备用镜头：系统预置的摄影机焦距镜头包含15mm、20mm、24mm、28mm、35mm、50mm、85mm、135mm和200mm。

类型：切换摄影机的类型，包含“目标摄影机”和“自由摄影机”两种。

显示圆锥体：显示摄影机视野定义的锥形光线（实际上是一个四棱锥），锥形光线出现在其他视图，但是显示在摄影机视图中。

显示地平线：在摄影机视图中的地平线上显示一条深灰色的线条。

显示：显示出在摄影机锥形光线内的矩形。

近距范围/远距范围：设置大气效果的近距范围和远距范围。

手动剪切：勾选该选项可定义剪切的平面。

近距剪切/远距剪切：设置近距和远距平面，对于摄影机，比“近距剪切”平面近或比“远距剪切”平面远的对象是不可见的。

启用：勾选该选项后，可以预览渲染效果。

预览 预览：单击该按钮可以在活动摄影机视图中预览效果。

多过程效果类型：共有“景深”和“运动模糊”两个选项，系统默认选项为“景深”。

渲染每过程效果：勾选该选项后，系统会将渲染效果应用于多重过滤效果的每个过程（景深或运动模糊）。

目标距离：当使用“目标摄影机”时，该选项用来设置摄影机与其目标点之间的距离。

4.3.4 VR-物理摄影机

VR-物理摄影机相当于一台真实的摄影机，有光圈、快门、曝光、ISO等调节功能，用它可以对场景进行拍摄。使用“VR-物理摄影机”工具 VR-物理摄影机 在视图中拖曳鼠标可以创建一台VR-物理摄影机，可以看到VR-物理摄影机同样包含摄影机和目标点两个对象，如图4-40所示。

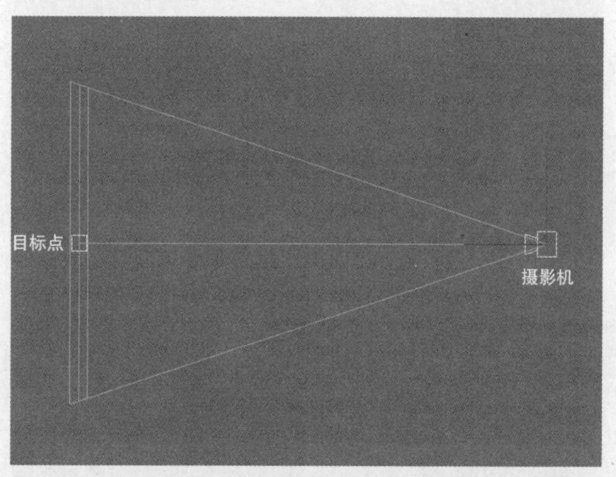

图4-40

VR-物理摄影机包含10个卷展栏，如图4-41所示。下面只介绍常用的5个卷展栏。

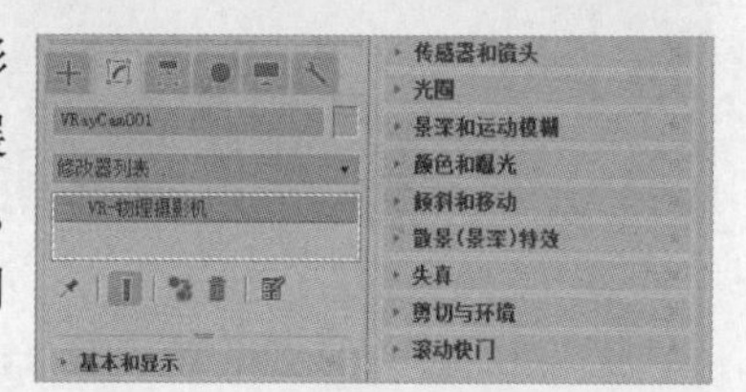

图4-41

1.传感器和镜头

展开“传感器和镜头”卷展栏，如图4-42所示。

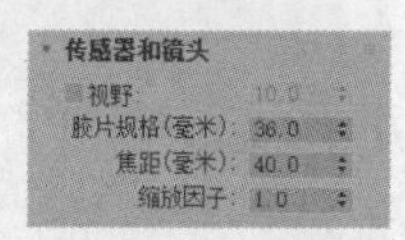

图4-42

重要参数解析

视野：勾选该选项后，可以调整摄影机的可视区域。

胶片规格（毫米）：控制摄影机所看到的景色范围，该值越大，看到的景象就越多。

焦距（毫米）：设置摄影机的焦长，同时也会影响到画面的感光强度；较大的数值产生的效果类似于长焦效果，且感光材料（胶片）会变暗，特别是在感光材料的边缘区域；较小的数值产生的效果类似于广角效果，其透视感比较强，感光材料则会变亮。

缩放因子：控制摄影机视图的缩放，该值越大，摄影机视图拉得越近。

2.光圈

展开“光圈”卷展栏，如图4-43所示。

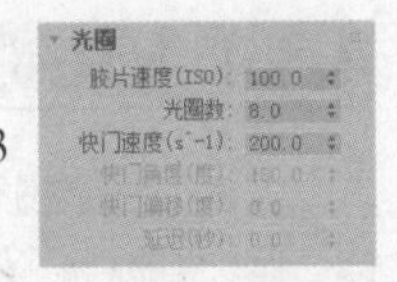

图4-43

重要参数解析

胶片速度（ISO）：控制渲染画面的曝光时长，该值越大，画面越亮，如图4-44所示。

图4-44

光圈数：控制VR-物理摄影机的曝光和景深，该值越大，画面亮度越小，景深效果也越弱，对比效果如图4-45所示，只有勾选了“景深”选项才能渲染带景深效果的画面。

图4-45

快门速度（s^-1）：控制VR-物理摄影机的快门速度，该值越大，画面亮度越小，如图4-46所示。

图4-46

3.景深和运动模糊

这个卷展栏下只有“景深”和“运动模糊”两个选项，如图4-47所示，勾选后会形成相应的镜头效果。

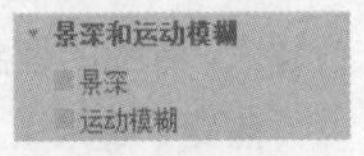

图4-47

4.颜色和曝光

展开“颜色和曝光”卷展栏，如图4-48所示。

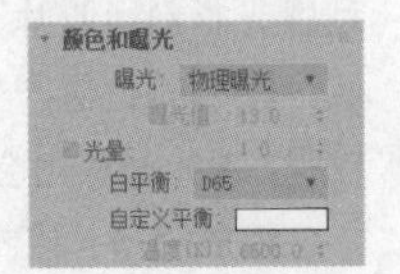

图4-48

重要参数解析

曝光：控制摄影机的曝光方式，默认选项为“物理曝光”，展开下拉列表，可以选择其他两种曝光方式，如图4-49所示。

图4-49

光晕：勾选该选项后，渲染图会带有光晕效果，如图4-50所示。

图4-50

白平衡：控制镜头的颜色，展开下拉列表，可以选择其他白平衡模式，如图4-51所示，各种白平衡模式的渲染效果如图4-52所示；一般情况下选择“中性”模式，此时的镜头白平衡是纯白色，渲染的图片不会有色差。

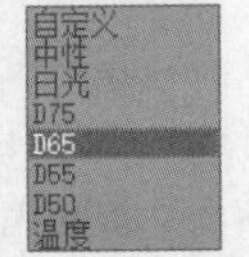

图4-51

图4-52

自定义平衡：自行设置白平衡的颜色。

5.倾斜和移动

展开“倾斜和移动”卷展栏，如图4-53所示。

图4-53

重要参数解析

自动垂直倾斜：勾选该选项后，系统会自动校正摄影机的畸变。

倾斜/移动：手动设置数值，调整摄影机的角度。

垂直倾斜校正/水平倾斜校正：单击相应的按钮后，会在垂直或水平方向校正畸变。

4.4 摄影机的特殊镜头效果

用摄影机除了可以简单地拍摄画面外，还可以拍摄一些特殊的镜头效果，给画面带来不一样的感觉。

本节内容介绍

名称	作用	重要程度
景深	远离目标点的对象呈现模糊效果	高
散景	灯光在景深位置呈现特殊效果	中
运动模糊	摄影机拍摄运动的物体，画面会模糊	高

4.4.1 课堂案例：制作景深效果

场景位置　案例文件>CH04>课堂案例：制作景深效果>02.max

实例位置　案例文件>CH04>课堂案例：制作景深效果.max

学习目标　运用VR-物理摄影机制作景深效果

本案例需要为场景添加一台VR-物理摄影机，并制作景深效果，如图4-54所示。

图4-54

01 打开本书学习资源中的“案例文件>CH04>课堂案例：制作景深效果>02.max”文件，如图4-55所示。

图4-55

02 在“创建”面板中单击“摄影机”按钮，然后选择VRay选项，如图4-56所示。这样就能切换到VRay相关的摄影机工具。

图4-56

03 单击“VR-物理摄影机”按钮，在顶视图中创建一台VR-物理摄影机，如图4-57所示。

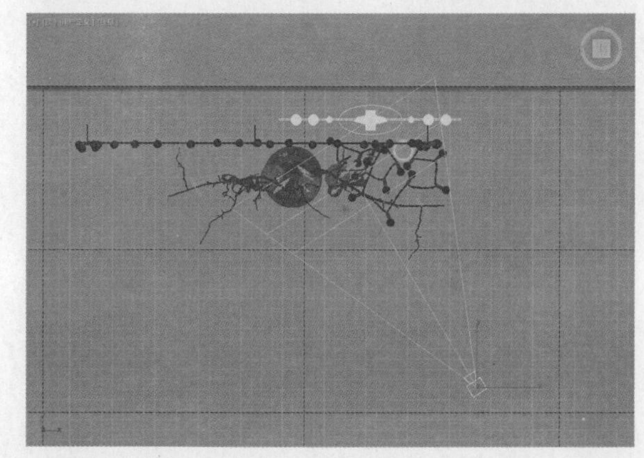

图4-57

04 按C键切换到摄影机视图，调整摄影机的高度，如图4-58所示。

图4-58

05 使用“推拉摄影机”工具和“环游摄影机”工具，调整摄影机的角度，如图4-59所示。

图4-59

06 在“光圈”卷展栏中设置“胶片速度（ISO）”为800，如图4-60所示。然后按F9键渲染场景，如图4-61所示，这是没有添加景深前的效果。

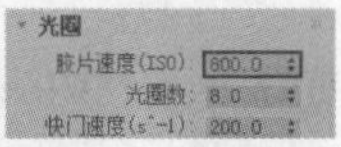

光圈
胶片速度(ISO): 800.0
光圈数: 8.0
快门速度(s^-1): 200.0

图4-60

图4-61

07 选中摄影机，在“景深和运动模糊”卷展栏中勾选“景深”选项，如图4-62所示。按F9键渲染场景，可以看到场景中几乎不存在景深效果，如图4-63所示。

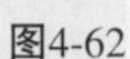

图4-62

图4-63

08 在“光圈”卷展栏中设置“光圈数”为1，“胶片速度（ISO）”为15，如图4-64所示。

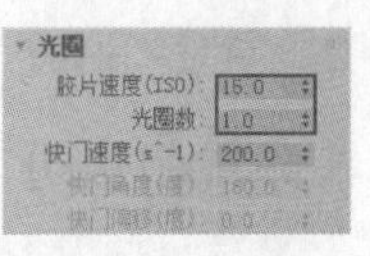

图4-64

09 按F9键渲染场景，可以明显地看到远处的模型出现模糊的效果，只有近处的物体仍然保持清晰，如图4-65所示。

图4-65

4.4.2 景深

摄影机镜头聚焦完成后，焦点前后的一定范围内会呈现清晰的图像，这段距离范围就是景深。

光圈、焦距、摄影机与被摄物体之间的距离是影响景深的重要因素。光圈数值越大，景深越浅；光圈数值越小，景深越深。镜头焦距越长，景深越浅；镜头焦距越短，景深越深。被摄物体离摄影机的距离越近，景深越浅；被摄物体离摄影机的距离越远，景深越深，如图4-66所示。

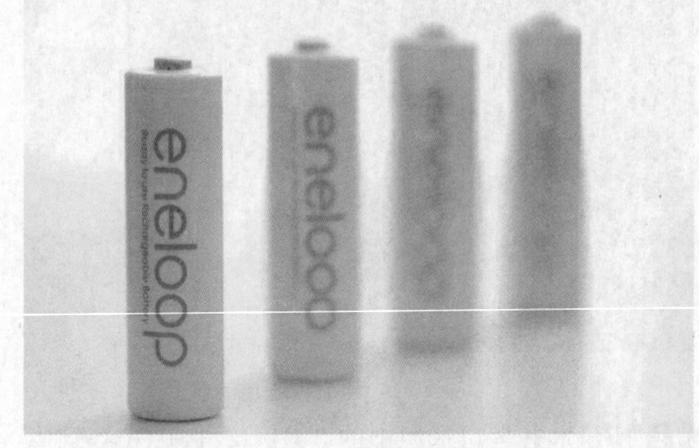

图4-66

在3ds Max 2020中，不同的摄影机设置景深的方法也不同。

目标摄影机需要在“渲染设置”对话框的“摄影机”卷展栏中勾选“景深”选项，如图4-67所示。其下方的“光圈”选项控制景深效果的强弱，数值越大，景深效果越强。勾选“从摄影机获得焦点距离”选项，目标摄影机的目标点所在的位置将作为镜头的焦点，此时所渲染的对象是最清晰的。不勾选该选项，焦点的位置则由下方“焦点距离”值决定。

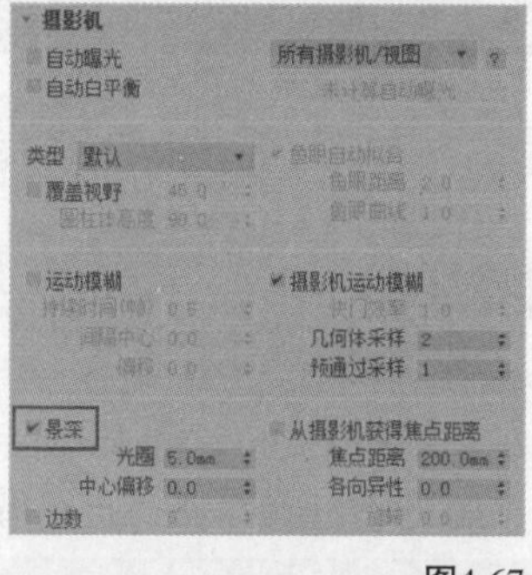

图4-67

物理摄影机则需要在“物理摄影机”卷展栏中勾选“启用景深”选项，如图4-68所示。镜头景深的强弱由“光圈”值决定，数值越小，景深效果越强，画面也越亮。镜头焦点的位置默认为目标点的位置。

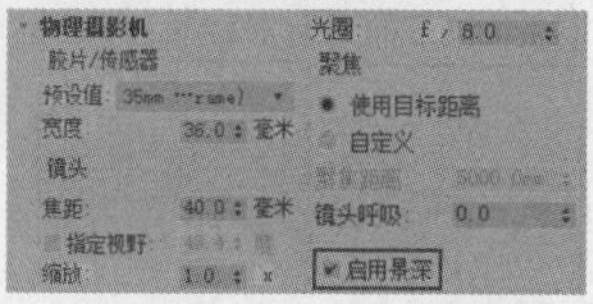

图4-68

VR-物理摄影机与目标摄影机的操作类似，也需要在“景深和运动模糊”卷展栏中勾选“景深”选项，如图4-69所示。

图4-69

提示 学习景深应重点关注以下两点。

第1点：焦点。与光轴平行的光线射入凸透镜时，理想的镜头应该是所有的光线聚集在一点后，再以锥状的形式扩散开，这个聚集所有光线的点就是焦点，如图4-70所示。

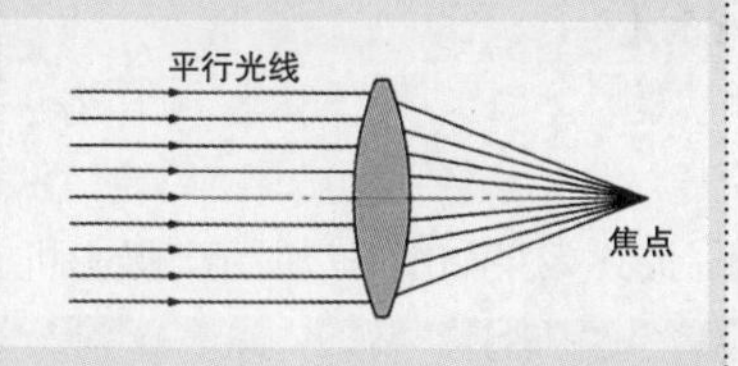

图4-70

第2点：弥散圆。在焦点前后，光线开始聚集和扩散，点的影像会变得模糊，从而形成一个扩大的圆，这个圆就是弥散圆，如图4-71所示。

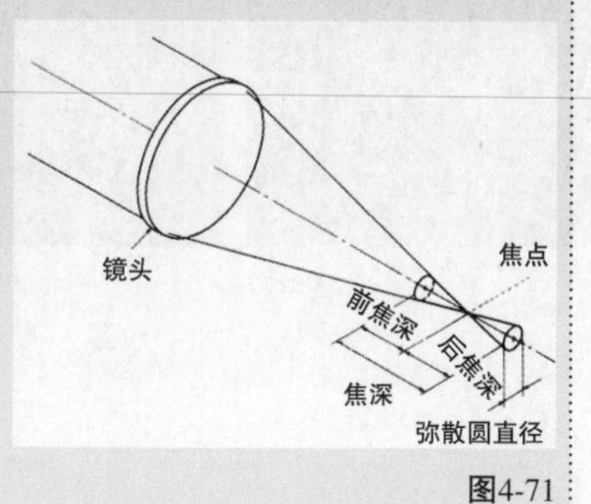

图4-71

每张照片都有主体和背景之分，景深和光圈、焦距、摄影机与被摄物体之间的距离之间存在以下3种关系，这3种关系可以用图4-72来表示。

第1种：光圈数值越大，景深越浅；光圈数值越小，景深越深。

第2种：镜头焦距越长，景深越浅；镜头焦距越短，景深越深。

第3种：摄影机与被摄物体之间的距离越远，景深越深；摄影机与被摄物体之间的距离越近，景深越浅。

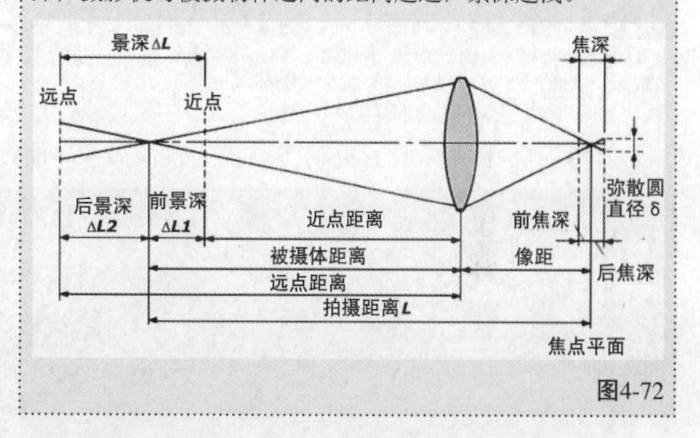

图4-72

4.4.3 散景

散景是指景深较浅时，落在景深以外的画面会逐渐产生松散模糊的效果。散景效果会因为光圈孔形状的不同而产生不同的效果，如图4-73所示。散景效果是在景深效果的基础上呈现的，因此需要按照设置景深的方法进行设置。散景效果的呈现需要在镜头中有灯光配合，且灯光需要在焦距以外。

图4-73

4.4.4 运动模糊

摄影机拍摄高速运动的物体时，画面会模糊，这种现象被称为运动模糊，如图4-74所示。运动模糊与物体运动的速度和摄影机的快门有关。想拍出运动物体的静止状态，就需要将快门速度设置得比物体运动的速度快得多；想要表现运动的物体产生的模糊效果，就要将快门速度设置得比物体运动的速度慢一些。

图4-74

4.5 课堂练习：制作咖啡杯景深特效

场景位置　案例文件>CH04>课堂练习：制作咖啡杯景深特效>03.max

实例位置　案例文件>CH04>课堂练习：制作咖啡杯景深特效.max

学习目标　掌握使用目标摄影机制作景深特效的方法

本练习使用目标摄影机制作场景的景深效果，最终效果如图4-75所示，摄影机布局如图4-76所示。

图4-75

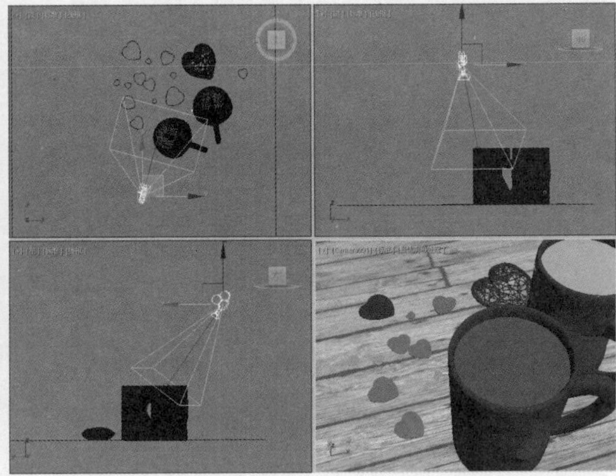

图4-76

4.6 课后习题：制作运动模糊特效

场景位置　案例文件>CH05>课后习题：制作运动模糊特效>04.max

实例位置　案例文件>CH05>课后习题：制作运动模糊特效.max

学习目标　掌握使用目标摄影机制作运动模糊特效的方法

本习题使用目标摄影机制作气球模型的运动模糊效果，最终效果如图4-77所示，摄影机布局如图4-78所示。

图4-77

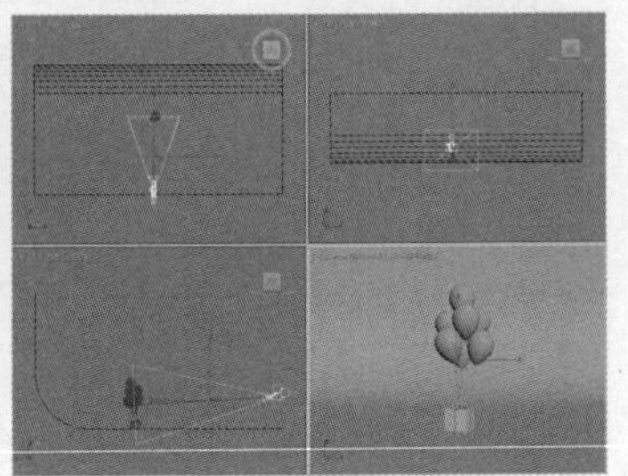

图4-78

灯光技术

本章将介绍3ds Max 2020的灯光技术，包括光度学灯光、标准灯光和VRay灯光。本章是很重要的一章，实际工作中运用的灯光技术几乎都包含在本章中，读者务必要完全领会并掌握。

课堂学习目标

- 了解灯光的作用
- 掌握常用灯光的参数含义及设置方法
- 掌握室内外场景的布光思路及相关技巧

5.1 初识灯光

建立了场景模型，添加了摄影机后，就需要为场景添加灯光。拥有灯光，场景才能体现出不同的氛围。同样的场景，不同的灯光颜色和强度，会为观看者带来不同的视觉感受。

本节内容介绍

名称	作用	重要程度
灯光的功能	了解灯光的功能	中
3ds Max 2020中的灯光	了解3ds Max 2020中的灯光类型	中

5.1.1 灯光的功能

有光才有影，才能让物体呈现出立体感，不同的灯光效果所带来的视觉感受也不一样。灯光构成画面的一部分，其功能主要有以下3点。

第1点：提供整体的空间感，展现对象，营造氛围。

第2点：为画面着色，塑造空间和形式。

第3点：将人们的注意力集中到画面着重表现的区域。

5.1.2 3ds Max 2020中的灯光

利用3ds Max 2020中的灯光可以模拟出真实的“照片级”画面，图5-1所示是两张利用3ds Max 2020制作的室内效果图。

图5-1

在“创建”面板中单击“灯光”按钮，在下拉列表中可以选择灯光的类型。3ds Max 2020常用的 3种灯光类型分别是“光度学”灯光、“标准”灯光和VRay灯光，如图5-2所示。

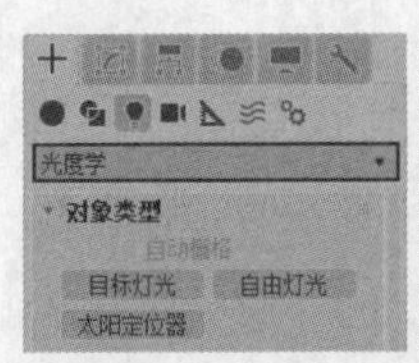

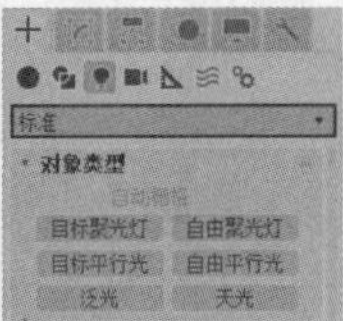

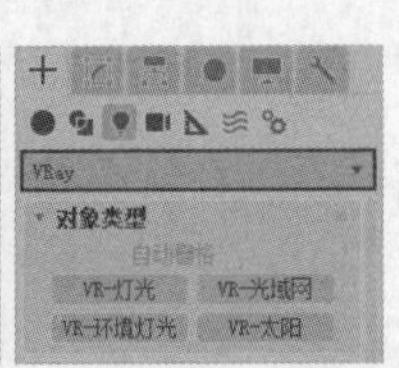

图5-2

提示 若没有安装VRay渲染器，系统默认的只有“光度学”灯光、“标准”灯光和Arnold灯光。

5.2 光度学灯光

“光度学”灯光是系统默认的灯光，有3种类型，分别是“目标灯光”“自由灯光”“太阳定位器”。

本节内容介绍

名称	作用	重要程度
目标灯光	模拟筒灯、射灯、壁灯等	高
自由灯光	模拟发光球、台灯等	中

5.2.1 课堂案例：制作射灯

场景位置 案例文件>CH05>课堂案例：制作射灯>01.max
实例位置 案例文件>CH05>课堂案例：制作射灯.max
学习目标 掌握使用目标灯光模拟射灯照明的方法

本案例使用“目标灯光”工具 目标灯光 模拟射灯效果，如图5-3所示。

图5-3

01 打开本书学习资源中的“案例文件>CH05>课堂案例：制作射灯>01.max”文件，如图5-4所示。

02 在“创建”面板中单击“灯光”按钮，然后单击“目标灯光”按钮 目标灯光 ，如图5-5所示。

图5-4

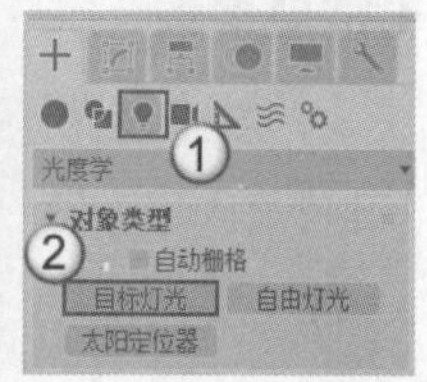

图5-5

03 拖曳鼠标在前视图中创建一盏目标灯光，如图5-6所示。

图5-6

04 切换到顶视图，调整灯光的位置，如图5-7所示。

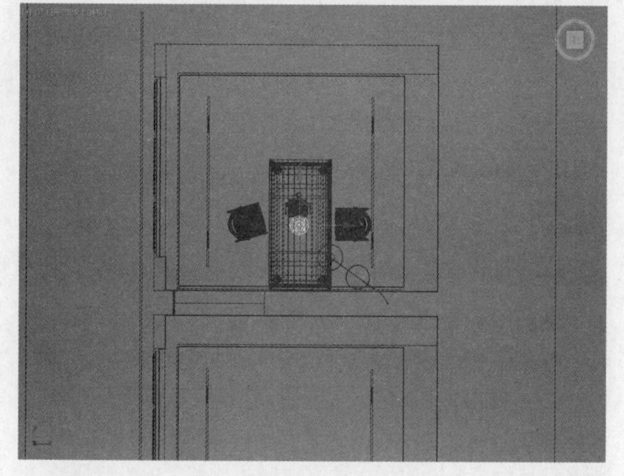

图5-7

> **提示** 在移动灯光时，一定要同时选择灯光和目标点。

05 选中创建的目标灯光，将其复制一盏，调整两个目标灯光到椅子的上方，如图5-8所示。在选择复制模式时，要选择“实例”选项。

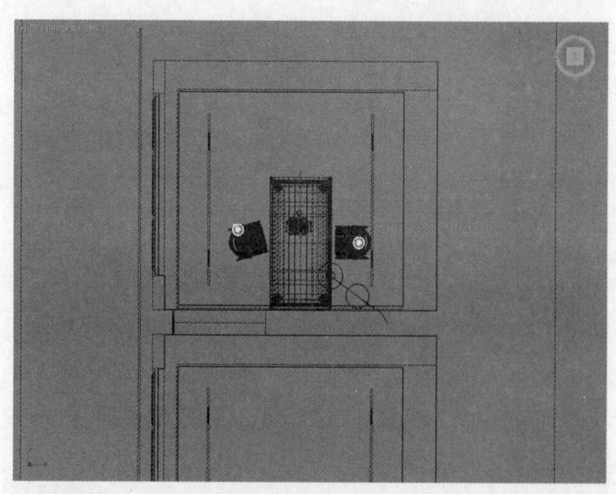

图5-8

06 选中创建的目标灯光，进入“修改”面板，具体参数设置如图5-9所示。

设置步骤

① 在“常规参数”卷展栏中勾选“启用”选项，设置“阴影”为“VRay阴影”，“灯光分布（类型）”为“光度学Web”。

② 在“分布（光度学Web）”卷展栏中加载本书学习资源中的“案例文件>CH05>课堂案例：制作射灯>28.ies”文件。

③ 在“强度/颜色/衰减”卷展栏中设置“过滤颜色”为白色，“强度”为10000。

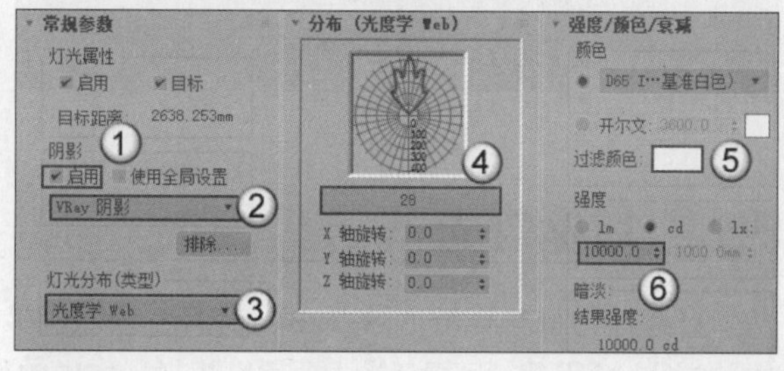

图5-9

> **提示** 将“灯光分布（类型）”设置为“光度学Web”后，系统会自动增加一个“分布（光度学Web）”卷展栏，在“分布（光度学Web）”卷展栏中可以加载光域网文件。
>
> 光域网是灯光的一种物理性质，用来确定光在空气中的发散方式。不同的灯光在空气中的发散方式也不相同，例如，手电筒和射灯会发出一个光束，而灯泡发出的光则是球形的，这些不同的形状是由灯光自身的特性来决定的，也就是说这些形状是由光域网决定的。灯光之所以会产生不同的形状，是因为每种灯在出厂时，厂家都要为其指定不同的光域网。

在3ds Max 2020中，如果为灯光指定一个特殊的光域网文件，就可以产生与现实生活中相同的发散效果，这种特殊文件的扩展名为.ies，图5-10所示是一些不同光域网的显示形态，图5-11所示是这些光域网的渲染效果。

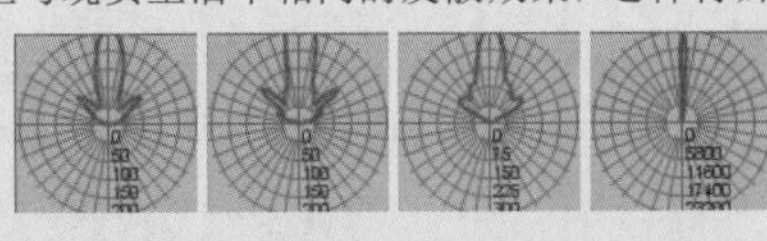

图5-10

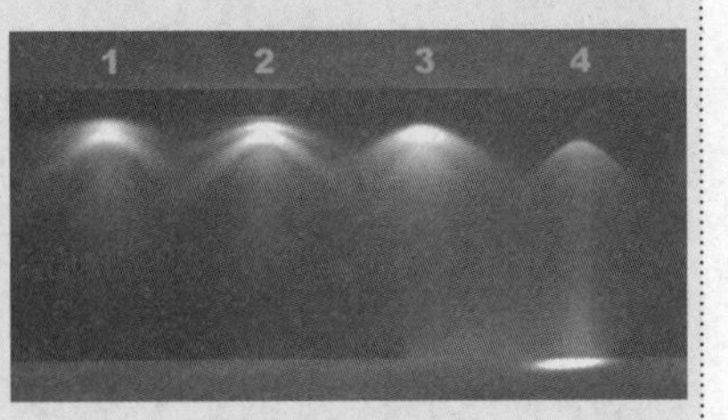

图5-11

07 按C键切换到摄影机视图，按F9键渲染当前场景，最终效果如图5-12所示。

图5-12

5.2.2 目标灯光

目标灯光带有一个目标点，用于指向被照明物体，如图5-13所示。目标灯光主要用来模拟现实中的筒灯、射灯和壁灯等，目标灯光包含8个卷展栏，如图5-14所示。

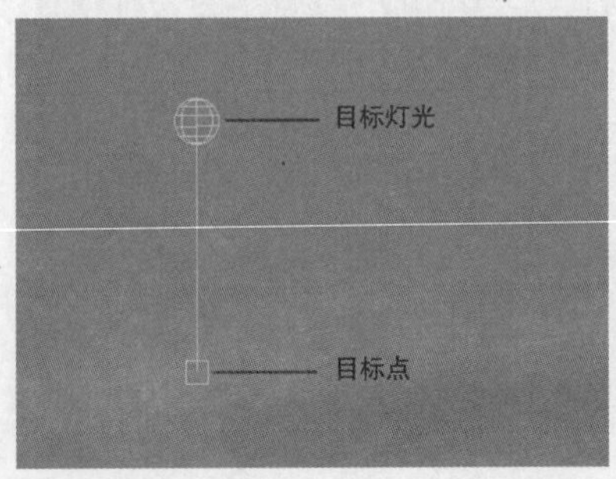

图5-13

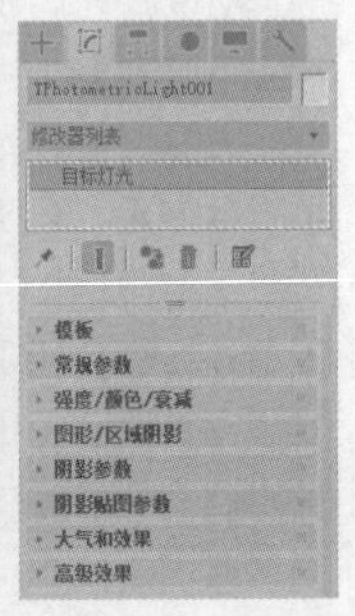

图5-14

下面主要针对目标灯光的一些常用卷展栏进行讲解。

1.常规参数

展开“常规参数”卷展栏，如图5-15所示。

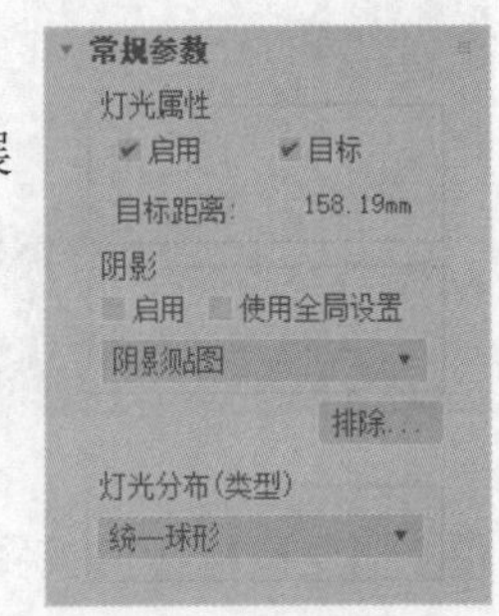

图5-15

重要参数解析

灯光属性

» **启用**：控制是否开启灯光。

» **目标**：勾选该选项后，目标灯光才有目标点；如果不勾选该选项，目标灯光没有目标点，将变成自由灯光，如图5-16所示。

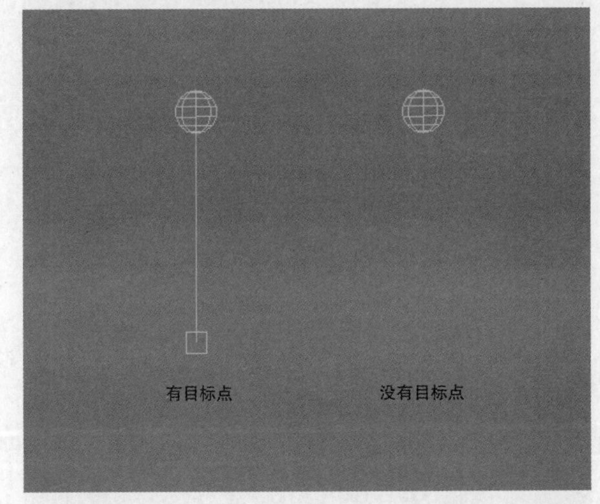

图5-16

提示 目标灯光的目标点并不是固定不可调节的，可以对它进行移动、旋转等操作。

阴影

» **启用**：控制是否开启灯光的阴影效果。

» **使用全局设置**：如果勾选该选项，该灯光投射的阴影将影响整个场景的阴影效果；如果不勾选该选项，则必须选择渲染器使用哪种方式来生成特定的灯光阴影。

» **阴影类型列表**：设置渲染器渲染场景时使用的阴影类型，包括“高级光线跟踪”“区域阴影”“阴影贴图”“光线跟踪阴影”“VRay阴影”5种类型，如图5-17所示。

图5-17

排除 排除...：将选定的对象排除于灯光效果之外，单击该按钮可以打开“排除/包含”对话框，如图5-18所示。

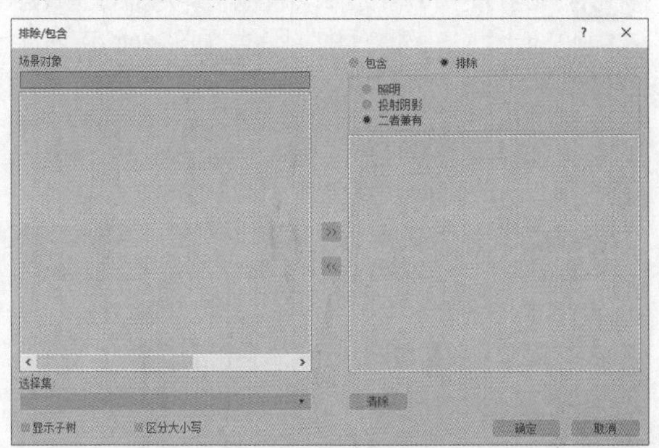

图5-18

灯光分布（类型）列表：设置灯光的分布类型，包含“光度学Web”“聚光灯”“统一漫反射”“统一球形”4种类型，如图5-19所示。

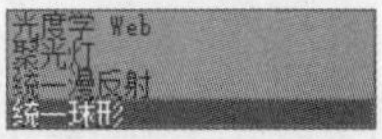

光度学 Web
聚光灯
统一漫反射
统一球形

图5-19

2.强度/颜色/衰减

展开“强度/颜色/衰减”卷展栏，如图5-20所示。

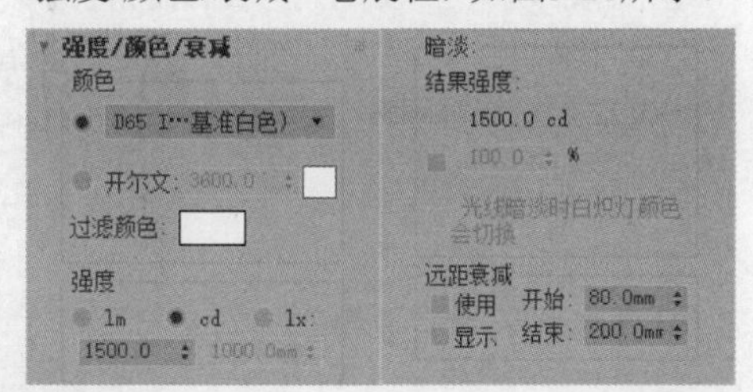

图5-20

重要参数解析

灯光列表：挑选公用灯光的光谱特征。

开尔文：通过调整色温值来设置灯光的颜色。

过滤颜色：使用颜色过滤器来模拟置于灯光上的过滤色效果。

lm（流明）：测量整个灯光（光通量）的输出功率，100瓦的通用灯炮约有1750 lm的光通量。

cd（坎德拉）：测量灯光的最大发光强度。100瓦通用灯炮的发光强度约为139 cd。

lx（lux）：测量由灯光引起的照度。

结果强度：显示暗淡所产生的强度。

暗淡百分比：勾选该选项后，该值会指定用于降低灯光强度的倍增。

使用：启用灯光的远距衰减。

显示：在视图中显示远距衰减的范围设置。

开始：设置灯光开始淡出的距离。

结束：设置灯光衰减为0时的距离。

3.图形/区域阴影

展开“图形/区域阴影”卷展栏，如图5-21所示。

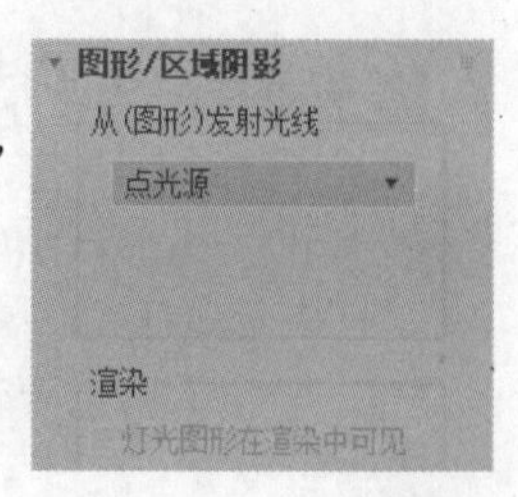

图5-21

重要参数解析

从（图形）发射光线：选择阴影生成的图形类型，包括“点光源”“线”“矩形”“圆形”“球体”“圆柱体”6种类型。

灯光图形在渲染中可见：勾选该选项后，如果灯光位于视野之内，那么灯光在渲染中会显示为自供照明（自发光）的图形。

4.阴影参数

展开“阴影参数”卷展栏，如图5-22所示。

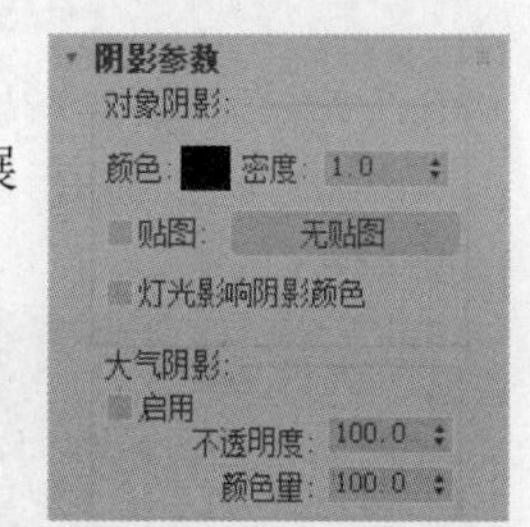

图5-22

重要参数解析

颜色：设置灯光阴影的颜色，默认为黑色。

密度：调整阴影的密度。

贴图：勾选该选项，可以使用贴图来作为灯光的阴影。

无贴图  无贴图 ：单击该按钮，可以选择指定的贴图作为灯光的阴影。

灯光影响阴影颜色：勾选该选项，可以将灯光颜色与阴影颜色（如果阴影已设置贴图）混合起来。

启用：勾选该选项，投射阴影时带有灯光从大气中穿过的效果。

不透明度：调整阴影的不透明度百分比。

颜色量：调整大气颜色与阴影颜色混合的百分比。

5.2.3 自由灯光

自由灯光没有目标点，常用来模拟发光球、台灯等。自由灯光的参数与目标灯光的参数完全一样，如图5-23所示。

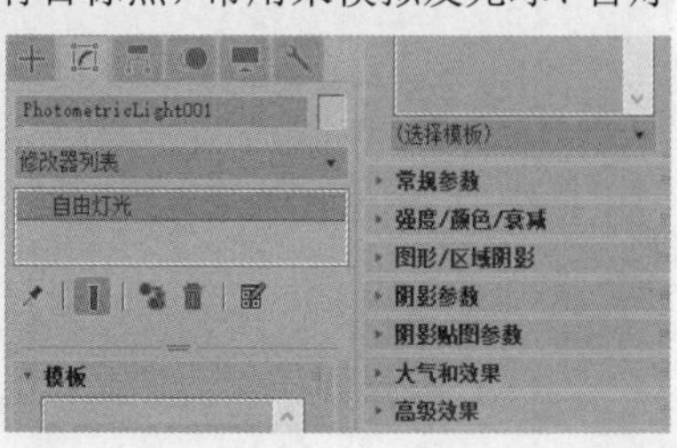

图5-23

5.3 标准灯光

“标准”灯光包括6种类型，分别是“目标聚光灯”“自由聚光灯”“目标平行光”“自由平行光”“泛光”“天光”，本节主要讲解“目标聚光灯”和“目标平行光”。

本节内容介绍

名称	作用	重要程度
目标聚光灯	模拟吊灯、手电筒等	高
目标平行光	模拟自然光	高

5.3.1 课堂案例：制作客厅日光效果

场景位置　案例文件>CH05>课堂案例：制作客厅日光效果>02.max
实例位置　案例文件>CH05>课堂案例：制作客厅日光效果.max
学习目标　掌握使用目标平行光模拟日光效果

目标平行光常用于模拟日光的照明效果，本案例效果如图5-24所示。

图5-24

01 打开本书学习资源中的“案例文件>CH05>课堂案例：制作客厅日光效果>02.max”文件，如图5-25所示。

图5-25

提示 在打开一个场景文件时，往往会因缺失贴图或光域网文件而弹出一个“缺少外部文件”对话框，如图5-26所示。造成这种情况的原因是移动了贴图文件原有的路径（资源下载后的路径与制作场景时的路径不同），造成系统无法自动识别文件路径。遇到这种情况可以先单击“继续”按钮，再查找缺失的文件。

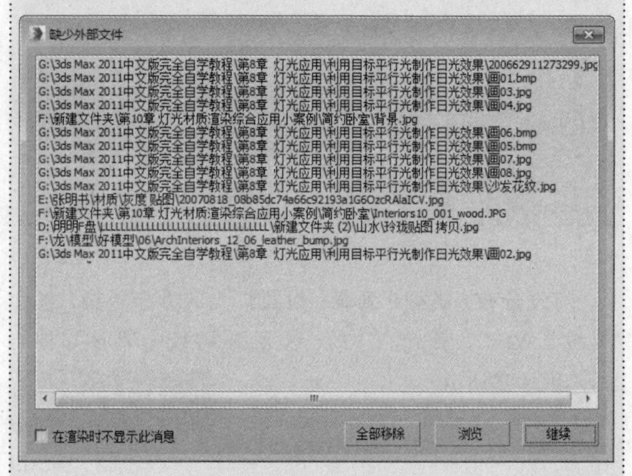

图5-26

下面详细介绍链接贴图文件的方法。请读者注意，这种方法基于贴图和光域网等文件没有被删除的情况。

第1步：在“实用程序”卷展栏中单击“更多”按钮，如图5-27所示。

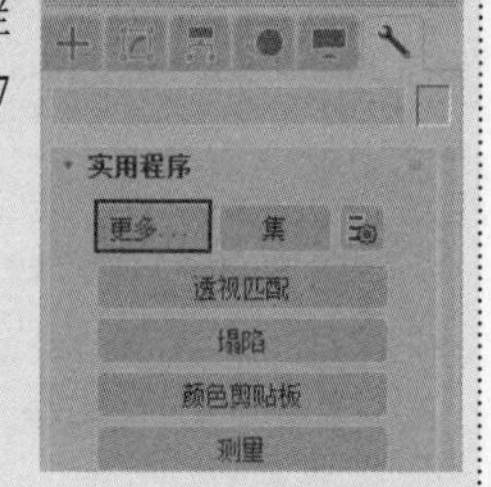

图5-27

第2步：在弹出的“实用程序”对话框中选择“位图/光度学路径”选项，然后单击“确定”按钮，如图5-28所示。

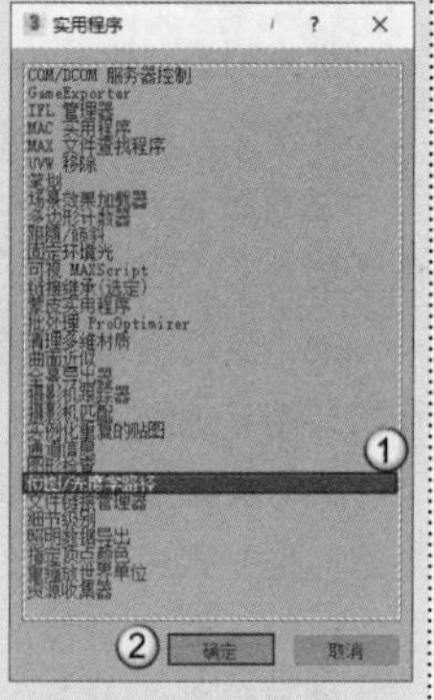

图5-28

第3步：在“路径编辑器”卷展栏中单击“编辑资源”按钮，如图5-29所示。

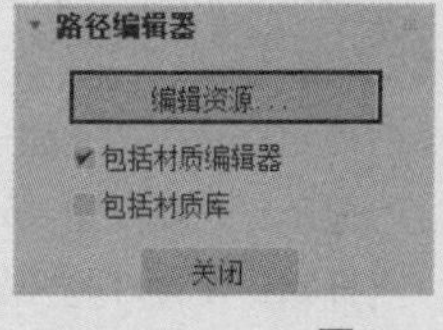

图5-29

第4步：在弹出的“位图/光度学路径编辑器”对话框中全选所有的贴图，然后单击下方的“新建路径”按钮，如图5-30所示。

图5-30

第5步：在弹出的“选择新路径”对话框中选中贴图文件，然后单击“使用路径”按钮，如图5-31所示。

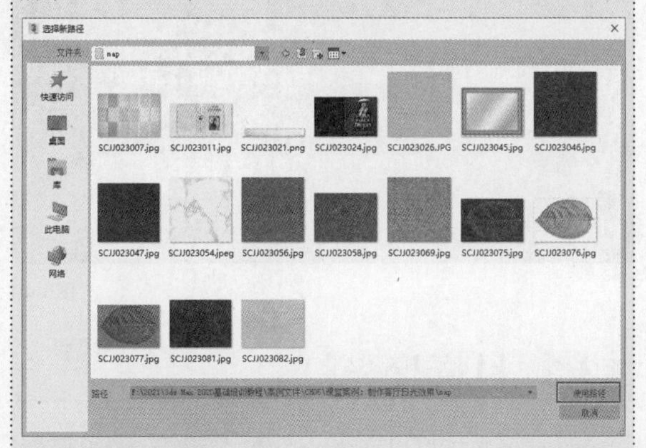

图5-31

第6步：添加路径后会在“新建路径”后方显示选择的路径，然后单击“设置路径”按钮，如图5-32所示。

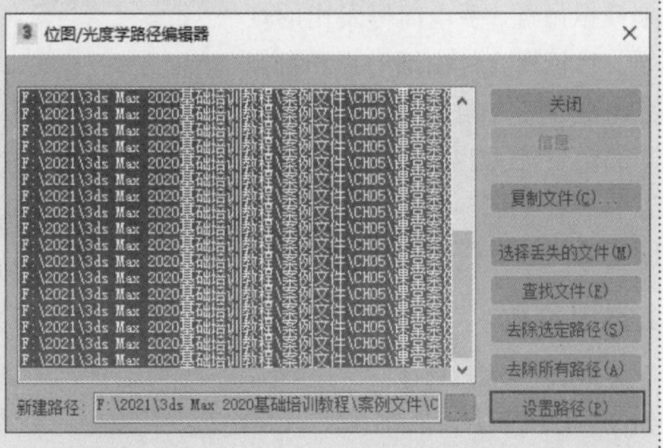

图5-32

如果通过以上步骤仍然显示缺失贴图资源，就需要考虑原有的资源文件夹中是不是已经删掉了该贴图文件。读者也可以使用各种快速链接贴图的插件完成这一操作。

02 在“灯光”面板中切换到“标准”选项，单击“目标平行光”按钮，如图5-33所示。

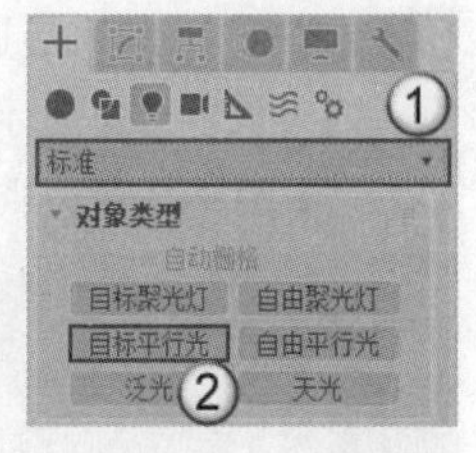

图5-33

03 切换到顶视图，拖曳鼠标创建一盏目标平行光，并调整目标点的位置，如图5-34所示。

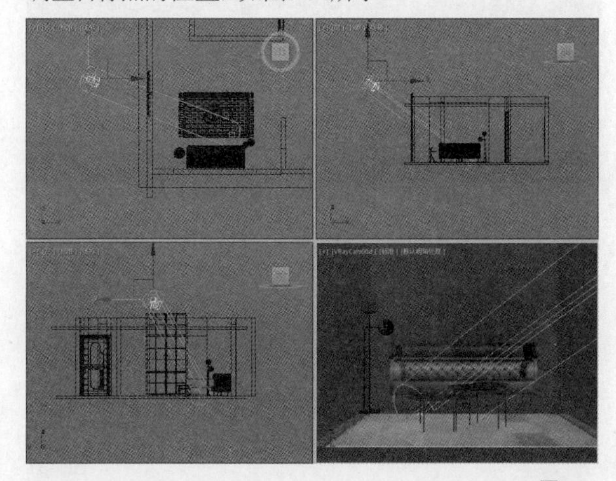

图5-34

04 选择上一步创建的目标平行光，进入“修改”面板，具体参数设置如图5-35所示。

设置步骤

① 在“常规参数”卷展栏中勾选阴影的“启用”选项，设置“阴影类型”为“VRay阴影”。

② 在“强度/颜色/衰减”卷展栏中设置“倍增”为1，“颜色”为浅黄色。

③ 在“平行光参数”卷展栏中设置“聚光区/光束”为3620mm，“衰减区/区域”为4910mm。

④ 在“VRay阴影参数”卷展栏中勾选“区域阴影”选项。

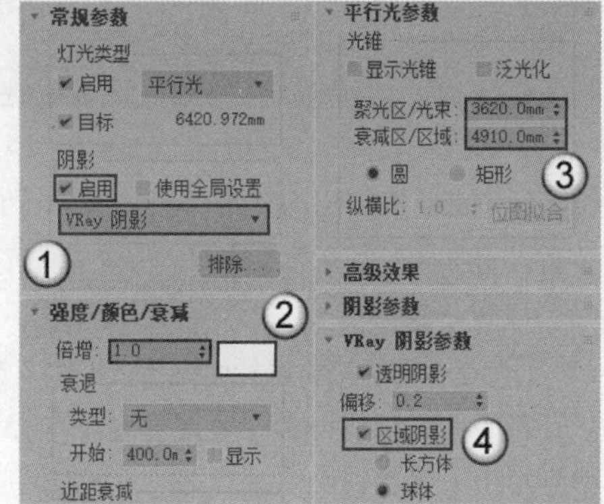

图5-35

05 按C键切换到摄影机视图，按F9键渲染当前场景，效果如图5-36所示。观察后发现整个场景还是偏暗，只有目标平行光照射的区域才有亮度。

图5-36

06 在“灯光”面板中切换到VRay，然后单击“VR-灯光”按钮 VR-灯光 ，如图5-37所示。

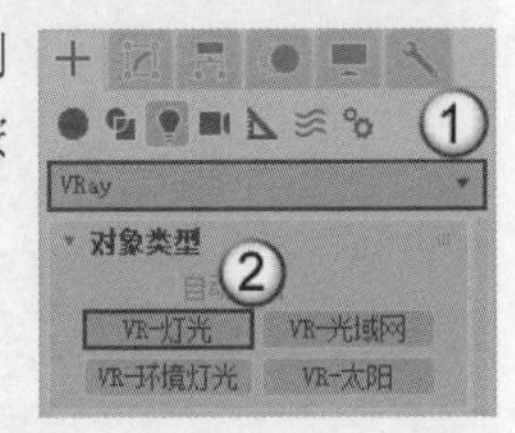

图5-37

07 切换到左视图，拖曳鼠标在窗外创建一盏灯光，如图5-38所示。

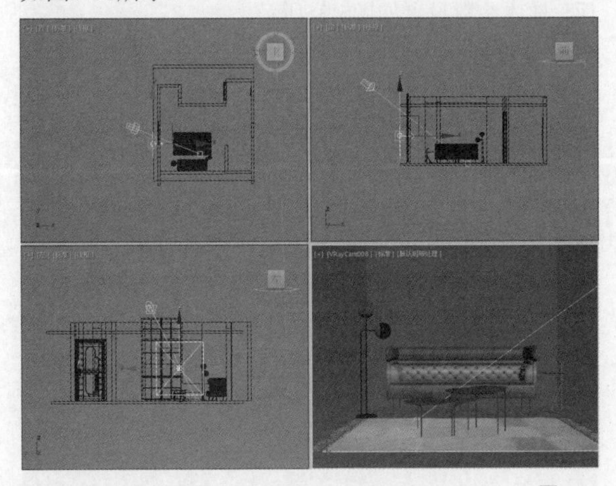

图5-38

08 选中上一步创建的灯光，进入“修改”面板，具体参数设置如图5-39所示。

设置步骤

① 在“常规”卷展栏中设置“类型”为“平面”，“长度”为1824.138mm，“宽度”为1995.151mm，“倍增”为10，“颜色”为白色。

② 在“选项”卷展栏中勾选“不可见”选项。

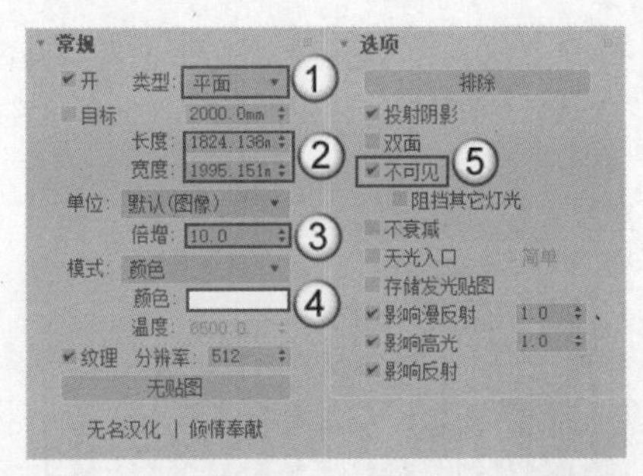

图5-39

09 按C键切换到摄影机视图，按F9键渲染当前场景，最终效果如图5-40所示。

图5-40

5.3.2 目标聚光灯

目标聚光灯可以产生一个锥形的照射区域，区域以外的对象不会受到灯光的影响，它主要用来模拟吊灯、手电筒等发出的灯光。目标聚光灯由透射点和目标点组成，其方向性非常好，对阴影的塑造能力也很强，其参数设置卷展栏如图5-41所示，下面介绍主要的卷展栏。

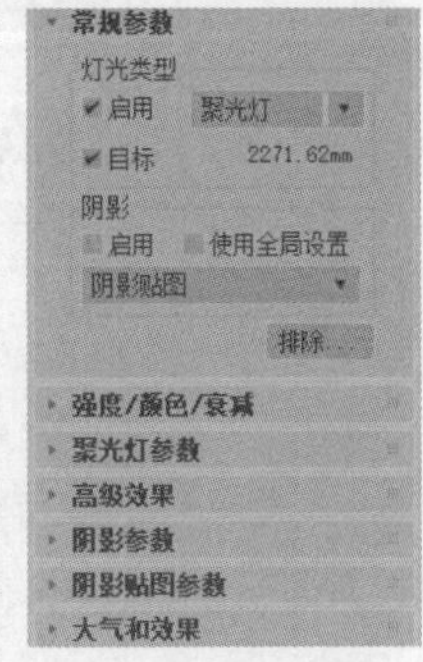

图5-41

1.常规参数

展开“常规参数”卷展栏，如图5-42所示。

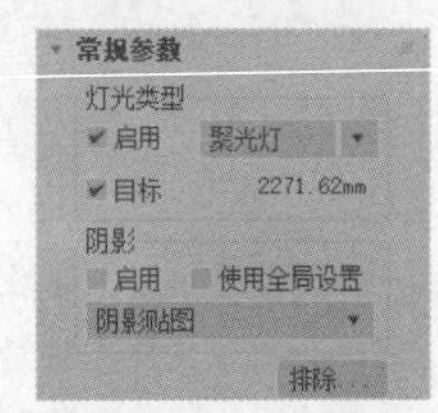

图5-42

重要参数解析

灯光类型

» **启用**：控制是否开启灯光。

阴影

» **启用**：控制是否开启灯光阴影。

» **使用全局设置**：如果勾选该选项，该灯光投射的阴影将影响整个场景的阴影效果；如果不勾选该选项，则必须选择渲染器使用哪种方式来生成特定的灯光阴影。

» **阴影类型列表**：切换阴影的类型来得到不同的阴影效果，如图5-43所示。

图5-43

排除：将选定的对象排除于灯光效果之外。

2.强度/颜色/衰减

展开“强度/颜色/衰减”卷展栏，如图5-44所示。

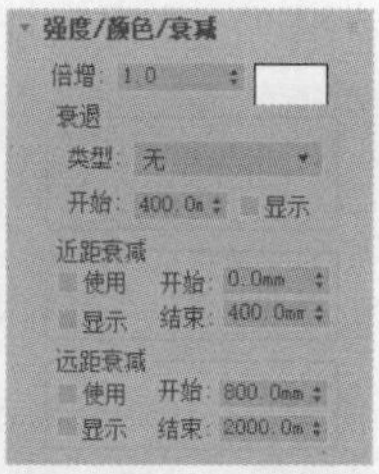

图5-44

重要参数解析

倍增：控制灯光的强弱程度。

颜色：设置灯光的颜色。

类型：指定灯光的衰退方式；“无”为不衰退，“倒数”为反向衰退，“平方反比”是以平方反比的方式进行衰退。

> **提示** 如果“平方反比”衰退方式使场景太暗，可以按大键盘上的8键打开“环境和效果”对话框，然后在“全局照明”选项组下适当加大“级别”值来提高场景亮度。

开始：设置灯光开始衰退的距离。

显示：在视图中显示灯光衰退的效果。

近距衰减：该选项组用来设置灯光近距离衰减效果。

» **使用**：启用灯光近距离衰减。

» **显示**：在视图中显示近距离衰减的范围。

» **开始**：设置灯光开始淡出的距离。

» **结束**：设置灯光达到衰减最远处的距离。

远距衰减：该选项组用来设置灯光远距离衰减效果。

» **使用**：启用灯光的远距离衰减。

» **显示**：在视图中显示远距离衰减的范围。

» **开始**：设置灯光开始淡出的距离。

» **结束**：设置灯光衰减为0的距离。

3.聚光灯参数

展开“聚光灯参数”卷展栏，如图5-45所示。

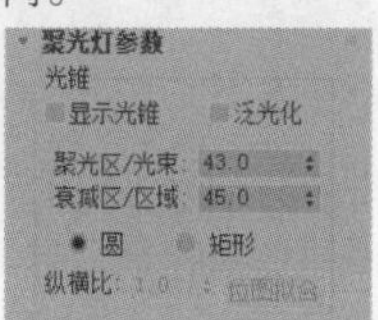

图5-45

重要参数解析

显示光锥：控制是否在视图中开启聚光灯的圆锥显示效果，如图5-46所示。

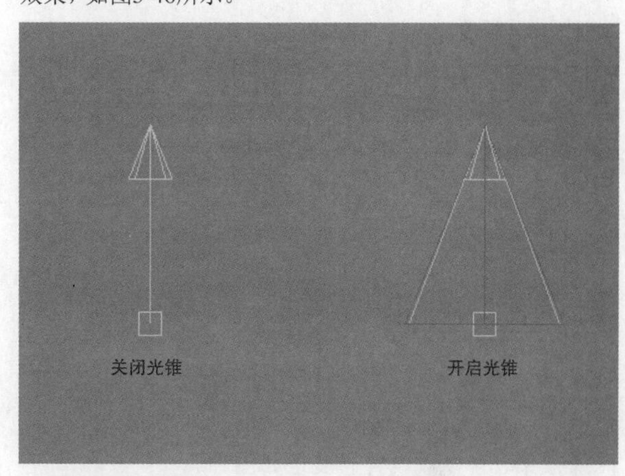

图5-46

泛光化：勾选该选项时，灯光将向各个方向投射光线。

聚光区/光束：调整灯光圆锥体的角度。

衰减区/区域：设置灯光衰减区的角度，图5-47所示是不同“聚光区/光束”和“衰减区/区域”的光锥对比。

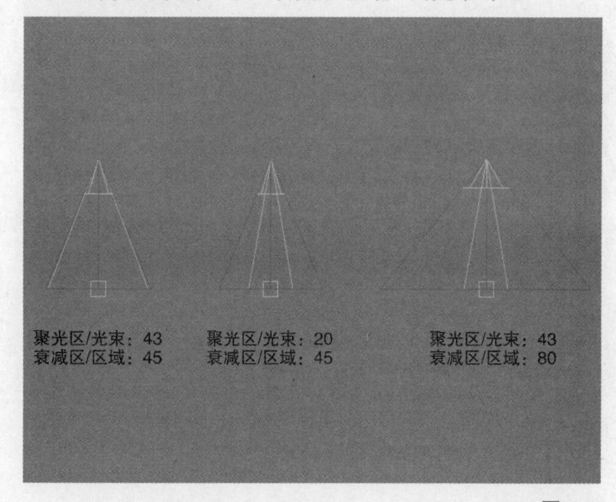

图5-47

圆/矩形：选择聚光区和衰减区的形状。

纵横比：设置矩形光束的纵横比。

位图拟合：如果灯光的投影纵横比为矩形，应设置纵横比以匹配特定的位图。

4.高级效果

展开“高级效果”卷展栏，如图5-48所示。

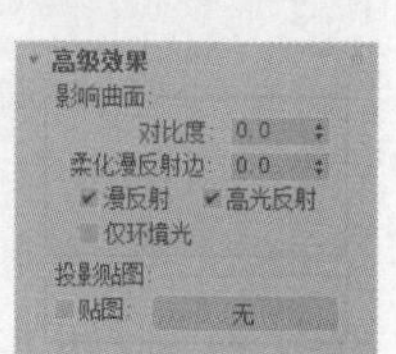

图5-48

重要参数解析

对比度：调整漫反射区域和环境光区域的对比度。

柔化漫反射边：增加该选项的数值可以柔化曲面的漫反射区域和环境光区域的边缘。

漫反射：勾选该选项后，灯光将影响曲面的漫反射属性。

高光反射：勾选该选项后，灯光将影响曲面的高光属性。

仅环境光：勾选该选项后，灯光仅影响照明的环境光。

贴图：勾选该选项后，可以为投影加载贴图。

无 无 ：单击该按钮，可以为投影加载指定的贴图。

5.3.3 目标平行光

目标平行光可以产生一个照射区域，主要用来模拟自然光线的照射效果，其参数设置卷展栏如图5-49所示。如果将目标平行光作为体积光来使用，那么可以用它模拟出激光束等效果。

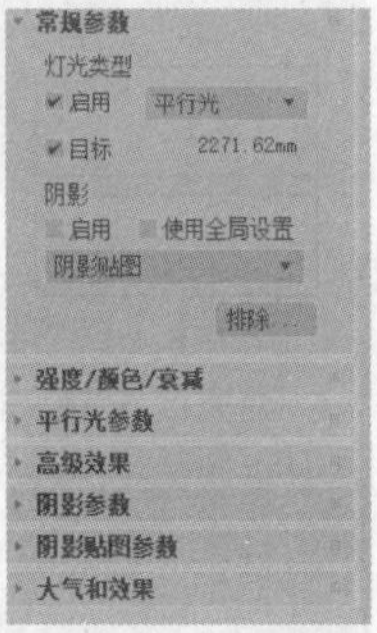

图5-49

> **提示** 目标平行光与目标聚光灯的参数一致，这里不再赘述。

5.4 VRay的灯光

安装好VRay渲染器后，在"创建"面板中就可以选择VRay灯光。VRay灯光包含4种类型，分别是"VR-灯光""VR-光域网""VR-环境灯光""VR-太阳"。

本节内容介绍

名称	作用	重要程度
VR-灯光	模拟室内环境的任何灯光	高
VR-太阳	模拟真实的室外太阳光	高

5.4.1 课堂案例：制作发光灯泡

场景位置　案例文件>CH05>课堂案例：制作发光灯泡>03.max
实例位置　案例文件>CH05>课堂案例：制作发光灯泡.max
学习目标　掌握VR-灯光的使用方法

"VR-灯光"工具 VR-灯光 可以用于模拟各种造型的发光体，本案例使用球体的灯光模拟灯泡照明的效果，如图5-50所示。

图5-50

01 打开学习资源中的"案例文件>CH05>课堂案例：制作发光灯泡>03.max"文件，如图5-51所示。

图5-51

02 设置灯光类型为VRay，在球形模型内部创建一盏VR-灯光，其位置如图5-52所示。

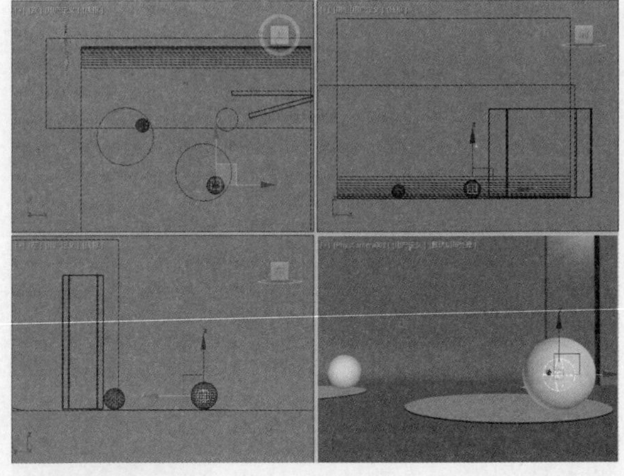

图5-52

03 选择上一步创建的VR-灯光，进入“修改”面板，其具体参数设置卷展栏如图5-53所示。

设置步骤

① 在“常规”卷展栏中设置“类型”为“球体”，“半径”为80mm，“倍增”为100，“颜色”为白色。

② 在“选项”卷展栏中勾选“不可见”选项。

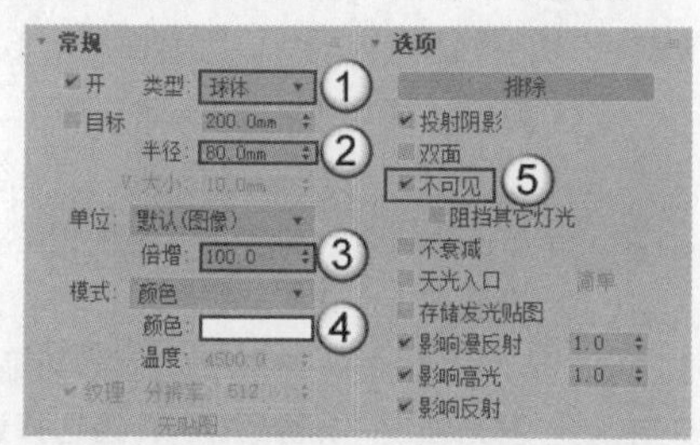

图5-53

04 将调整好的灯光复制到另一个球体模型中，复制时选择“实例”模式，如图5-54所示。

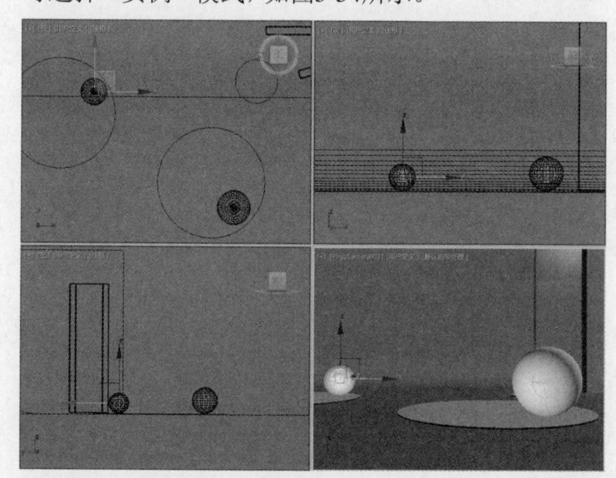

图5-54

05 切换到摄影机视图，按F9键渲染场景，如图5-55所示。

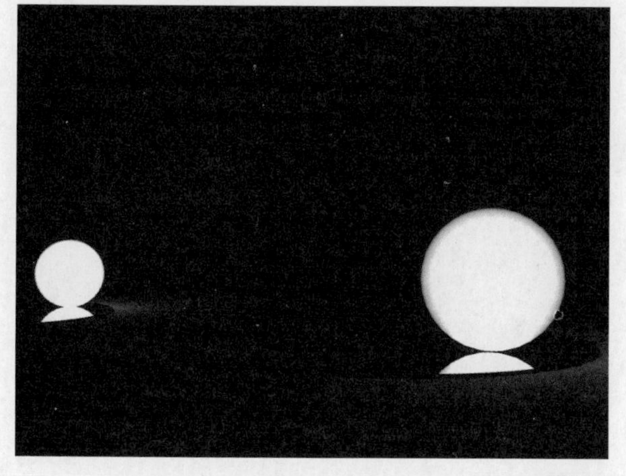

图5-55

06 使用“VR-灯光”工具 VR-灯光 在场景边缘位置创建一盏VR-灯光，如图5-56所示。

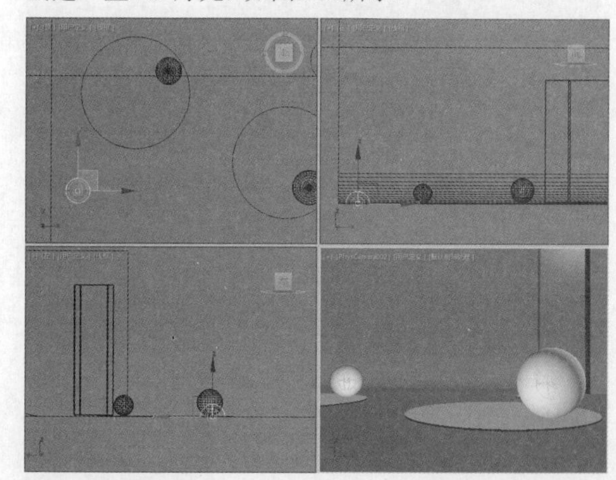

图5-56

07 选择上一步创建的VR-灯光，进入“修改”面板，在“常规”卷展栏中设置“类型”为“穹顶”，“倍增”为20，“颜色”为白色，如图5-57所示。

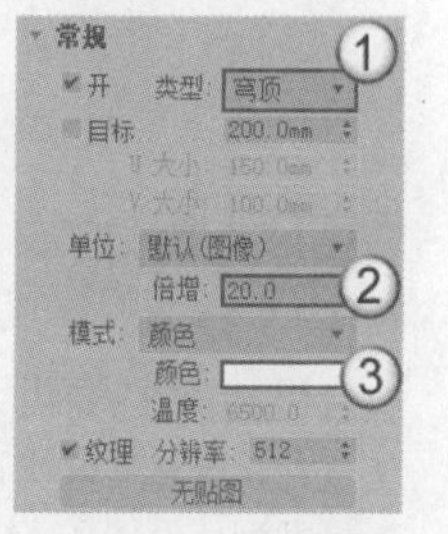

图5-57

08 按C键切换到摄影机视图，按F9键渲染当前场景，最终效果如图5-58所示。

图5-58

5.4.2 VR-灯光

VR-灯光是日常工作中使用频率较高的一种灯光，可以模拟多种状态的灯光效果，其参数设置卷展栏如图5-59所示，下面介绍常用的卷展栏。

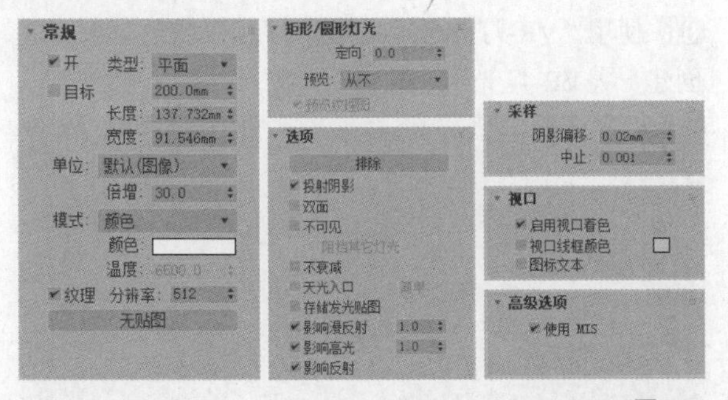

图5-59

1.常规

展开“常规”卷展栏，如图5-60所示。

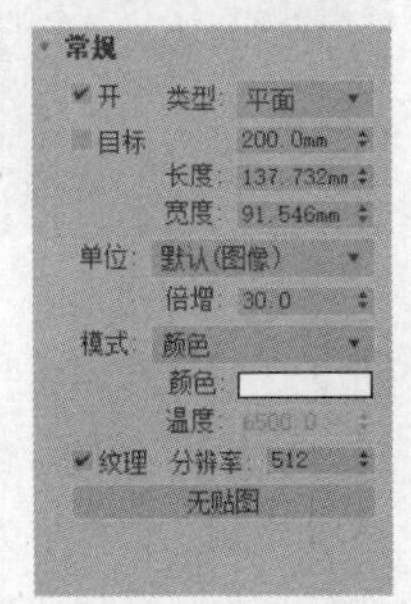

图5-60

重要参数解析

开：控制是否开启VR-灯光。

类型：设置VR-灯光的类型，包含“平面”“穹顶”“球体”“网格”“圆形”5种类型，如图5-61所示。

图5-61

» **平面**：将VR-灯光设置成方形平面形状。

» **穹顶**：将VR-灯光设置成穹顶状，类似于天光，光线来自位于灯光*z*轴的半球体状圆顶。

» **球体**：将VR-灯光设置成球体形状。

» **网格**：将VR-灯光设置成一种以网格为基础的灯光。

» **圆形**：将VR-灯光设置成圆形平面形状。

提示 “平面”“穹顶”“球体”“网格”“圆形”灯光的形状各不相同，因此它们可以应用在不同的场景中，如图5-62所示。

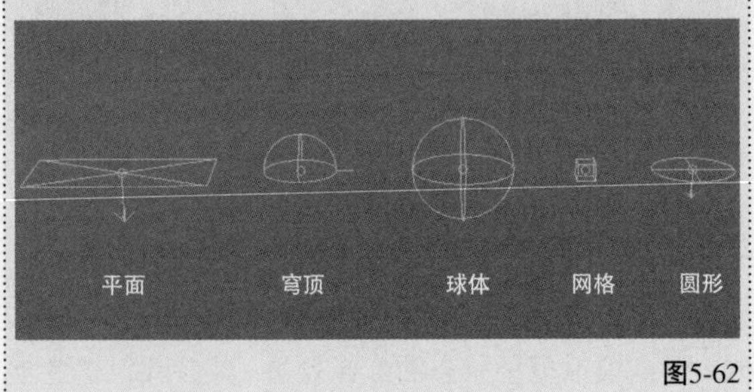

图5-62

目标：勾选后会在灯光下方生成目标点，类似于目标灯光。

半径：设置球体灯光和圆形灯光的半径。

长度/宽度：设置平面灯光的长和宽。

单位：指定VR-灯光的发光单位，包含“默认（图像）”“光通量（lm）”“发光强度（lm/m^2/sr）”“辐射量（W）”“辐射强度（W/m^2/sr）”5种单位。

» **默认（图像）**：VRay默认单位，依靠灯光的颜色和亮度来控制灯光的最终强弱，如果忽略曝光类型的因素，灯光色彩将是物体表面受光的最终色彩。

» **光通量（lm）**：当选择这个单位时，灯光的亮度将和灯光的大小无关（100W的亮度大约等于1500lm）。

» **发光强度（lm/m^2/sr）**：当选择这个单位时，灯光的亮度和它的大小有关系。

» **辐射量（W）**：当选择这个单位时，灯光的亮度和灯光的大小无关，注意，这里的W和物理上的W不一样，例如，这里的100W大约等于物理上的2~3W。

» **辐射强度（W/m^2/sr）**：当选择这个单位时，灯光的亮度和它的大小有关系。

倍增：设置灯光的强度。

模式：设置VR-灯光的颜色模式，包含“颜色”和“色温”两种模式。

颜色：指定灯光的颜色。

温度：通过色温数值控制颜色。

2.矩形/圆形灯光

展开“矩形/圆形灯光”卷展栏，如图5-63所示。需要注意的是，只有“平面”和“圆形”这两种模式的灯光才会生成该卷展栏。

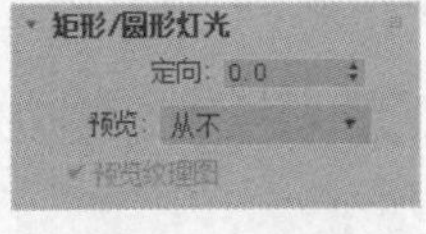

图5-63

重要参数解析

定向：控制灯光的照射范围；当设置“定向”为0时，灯光是180°照射效果；当设置“定向”为1时，灯光以本身大小进行照射，如图5-64所示。

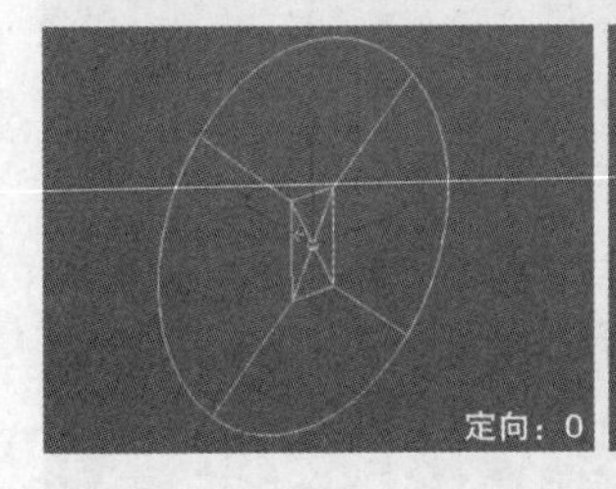

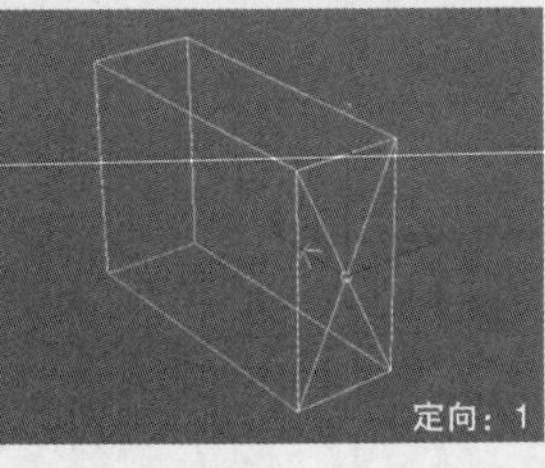

图5-64

预览：控制是否显示定向效果，可以在下拉列表中选择状态，如图5-65所示。

图5-65

3.选项

展开“选项”卷展栏，如图5-66所示。

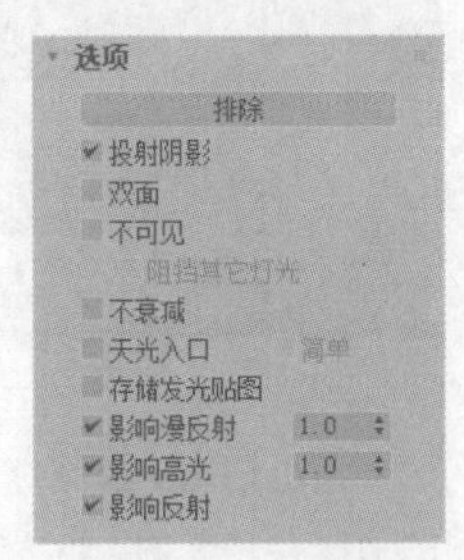

图5-66

重要参数解析

排除 排除：单击此按钮，可以设置不接受灯光照射的对象。

双面：该选项用来控制是否让灯光的双面都产生照明效果（当灯光类型设置为“平面”和“圆形”时有效，设置为其他灯光类型时无效），如图5-67所示。

图5-67

不可见：该选项用来控制最终渲染时是否显示VR-灯光的形状，如图5-68所示。

图5-68

影响漫反射：该选项决定灯光是否影响物体材质属性的漫反射，如图5-69所示。

图5-69

影响高光：该选项决定灯光是否影响物体材质属性的高光，如图5-70所示。

图5-70

影响反射：该选项决定灯光是否影响物体材质的反射，如图5-71所示。

图5-71

提示 在VRay5.0以后的版本中已经取消了“细分”这个参数。如果读者用的是较早的VRay版本，会出现该参数，它用来控制灯光的细腻程度，从而减少画面的噪点。

5.4.3 VR-太阳

VR-太阳主要用来模拟真实的太阳光效果。VR-太阳的参数比较简单，包含4个卷展栏，如图5-72所示。

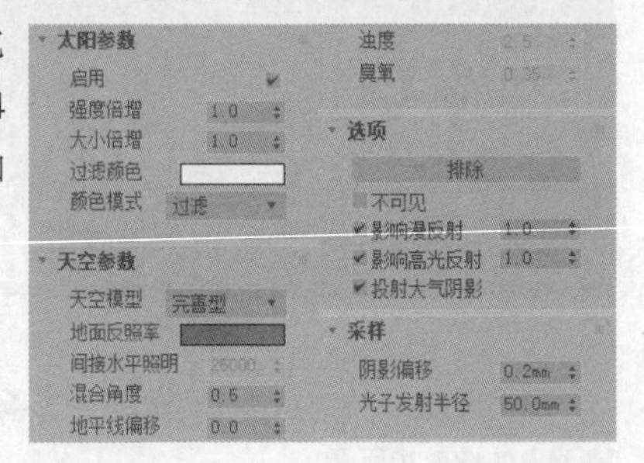

图5-72

重要参数解析

启用：阳光开关。

强度倍增：控制灯光的强弱，如图5-73所示。

图5-73

大小倍增：控制灯光范围的大小，灯光范围越大，投影的边缘会越模糊，如图5-74所示。

图5-74

过滤颜色：设置阳光的颜色，默认的颜色会根据灯光与地面的不同角度而产生变化，如图5-75所示。

图5-75

天空模型：提供了5种天空效果，如图5-76所示。

图5-76

浊度：决定了加载的VR-天空环境贴图的冷暖，数值越小，灯光颜色越冷，如图5-77所示。

图5-77

臭氧：控制空气中臭氧的含量，当灯光角度不变时，“臭氧”值越小，灯光颜色越偏黄，如图5-78所示。

图5-78

排除 排除 ：单击此按钮，在弹出的对话框中选择不需要被VR-太阳照射的对象。

5.5 课堂练习

下面准备了两道课堂练习，请读者根据提示完成。

5.5.1 课堂练习：制作日光房间

场景位置	案例文件>CH05>课堂练习：制作日光房间>04.max
实例位置	案例文件>CH05>课堂练习：制作日光房间.max
学习目标	掌握VR-太阳和VR-灯光的用法

本练习先使用"VR-太阳" VR-太阳 模拟阳光，再使用"VR-灯光" VR-灯光 模拟环境光，最终效果如图5-79所示，布光参考如图5-80所示。

图5-79

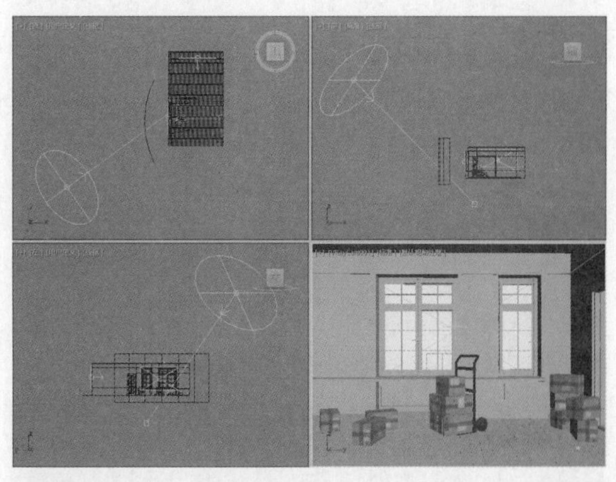

图5-80

5.5.2 课堂练习：制作朋克风展台

场景位置	案例文件>CH05>课堂练习：制作朋克风展台>05.max
实例位置	案例文件>CH05>课堂练习：制作朋克风展台.max
学习目标	掌握VR-灯光的用法

本练习使用"VR-灯光" VR-灯光 工具模拟彩色的灯光，最终效果如图5-81所示，布光参考如图5-82所示。

图5-81

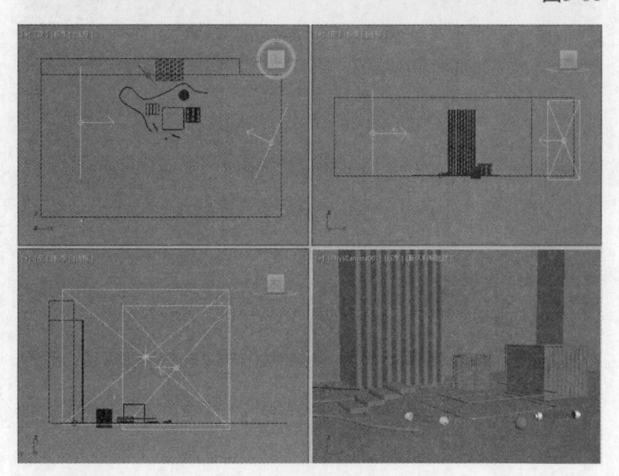

图5-82

5.6 课后习题

下面准备了两道课后习题，请读者根据提示完成。

5.6.1 课后习题：制作休闲室灯光

场景位置　案例文件>CH05>课后习题：制作休闲室灯光>06.max
实例位置　案例文件>CH05>课后习题：制作休闲室灯光.max
学习目标　掌握VR-灯光的用法

本习题使用“VR-灯光”工具 VR-灯光 模拟环境光，最终效果如图5-83所示，布光参考如图5-84所示。

图5-83

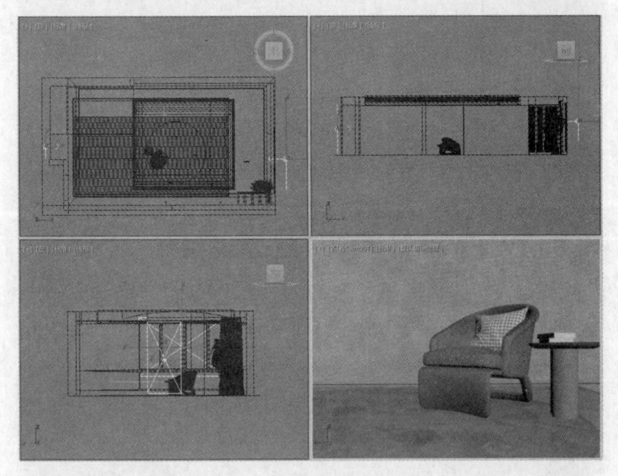

图5-84

5.6.2 课后习题：制作几何场景

场景位置　案例文件>CH05>课后习题：制作几何场景>07.max
实例位置　案例文件>CH05>课后习题：制作几何场景.max
学习目标　掌握VR-灯光的用法

本习题使用“VR-灯光”工具 VR-灯光 模拟场景灯光，最终效果如图5-85所示，布光参考如图5-86所示。

图5-85

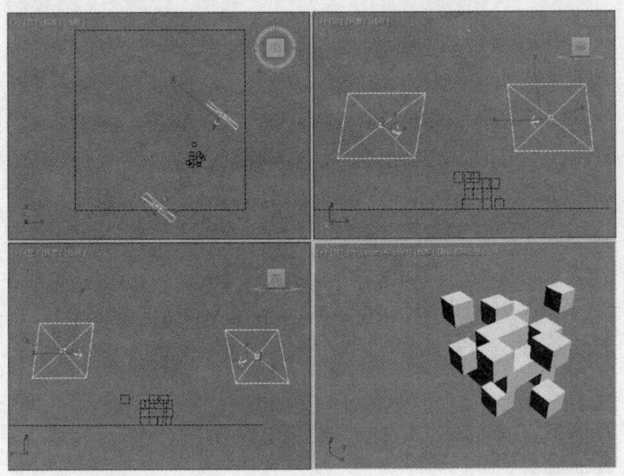

图5-86

第6章

材质与贴图技术

材质和贴图常用来表现场景中模型的颜色和特性。当白模添加了材质后，就能表现出颜色、质感、凹凸、纹理和透明等效果，从而真实地模拟出现实世界中相应对象的材质。

课堂学习目标

- 掌握材质编辑器的使用方法
- 掌握常用材质的使用方法
- 掌握常用的贴图方法
- 掌握环境贴图的方法

6.1 初识材质

材质主要用于表现物体的颜色、质地、纹理、透明度和光泽等特性，通过各种类型的材质可以模拟出现实世界中的物体，如图6-1所示。

图6-1

通常，在制作新材质并将其应用于对象时，应该遵循以下步骤。

第1步：指定材质的名称。

第2步：选择材质的类型。

第3步：设置漫反射颜色、光泽度和不透明度等参数。

第4步：将贴图指定给要设置贴图的材质通道，并调整参数。

第5步：将材质应用于对象。

第6步：如有必要，应调整UV贴图坐标，以便正确定位对象的贴图。

6.2 材质编辑器

“材质编辑器”对话框非常重要，所有的材质都在这里完成。打开“材质编辑器”对话框的方法主要有以下两种。

第1种：执行“渲染>材质编辑器>精简材质编辑器”菜单命令或“渲染>材质编辑器>Slate材质编辑器”菜单命令，如图6-2所示。

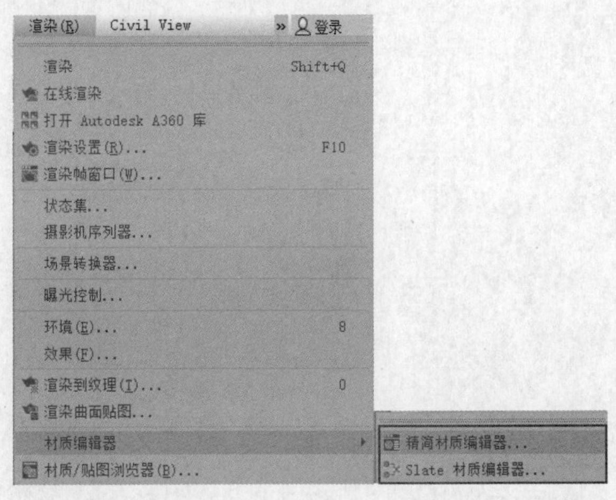

图6-2

第2种：直接按M键打开“材质编辑器”对话框，这是最常用的方法。

“材质编辑器”对话框分为四大部分，最顶端为菜单栏，充满材质球的窗口为材质球示例窗，材质球示例窗右侧和下部的两排按钮为工具栏，下方是参数控制区，如图6-3所示。

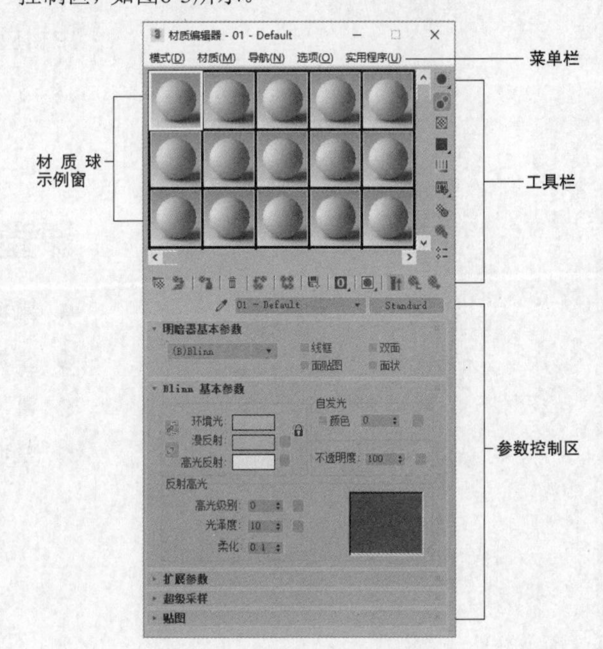

图6-3

本节内容介绍

名称	作用	重要程度
菜单栏	了解“材质编辑器”对话框的菜单命令	高
材质球示例窗	显示材质效果	高
工具栏	编辑材质	高
参数控制区	调节材质的参数	高

6.2.1 菜单栏

“材质编辑器”对话框中的菜单栏包含5个菜单，分别是“模式”菜单、“材质”菜单、“导航”菜单、“选项”菜单和“实用程序”菜单，如图6-4所示。

模式(D) 材质(M) 导航(N) 选项(O) 实用程序(U)

图6-4

1.模式

“模式”菜单主要用来切换“精简材质编辑器”和“Slate材质编辑器”，如图6-5所示。

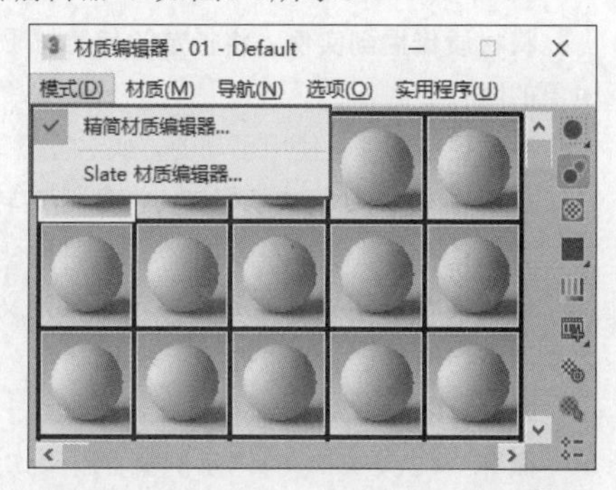

图6-5

重要参数解析

精简材质编辑器：这是一个简化了的材质编辑界面，它使用的对话框比“Slate材质编辑器”小，也是在3ds Max 2011版本之前唯一的材质编辑器，如图6-6所示。

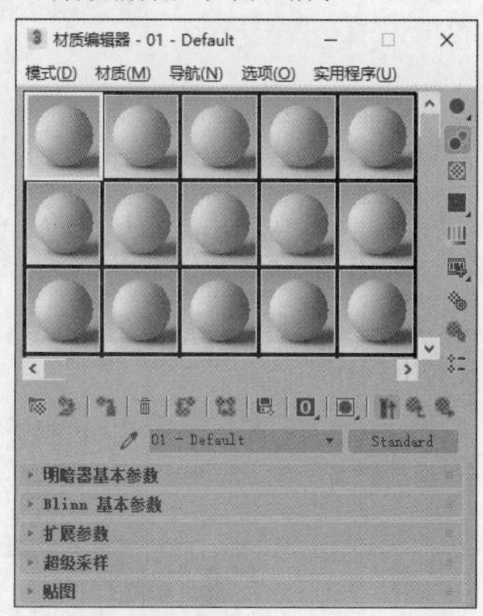

图6-6

Slate材质编辑器：这是一个完整的材质编辑界面，在设计和编辑材质时使用节点和关联以图形方式显示材质的结构，如图6-7所示。

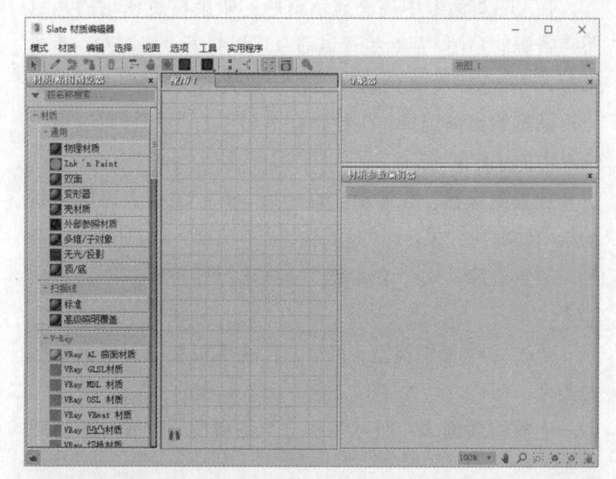

图6-7

提示 “Slate材质编辑器”在制作复杂的材质时十分方便，但复杂的界面会让初学者很难入手。

2.材质

“材质”菜单主要用来获取材质、从对象选取材质等，如图6-8所示。

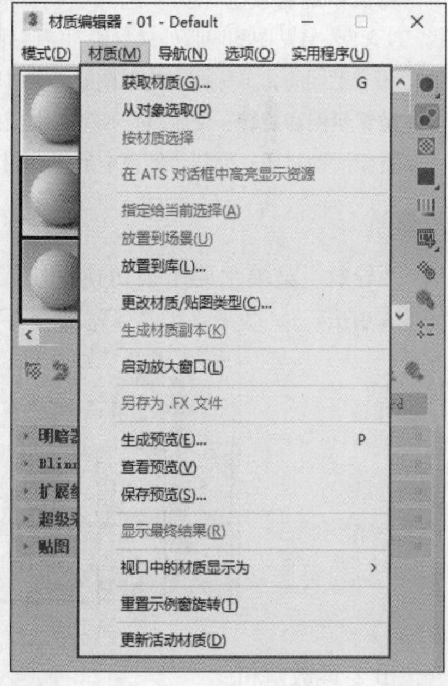

图6-8

重要参数解析

获取材质：执行该命令可以打开“材质/贴图浏览器”对话框，在该对话框中可以选择材质或贴图。

从对象选取：执行该命令可以从场景对象中选择材质。

按材质选择：执行该命令可以基于“材质编辑器”对话框中的活动材质来选择对象。

在ATS对话框中高亮显示资源：如果材质使用的是已跟踪资源的贴图，那么执行该命令可以打开“资源跟踪”对话框，同时资源会高亮显示。

指定给当前选择：执行该命令可以将当前材质应用于场景中的选定对象。

放置到场景：在编辑完材质后，执行该命令可以更新场景中的材质效果。

放置到库：执行该命令可以将选定的材质添加到材质库中。

更改材质/贴图类型：执行该命令可以更改材质或贴图的类型。

生成材质副本：通过复制自身的材质，生成一个材质副本。

启动放大窗口：将材质球示例窗口放大，并在一个单独的窗口中进行显示（双击材质球也可以放大窗口）。

另存为FX文件：将材质另存为FX文件。

生成预览：使用动画贴图为场景添加运动，并生成预览。

查看预览：使用动画贴图为场景添加运动，并查看预览。

保存预览：使用动画贴图为场景添加运动，并保存预览。

显示最终结果：查看所在级别的材质。

视口中的材质显示为：选择在视口中显示材质的方式，包含“没有贴图的明暗处理材质”“有贴图的明暗处理材质”“没有贴图的真实材质”“有贴图的真实材质”4种方式。

重置示例窗旋转：使活动的示例窗对象恢复到默认方向。

更新活动材质：更新示例窗中的活动材质。

3.导航

“导航”菜单主要用来切换材质或贴图的层级，如图6-9所示。

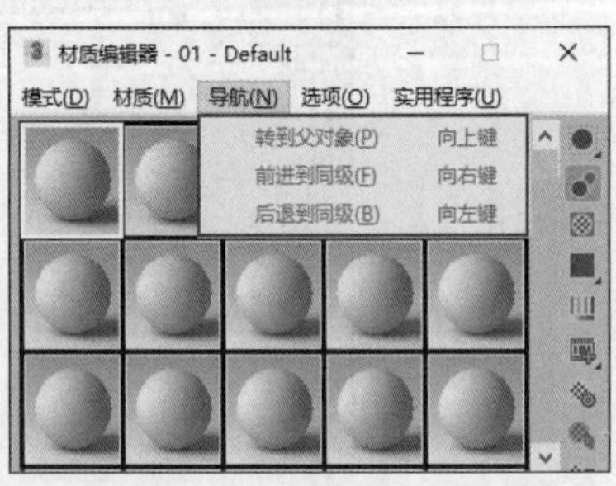

图6-9

重要参数解析

转到父对象：在当前材质中向上移动一个层级。

前进到同级：移动到当前材质中的相同层级的下一个贴图或材质。

后退到同级：作用与“前进到同级（F）向右键”命令类似，只是导航到前一个同级贴图，而不是导航到后一个同级贴图。

4.选项

“选项”菜单主要用来更换材质球的显示背景等，如图6-10所示。

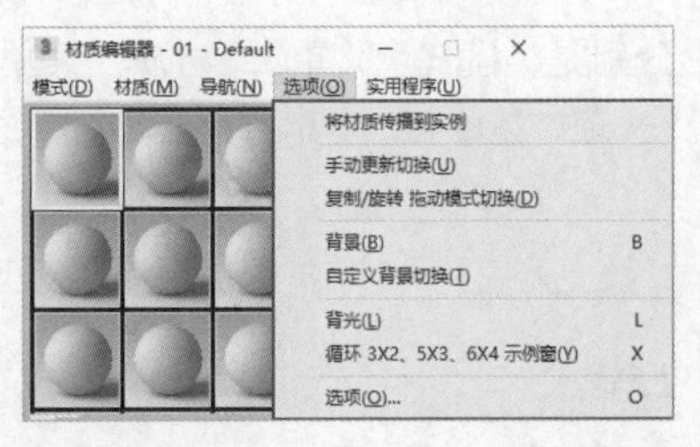

图6-10

重要参数解析

将材质传播到实例：将指定的任何材质传播到场景中对象的所有实例。

手动更新切换：使用手动的方式进行更新切换。

复制/旋转 拖动模式切换：切换复制/旋转拖动的模式。

背景：将多颜色的方格背景添加到材质球示例窗中。

自定义背景切换：如果已指定了自定义背景，该命令可以用来切换自定义背景的显示效果。

背光：将背光添加到材质球示例窗中。

循环3×2、5×3、6×4示例窗：用来切换材质球示例窗的显示方式。

选项：打开“材质编辑器选项”对话框，如图6-11所示，在该对话框中可以启用材质动画、加载自定义背景、定义灯光亮度或颜色，以及设置示例窗数目等。

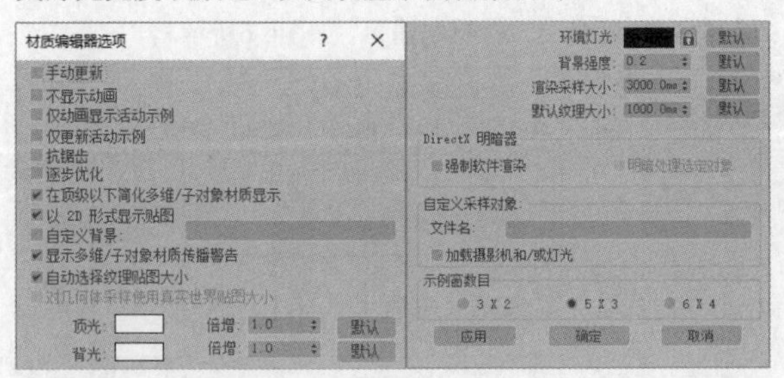

图6-11

5.实用程序

“实用程序”菜单主要用来清理多维材质、重置“材质编辑器”对话框等，如图6-12所示。

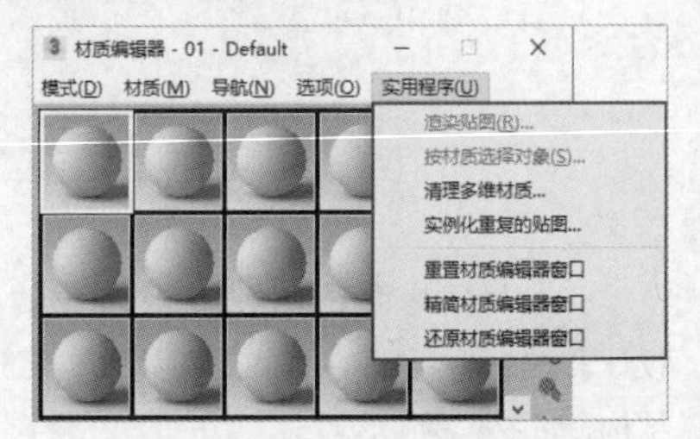

图6-12

重要参数解析

渲染贴图：对贴图进行渲染。

按材质选择对象：可以基于“材质编辑器”对话框中的活动材质来选择对象。

清理多维材质：对“多维/子对象”材质进行分析，然后在场景中显示所有包含未分配ID的材质。

实例化重复的贴图：在整个场景中查找具有重复位图贴图的材质，并提供将它们实例化的选项。

重置材质编辑器窗口：用默认的材质类型替换“材质编辑器”对话框中的所有材质。

精简材质编辑器窗口：将“材质编辑器”对话框中所有未使用的材质设置为默认类型。

还原材质编辑器窗口：利用缓冲区的内容还原材质编辑器的状态。

6.2.2 材质球示例窗

材质球示例窗主要用来显示材质效果，通过它可以很直观地看出材质的基本属性，如反光、纹理和凹凸等，如图6-13所示。

图6-13

双击材质球会弹出一个独立的材质球显示窗口，可以将该窗口放大或缩小以观察当前设置的材质效果，如图6-14所示。

图6-14

提示 在默认情况下，材质球示例窗按照5×3的形式显示15个材质球。可以按住鼠标左键将一个材质球拖曳到另一个材质球上，这样当前材质就会覆盖掉原有的材质，如图6-15所示。

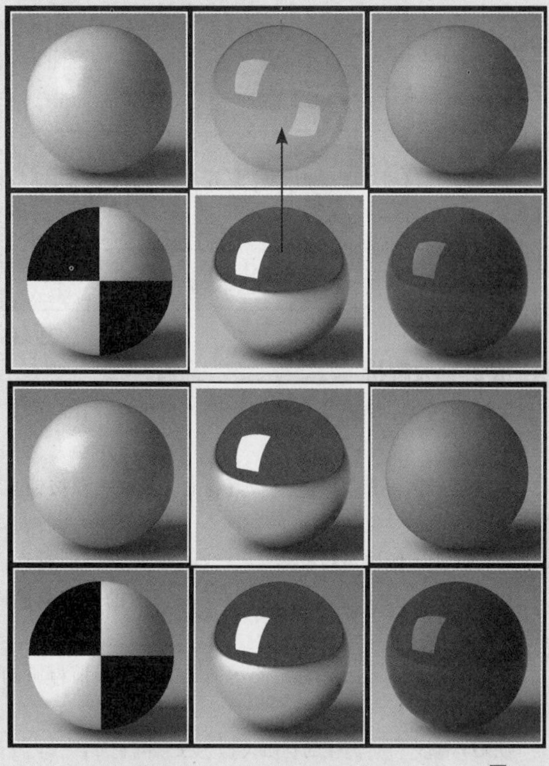

图6-15

可以按住鼠标左键将材质球拖曳到场景中的对象上（即将材质指定给对象），如图6-16所示。将材质指定给对象后，材质球上会显示4个缺角的符号，如图6-17所示。

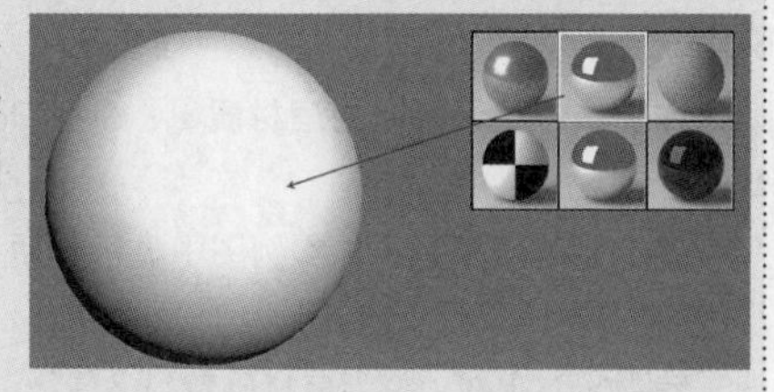

图6-16

图6-17

6.2.3 工具栏

下面讲解“材质编辑器”对话框中的两个工具栏，如图6-18所示。

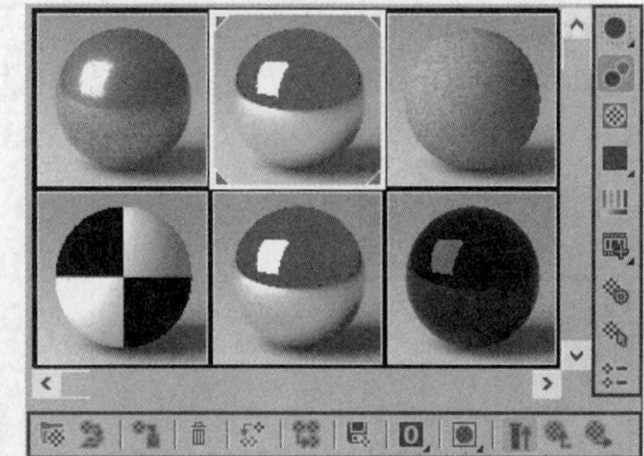

图6-18

重要参数解析

获取材质：为选定的材质打开“材质/贴图浏览器”对话框。

将材质放入场景：在编辑好材质后，单击该按钮可以更新已应用于对象的材质。

将材质指定给选定对象：将材质指定给选定的对象。

重置贴图/材质为默认设置：删除修改的所有属性，将材质属性恢复到默认设置。

生成材质副本：在选定的示例图中创建当前材质的副本。

使唯一：将实例化的材质设置为独立的材质。

放入库：重新命名材质并将其保存到当前打开的库中。

材质ID通道：为应用后期制作效果设置唯一的ID通道。

在视口中显示明暗处理材质：在视口中的对象上显示2D材质贴图。

显示最终结果：在实例图中显示材质及应用的所有层次。

转到父对象：将当前材质转到父层级。

转到下一个同级项：选定同一层级的下一贴图或材质。

采样类型：控制材质球示例窗显示的对象类型，默认为球体类型，还有圆柱体和立方体类型。

背光：打开或关闭材质球示例窗中的背景灯光。

背景：在材质后面显示方格背景图像，这在观察透明材质时非常有用。

采样UV平铺：为材质球示例窗中的贴图设置UV平铺显示。

视频颜色检查：检查当前材质中NTSC和PAL制式不支持的颜色。

生成预览：用于产生、浏览和保存材质预览渲染。

选项：打开“材质编辑器选项”对话框，在该对话框中可以启用材质动画、加载自定义背景、定义灯光亮度或颜色，以及设置示例窗数目等。

按材质选择：选定使用当前材质的所有对象。

材质/贴图导航器：打开“材质/贴图导航器”对话框，在该对话框中会显示当前材质的所有层级。

6.2.4 参数控制区

参数控制区用于调节材质的参数，基本上所有的材质参数都在这里调节。注意，不同的材质拥有不同的参数控制区，在下一节的内容中将对各种重要材质的参数控制区进行详细讲解。

6.3 常用材质

安装好VRay渲染器后，就可以切换到VRay类型的材质。在实际的工作中，3ds Max 2020自带的材质类型基本很少用到，基本都使用VRay材质。从3ds Max 2018版本起，Arnold材质取代了“Standard”（标准）材质，成为默认材质，因此本书也就不再讲解3ds Max 2020自带的材质了。单击“Standard”（标准）按钮 Standard ，在弹出的“材质/贴图浏览器”对话框中可以看到不同的材质类型，如图6-19所示。

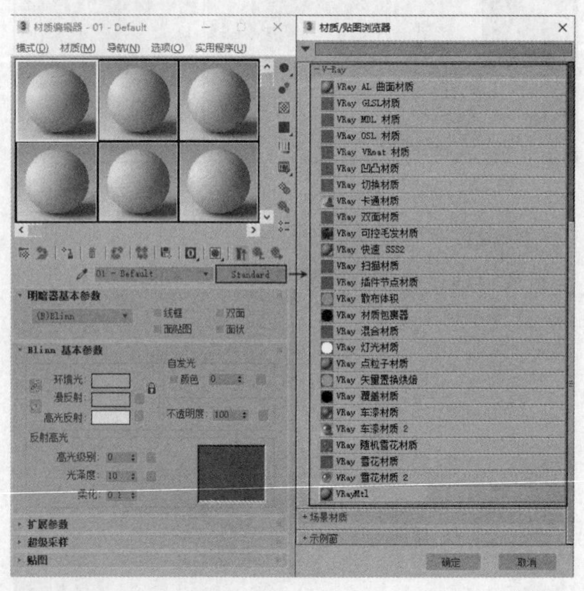

图6-19

本节内容介绍

名称	作用	重要程度
VRayMtl材质	可以模拟现实世界中绝大多数的材质效果	高
VRay灯光材质	模拟自发光效果	中
VRay覆盖材质	控制场景的色彩融合、反射、折射等	中
VRay混合材质	可以让多种材质以层的方式混合来模拟物理世界中的复杂材质	中

6.3.1 课堂案例：制作彩色玻璃材质

场景位置　案例文件>CH06>课堂案例：制作彩色玻璃材质>01.max
实例位置　案例文件>CH06>课堂案例：制作彩色玻璃材质.max
学习目标　掌握使用VRayMtl材质制作玻璃材质的方法

使用VRayMtl材质可以模拟现实世界中绝大多数的材质效果，本案例用其模拟彩色玻璃材质，效果如图6-20所示。

图6-20

01 打开本书学习资源中的“案例文件>CH06>课堂案例：制作彩色玻璃材质>01.max”文件，如图6-21所示。

图6-21

02 打开“材质编辑器”对话框，选择一个空白材质球，然后设置材质类型为VRayMtl材质，具体参数设置如图6-22所示。制作好的材质球效果如图6-23所示。

设置步骤

① 设置“漫反射”颜色为黄色。

② 设置“反射”颜色为白色，“光泽度”为0.9。

③ 设置“折射”颜色为浅灰色，“折射率（IOR）”为1.517。

④ 设置“雾颜色”为黄色，“深度（厘米）”为2。

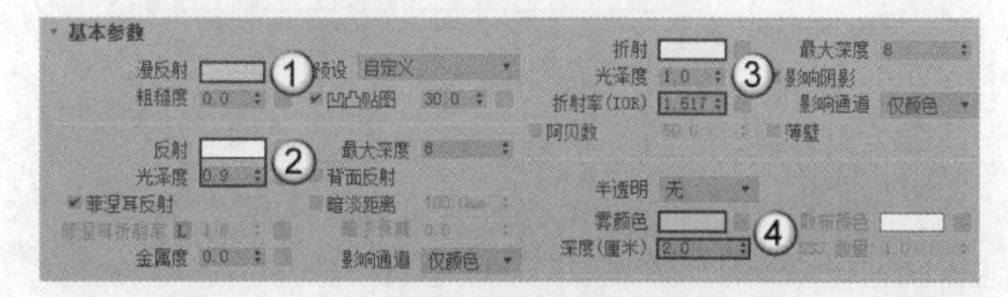

图6-22

图6-23

提示 读者在设置“折射”时，不要设置为白色，而要设置为接近白色的浅灰色，否则“雾颜色”的效果是无法显示的。

03 将设置好的材质指定给最左边的模型，按F9键预览效果，如图6-24所示。

图6-24

04 将设置好的材质球复制一个，并修改名称，修改“漫反射”和“雾颜色”都为蓝色，如图6-25所示。

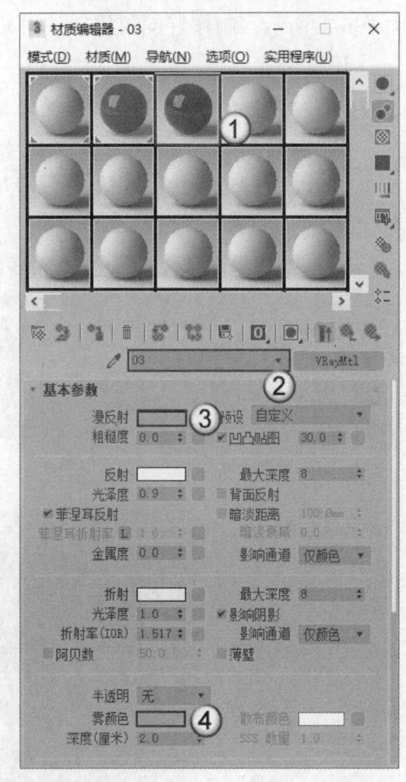

图6-25

> **提示** 玻璃材质的参数只在“漫反射”和“雾颜色”上有区别，其他参数完全相同。通过复制材质球的方式能更快地制作出新的材质。读者需要注意的是，复制材质球后，一定要修改材质的名称，与原材质加以区别，否则修改完参数后，原材质的属性也会相应改变。

05 将材质赋予左边第2个模型，按F9键预览效果，如图6-26所示。

图6-26

06 按照步骤04的方法，继续复制两个材质球，设置“漫反射”和“雾颜色”分别为红色和青色，材质球效果如图6-27和图6-28所示。

图6-27

图6-28

07 将两个材质球分别赋予剩余的两个模型，按F9键渲染场景，最终效果如图6-29所示。

图6-29

6.3.2 VRayMtl材质

VRayMtl材质是使用频率较高的材质之一，其使用范围也比较广泛，基本可以模拟日常生活中见到的各种材质。VRayMtl材质除了能完成一些反射和折射效果外，还能出色地表现SSS及BRDF等效果，其参数设置卷展栏如图6-30所示，下面介绍主要的卷展栏。

- 基本参数
- 镀膜参数
- 闪耀参数
- 双向反射分布函数
- 选项
- 贴图

图6-30

1.基本参数

展开“基本参数”卷展栏，如图6-31所示。

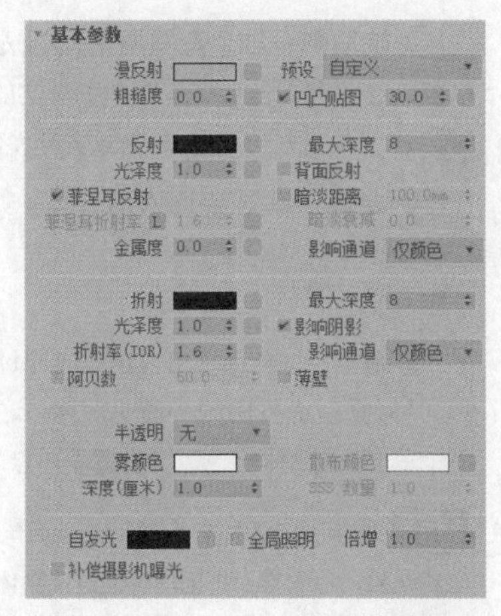

图6-31

重要参数解析

漫反射：物体的漫反射决定物体的表面颜色，通过单击色块，可以调整物体自身的颜色，单击右边的■按钮可以选择不同的贴图类型。

粗糙度：数值越大，粗糙效果越明显，可以用该选项来模拟绒布的效果。

预设：在下拉列表中可以快速选择设置好参数的材质，从而降低制作难度，提高工作效率，如图6-32所示。

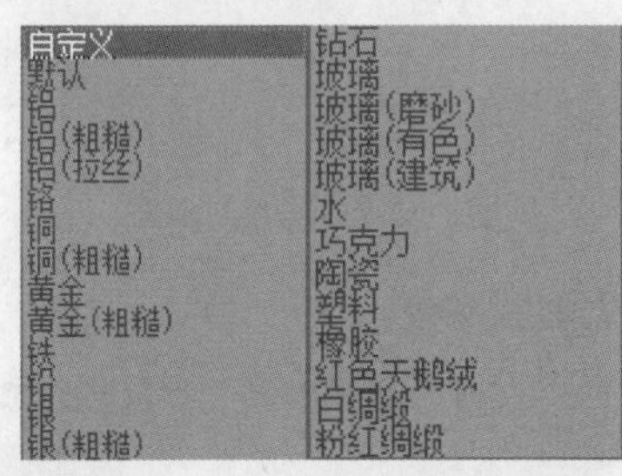

图6-32

凹凸贴图：勾选后可以设置凹凸贴图的强度，单击右侧的■按钮可以添加凹凸贴图。

反射：依靠灰度控制材质表面的反射强弱，颜色越白反射越强，越黑反射越弱，如图6-33所示；这里选择的颜色是反射出来的颜色，是和反射的强度分开来计算的；单击旁边的■按钮，可以使用贴图的灰度来控制反射的强弱。

图6-33

反射光泽度：控制材质表面的光滑程度，数值越小，表面越粗糙，如图6-34所示。

图6-34

菲涅耳反射：勾选该选项后，反射强度会与物体的入射角度有关，入射角度越小，反射越强烈，垂直入射时，反射最弱；同时，菲涅耳反射的效果也和下面的“菲涅耳折射率”有关；当“菲涅耳折射率”为0或100时，将产生完全反射；当“菲涅耳折射率”从1变化到0时，反射越强烈；当“菲涅耳折射率”从1变化到100时，反射也越强烈。

> **提示** “菲涅耳反射”用于模拟真实世界中的反射现象，反射的强度与摄影机的视点和具有反射功能的物体的角度有关。角度值接近0时，反射最强；当光线垂直于表面时，反射最弱，这也遵循了物理世界中的规律。

菲涅耳折射率：在“菲涅耳反射”中，菲涅耳现象的强弱衰减率可以用该选项来调节，如图6-35所示。

图6-35

金属度：控制材质的金属质感，当数值为0时没有金属感，当数值为1时呈现金属感，如图6-36所示。

图6-36

反射最大深度：指反射的次数，数值越高效果越真实，但渲染时间也更长。

提示 渲染室内的玻璃或金属物体时，反射次数需要设置得大一些。而在渲染地面和墙面时，反射次数可以设置得小一些，这样可以提高渲染速度。

背面反射：当材质为透明类型时，勾选该选项，可以形成更真实的反射效果。

折射：和反射的原理一样，颜色越白，物体越透明，进入物体内部产生折射的光线也就越多；颜色越黑，物体越不透明，产生折射的光线也就越少，如图6-37所示；单击右边的■按钮，可以通过贴图的灰度来控制折射的强弱。

图6-37

折射光泽度：用来控制物体的折射模糊程度，数值越小，模糊程度越明显，默认值1不产生折射模糊，如图6-38所示；单击右边的■按钮，可以通过贴图的灰度来控制折射模糊的强弱。

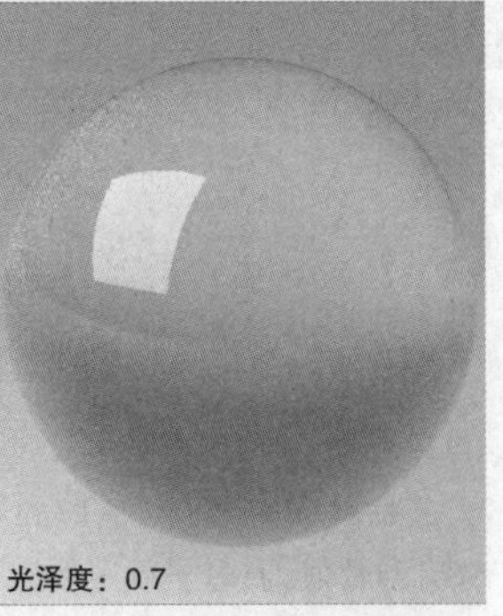

图6-38

折射率（IOR）：设置透明物体的折射率。

提示 真空的折射率是1，水的折射率是1.33，玻璃的折射率是1.5，水晶的折射率是2，钻石的折射率是 2.4，这些都是制作效果图常用的折射率。

折射最大深度：和反射中的最大深度作用一样，用来控制折射的最大次数。

影响阴影：这个选项用来控制透明物体产生的阴影，勾选该选项时，透明物体将产生真实的阴影；注意，这个选项仅对“VRay灯光”和“VRay阴影”有效。

半透明：设置半透明的类型，如图6-39所示。

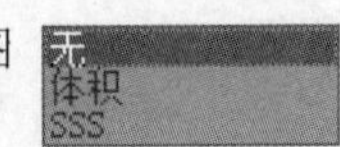

图6-39

雾颜色：这个选项可以让光线通过透明物体后使光线变少，类似物理世界中的半透明物体；这个颜色值和物体的尺寸有关，厚的物体颜色需要设置淡一点才有效果。

提示 默认情况下的“雾颜色”为白色，是不起任何作用的，也就是说白色的雾对不同厚度的透明物体的效果是一样的。

深度（厘米）：可以理解为烟雾的浓度，数值越大，雾的颜色越淡。

自发光：设置材质的自发光颜色，如图6-40所示。

图6-40

倍增：设置自发光的强度。

2.镀膜参数

展开“镀膜参数”卷展栏，如图6-41所示。

图6-41

重要参数解析

镀膜量：设置镀膜层的浓度，默认值0代表没有镀膜效果。

镀膜光泽度：设置镀膜层的光泽度，如图6-42所示。

图6-42

镀膜折射率：设置镀膜层的折射率，如图6-43所示。

图6-43

镀膜颜色：设置镀膜层的颜色，如图6-44所示。

将镀膜凹凸锁定到基础凹凸：勾选后镀膜层的凹凸纹理与"基本参数"卷展栏中的凹凸共用。

镀膜凹凸：设置镀膜层的凹凸效果和强度。

图6-44

3.闪耀参数

展开"闪耀参数"卷展栏，如图6-45所示。

图6-45

重要参数解析

闪耀颜色：设置材质边缘区域的颜色，如图6-46所示。

闪耀光泽度：设置闪耀层的光泽度。

图6-46

4.双向反射分布函数

展开"双向反射分布函数"卷展栏，如图6-47所示。

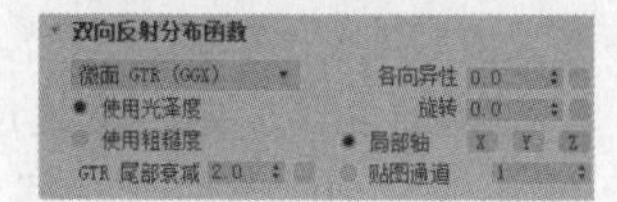

图6-47

重要参数解析

明暗器列表：包含4种明暗器类型，分别是"多面""反射""沃德""微面GTR（GGX)"，如图6-48所示；"多面"适合硬度很高的物体，高光区域很小；"反射"适合大多数物体，高光区域适中；"沃德"适合表面柔软或粗糙的物体，高光区域最大；"微面GTR（GGX)"适合金属类材质，高光区域适中。

多面
反射
沃德
微面 GTR (GGX)

图6-48

各向异性：控制高光区域的形状，可以用该参数来设置拉丝效果。

旋转：控制高光区域的旋转方向。

提示 关于双向反射分布函数现象，在物理世界中随处可见。我们可以看到不锈钢锅底的高光形状是由两个锥形构成的，这就是双向反射分布函数现象，如图6-49所示。这是因为不锈钢表面是一个有规律的均匀的凹槽（如常见的拉丝不锈钢效果），当光反射到这样的表面上就会产生该现象。

图6-49

5.贴图

展开"贴图"卷展栏，如图6-50所示。

贴图

贴图	数量	启用	贴图
漫反射	100.0	✔	无贴图
反射	100.0	✔	无贴图
光泽度	100.0	✔	无贴图
折射	100.0	✔	无贴图
光泽度	100.0	✔	无贴图
不透明度	100.0	✔	无贴图
凹凸	30.0	✔	无贴图
置换	100.0	✔	无贴图
自发光	100.0	✔	无贴图
漫反射粗糙度	100.0	✔	无贴图
菲涅耳折射率	100.0	✔	无贴图
金属度	100.0	✔	无贴图
各向异性	100.0	✔	无贴图
各向异性旋转	100.0	✔	无贴图
GTR 衰减	100.0	✔	无贴图
折射率(IOR)	100.0	✔	无贴图
半透明	100.0	✔	无贴图
烟雾颜色	100.0	✔	无贴图
镀膜量	100.0	✔	无贴图
镀膜光泽度	100.0	✔	无贴图
镀膜折射率	100.0	✔	无贴图
镀膜颜色	100.0	✔	无贴图
镀膜凹凸	30.0	✔	无贴图
闪耀颜色	100.0	✔	无贴图
闪耀光泽度	100.0	✔	无贴图
环境		✔	无贴图

图6-50

重要参数解析

不透明度：主要用于制作透明物体，如窗帘、灯罩等。

凹凸：主要用于制作物体的凹凸效果，在后面的通道中可以加载一张凹凸贴图。

置换：主要用于制作物体的置换效果，在后面的通道中可以加载一张置换贴图。

环境：主要针对上面的一些贴图而设定，如反射、折射等，只是在其贴图的效果上加入了环境贴图效果。

6.3.3 VRay灯光材质

VRay灯光材质主要用来模拟自发光效果。当设置渲染器为VRay渲染器后，在“材质/贴图浏览器”对话框中可以找到“VRay灯光材质”，其“参数”卷展栏如图6-51所示。

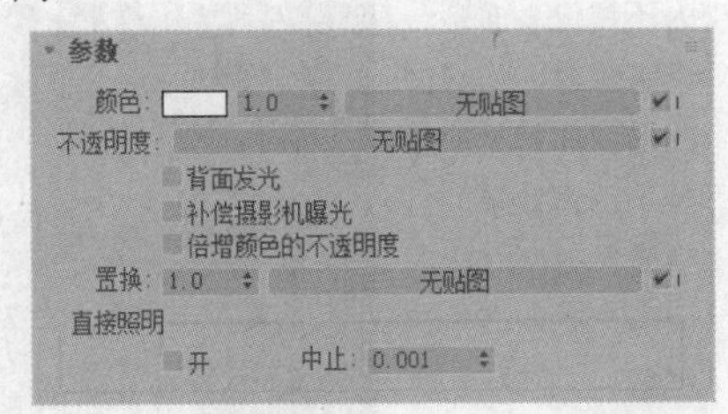

图6-51

重要参数解析

颜色：设置对象自发光的颜色，后面的文本框用于设置自发光的强度。

不透明度：用贴图来指定发光体的不透明度。

背面发光：勾选该选项，可以让材质光源双面发光。

6.3.4 VRay覆盖材质

VRay覆盖材质可以让用户更广泛地去控制场景的色彩融合、反射、折射等。VRay覆盖材质主要包括5种材质：基本材质、全局照明材质、反射材质、折射材质和阴影材质，其“参数”卷展栏如图6-52所示。

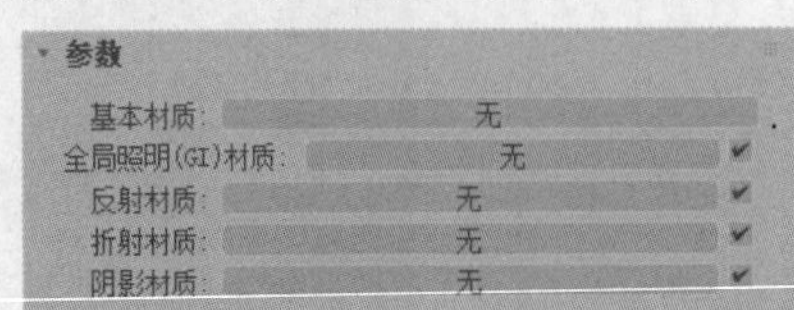

图6-52

重要参数解析

基本材质：物体的基础材质。

全局照明（GI）材质：物体的全局光材质，当使用这个参数的时候，灯光的反弹将由这个材质的灰度来控制，而不是基础材质。

反射材质：物体的反射材质，在反射里看到的物体的材质。

折射材质：物体的折射材质，在折射里看到的物体的材质。

阴影材质：基本材质的阴影将由该参数中的材质来控制，而基本材质本身的阴影将无效。

6.3.5 VRay混合材质

VRay混合材质可以让多个材质以层的方式混合来模拟物理世界中的复杂材质，其“参数”卷展栏如图6-53所示。

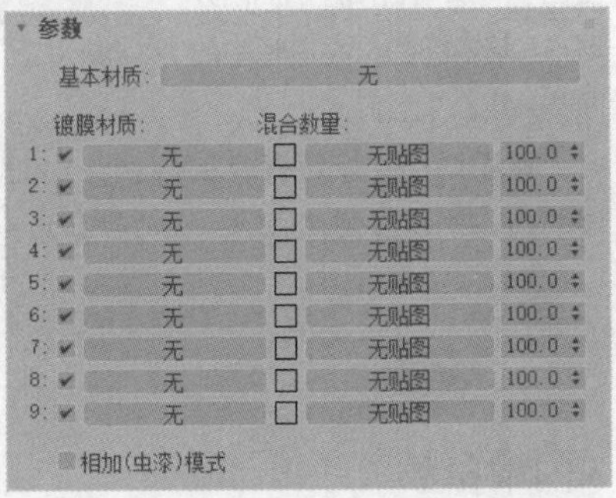

图6-53

重要参数解析

基本材质：可以理解为最基层的材质，通常在创建VRay混合材质的时候会提示“丢弃旧材质？”或“将旧材质保存为子材质？”，如图6-54所示，若保存则该处材质为原材质，若丢弃该处材质就为“无”。

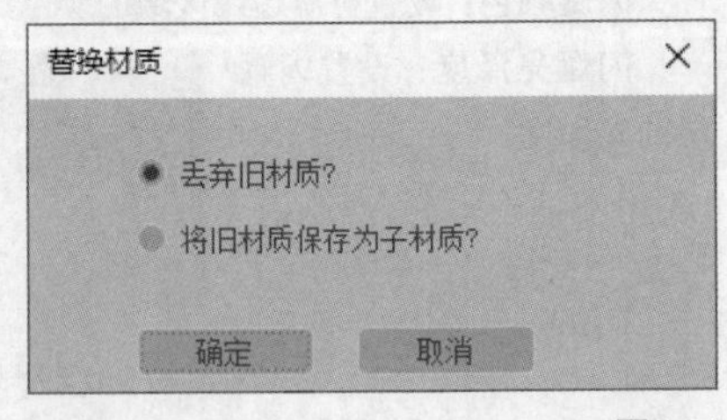

图6-54

镀膜材质：表面材质，可以理解为基本材质上面的材质。

混合数量：表示“镀膜材质”混合多少到“基本材质”上面；如果颜色为白色，那么这个“镀膜材质”将全部混合上去，而下面的“基本材质”将不起作用；如果颜色为黑色，那么这个“镀膜材质”自身就没什么效果；混合数量也可以由后面的贴图通道来代替。

相加（虫漆）模式：勾选这个选项，VRay混合材质将和3ds Max 2020里的“虫漆”材质效果类似，一般情况下不勾选它。

6.4 常用贴图

贴图主要用于表现物体材质表面的纹理，利用贴图，不用增加模型的复杂程度就可以表现对象的细节，并且可以创建反射、折射、凹凸和镂空等多种效果。通过贴图可以增强模型的质感，完善模型的造型，使三维场景更加接近真实的环境，如图6-55所示。

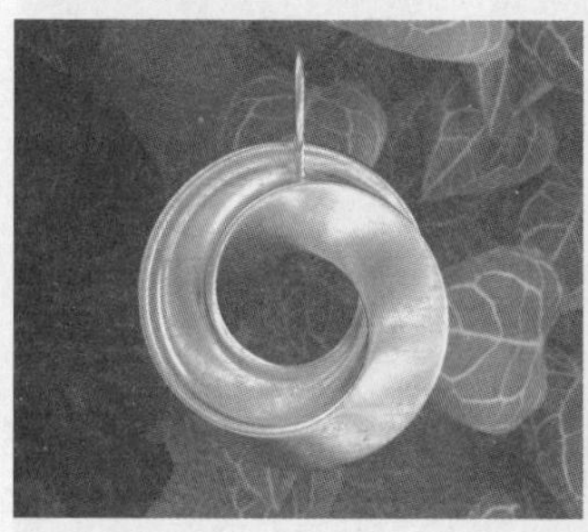

图6-55

展开VRayMtl材质的“贴图”卷展栏，在该卷展栏下有很多贴图通道，在这些贴图通道中可以加载贴图来表现物体的相应属性，如图6-56所示。

贴图		
漫反射	100.0	无贴图
反射	100.0	无贴图
光泽度	100.0	无贴图
折射	100.0	无贴图
光泽度	100.0	无贴图
不透明度	100.0	无贴图
凹凸	30.0	无贴图
置换	100.0	无贴图
自发光	100.0	无贴图
漫反射粗糙度	100.0	无贴图
菲涅耳折射率	100.0	无贴图
金属度	100.0	无贴图
各向异性	100.0	无贴图
各向异性旋转	100.0	无贴图
GTR 衰减	100.0	无贴图
折射率(IOR)	100.0	无贴图
半透明	100.0	无贴图
烟雾颜色	100.0	无贴图
镀膜里	100.0	无贴图
镀膜光泽度	100.0	无贴图
镀膜折射率	100.0	无贴图
镀膜颜色	100.0	无贴图
镀膜凹凸	30.0	无贴图
闪耀颜色	100.0	无贴图
闪耀光泽度	100.0	无贴图
环境		无贴图

图6-56

单击任意一个通道，在弹出的“材质/贴图浏览器”对话框中可以看到很多贴图，主要包括“通用”贴图和V-Ray的贴图，如图6-57所示。

- 通用

BlendedBoxMap	向量置换	渐变坡度
Color Correction	向量贴图	漩涡
combustion	噪波	灰泥
OSL 贴图	多平铺	烟雾
Perlin 大理石	大理石	粒子年龄
RGB 倍增	平铺	粒子运动模糊
RGB 染色	斑点	纹理对象遮罩
ShapeMap	棋盘格	细胞
Substance	每像素摄影机贴图	衰减
TextMap	波浪	贴图输出选择器
位图	泼溅	输出
凹痕	混合	遮罩
合成	渐变	顶点颜色
	渐变坡度	颜色贴图
		高级木材

- V-Ray

VRay GLSL纹理	VRay 多维子纹理	VRay 距离纹理
VRay OSL 纹理	VRay 天空	VRay 软框
VRay OSL 输出选择器	VRay 插件节点纹理	VRay 边纹理
VRay UVW 随机化器	VRay 曲率	VRay 采样信息纹理
VRay 三向平面纹理	VRay 毛发信息纹理	VRay 颜色
VRay 位图	VRay 污垢	VRay 颜色 2 凹凸
VRay 假菲涅尔纹理	VRay 法线贴图	VRayICC
VRay 凹凸 2 法线	VRay 点云颜色	VRayLut
VRay 合成纹理	VRay 用户标量	VRayOCIO
VRay 噪波纹理	VRay 用户颜色	VRayPtex
	VRay 粒子纹理	

图6-57

本节内容介绍

名称	作用	重要程度
位图贴图	加载各种位图贴图	高
渐变贴图	设置3种颜色的渐变效果	中
平铺贴图	创建类似于瓷砖的贴图	中
衰减贴图	控制材质强烈到柔和的过渡效果	高
噪波贴图	将噪波效果添加到物体的表面	中
混合贴图	将两张贴图混合为一张贴图	高
VRay污垢贴图	增加材质的阴影	中
VRay边纹理贴图	沿着模型的布线生成线框效果	中
UVW贴图修改器	调整贴图的坐标	高

6.4.1 课堂案例：制作椅子材质

场景位置	案例文件>CH06>课堂案例：制作椅子材质>02.max
实例位置	案例文件>CH06>课堂案例：制作椅子材质.max
学习目标	掌握位图贴图的使用方法

通过贴图可以表现材质的图案和凹凸纹理，甚至可以通过贴图控制材质的反射和光泽度。本案例使用位图贴图模拟椅子的材质图案，效果如图6-58所示。

图6-58

01 打开本书学习资源中的“案例文件>CH06>课堂案例：制作椅子材质>02.max”文件，如图6-59所示。

图6-59

02 选择一个空白材质球，设置材质类型为VRayMtl材质，具体参数设置如图6-60所示，制作好的材质球效果如图6-61所示。

设置步骤

① 在“漫反射”贴图通道中加载学习资源中的“案例文件>CH06>课堂案例：制作椅子材质> 14.jpg”文件。

② 在“凹凸贴图”通道中加载学习资源中的“案例文件>CH06>课堂案例：制作椅子材质> 14.jpg”文件。

③ 设置“反射”颜色为深灰色，“光泽度”为0.7。

④ 在“双向反射分布函数”卷展栏中，设置类型为“沃德”。

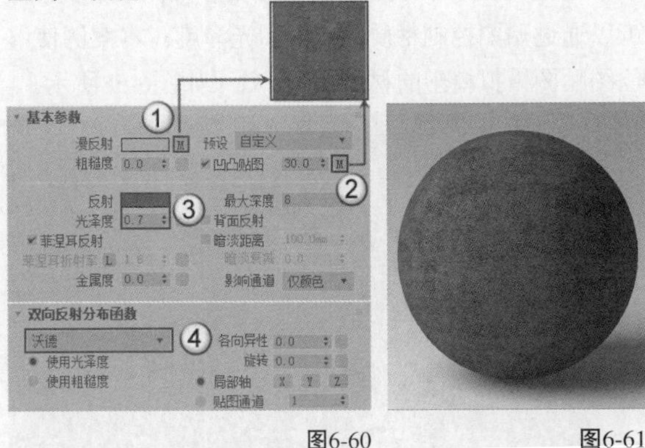

图6-60 图6-61

03 选择一个空白材质球，设置材质类型为VRayMtl材质，具体参数设置如图6-62所示，制作好的材质球效果如图6-63所示。

设置步骤

① 设置“漫反射”颜色为黑色。

② 设置“反射”颜色为浅灰色，“光泽度”为0.7，“金属度”为1。

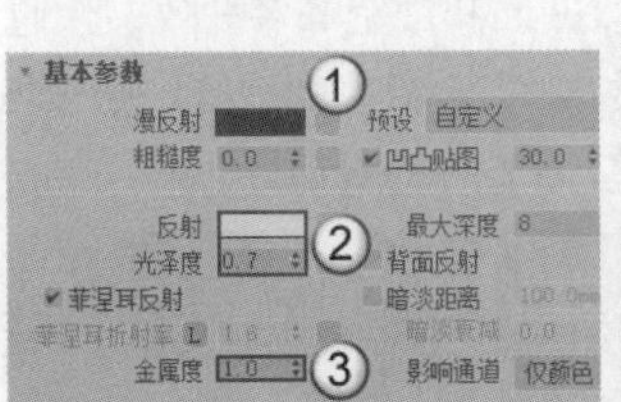

图6-62 图6-63

04 将制作好的材质分别指定给相应的模型，按F9键渲染当前场景，最终效果如图6-64所示。

图6-64

6.4.2 位图贴图

位图贴图是一种最基本的贴图类型，也是最常用的贴图类型。位图贴图支持多种格式，包括FLC、AVI、BMP、GIF、JPEG、PNG、PSD和TIFF等主流图像格式，如图6-65所示。

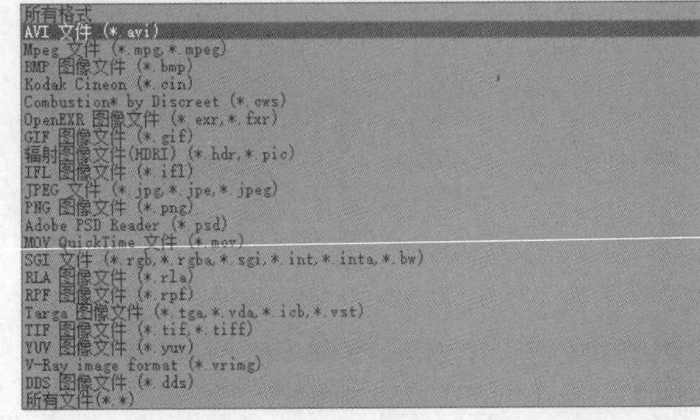

图6-65

在所有的贴图通道中都可以加载位图贴图。在“漫反射”贴图通道中加载一张位图贴图，如图6-66所示，然后将材质指定给一个球体模型，如图6-67所示。

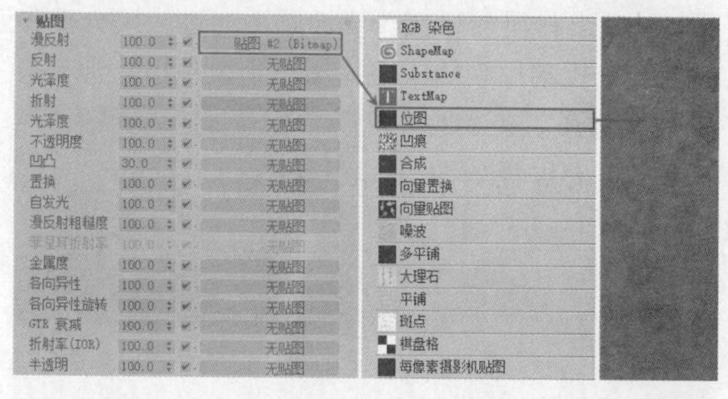

图6-66

图6-67

加载位图后，系统会自动弹出位图的参数设置卷展栏，“坐标”卷展栏中的参数主要用来设置位图的“偏移”值、“瓷砖”值和“角度”值等，如图6-68所示。

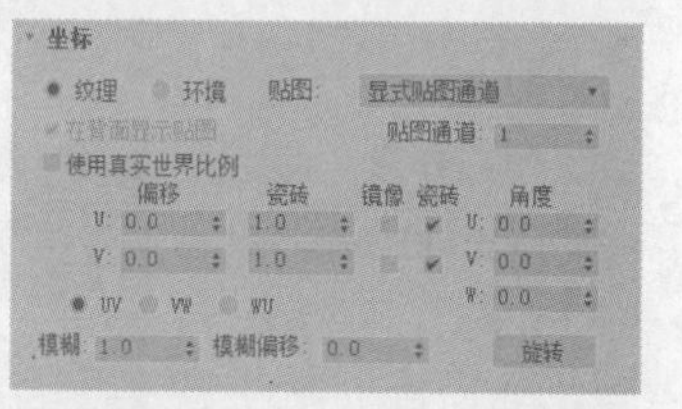

图6-68

在“位图参数”卷展栏下勾选“应用”选项，单击后面的“查看图像”按钮 查看图像 ，在弹出的对话框中可以对位图的应用区域进行调整，如图6-69所示。

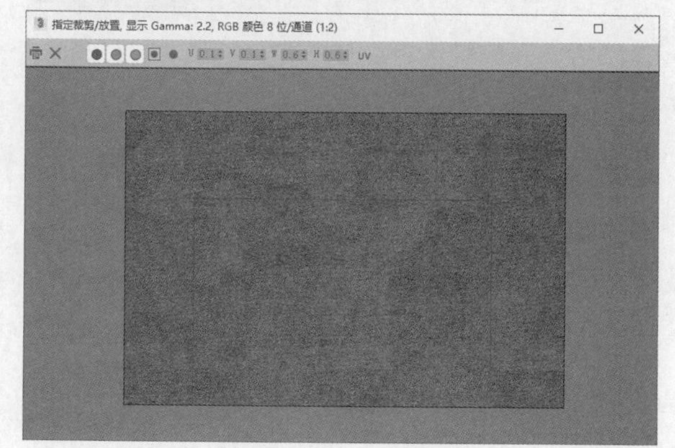

图6-69

在“坐标”卷展栏下设置“模糊”为0.01，可以在渲染时得到最精细的贴图效果，如果设置“模糊”为1，则可以得到最模糊的贴图效果，如图6-70所示。

图6-70

6.4.3 渐变贴图

使用渐变贴图可以设置3种颜色的渐变效果，其“渐变参数”卷展栏如图6-71所示。

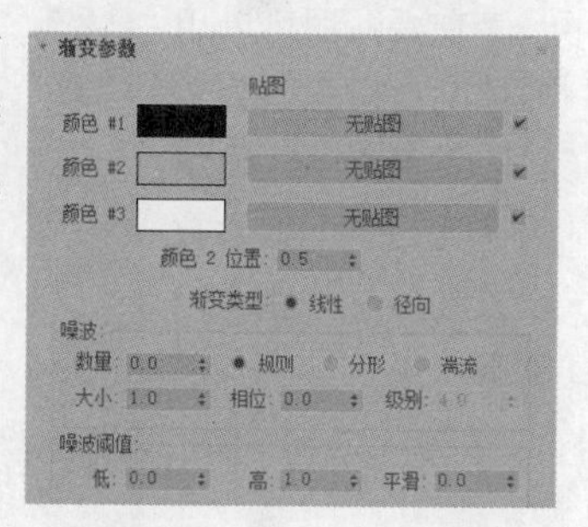

图6-71

重要参数解析

颜色#1/颜色#2/颜色#3：设置渐变的颜色。

颜色 2 位置：设置颜色2在渐变中的位置，默认值0.5代表中心位置。

渐变类型：包含“线性”和“径向”两种渐变类型。

6.4.4 平铺贴图

使用平铺贴图可以创建类似于瓷砖的贴图，通常在制作具有很多建筑砖块的图案时使用，其参数设置卷展栏如图6-72所示。

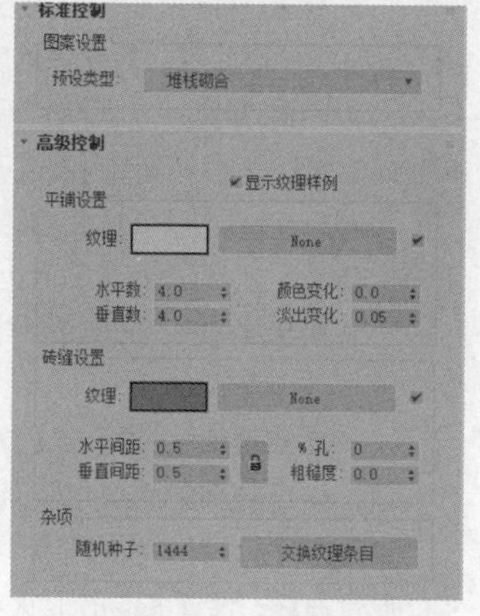

图6-72

重要参数解析

预设类型：设置平铺的不同模式，如图6-73所示。

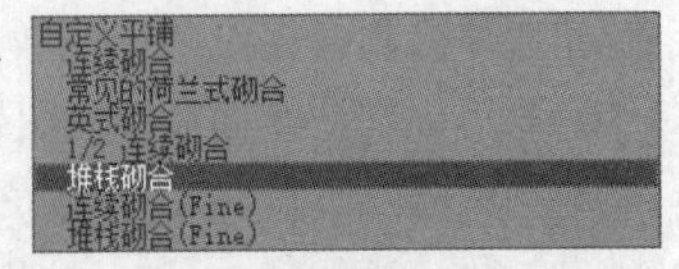

图6-73

平铺设置

» **纹理**：设置平铺面的颜色或加载贴图。

» **水平数/垂直数**：设置平铺的水平与垂直数量。

颜色变化：设置平铺面在颜色上的随机性。

砖缝设置

» **纹理**：设置砖缝的颜色或加载贴图。

» **水平间距/垂直间距**：设置砖缝的宽度。

6.4.5 衰减贴图

衰减贴图可以用来控制材质强烈到柔和的过渡效果，使用频率比较高，其参数设置卷展栏如图6-74所示。

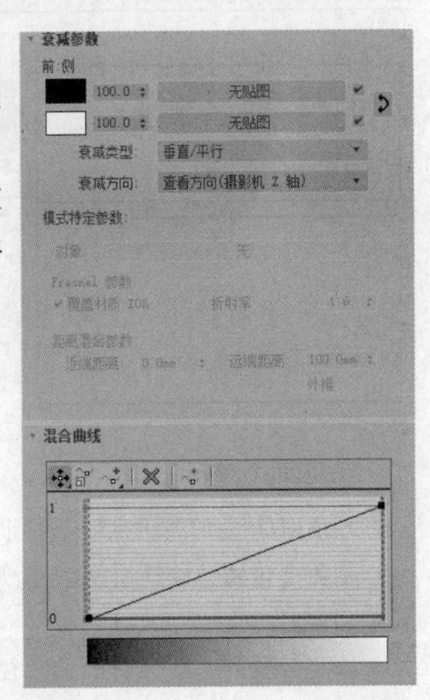

图6-74

重要参数解析

衰减类型：设置衰减的方式，包含以下5种。

» **垂直/平行**：在与衰减方向垂直的面法线和与衰减方向平行的面法线之间设置角度衰减范围。

» **朝向/背离**：在面向衰减方向的面法线和背离衰减方向的面法线之间设置角度衰减范围。

» Fresnel：基于IOR（折射率）在面向视图的曲面上产生暗淡反射，而在有角的面上产生较明亮的反射。

» **阴影/灯光**：基于落在对象上的灯光，在两个子纹理之间进行调节。

» **距离混合**：基于“近端距离”值和“远端距离”值，在两个子纹理之间进行调节。

衰减方向：设置衰减的方向。

混合曲线：设置曲线的形状，可以精确地控制由任何衰减类型所产生的渐变。

6.4.6 噪波贴图

使用噪波贴图可以将噪波效果添加到物体的表面，以突出材质的质感。噪波贴图通过应用分形噪波函数来扰动像素的UV贴图，从而表现出非常复杂的物体材质，其“噪波参数”卷展栏如图6-75所示。

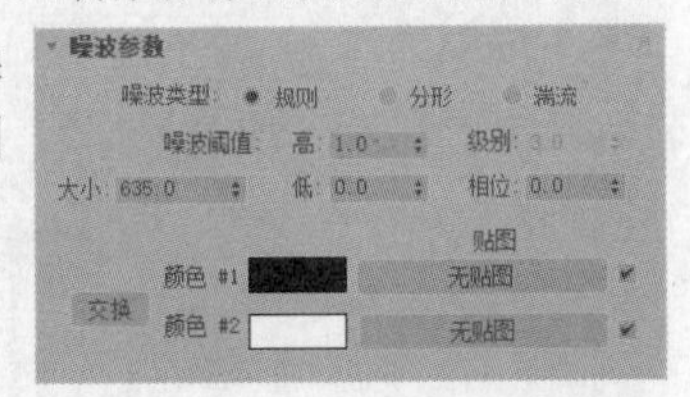

图6-75

重要参数解析

噪波类型：包含3种类型，分别是“规则”“分形”“湍流”。

» **规则**：生成普通噪波，如图6-76所示。

图6-76

» **分形**：使用分形算法生成噪波，如图6-77所示。

图6-77

» **湍流**：生成应用绝对值函数来制作故障线条的分形噪波，如图6-78所示。

图6-78

大小：设置噪波函数的比例。

噪波阈值：控制噪波的效果，取值范围为0~1。

级别：决定有多少分形能量用于分形和湍流噪波函数。

相位：控制噪波函数的动画速度。

交换 交换 ：交换两个颜色或贴图的位置。

颜色#1/颜色#2：可以从两个主要噪波颜色中进行选择，通过所选的两种颜色来生成中间颜色。

6.4.7 混合贴图

混合贴图用于将两种颜色或贴图进行混合，从而形成一张新的贴图，其“混合参数”卷展栏如图6-79所示。

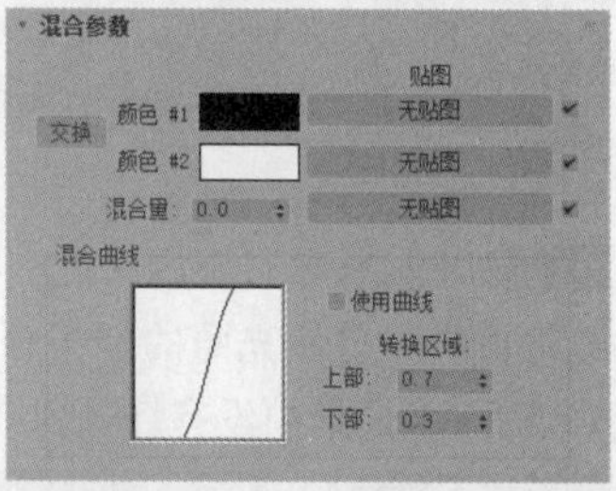

图6-79

重要参数解析

颜色#1/颜色#2：通过颜色或贴图进行混合。

混合量：通过数值或灰度贴图控制“颜色#1”和“颜色#2”两个通道的混合量。

6.4.8 VRay污垢贴图

VRay污垢贴图常用于渲染AO通道，以增强暗角效果，其“VRay污垢参数”卷展栏如图6-80所示。

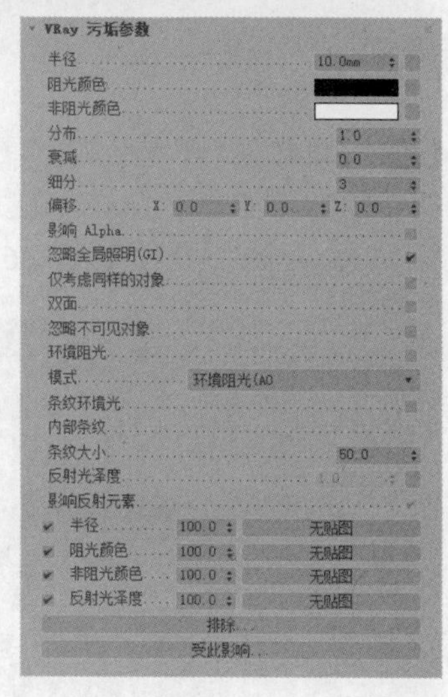

图6-80

重要参数解析

半径：阴影部分的宽度。

阻光颜色：阴影部分的颜色。

非阻光颜色：类似于漫反射的颜色，代表模型的颜色。

6.4.9 VRay边纹理贴图

VRay边纹理贴图用于生成线框和面的复合效果，常用于渲染线框效果图，其“VRay边纹理参数”卷展栏如图6-81所示。

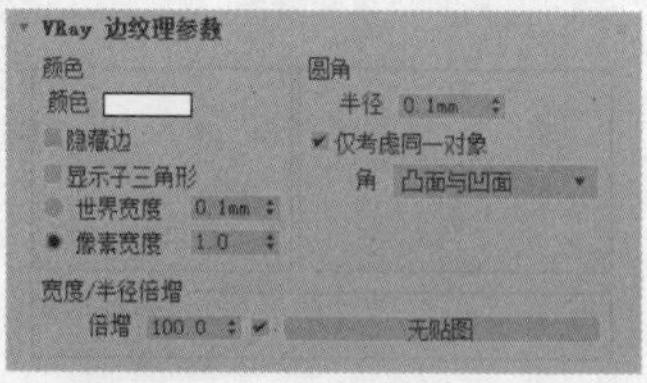

图6-81

重要参数解析

颜色：设置边框的颜色。

隐藏边：勾选后会显示三角形的线框。

世界宽度/像素宽度：控制线框宽度的两种方式。

6.4.10 UVW贴图修改器

UVW贴图修改器用于将贴图按照预设的投射方式投射到模型的每个面上，其“参数”卷展栏如图6-82所示。

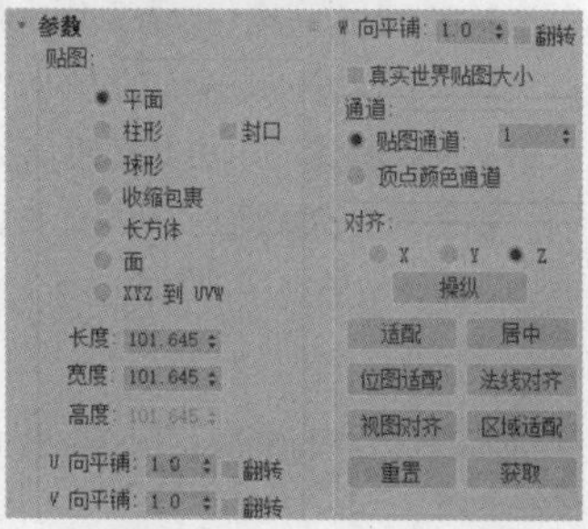

图6-82

重要参数解析

平面/柱形/球形/收缩包裹/长方体/面/XYZ到UVW：系统提供7种贴图坐标，如图6-83所示。

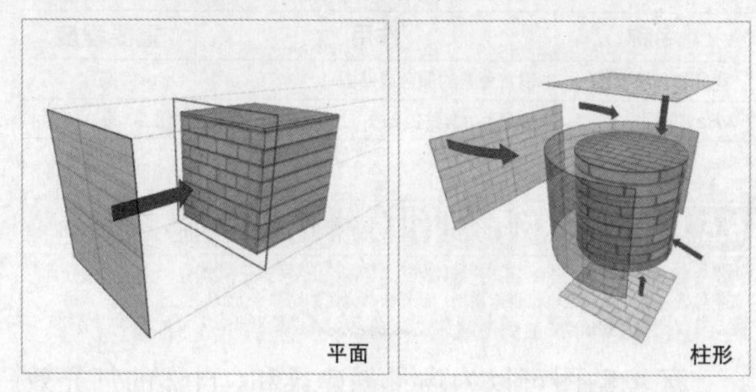

图6-83

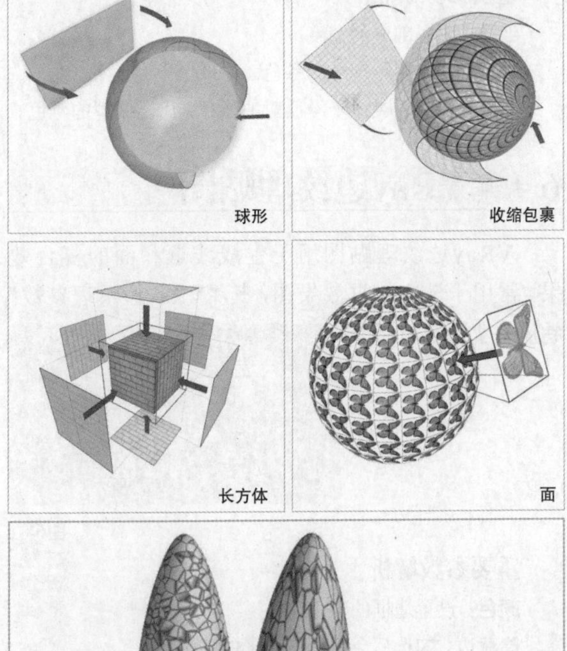

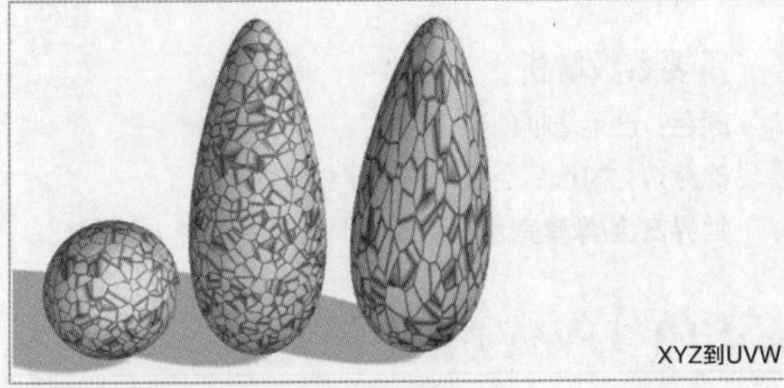

图6-83（续）

长度/宽度/高度：设置贴图坐标的长度、宽度和高度。

对齐：设置贴图投射的方向。

适配 适配 ：单击此按钮，贴图会自动匹配模型。

视图对齐 视图对齐 ：单击此按钮，无论贴图投射到哪个方向，都会按照视图的方向显示。

6.5 环境贴图

环境贴图可以提供环境照明，通过加载.hdr格式的图片，就可以让整个场景产生柔和、自然的光照效果。

本节内容介绍

名称	作用	重要程度
背景与环境贴图	设置背景的颜色或贴图	高
VRay位图	加载.hdr文件的贴图	高

6.5.1 课堂案例：制作自然光照的端景台

场景位置	案例文件>CH06>课堂案例：制作自然光照的端景台>03.max
实例位置	案例文件>CH06>课堂案例：制作自然光照的端景台.max
学习目标	掌握环境贴图的使用方法

环境贴图可以为场景创建柔和、自然的灯光效果，比起使用灯光工具创建的光源，效果更加自然，同时也可以给场景添加逼真的反射效果。本案例使用“VRay位图”贴图为场景添加自然光照，效果如图6-84所示。

图6-84

01 打开本书学习资源中的“案例文件>CH06>课堂案例：制作自然光照的端景台>03.max”文件，如图6-85所示，场景中没有灯光。

图6-85

02 按8键打开“环境和效果”对话框，单击“环境贴图”通道，在弹出的“材质/贴图浏览器”对话框中选择“VRay位图”选项，如图6-86所示。

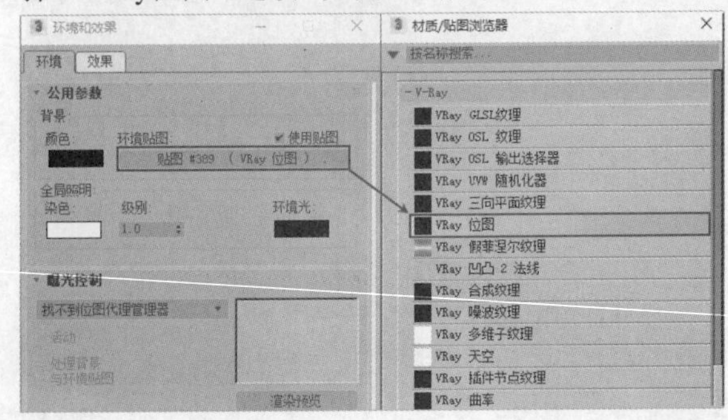

图6-86

03 按M键打开“材质编辑器”对话框，将“环境贴图”通道中加载的“VRay位图”拖曳到空白材质球上，在弹出的“实例（副本）贴图”对话框中选择“实例”选项，单击“确定”按钮 确定 ，如图6-87和图6-88所示。

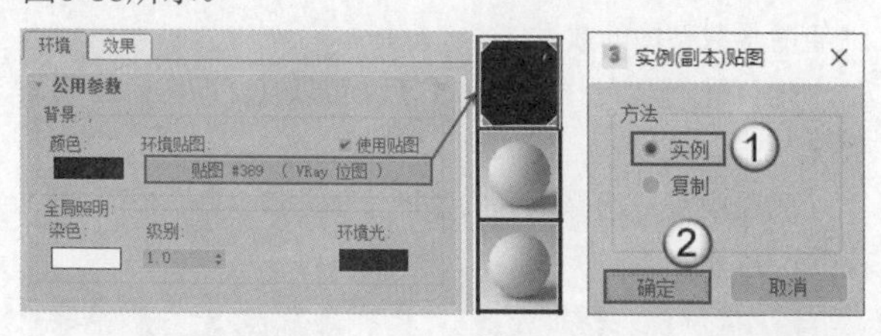

图6-87　图6-88

04 在“位图”通道中加载学习资源中的“案例文件>CH06>课堂案例：制作自然光照的端景台>60.hdr”文件，设置“贴图类型”为“球形”，如图6-89所示，材质效果如图6-90所示。

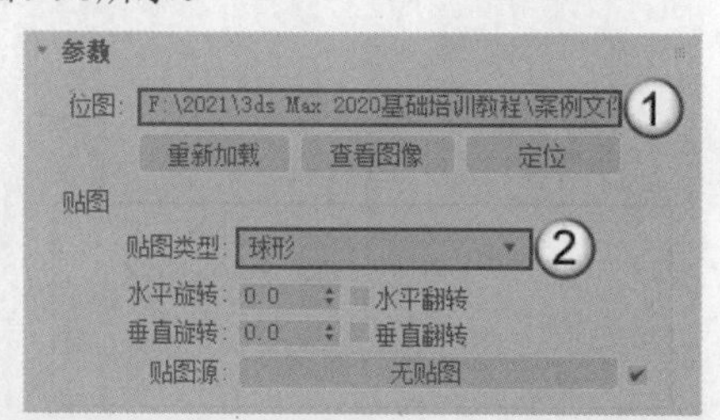

图6-89

图6-90

05 在摄影机视图中按F9键渲染场景，效果如图6-91所示。

图6-91

06 观察渲染效果，发现场景亮度不够。选中材质，设置“水平旋转”为-22，“全局倍增”为2，如图6-92所示。

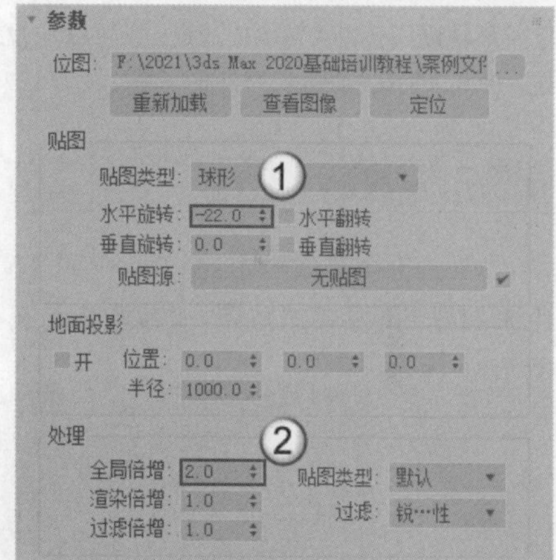

图6-92

07 切换到摄影机视图，按F9键渲染场景，最终效果如图6-93所示。

图6-93

6.5.2 背景与环境贴图

按8键打开“环境和效果”对话框，在“环境”选项卡上方可以设置场景背景颜色或加载环境贴图，如图6-94所示。

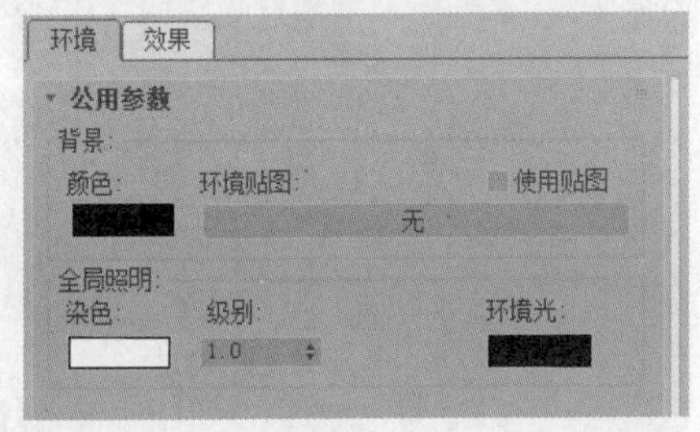

图6-94

重要参数解析

颜色：设置场景的背景颜色，默认为黑色，如果场景中没有灯光，就不会渲染出任何对象；如果修改为其他颜色，在不需要灯光的情况下，也可以渲染出对象。

环境贴图：加载贴图的通道，既可以加载.jpg格式的位图，也可以加载.hdr格式的带亮度的贴图。

6.5.3 VRay位图

VRay位图在旧版本的VRay中叫作VRayHDRI，用来加载.hdr格式的贴图，“参数”卷展栏如图6-95所示。

参数
位图:
重新加载 查看图像 定位
贴图
贴图类型: 3ds Max 标准
水平旋转: 0.0 水平翻转
垂直旋转: 0.0 垂直翻转
贴图源: 无贴图
地面投影
开 位置 0.0 0.0 0.0
半径 1000.0
处理
全局倍增: 1.0 贴图类型: 默认
渲染倍增: 1.0 过滤: 锐…性
过滤倍增: 1.0
裁剪/放置
开 裁剪 放置 预览
U: 0.0 宽度: 1.0
V: 0.0 高度: 1.0
RGB 和 Alpha 通道源
RGB 输出: RGB 颜色 Alpha 源: 图像…ha
单色输出: RGB 强度
颜色空间传输函数
类型: 反向伽玛 反向伽玛: 1.0

图6-95

重要参数解析

位图：加载.hdr格式贴图的通道。

重新加载 重新加载 ：单击此按钮后，会将已经加载的贴图重新加载一次，适合对贴图进行二次处理后使用。

查看图像 查看图像 ：单击此按钮后，可以在弹出的窗口中查看加载贴图的效果。

定位 定位 ：单击此按钮后，可以打开贴图的路径文件夹。

贴图类型：选择不同的贴图呈现角度，包含5个选项，如图6-96所示。

图6-96

提示 有些.hdr文件本身就是球形效果，如图6-97所示。对于这种类型的文件，需要选择“3ds Max标准”模式。

图6-97

水平旋转/垂直旋转：调整贴图的显示角度。

全局倍增：控制贴图的亮度，默认值为1。

6.6 课堂练习

下面有两个课堂练习，希望读者根据提示认真完成。

6.6.1 课堂练习：制作灯管材质

场景位置	案例文件>CH06>课堂练习：制作灯管材质>04.max
实例位置	案例文件>CH06>课堂练习：制作灯管材质.max
学习目标	掌握VRay灯光材质的用法

本练习使用VRay灯光材质模拟发光灯管的效果，最终效果如图6-98所示，灯管材质的模拟效果如图6-99所示。

图6-98

图6-99

灯罩材质参数设置如图6-100所示。

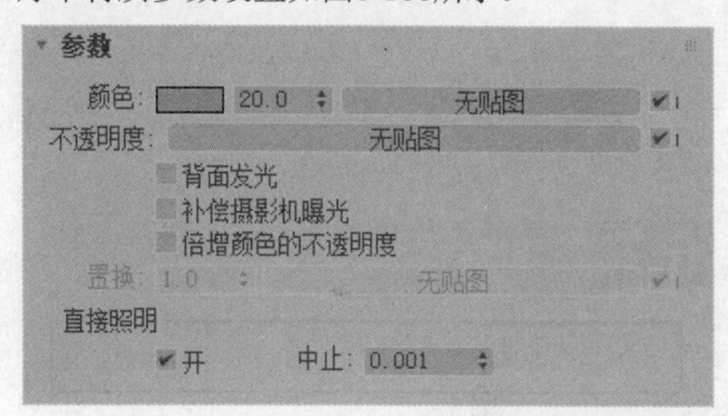

图6-100

6.6.2 课堂练习：制作黄金材质

场景位置	案例文件>CH06>课堂练习：制作黄金材质>05.max
实例位置	案例文件>CH06>课堂练习：制作黄金材质.max
学习目标	掌握VRayMtl材质的用法

本练习使用VRayMtl材质模拟黄金材质，最终效果如图6-101所示，材质的模拟效果如图6-102所示。

图6-101

图6-102

黄金材质参数设置如图6-103所示。

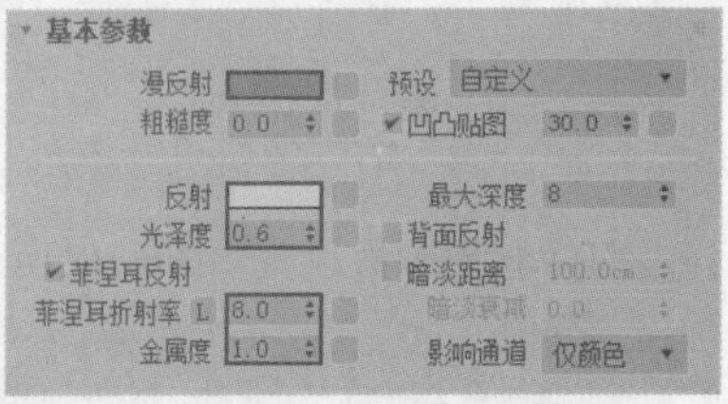

基本参数
漫反射 预设 自定义
粗糙度 0.0 凹凸贴图 30.0
反射 最大深度 8
光泽度 0.6 背面反射
菲涅耳反射 暗淡距离 100.0cm
菲涅耳折射率 L 8.0
金属度 1.0 影响通道 仅颜色

图6-103

6.7 课后习题

下面有两道课后习题，通过这些习题，读者可以熟悉常用材质的制作方法。

6.7.1 课后习题：制作抽象场景材质

场景位置　案例文件>CH06>课后习题：制作抽象场景材质>06.max
实例位置　案例文件>CH06>课后习题：制作抽象场景材质.max
学习目标　掌握使用VRayMtl材质和“衰减”贴图

本习题使用VRayMtl材质和“衰减”贴图模拟材质的金属渐变效果，使用“VRay位图”贴图模拟场景的环境光，最终效果如图6-104所示。

图6-104

6.7.2 课后习题：制作水材质

场景位置　案例文件>CH06>课后习题：制作水材质>07.max
实例位置　案例文件>CH06>课后习题：制作水材质.max
学习目标　掌握水材质的制作方法

本习题使用VRayMtl材质制作水材质，最终效果如图6-105所示。

图6-105

第7章 渲染技术

渲染可以将创建好的场景生成单帧或是序列帧图片，场景中的灯光、材质和各种效果等都会直观地展现在渲染好的图片上。设置合适的渲染参数不仅可以得到质量较高的渲染效果，还可以减少渲染时间，这在实际工作中非常重要。

课堂学习目标

- 掌握VRay渲染器
- 熟悉渲染技巧

7.1 渲染的基本常识

使用3ds Max 2020创作作品时，一般都遵循“建模→灯光→材质→渲染”这个步骤，渲染是在3ds Max 2020中的最后一道工序（后期处理会在其他软件中进行）。渲染是通过复杂的运算，将虚拟的三维场景投射到二维平面上，这个过程需要对渲染器进行复杂的设置，图7-1所示是一些比较优秀的渲染作品。

图7-1

本节内容介绍

名称	作用	重要程度
渲染器的类型	了解各种类型的渲染器	低
渲染工具	了解各种渲染工具	中

7.1.1 渲染器的类型

渲染器按照渲染引擎可以分为CPU渲染器和GPU渲染器两大类。在3ds Max 2020中常用的是CPU渲染器，其代表有VRay、Corona和Arnold。GPU渲染器则在其他三维软件中应用得较多，虽然VRay也附带GPU渲染插件，但对显卡的要求比较高。

VRay渲染器因其渲染速度快、效果好和使用稳定而受到广大三维制作者的喜爱，是3ds Max 2020主流的渲染器之一。Corona渲染器在VRay渲染器的基础上进行优化，且参数更为简单，在一段时间内受到广大渲染师的追捧。Arnold渲染器是3ds Max的开发公司所出品的，在3ds Max 2021版中取代了扫描线渲染器成为默认渲染器，因其渲染效果逼真也被广泛应用。

7.1.2 渲染工具

3ds Max 2020在主工具栏右侧提供了多个渲染工具，如图7-2所示。

图7-2

重要参数解析

渲染设置：单击该按钮或按F10键，可以打开“渲染设置”对话框，基本上所有的渲染参数都在该对话框中进行设置，如图7-3所示。

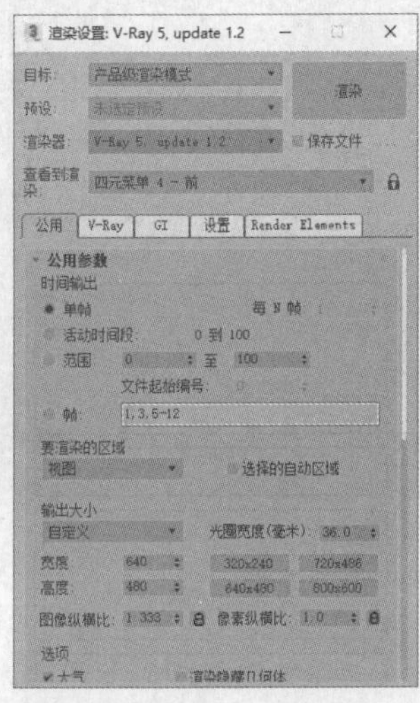

图7-3

渲染帧窗口：单击该按钮，可以打开3ds Max 2020自带的渲染帧窗口对话框，如图7-4所示。在该对话框中可以选择渲染区域、切换通道和存储渲染图像等。

图7-4

渲染产品：单击该按钮，可以使用当前的产品级渲染设置来渲染场景。

渲染迭代：单击该按钮，可以在迭代模式下渲染场景。

ActiveShade（**动态着色**）：单击该按钮，可以在浮动的窗口中进行动态着色渲染。

7.2 VRay渲染器

VRay渲染器是Chaos Group公司开发的一款高质量渲染引擎，主要以插件的形式应用于3ds Max、Maya、SketchUp和Cinema 4D等软件中。由于VRay渲染器可以真实地模拟现实光照，并且操作简单，可控性也很强，因此被广泛应用于建筑表现、工业设计和动画制作等领域。

本节内容介绍

名称	作用	重要程度
VRay帧缓冲区	VRay渲染器自带的图像查看器	高
图像采样器（抗锯齿）	降低渲染图像中的锯齿噪点	高
图像过滤器	降低渲染图像的噪点	高
颜色贴图	渲染图像的曝光模式	高
渲染引擎	全局照明的搭配引擎	高
焦散	生成焦散效果	中
其他设置	渲染图像的方向和占用内存	中
渲染元素	提供各种后期所需的渲染通道	中

7.2.1 VRay帧缓冲区

按F10键打开“渲染设置”对话框，切换到V-Ray选项卡，就可以看到“帧缓冲区”卷展栏，如图7-5所示。

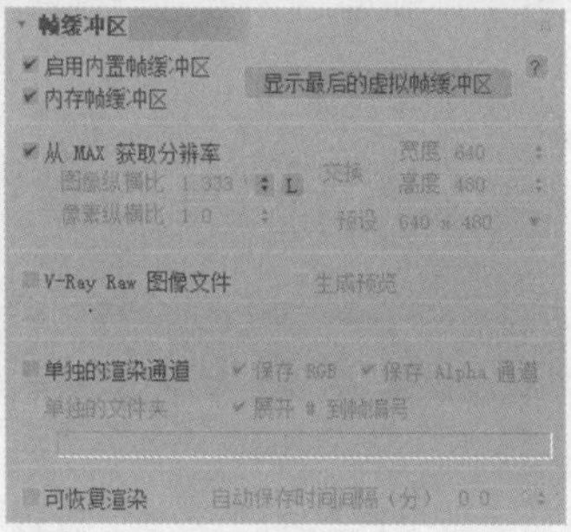

图7-5

重要参数解析

启用内置帧缓冲区：默认勾选此选项，渲染时会使用VRay自身的渲染窗口。

内存帧缓冲区：勾选该选项，可以将图像渲染到内存中，然后再由帧缓存窗口显示出来，这样可以方便用户观察渲染的过程；不勾选该选项，不会出现渲染框，而是直接保存到指定的硬盘文件夹中，这样的好处是可以节约内存资源。

显示最后的虚拟帧缓冲区 显示最后的虚拟帧缓冲区 ：单击此按钮后，会打开V-Ray帧缓冲区对话框，如图7-6所示。

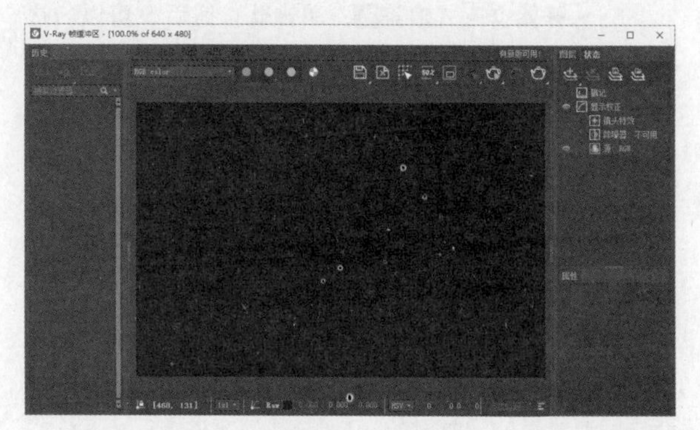

图7-6

» **历史**：显示之前渲染的图像。

» RGB color ：在此下拉列表中可以选择不同的通道效果。

» **切换到Alpha通道**：单击此按钮，会显示当前渲染图片的Alpha通道，如图7-7所示，如果没有Alpha通道则显示为白色。

图7-7

» **保存当前通道**：单击此按钮，可保存当前显示的图像。

» **跟踪鼠标**：单击此按钮，会在渲染时按照鼠标指针所在的位置优先渲染。

» **区域渲染**：单击此按钮，在想要观察的区域绘制一个矩形框，就可以只渲染矩形框内的图像，如图7-8所示。

图7-8

» **开始交互式渲染**：单击此按钮后，可以一边修改参数，一边低质量渲染场景，在测试场景时十分方便，对于一些配置不高的计算机，不建议开启交互式渲染，因为容易造成卡顿。

» **停止渲染**：单击此按钮，会停止渲染图像。

» **渲染**：单击此按钮，可渲染最终高质量图像。

» **图层**：控制渲染图像的一些效果。

» **状态**：显示当前渲染图片的状态和计算机性能。

从Max获取分辨率：勾选该选项，将从“公用”选项卡的“输出大小”选项组中获取渲染尺寸；不勾选该选项，将在右侧手动输入渲染的尺寸。

V-Ray Raw图像文件：控制是否将渲染后的文件保存到所指定的路径中，勾选该选项后渲染的图像将以RAW格式进行保存。

提示 在渲染较大的场景时，计算机会承担很大的渲染压力，而勾选“V-Ray Raw图像文件”选项后（需要设置好渲染图像的保存路径），渲染图像会自动保存到设置的路径中。

单独的渲染通道：控制是否单独保存渲染通道。

7.2.2 图像采样器（抗锯齿）

VRay渲染器中的“图像采样器（抗锯齿）”有两大类型，一种是“渲染块”，另一种是“渐进式”，如图7-9所示。

图7-9

1.渲染块图像采样器

“渲染块”是将以往版本中的“固定”“自适应”“自适应细分”3种“跑格子”形式的采样器进行整合，以每个小格子为单元进行计算。系统在渲染时，我们可以很明显地看到画面上有一个个小格子在计算渲染，如图7-10所示。

图7-10

当采样器的“类型”设置为“渲染块”后，就会自动生成“渲染块图像采样器”卷展栏，如图7-11所示。

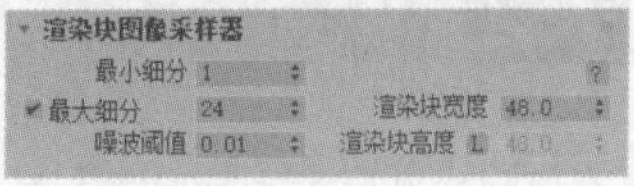

图7-11

重要参数解析

最小细分：控制每个像素最小采样量，该参数保持默认值即可。

最大细分：控制每个像素最大采样量，数值越大，采样越多，画面越不会出现锯齿，渲染速度也越慢。

噪波阈值：控制画面的噪点，数值越小，画面噪点越少，渲染速度越慢。

渲染块宽度/渲染块高度：控制渲染时小方格的像素大小。

2.渐进式图像采样器

“渐进式”是VRay3.0版本之后添加的图像采样器。和“渲染块”不同，“渐进式”的采样过程不再分为小格子进行计算，而是整体画面由粗糙到精细，直到满足阈值或最大样本数为止，如图7-12所示。

图7-12

当采样器的“类型”设置为“渐进式”后，就会自动生成“渐进式图像采样器”卷展栏，如图7-13所示。

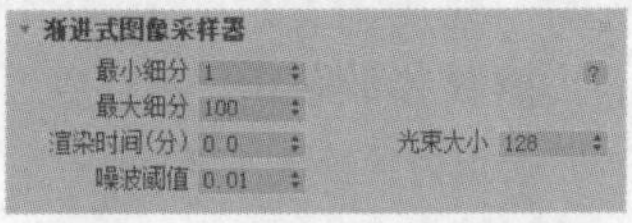

图7-13

重要参数解析

最小细分：控制每个像素最小采样量，该参数保持默认值即可。

最大细分：控制每个像素最大采样量，一般保持默认值即可。

渲染时间（分）：设置渲染总体的渲染时长，默认值为0，表示不限制渲染时间。

噪波阈值：控制画面的噪点数量。

7.2.3 图像过滤器

“图像过滤器”是配合“图像采样器（抗锯齿）”一起使用的工具，不同的“图像过滤器”会呈现不同的效果，其“图像过滤器”卷展栏如图7-14所示。

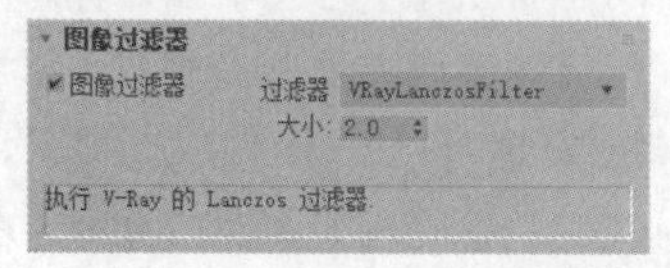

图7-14

重要参数解析

图像过滤器：当勾选该选项以后，可以从后面的下拉列表中选择一个抗锯齿过滤器来对场景进行抗锯齿处理；如果不勾选该选项，那么渲染时将使用纹理抗锯齿过滤器。

过滤器：下拉列表会显示系统自带的过滤器类型，如图7-15所示，每种“图像过滤器”所采用的算法不同，从而导致效果也不同。

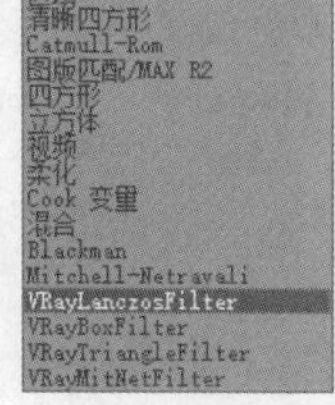

图7-15

大小：设置过滤器的大小。

7.2.4 颜色贴图

“颜色贴图”卷展栏下的参数主要用来控制整个场景的颜色和曝光方式，如图7-16所示。

颜色贴图
类型 莱因哈德 默认模式 ?
倍增: 1.0
加深值: 1.0

图7-16

重要参数解析

类型：提供不同的曝光模式，包括“线性倍增”“指数”“HSV指数”“强度指数”“伽玛校正”“强度伽玛”“莱因哈德”7种模式，如图7-17所示。

线性倍增
指数
HSV 指数
强度指数
伽玛校正
强度伽玛
莱因哈德

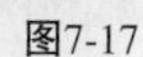

图7-17

» **线性倍增**：这种模式将基于最终色彩亮度来进行线性倍增，可能会导致靠近光源的点过分明亮，如图7-18所示；“线性倍增”模式包括3个局部参数，“暗倍增”是对暗部的亮度进行控制，加大该值可以提高暗部的亮度；“亮倍增”是对亮部的亮度进行控制，加大该值可以提高亮部的亮度；“伽玛值”主要用来控制图像的伽玛值。

图7-18

» **指数**：这种曝光采用指数模式，它可以降低靠近光源处表面的曝光效果，同时场景颜色的饱和度会降低，如图7-19所示，“指数”模式的局部参数与“线性倍增”模式的一样。

图7-19

» **HSV指数**：与“指数”模式比较相似，不同点在于HSV指数可以保持场景物体的颜色饱和度，但是这种方式会取消高光的计算，如图7-20所示，“HSV指数”模式的局部参数与“线性倍增”模式的一样。

图7-20

» **莱因哈德**：这种曝光模式可以把“线性倍增”和“指数”模式混合起来，如图7-21所示；它包括一个“加深值”局部参数，主要用来控制“线性倍增”和“指数”曝光的混合值，0表示“线性倍增”不参与混合；1表示“指数”不参加混合；0.5表示“线性倍增”和“指数”曝光效果各占一半。

图7-21

7.2.5 渲染引擎

使用VRay渲染器渲染场景时，如果没有开启全局照明，得到的效果就是直接照明效果，开启后得到的是间接照明效果。开启全局照明后，光线会在物体与物体之间互相反弹，因此光线计算会更加准确，图像也更加真实，其“全局照明”卷展栏如图7-22所示。

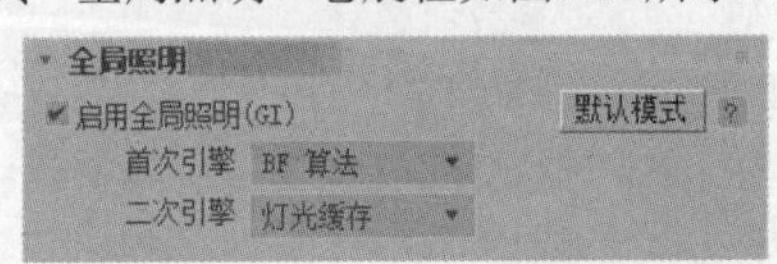

图7-22

“全局照明”卷展栏中必须要调整的参数是“首次引擎”和“二次引擎”。“首次引擎”中包含“发光贴图”“BF算法”“灯光缓存”3个引擎，如图7-23所示。“二次引擎”中包含“无”“BF算法”“灯光缓存”3个引擎，如图7-24所示。

图7-23　　图7-24

提示 默认情况下“首次引擎”选择“BF算法”选项，“二次引擎”选择“灯光缓存”选项。

1.BF算法

“BF算法”是VRay渲染器引擎中渲染效果最好的一种引擎，它会单独计算每一个点的全局照明，但计算速度较慢。“BF算法”引擎既可以作为“首次引擎”，也可以作为“二次引擎”，其“BF强算全局照明（GI）”卷展栏如图7-25所示。在制作一些灯光较少的场景时，我们会使用“BF算法”作为二次引擎。

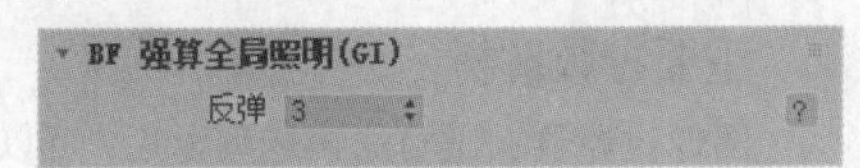

图7-25

重要参数解析

反弹：控制漫反射光线的反弹次数，数值越大，渲染的效果越好，且不会明显降低渲染速度。

提示 当设置“首次引擎”为“BF算法”时，无法调整“反弹”数值。只有设置“二次引擎”为“BF算法”时，才可以调整“反弹”数值。

2.灯光缓存

“灯光缓存”一般用在“二次引擎”中，用于计算灯光的光照效果，其“灯光缓存”卷展栏如图7-26所示。

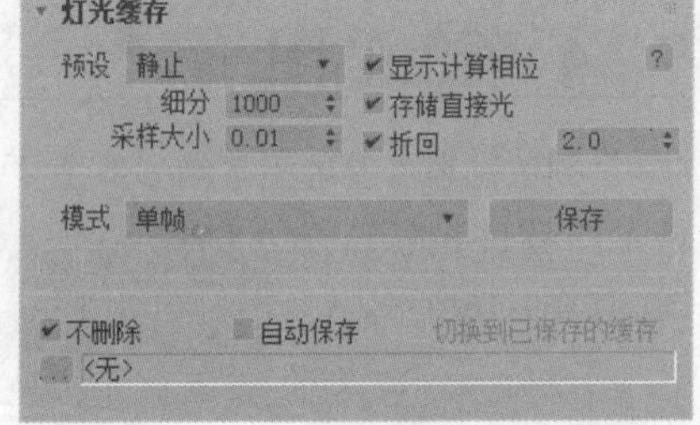

图7-26

重要参数解析

预设：设置灯光缓存的计算模式，有“静止”和“动画”两种；“静止”在渲染单帧时使用，“动画”在渲染序列帧时使用。

细分：设置灯光缓存的质量，数值越大，图像的质量越好，但渲染速度也会相应减慢，如图7-27所示。

图7-27

采样大小：控制灯光缓存的空间细节，保持默认值即可。

显示计算相位：默认勾选该选项，可以观察灯光缓存计算的效果。

模式：设置灯光缓存文件的保存模式，有“单帧”和“从文件”两种模式。

» **单帧**：将渲染的灯光缓存文件进行保存。

» **从文件**：调用已有的灯光缓存文件，从而减少渲染时间。

不删除：默认勾选该选项，灯光缓存文件会暂时保存在内存中。

自动保存：勾选后，会将暂存在内存中的灯光缓存文件保存到指定路径中。

切换到已保存的缓存：勾选该选项后，渲染完的灯光缓存文件会自动切换到“从文件”模式。

设置▒：单击此按钮，可以选择灯光缓存文件的保存路径。

3.发光贴图

“发光贴图”是“全局照明”中“首次引擎”常用的参数，它描述了三维空间中的任意一点及全部可能照射到这点的光线，其“发光贴图”卷展栏如图7-28所示。

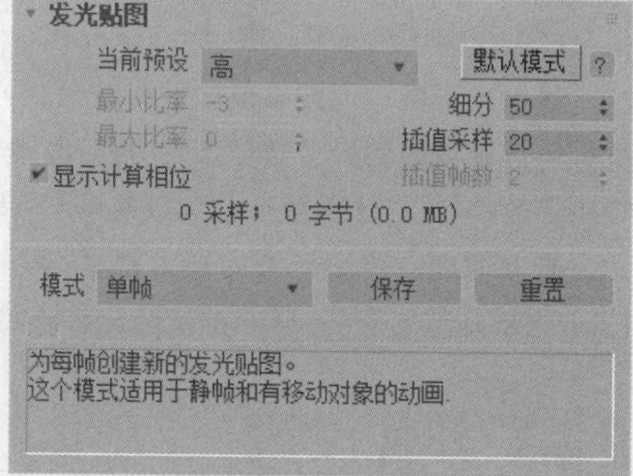

图7-28

重要参数解析

当前预设：设置发光贴图的预设类型，包含8种模式，如图7-29所示。

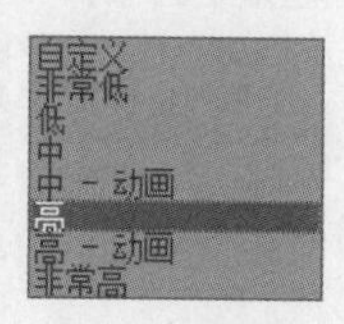

图7-29

» **自定义**：选择该模式时，可以手动调节参数。

» **非常低**：一种精度非常低的模式，主要用于测试阶段。

» **低**：一种精度比较低的模式，不适用于保存光子贴图。

» **中**：一种中级品质的预设模式。

» **中-动画**：用于渲染动画效果，可以解决动画闪烁的问题。

» **高**：一种高精度模式，一般用在光子贴图中。

» **高-动画**：比中等品质效果更好的一种动画渲染预设模式。

» **非常高**：是预设模式中精度最高的一种，可以用来渲染高品质的效果图。

最小比率：控制场景中平坦区域的采样数量；0表示计算区域的每个点都有样本；-1表示计算区域的1/2是样本；-2表示计算区域的1/4是样本；图7-30所示是“最小比率”分别为-1和-4时的效果。

图7-30

最大比率：控制场景中的物体边线、角落、阴影等细节的采样数量；0表示计算区域的每个点都有样本；-1表示计算区域的1/2是样本；-2表示计算区域的1/4是样本；图7-31所示是“最大比率”分别为0和-1时的效果。

图7-31

细分：因为VRay采用的是几何光学，所以它可以模拟光线的条数，这个参数就是用来模拟光线的数量的，数值越高，光线越多，样本精度也就越高，渲染的品质也越好，同时渲染时间也会增加；图7-32所示是“细分”分别为20和50时的效果。

图7-32

插值采样：这个参数用于对样本进行模糊处理，较大的值可以得到比较模糊的效果，较小的值可以得到比较锐利的效果，图7-33所示是"插值采样"分别为20和80时的效果。

图7-33

显示计算相位：勾选这个选项后，用户可以看到渲染帧里的GI预计算过程，同时会占用一定的内存资源。

模式：一共有8种模式，如图7-34所示。

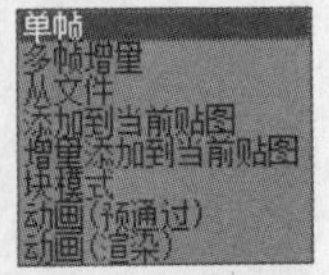

图7-34

» **单帧**：一般用来渲染静帧图像。

» **多帧增量**：这个模式用于渲染仅有摄影机移动的动画，当VRay计算完第1帧的光子以后，在后面的帧里根据第1帧里没有的光子信息进行新的计算，这样就节约了渲染时间。

» **从文件**：当渲染完光子以后，可以将其保存起来，这个选项就是调用保存的光子贴图进行动画计算（静帧同样也可以这样）。

» **添加到当前贴图**：当渲染完一个角度的时候，可以把摄影机转一个角度再计算新角度的光子，最后把这两次的光子叠加起来，这样得到的光子信息更丰富、更准确，同时也可以进行多次叠加。

» **增量添加到当前贴图**：这个模式和"添加到当前贴图"相似，只不过它不是计算新角度的光子，而是只对没有计算过的区域进行新的计算。

» **块模式**：把整个图分成块来计算，渲染完一个块再进行下一个块的计算，但是在低GI的情况下，渲染出来的块会出现错位的情况；该模式主要用于网络渲染，速度比其他模式快。

» **动画（预通过）**：适合动画预览，使用这种模式要预先保存好光子贴图。

» **动画（渲染）**：适合最终动画渲染，这种模式要预先保存好光子贴图。

保存 保存：将光子贴图保存到硬盘。

重置 重置：将光子贴图从内存中清除。

7.2.6 焦散

"焦散"是一种特殊的物理现象，在VRay渲染器中有专门的焦散功能，其"焦散"卷展栏如图7-35所示。

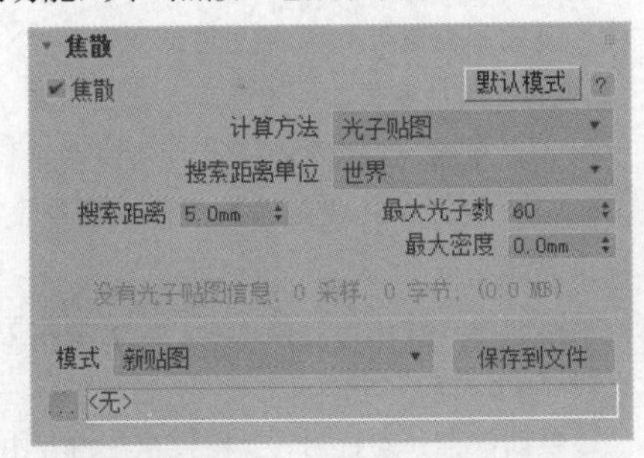

图7-35

重要参数解析

焦散：勾选该选项后，就可以渲染焦散效果。

计算方法：设置焦散的计算方法，有"光子贴图"和"渐进式（WIP）"两种模式。

搜索距离单位：焦散光子查找半径的单位，有"世界"和"像素"两种单位。

搜索距离：当光子追踪撞击在物体表面的时候，会自动搜索位于周围区域同一平面的其他光子，实际上这个搜索区域是一个以撞击光子为中心的圆形区域，其半径就是由这个搜索距离确定的；较小的值容易产生斑点，较大的值会产生模糊焦散效果。

最大光子数：定义单位区域内的最大光子数量，然后根据单位区域内的光子数量来均分照明；较小的值不容易得到焦散效果，较大的值会使焦散效果产生模糊现象。

最大密度：控制光子的最大密度，默认值0表示使用VRay内部确定的密度，较小的值会让焦散效果比较锐利。

7.2.7 其他设置

切换到"设置"选项卡，需要设置的是"系统"卷展栏中的一些参数，如图7-36所示。

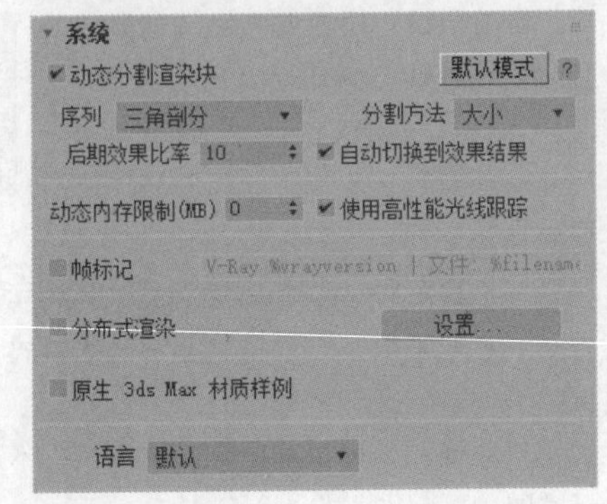

图7-36

重要参数解析

序列：控制渲染块的渲染方式，默认设置为“三角剖分”，展开下拉列表，还可以选择其他方式，如图7-37所示。

图7-37

动态内存限制（MB）：设置渲染时所使用的物理内存大小，默认值为0，表示软件将根据实际情况动态调整内存的最大使用量；该值最大不要超过本机物理内存的总量，例如，8GB的内存最大量为8000。

分布式渲染：勾选该选项后，会将内网中的计算机联系在一起，同时渲染一个场景。

7.2.8 渲染元素

在“Render Elements”（渲染元素）选项卡中可以添加许多种类的渲染通道，以方便进行后期处理，如图7-38所示。

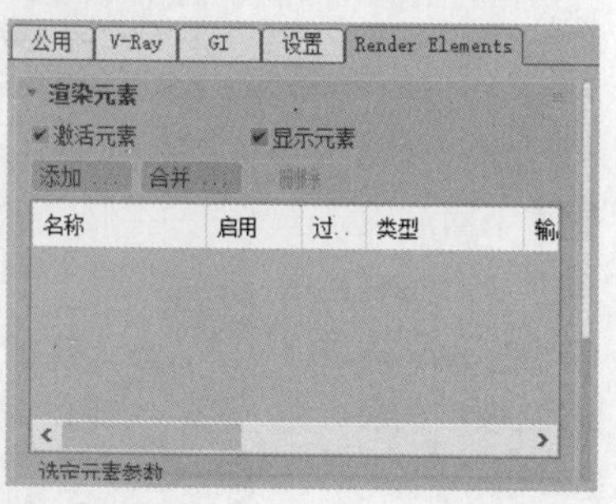

图7-38

重要参数解析

激活元素：勾选该选项后，表示所添加的通道均会被渲染。

显示元素：勾选该选项后，表示所添加的通道会在帧缓冲区中显示。

添加 添加 ：单击该按钮，会弹出“渲染元素”对话框，如图7-39所示。

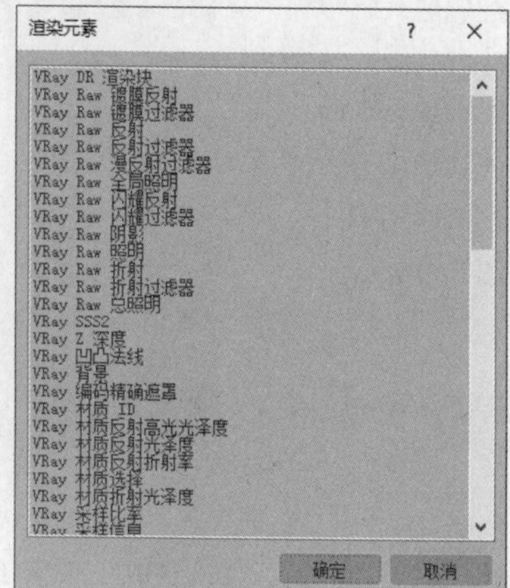

图7-39

> **提示** 日常工作中常用的通道有“VRay反射”“VRay折射”“VRay渲染ID”“VRay Z深度”等，当这些加载的通道渲染完成后，单击RGB通道就可以切换并保存，如图7-40所示。

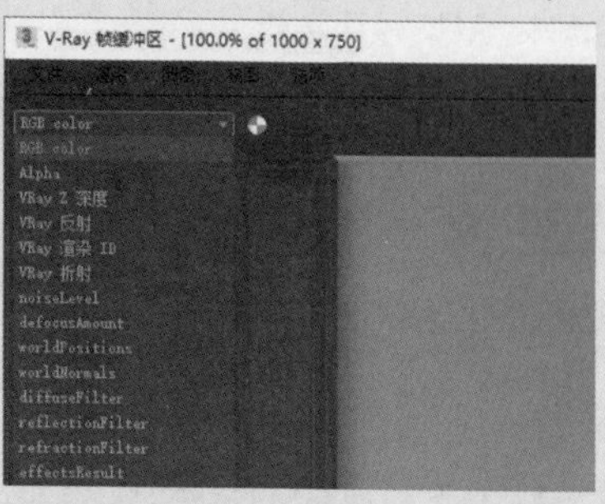

图7-40

7.3 渲染技巧

掌握测试渲染和最终渲染的方法可以提高制作效率，减少工作量。配合光子文件的存储和调用，能大大减少最终渲染的时间。

本节内容介绍

名称	作用	重要程度
光子文件的存储和调用	尽可能减少渲染时间，且不降低渲染质量	高
测试渲染与最终渲染	减少测试渲染时间，保证最终渲染效果的质量	高
单帧渲染与序列帧渲染	常见的两种渲染模式	高

7.3.1 课堂案例：渲染客厅场景

场景位置 案例文件>CH07>课堂案例：渲染客厅场景>01.max
实例位置 案例文件>CH07>课堂案例：渲染客厅场景.max
学习目标 掌握光子文件的存储和调用，以及最终渲染的参数设置方法

本案例使用一个制作好的客厅场景，先渲染光子文件并存储，然后调用该光子文件渲染一张大尺寸的高质量效果图，效果如图7-41所示。

图7-41

01 打开本书学习资源中的“案例文件>CH07>课堂案例：渲染客厅场景>01.max”文件，如图7-42所示。

图7-42

02 先用测试渲染的参数观察整体场景，查看是否有需要修改的地方。按F10键打开“渲染设置”对话框，在“输出大小”选项组下设置“宽度”为800，“高度”为600，如图7-43所示。

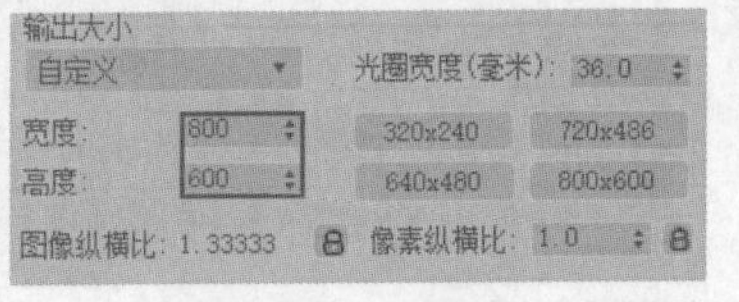

图7-43

03 切换到VRay选项卡，在“渐进式图像采样器”卷展栏中设置“最大细分”为50，“渲染时间（分）”为1，如图7-44所示。

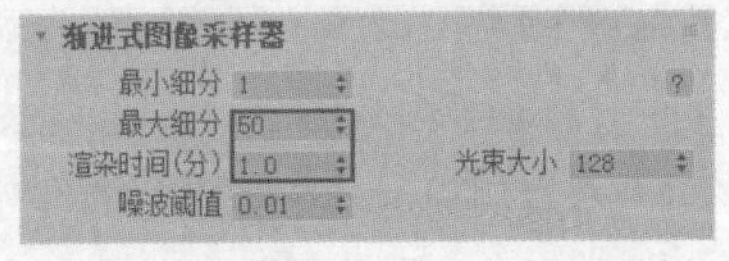

图7-44

04 切换到GI选项卡，在“全局照明”卷展栏中设置“首次引擎”为“发光贴图”，“二次引擎”为“灯光缓存”，如图7-45所示。

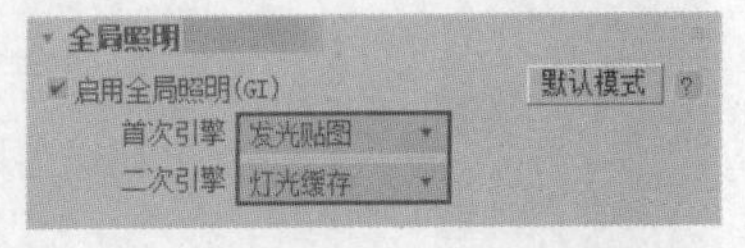

图7-45

05 在“发光贴图”卷展栏中设置“当前预设”为“非常低”，如图7-46所示。

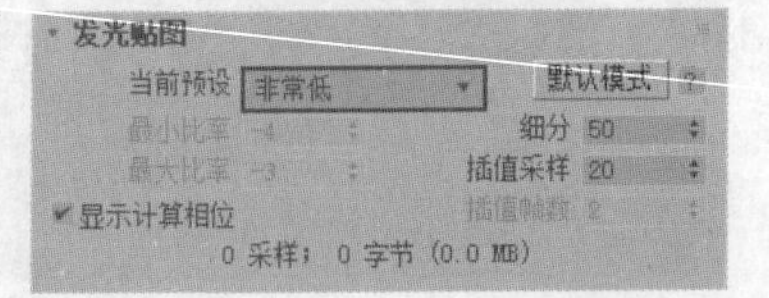

图7-46

06 在“灯光缓存”卷展栏中设置“细分”为600，如图7-47所示。

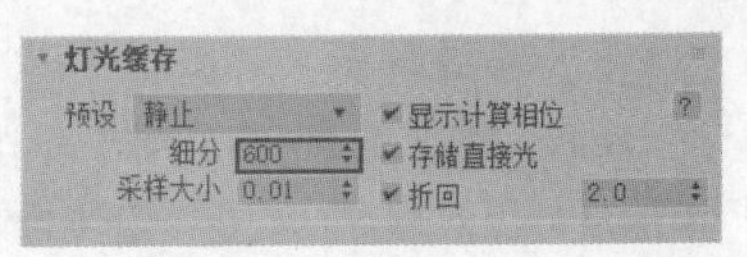

图7-47

07 按F9键渲染场景，如图7-48所示。观察测试渲染的效果，场景中没有需要修改的部分。

图7-48

08 下面渲染光子文件并存储。在VRay选项卡的“全局开关”卷展栏中勾选“不渲染最终的图像”选项，如图7-49所示。

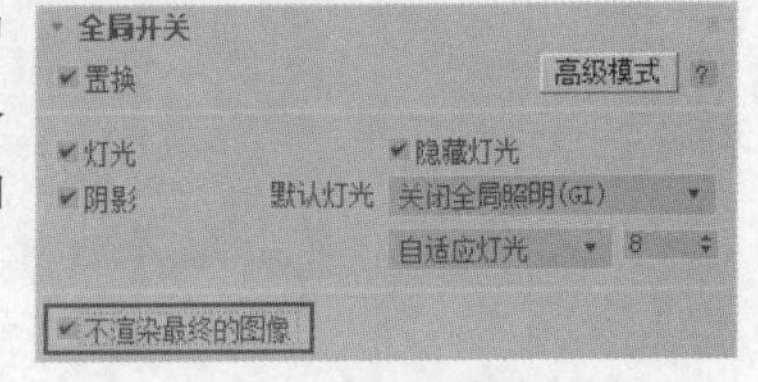

图7-49

09 切换到GI选项卡，在“发光贴图”卷展栏中设置“当前预设”为“中”，“细分”为80，“插值采样”为60，勾选“自动保存”和“切换到保存的贴图”选项，并设置光子文件的保存路径，如图7-50所示。

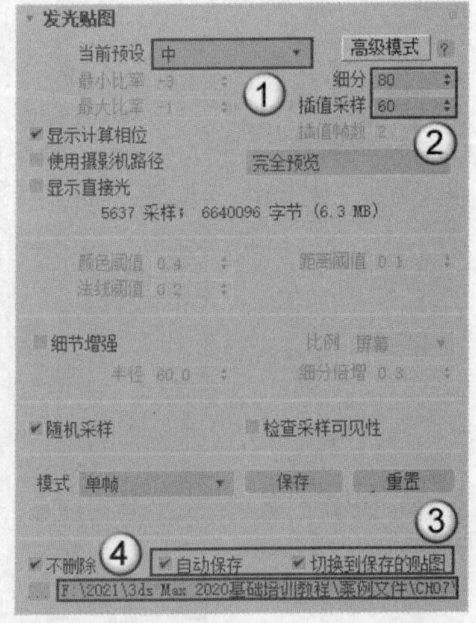

图7-50

提示 需要设置“发光贴图”为“高级模式” 高级模式 才能设置光子文件的保存路径。

10 在“灯光缓存”卷展栏中设置“细分”为2000，勾选“自动保存”和“切换到已保存的缓存”选项，并设置光子文件的保存路径，如图7-51所示。

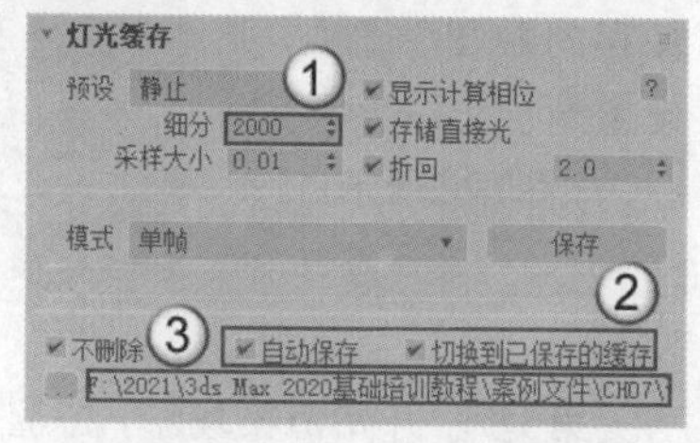

图7-51

11 按F9键渲染场景，渲染完成后，可以在保存光子文件的路径文件夹中找到两个渲染好的文件，如图7-52所示。

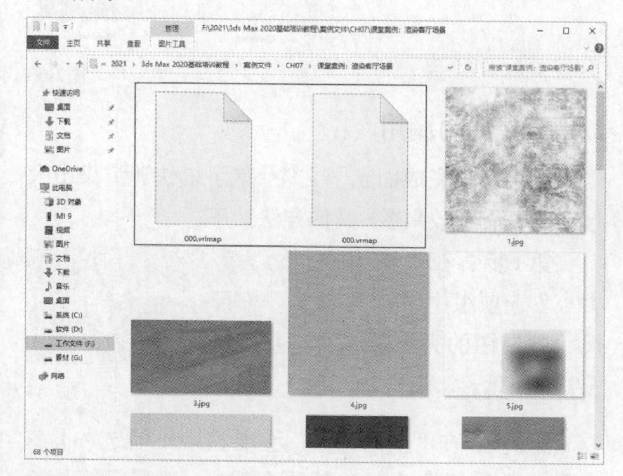

图7-52

12 下面调用光子文件并渲染最终的大尺寸效果图。在“输出大小”选项组中，设置“高度”为3000，“宽度”为2250，如图7-53所示。这个尺寸就是最终渲染的效果图的尺寸。

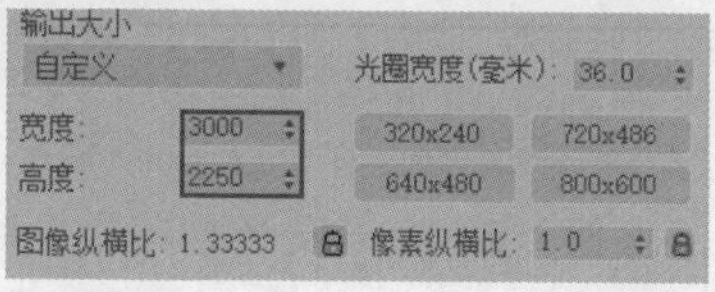

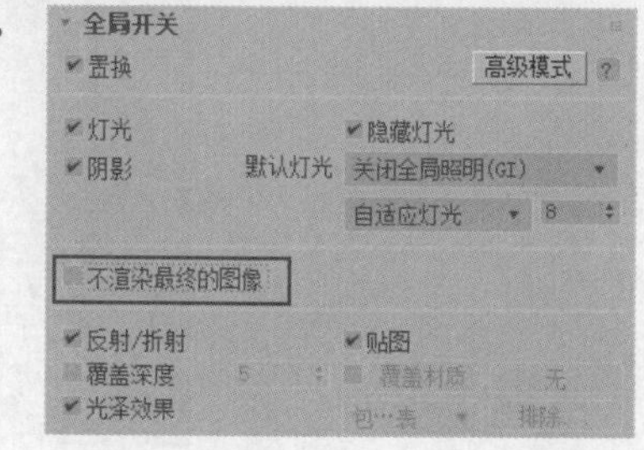

图7-53

13 在“全局开关”卷展栏中不勾选“不渲染最终的图像”选项，如图7-54所示。如果勾选了该选项，会无法渲染效果图。

图7-54

14 在“渐进式图像采样器”卷展栏中设置“最大细分”为100，“渲染时间(分)”为20，“噪波阈值”为0.001，如图7-55所示。

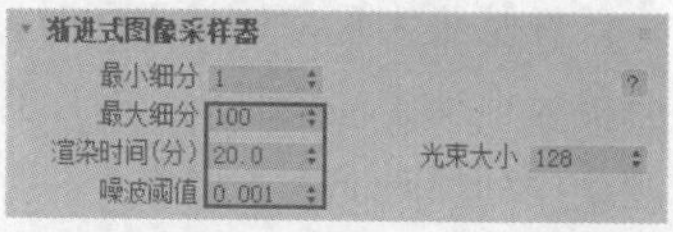

图7-55

15 在“发光贴图”卷展栏中设置“模式”为“从文件”，如图7-56所示。

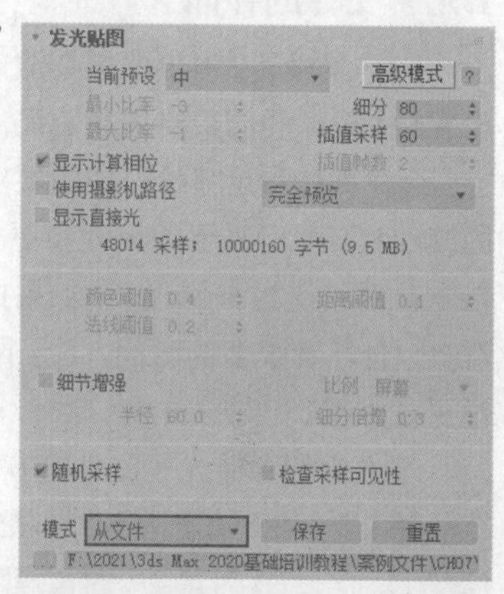

图7-56

提示 大多数情况下，系统会自动跳转为“从文件”模式，并加载渲染好的光子文件。在少数情况下需要用户手动设置。

16 在“灯光缓存”卷展栏中设置“模式”为“从文件”，如图7-57所示。步骤15和步骤16只是确认两个光子图都为“从文件”模式，确保是被调用的状态。

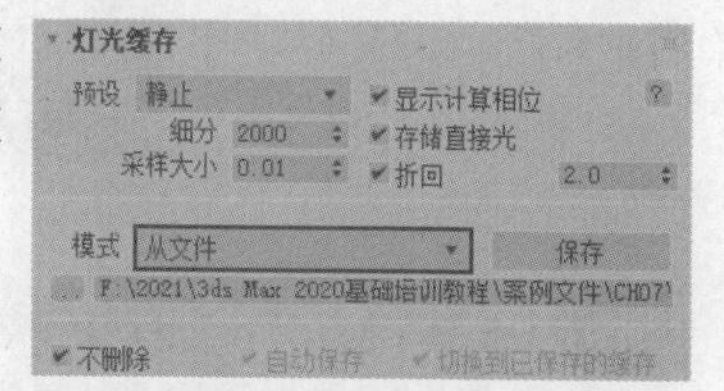

图7-57

17 按F9键渲染场景，最终效果如图7-58所示。

图7-58

7.3.2 光子文件的存储和调用

在渲染大尺寸的效果图时，储存光子文件并调用会极大地节省渲染时间，提升工作效率。这个技巧在渲染序列帧时尤其重要。

1.光子文件的存储

当场景设置完毕后，需要渲染最终的效果图。一般来说，静帧类的最终效果图尺寸至少在2500像素以上，这样就能满足喷绘打印的要求。对于户外广告类的喷绘打印，所需要的尺寸会更大，至少在4000像素以上。对于这样大的尺寸，如果按照传统的方式进行渲染，会耗费很多的时间，对于配置普通的计算机来说更是困难。

下面介绍存储光子文件的方法。

第1步：在“输出大小”选项组中设置光子文件的渲染尺寸，一般为最终渲染图的25%~50%，最好不要小于最终渲染图的25%，如图7-59所示。

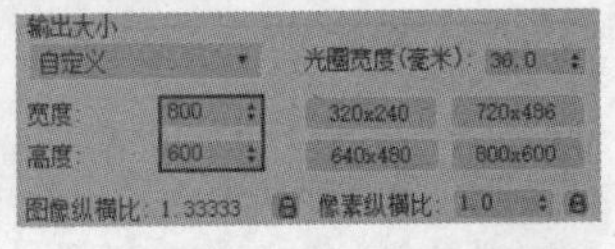

图7-59

第2步：切换到VRay选项卡，在“全局开关”卷展栏中勾选“不渲染最终的图像”选项，如图7-60所示。

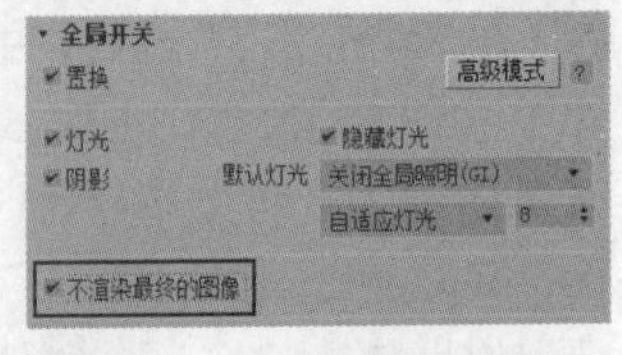

图7-60

提示 如果“全局开关”卷展栏中没有“不渲染最终的图像”选项，需要单击右上角的“默认模式”按钮 默认模式 ，切换到“高级模式” 高级模式 。

第3步：如果“首次引擎”设置为“发光贴图”，就需要切换到“高级模式”，然后勾选“自动保存”和“切换到保存的贴图”选项，并设置光子文件的保存路径，如图7-61所示。如果“首次引擎”设置为默认的“BF算法”，则可以忽略这一步。

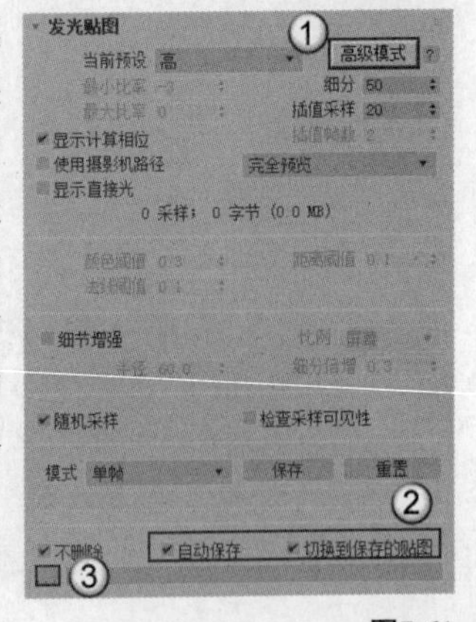

图7-61

第4步：在“灯光缓存”卷展栏中同样勾选“自动保存”和“切换到已保存的贴图”选项，并设置光子文件的保存路径，如图7-62所示。

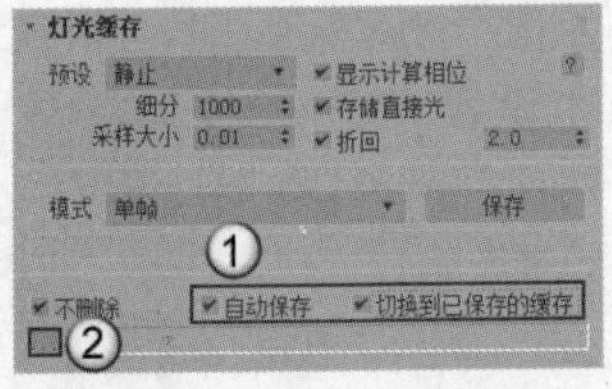

图7-62

第5步：开始渲染场景，待渲染完成后，就会在之前保存光子文件的文件夹中找到两个渲染好的文件，如图7-63所示。

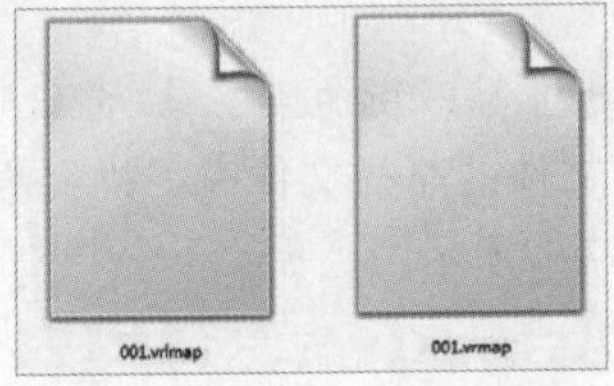

图7-63

2.光子文件的调用

调用渲染完成的光子文件，就可以快速渲染出大尺寸的高质量效果图，具体方法如下。

第1步：在“输出大小”选项组中设置大尺寸效果图的大小，如图7-64所示。

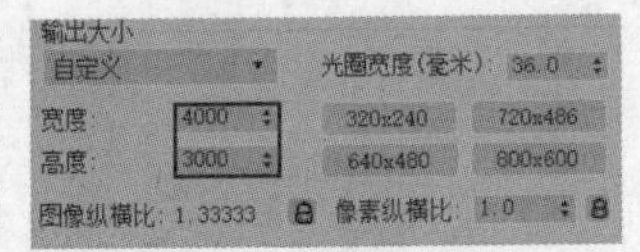

图7-64

第2步：在“全局开关”卷展栏中不勾选“不渲染最终的图像”选项，如图7-65所示。

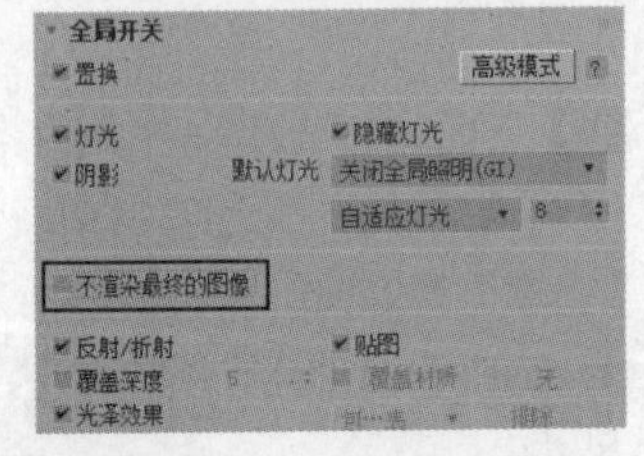

图7-65

第3步：在“发光贴图”卷展栏中设置“模式”为“从文件”，并加载光子文件，如图7-66所示。

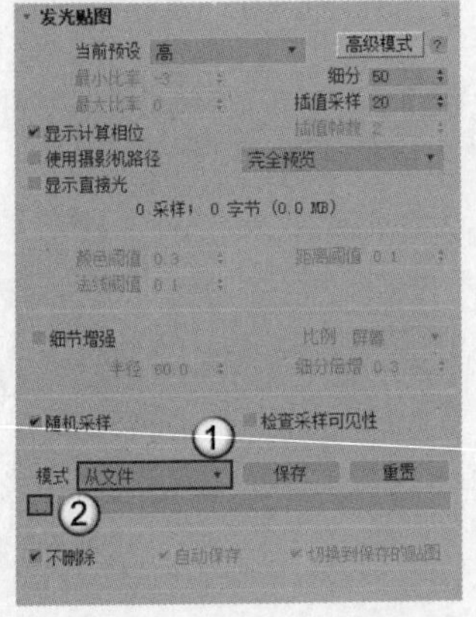

图7-66

第4步：在"灯光缓存"卷展栏中设置"模式"为"从文件"，并加载光子文件，如图7-67所示。

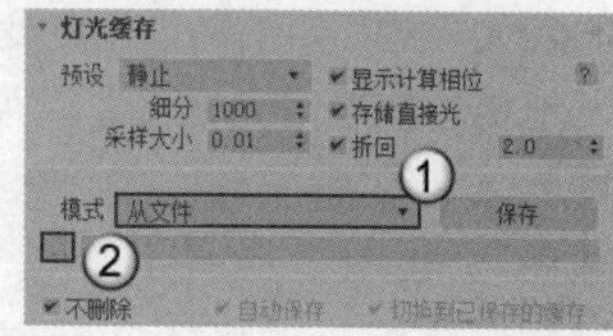

图7-67

第5步：按F9键渲染场景，加载了光子文件后，就省去了大尺寸光子的渲染时间，直接渲染最终图像。

7.3.3 测试渲染与最终渲染

测试渲染是渲染出制作场景时用于观察的效果图，最终渲染则是渲染出大尺寸的高质量效果图。两者的区别在于，测试渲染的渲染图尺寸小，质量差，但渲染速度一定要快；最终渲染的渲染图尺寸大，质量好，渲染速度则会比较慢。下面分别提供一组测试渲染和最终渲染的参数供读者参考。

1.测试渲染

第1步：在"输出大小"选项组中设置"宽度"或"高度"的最大数值为500~1000，如图7-68所示。

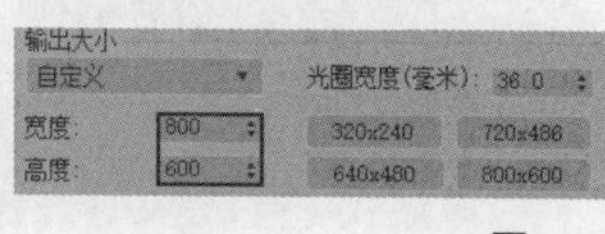

图7-68

第2步：在"图像采样器（抗锯齿）"卷展栏中，设置"类型"为"渐进式"，如图7-69所示。

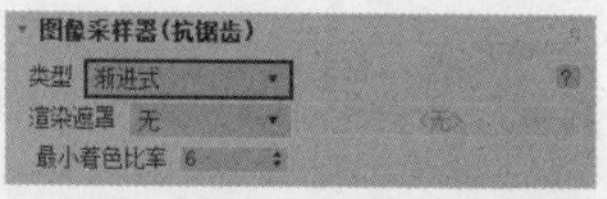

图7-69

第3步：在"渐进式图像采样器"卷展栏中，设置"最大细分"为50，"渲染时间（分）"为1，如图7-70所示。

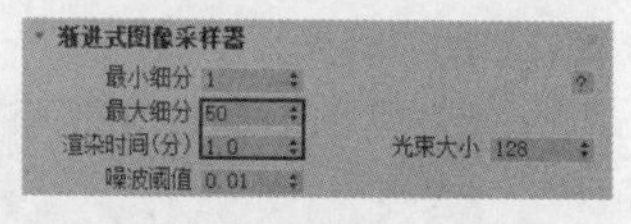

图7-70

第4步：切换到GI选项卡，"首次引擎"和"二次引擎"保持默认设置即可，在"灯光缓存"卷展栏中设置"细分"为600，如图7-71所示。

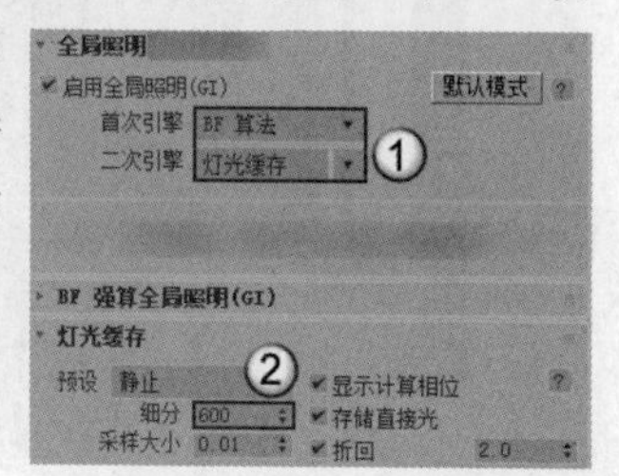

图7-71

第5步：按F9键渲染场景，即可快速观察渲染效果。

上面这个方法相对复杂一些，且无法随时根据渲染效果修改参数。这里推荐读者使用交互式渲染的方法，在测试效果的同时能随时修改参数。只需要在VRay选项卡的"交互式产品级渲染选项"卷展栏中单击"开始交互式产品级渲染（IPR）"按钮 开始交互式产品级渲染（IPR），如图7-72所示，即可在V-Ray帧缓冲区对话框中看到效果。

图7-72

提示 推荐读者使用交互渲染的方法测试场景，非常方便且直观。如果读者在使用时卡顿明显，可以使用上面提供的这套参数进行测试。

2.最终渲染

第1步：在"输出大小"选项组中设置"宽度"或"高度"的最大数值在2500以上，如图7-73所示。

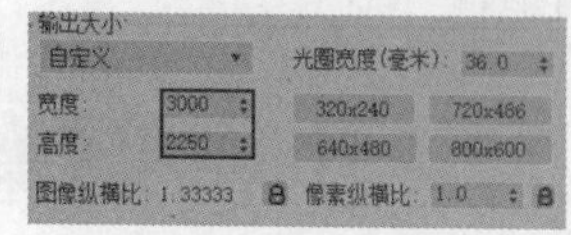

图7-73

第2步：切换到VRay选项卡，如果继续使用渐进式图像采样器，就在"渐进式图像采样器"卷展栏中设置"最大细分"为100，"渲染时间（分）"为30，"噪波阈值"为0.001，如图7-74所示；如果使用渲染块图像采样器，就在"渲染块图像采样器"卷展栏中设置"最大细分"为8，"噪波阈值"为0.001，如图7-75所示。

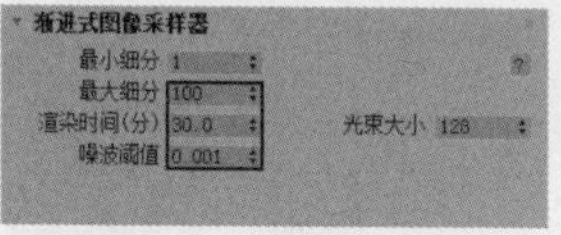

图7-74

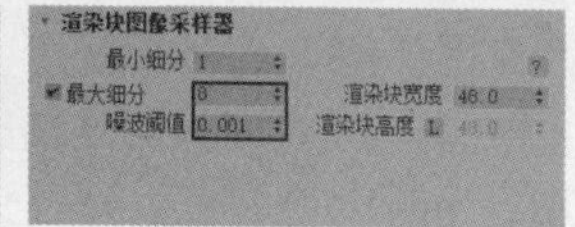

图7-75

提示 图像采样器的类型按照个人喜好选择即可，笔者更喜欢使用渐进式图像采样器。将渐进式图像采样器的"渲染时间（分）"设置为30分钟，在大多数情况下就可以达到比较精细的效果。如果不放心，可以设置该值为0，让软件持续渲染，直到觉得画面质量合适后再停止。

第3步：切换到GI选项卡，如果"首次引擎"使用"BF算法"，"二次引擎"使用"灯光缓存"，就只需要设置"灯光缓存"的"细分"为1500~2500，如图7-76所示；如果"首次引擎"使用"发光贴图"，"二次引擎"使用"灯光缓存"，就需要设置"发光贴图"的"当前预设"为"中"，"细分"为80，"插值采样"

为60，“灯光缓存”的“细分”数值为1500~2500，如图7-77所示。

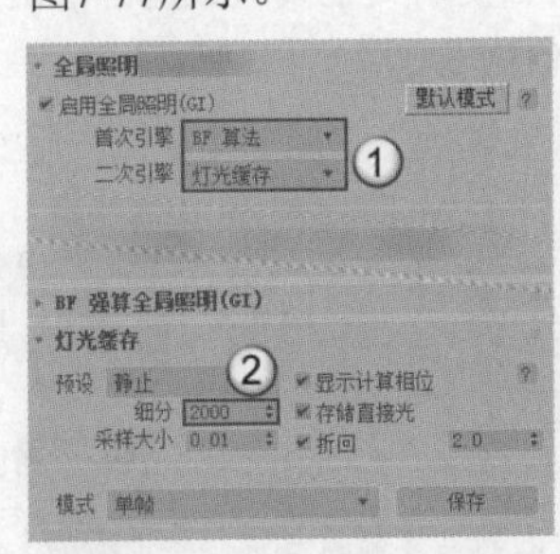

图7-76

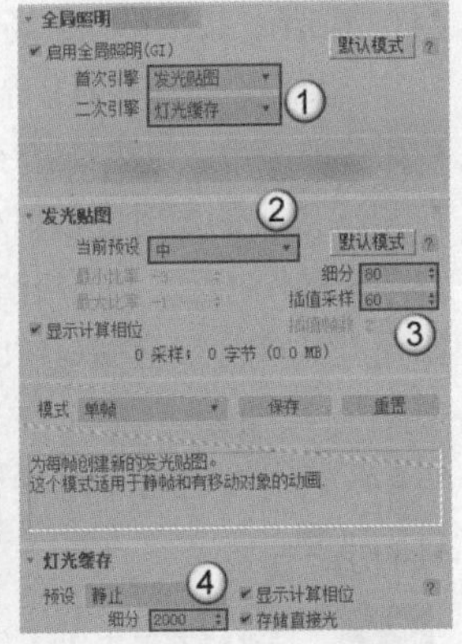

图7-77

提示　除了上面提到的两组引擎，还可以使用“发光贴图”加“BF算法”这组引擎。

第4步：按F9键渲染场景，等待一段时间后保存图片。

7.3.4 序列帧渲染

默认情况下，一次只能渲染一张图片，也就是单帧渲染。如果我们要渲染动画，就需要使用序列帧渲染。序列帧渲染需要设置两大类，一类是时间输出，另一类是光子文件。

1.时间输出

在“公用”选项卡中可以设置渲染图片的模式。默认情况下为“单帧”，也就是每次渲染一帧图片。而选择“活动时间段”或“范围”两个选项，就可以渲染一段时间内的连续帧，如图7-78所示。

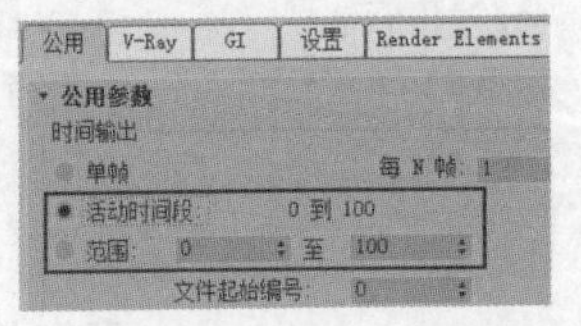

图7-78

重要参数解析

活动时间段：对应下方时间线的起始和结束位置。

范围：选择时间线一段范围内的连续帧。

每N帧：默认为1，代表连续不间隔地渲染每一帧，如果设置为10，代表每10帧渲染一次。

2.光子文件

在7.3.2小节中讲解了光子文件的存储和调用方法，这个方法是针对单帧渲染，而用在序列帧上则需要修改部分参数。

第1点：渲染光子时，需要在“公用参数”卷展栏中设置渲染的范围，且需要设置“每N帧”的数值，保持一定间隔进行渲染；间隔的范围需要根据动画的角度进行确定，如果动画角度没有太大变化，可以间隔大一些；如果动画角度变化较大，则间隔小一些。

第2点：“发光贴图”卷展栏中的“模式”需要设置为“增量添加到当前贴图”，如图7-79所示。这样间隔渲染的光子文件会叠加在一起，最终生成一个光子文件。

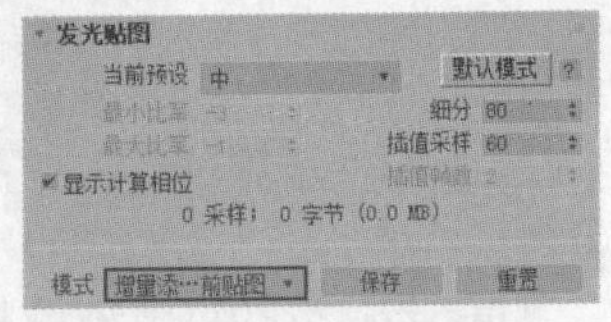

图7-79

7.4 课堂练习：渲染卧室场景

场景位置	案例文件>CH07>课堂练习：渲染卧室场景>02.max
实例位置	案例文件>CH07>课堂练习：渲染卧室场景.max
学习目标	掌握光子文件的存储和调用，以及最终渲染的参数设置方法

本练习为一个制作完成的卧室场景渲染最终效果，如图7-80所示。

图7-80

7.5 课后习题：渲染浴室场景

场景位置	案例文件>CH07>课后习题：渲染浴室场景>03.max
实例位置	案例文件>CH07>课后习题：渲染浴室场景.max
学习目标	掌握光子文件的存储和调用，以及最终渲染的参数设置方法

本习题为一个制作完成的浴室场景渲染最终效果，如图7-81所示。

图7-81

第8章 粒子系统与空间扭曲

粒子系统和空间扭曲用于制作特效动画，这部分知识比起之前学习的内容会更加抽象，也更难。依靠不同的发射器生成的粒子，配合各种力场就能生成丰富的动画效果。

课堂学习目标

- 掌握粒子系统的使用方法
- 熟悉空间扭曲的作用

8.1 粒子系统

3ds Max 2020的粒子系统是一个很强大的动画制作工具，设置粒子系统可以控制密集对象群的运动效果。3ds Max 2020包含7种粒子，分别是“粒子流源”“喷射”“雪”“超级喷射”“暴风雪”“粒子阵列”“粒子云”，如图8-1所示。

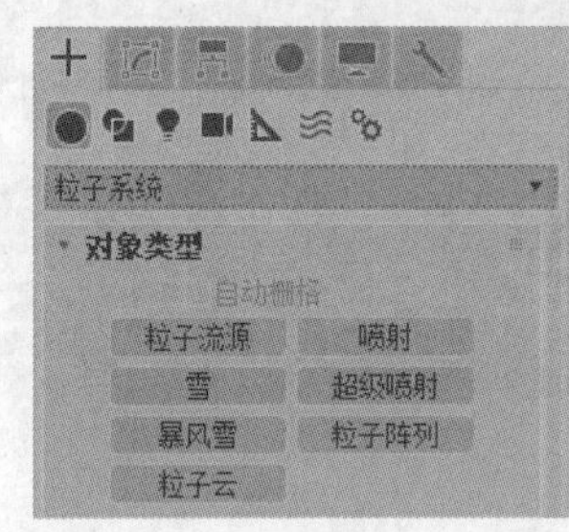

图8-1

本节内容介绍

名称	作用	重要程度
粒子流源	作为默认的发射器	高
喷射	模拟雨和喷泉等动画效果	中
雪	模拟飘落的雪花或洒落的纸屑等动画效果	中
超级喷射	模拟暴雨和喷泉等动画效果	高

8.1.1 课堂案例：制作粒子动画

场景位置　案例文件>CH08>课堂案例：制作粒子动画>01.max
实例位置　案例文件>CH08>课堂案例：制作粒子动画.max
学习目标　掌握“粒子流源”的用法

本案例使用“粒子流源”工具 粒子流源 在场景外创建一个发射器发射粒子，效果如图8-2所示。

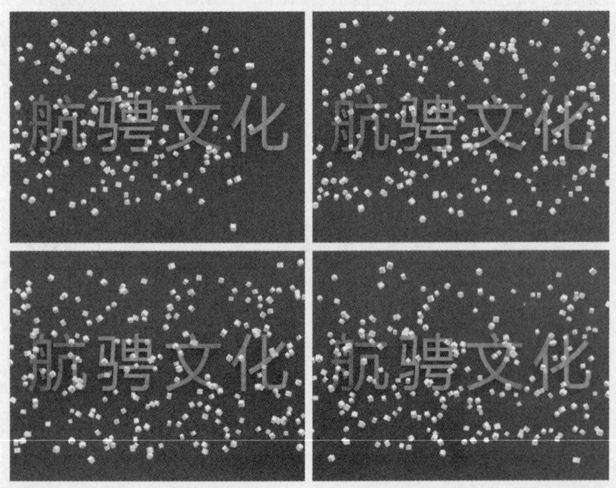

图8-2

01 打开本书学习资源中的“案例文件>CH08>课堂案例：制作粒子动画>01.max”文件，如图8-3所示。

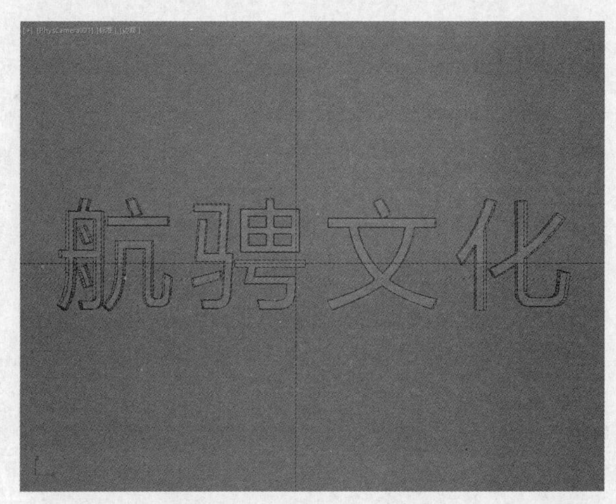

图8-3

02 在“创建”面板中单击“几何体”按钮●，设置几何体类型为“粒子系统”，然后单击“粒子流源”按钮 粒子流源，如图8-4所示，在左视图中拖曳鼠标创建一个粒子流源，如图8-5所示。

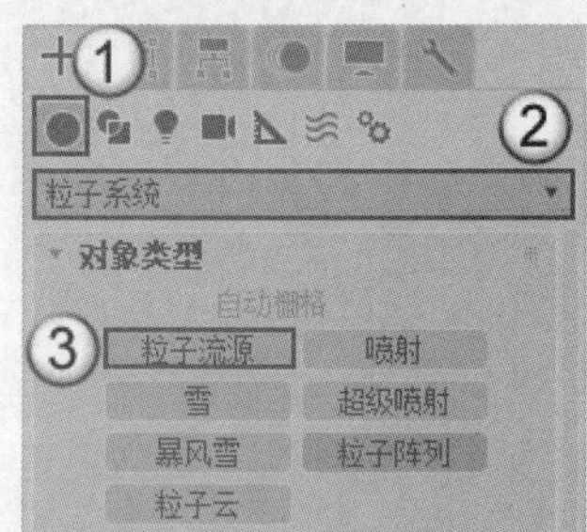

图8-4

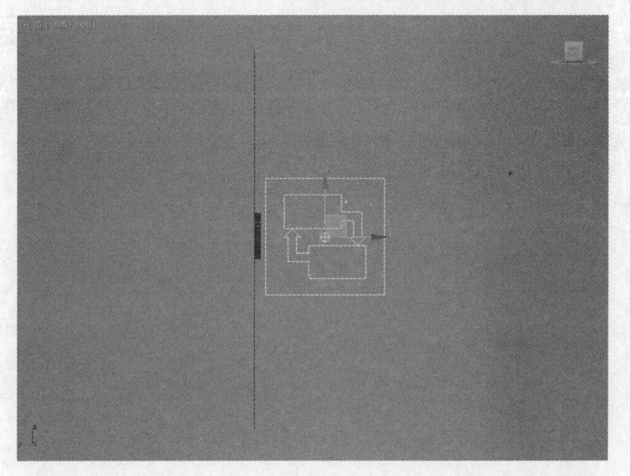

图8-5

03 进入“修改”面板，在“设置”卷展栏下单击“粒子视图”按钮 粒子视图，打开“粒子视图”对话框，在“事件001”列表框中选择“出生001(0-100T:1000)”选项，在右侧设置“发射停止”为100，“数量”为1000，如图8-6所示。

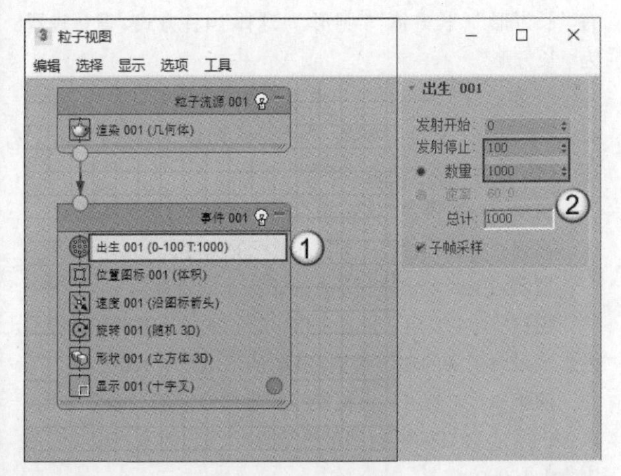

图8-6

04 选择“速度001(沿图标箭头)”选项，在右侧设置“速度”为500mm，“变化”为50mm，如图8-7所示。

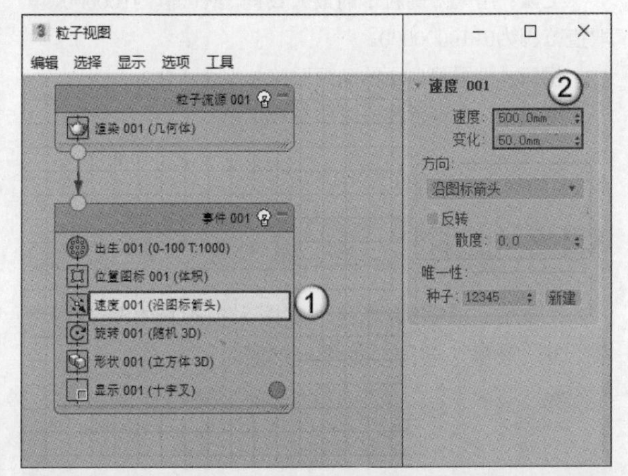

图8-7

05 选择“形状001(立方体3D)”选项，在右侧设置“大小”为5mm，如图8-8所示。

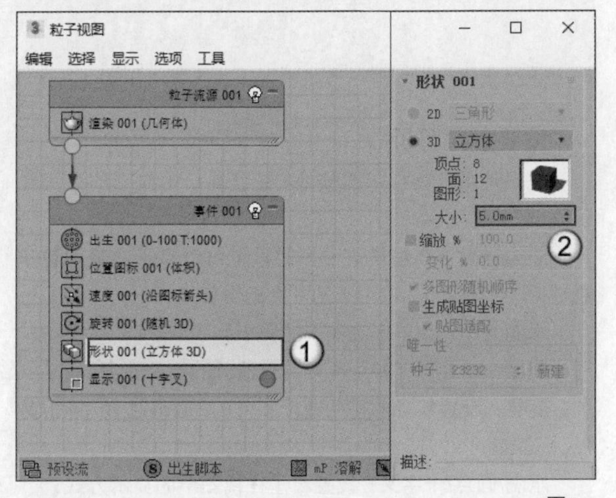

图8-8

06 选择“显示001(几何体)”选项，在右侧设置“类型”为“几何体”，“颜色”为白色，如图8-9所示。

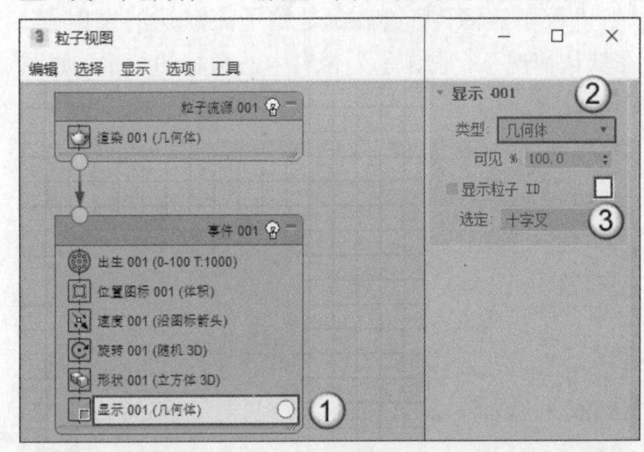

图8-9

07 关闭“粒子视图”对话框，滑动时间滑块，可以看到飞散的粒子效果，如图8-10所示。

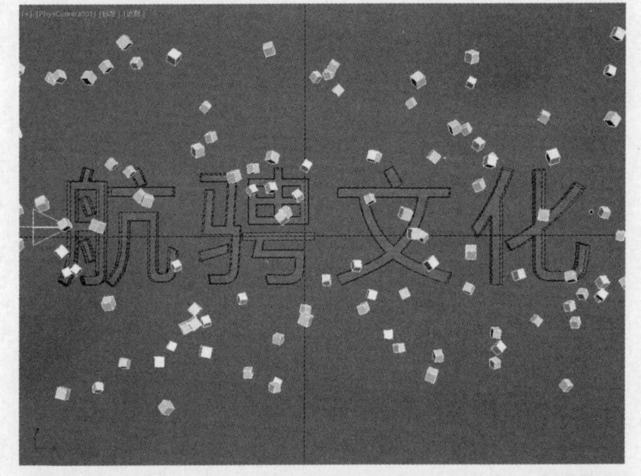

图8-10

08 选择动画效果最明显的一些帧，单独渲染出这些单帧动画，最终效果如图8-11所示。

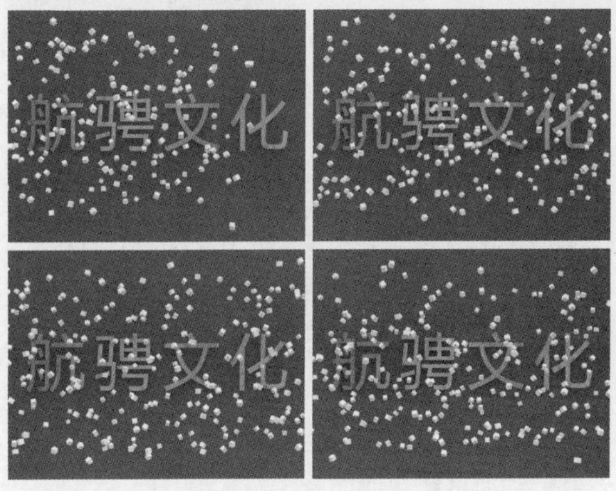

图8-11

8.1.2 粒子流源

“粒子流源” 粒子流源 是粒子流默认的发射器。在默认情况下，它显示为带有中心徽标的矩形，如图8-12所示。

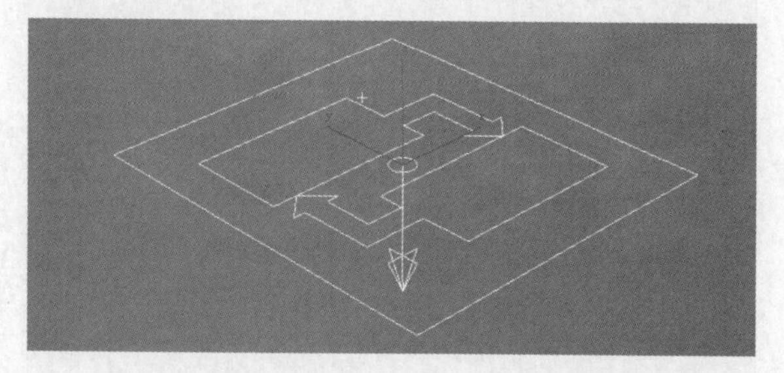

图8-12

进入“修改”面板，可以看到粒子流源的参数包括“设置”“发射”“选择”“系统管理”“脚本”5个卷展栏，如图8-13所示。

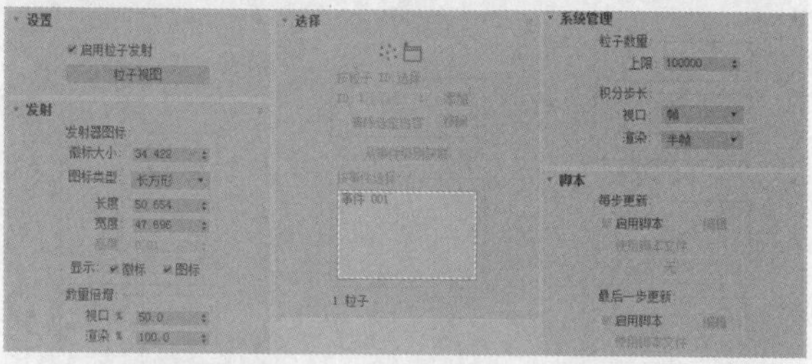

图8-13

重要参数解析

启用粒子发射：控制是否开启粒子系统。

粒子视图 粒子视图 ：单击该按钮，可以打开“粒子视图”对话框，如图8-14所示。

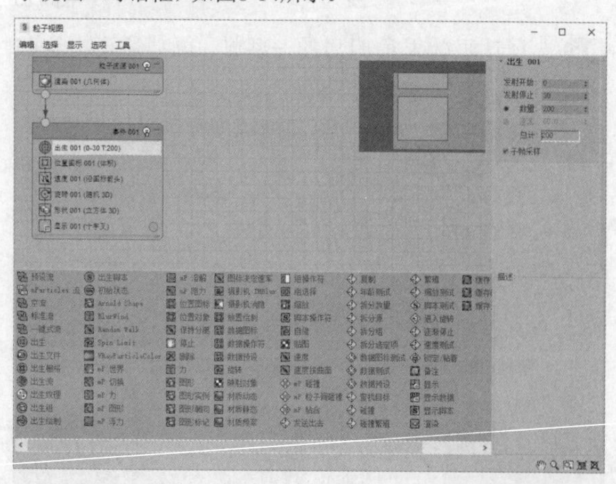

图8-14

徽标大小：主要用来设置粒子流中心徽标的尺寸，其大小对粒子的发射没有任何影响。

图标类型：主要用来设置图标在视图中的显示方式，有“长方形”“长方体”“圆形”“球体”4种方式，默认设置为“长方形”。

长度：当“图标类型”设置为“长方形”或“长方体”时，显示的是“长度”参数；当“图标类型”设置为“圆形”或“球体”时，显示的是“直径”参数。

宽度：用来设置“长方形”和“长方体”徽标的宽度。

高度：用来设置“长方体”徽标的高度。

显示：主要用来控制是否显示标志或徽标。

视口%：主要用来设置视口中显示的粒子数量，该值不会影响最终渲染的粒子数量，其取值范围为0~10000。

渲染%：主要用来设置最终渲染的粒子的数量百分比，该值的大小会直接影响到最终渲染的粒子数量，其取值范围为0~10000。

粒子：激活该按钮以后，可以按粒子ID选择粒子。

事件：激活该按钮以后，可以按事件来选择粒子。

上限：用来限制粒子的最大数量，默认值为100000，其取值范围为0~10000000。

视口：设置视口中的动画回放的综合步幅。

渲染：用来设置渲染时的综合步幅。

8.1.3 喷射

“喷射” 喷射 粒子常用来模拟雨和喷泉等效果，其“参数”卷展栏如图8-15所示。

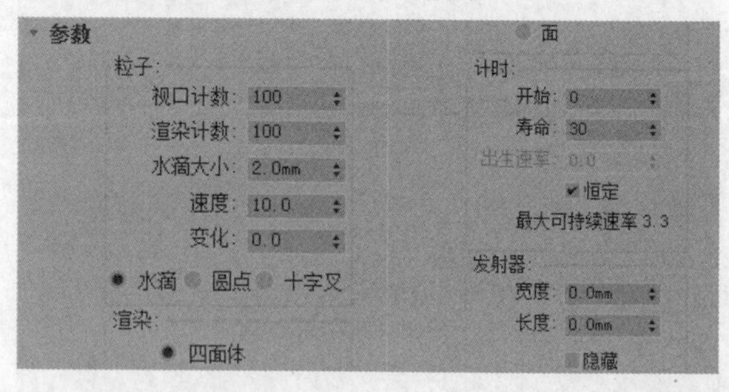

图8-15

重要参数解析

视口计数：在指定的帧处，设置视口中显示的最大粒子数量。

渲染计数：在渲染某一帧时设置可以显示的最大粒子数量（与“计时”选项组下的参数配合使用）。

水滴大小：设置水滴粒子的大小。

速度：设置每个粒子离开发射器时的初始速度。

变化：设置粒子的初始速度和方向，数值越大，喷射越强，范围越广。

水滴/圆点/十字叉：设置粒子在视图中的显示方式。

四面体：将粒子渲染为四面体。

面：将粒子渲染为正方形面。

开始：设置第1个出现的粒子的帧编号。

寿命：设置每个粒子的寿命。

出生速率：设置每一帧产生的新粒子数。

恒定：勾选该选项后，“出生速率”选项将不可用，此时的“出生速率”等于最大可持续速率。

宽度/长度：设置发射器的长度和宽度。

隐藏：勾选该选项后，发射器将不会显示在视图中（发射器不会被渲染出来）。

8.1.4 雪

“雪” 雪 粒子主要用来模拟飘落的雪花或洒落的纸屑等动画效果，其“参数”卷展栏如图8-16所示。

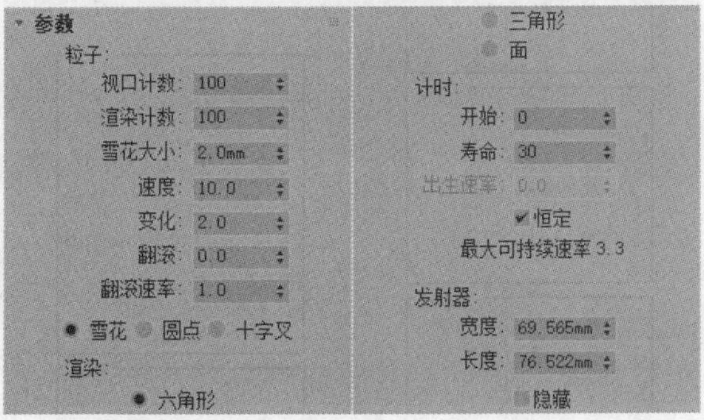

图8-16

重要参数解析

雪花大小：设置粒子的大小。

翻滚：设置雪花粒子的随机旋转量。

翻滚速率：设置雪花的旋转速度。

雪花/圆点/十字叉：设置粒子在视图中的显示方式。

六角形：将粒子渲染为六角形。

三角形：将粒子渲染为三角形。

面：将粒子渲染为正方形。

提示 “雪”粒子的其他参数与“喷射”粒子完全相同，读者可参考“喷射”粒子的相关参数进行学习。

8.1.5 超级喷射

“超级喷射” 超级喷射 粒子可以用来制作暴雨和喷泉等效果，若将其绑定到“路径跟随” 路径跟随 空间扭曲上，还可以生成瀑布效果，其参数设置卷展栏如图8-17所示。

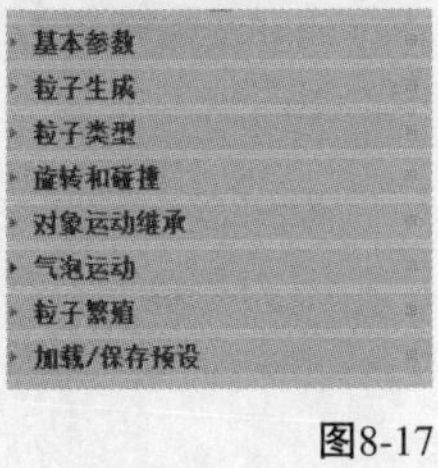

图8-17

8.2 空间扭曲

使用“空间扭曲”可以模拟真实世界中存在的“力”效果，当然，“空间扭曲”需要与“粒子系统”配合使用才能制作出动画效果。

“空间扭曲”包括5种类型，分别是“力”“导向器”“几何/可变形”“基于修改器”“粒子和动力学”，如图8-18所示。

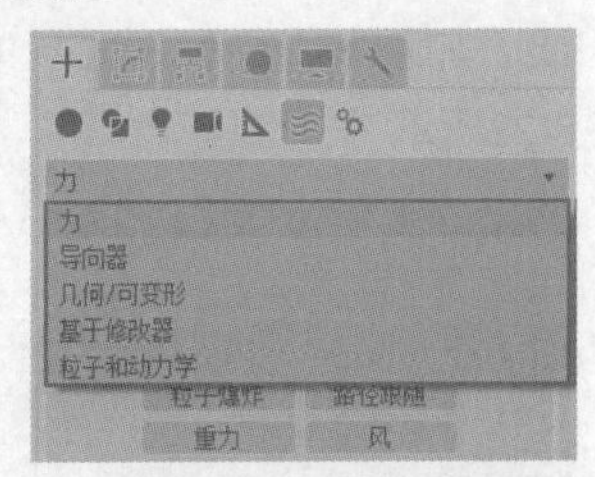

图8-18

本节内容介绍

名称	作用	重要程度
力	为粒子系统提供外力影响	中
导向器	为粒子系统提供导向功能	中

8.2.1 课堂案例：制作气泡动画

场景位置 案例文件>CH08>课堂案例：制作气泡动画>02.max

实例位置 案例文件>CH08>课堂案例：制作气泡动画.max

学习目标 掌握超级喷射和推力的用法

本案例使用“超级喷射” 超级喷射 和“推力” 推力 制作气泡动画，效果如图8-19所示。

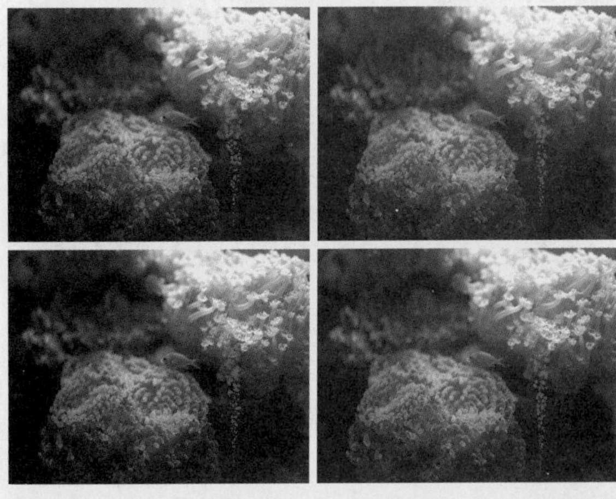
图8-19

01 打开本书学习资源中的“案例文件>CH08>课堂案例：制作气泡动画>02.max”文件，如图8-20所示。

图8-20

02 在“创建”面板中选择“粒子系统”，单击“超级喷射”按钮 超级喷射 ，在画面右下角创建一台发射器，如图8-21和图8-22所示。

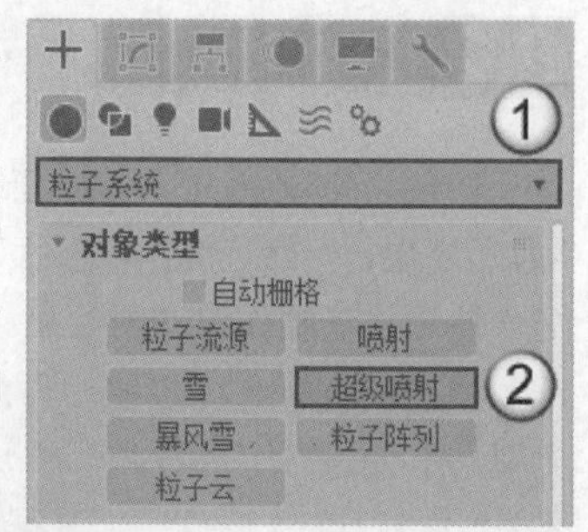

图8-21

图8-22

03 选择发射器并切换到“修改”面板，设置“轴偏离”为5度，“扩散”为5度，“平面偏离”为5度，“扩散”为42度，如图8-23所示。

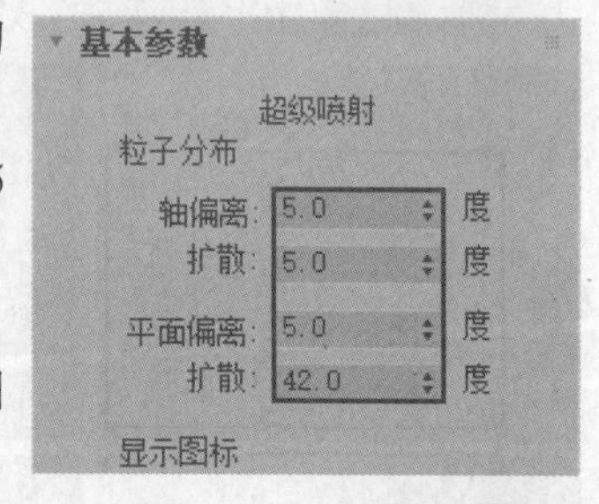

图8-23

04 在“粒子生成”卷展栏中设置“使用速率”为20，“速度”为15mm，“寿命”为60，“大小”为5mm，“变化”为50%，如图8-24所示。

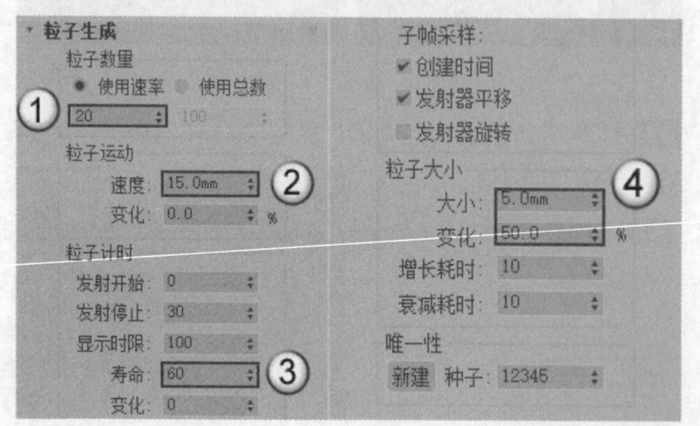

图8-24

05 在“粒子类型”卷展栏中设置标准粒子为“球体”，如图8-25所示。

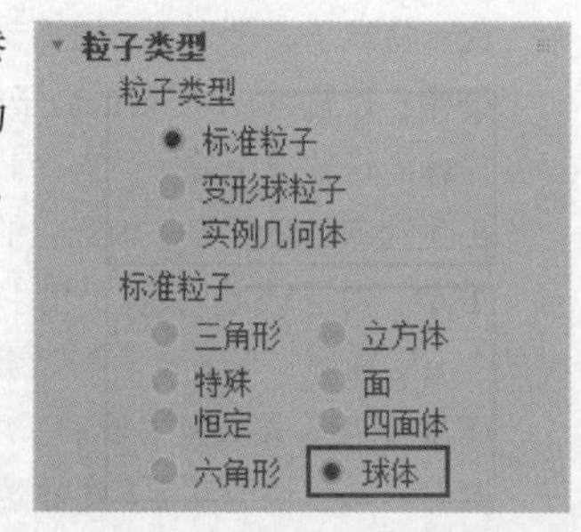

图8-25

06 移动时间滑块，粒子会从下往上喷射，如图8-26所示。

图8-26

提示 默认情况下粒子显示为“十字叉”，只有设置为“网格”时，才能在视图中看到球体模型，如图8-27所示。

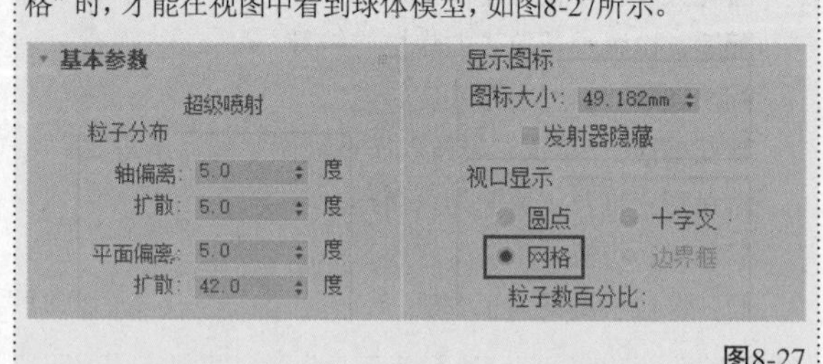

图8-27

07 此时的粒子是直线喷射，我们需要改变粒子的运动方向。在“创建”面板中单击“空间扭曲”按钮，然后单击“推力”按钮 推力 ，如图8-28所示。

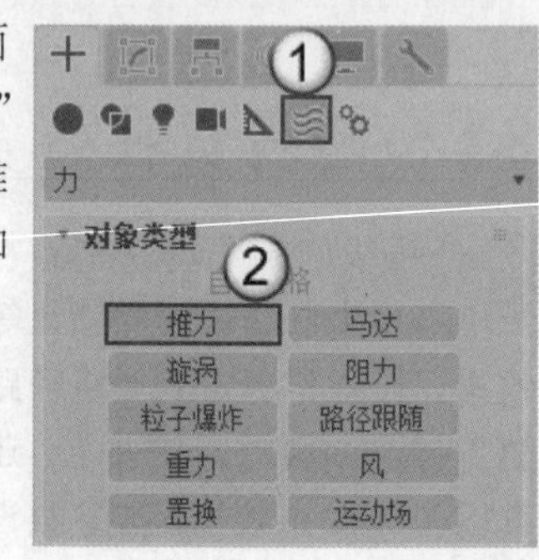

图8-28

08 在发射器的右侧拖曳鼠标，生成推力，如图8-29所示。

图8-29

09 使用“绑定到空间扭曲”工具将推力和发射器进行链接，此时粒子朝左运动，如图8-30所示。

图8-30

10 选择推力，在“参数”卷展栏中设置“基本力”为25，如图8-31所示。

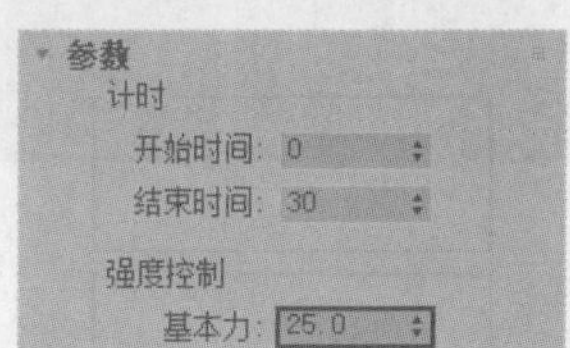

图8-31

11 按M键打开“材质编辑器”对话框，将设置好的气泡材质赋予粒子，效果如图8-32所示。

图8-32

12 选择任意4帧进行渲染，效果如图8-33所示。

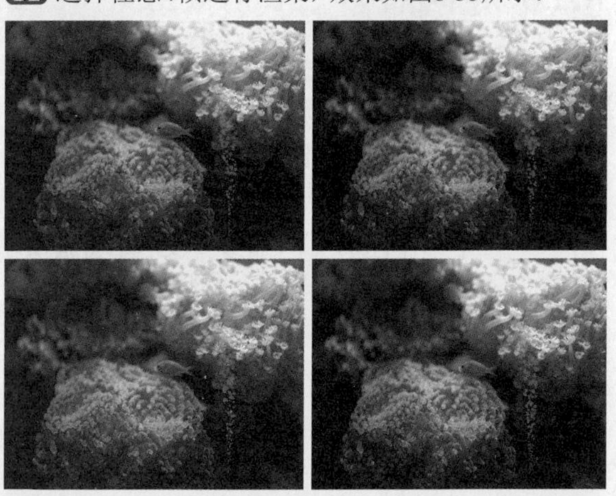

图8-33

8.2.2 力

“力”可以为“粒子系统”提供外力影响，包括10种工具，分别是“推力”“马达”“漩涡”“阻力”“粒子爆炸”“路径跟随”“重力”“风”“置换”“运动场”，如图8-34所示。

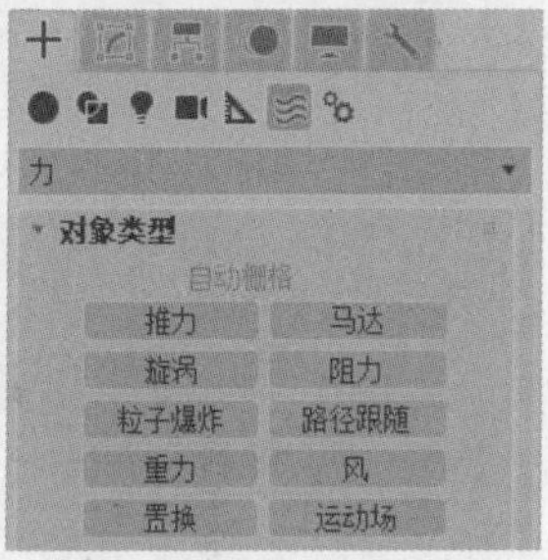

图8-34

重要参数解析

“推力”工具 推力 ：可以为粒子系统提供正向或负向的均匀单向力。

“漩涡”工具 漩涡 ：可以将力应用于粒子，使粒子在急转的漩涡中进行旋转，然后让它们向下移动，形成一个长而窄的喷流或漩涡井，常用来创建黑洞、涡流和龙卷风。

“阻力”工具 阻力 ：这是一种在指定范围内按照指定量来降低粒子速率的粒子运动阻尼器，应用阻尼的方式可以是“线性”“球形”“圆柱形”。

“粒子爆炸”工具 粒子爆炸 ：可以创建一种使粒子系统发生爆炸的冲击波。

“路径跟随”工具 路径跟随 ：可以强制粒子沿指定的路径进行运动，路径通常为单一的样条线，也可以是具有多条样条线的图形，但粒子只会沿其中一条样条线运动。

“重力”工具 重力 ：用来模拟粒子受到的自然重力，重力具有方向性，沿重力箭头方向的粒子为加速运动，沿重力箭头逆向的粒子为减速运动。

“风”工具 风 ：用来模拟风吹动粒子所产生的飘动效果。

8.2.3 导向器

“导向器”可以为粒子系统提供导向功能，包含6种工具，分别是“泛方向导向板”“泛方向导向球”“全泛方向导向”“全导向器”“导向球”“导向板”，如图8-35所示。

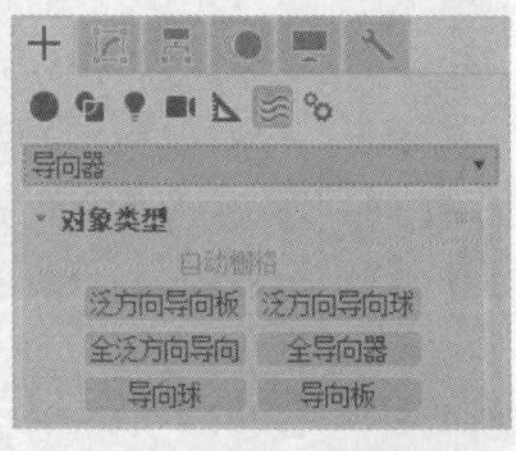

图8-35

重要参数解析

“泛方向导向板”工具 泛方向导向板：这是空间扭曲的一种平面泛方向导向器，它能提供比原始导向器空间扭曲更强大的功能，包括“折射”和“繁殖”能力。

“泛方向导向球”工具 泛方向导向球：这是空间扭曲的一种球形泛方向导向器，它提供的选项比原始的导向球更多。

“全泛方向导向”工具 全泛方向导向：这个导向器比原始的“全导向器”更强大，可以使用任意几何对象作为粒子导向器。

“全导向器”工具 全导向器：这是一种可以使用任意对象作为粒子导向器的全导向器。

“导向球”工具 导向球：这个空间扭曲导向器起着球形粒子导向器的作用。

“导向板”工具 导向板：这是一种平面装的导向器，是一种特殊类型的空间扭曲导向器，它能让粒子影响动力学状态下的对象。

8.3 课堂练习：制作下雨动画

场景位置　案例文件>CH08>课堂练习：制作下雨动画>03.max

实例位置　案例文件>CH08>课堂练习：制作下雨动画.max

学习目标　掌握“喷射”工具的用法

本练习使用“喷射”工具 喷射 模拟下雨的效果，如图8-36所示。

图8-36

8.4 课后习题：制作路径发光动画

场景位置　案例文件>CH08>课后习题：制作路径发光动画>04.max

实例位置　案例文件>CH08>课后习题：制作路径发光动画.max

学习目标　掌握“超级喷射”工具和“路径跟随”工具的用法

本习题使用“超级喷射”工具 超级喷射 和“路径跟随”工具 路径跟随 将喷射出的粒子沿着路径移动，最终效果如图8-37所示。

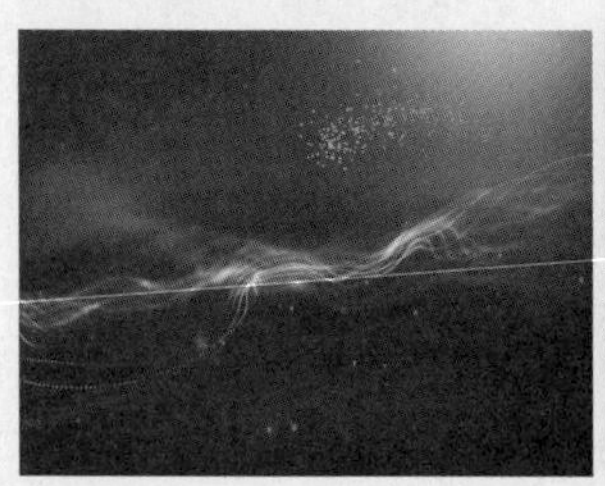
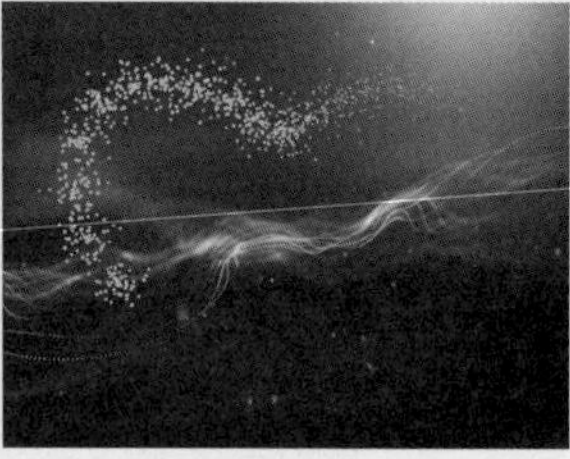
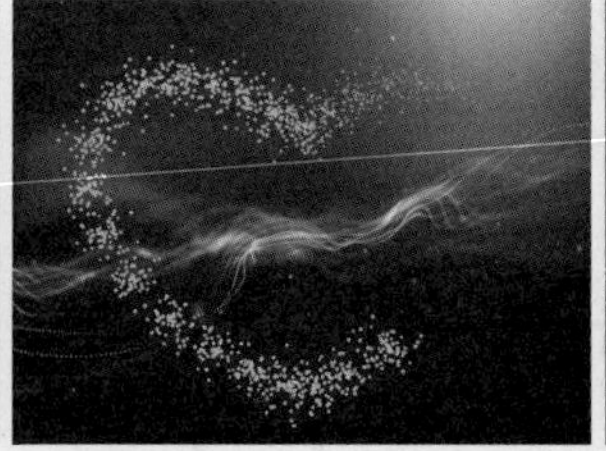
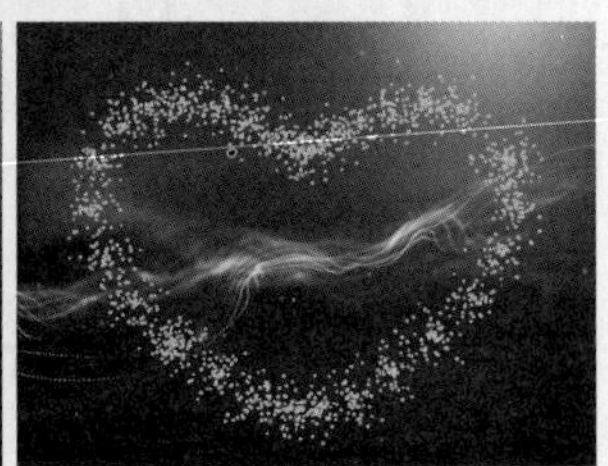

图8-37

第9章 动力学

使用3ds Max 2020中的动力学系统可以快速制作出物体与物体之间真实的物理作用效果，是制作动画必不可少的工具。动力学系统可用于定义物理属性和外力，当对象遵循物理定律进行相互作用时，场景可以自动生成最终的动画关键帧。

课堂学习目标

- 掌握打开动力学工具栏的方法
- 掌握刚体动画的制作方法

9.1 动力学MassFX概述

在主工具栏的空白处单击鼠标右键，然后在弹出的菜单中执行“MassFX工具栏”命令，可以调出MassFX工具栏，如图9-1所示，调出的MassFX工具栏如图9-2所示。

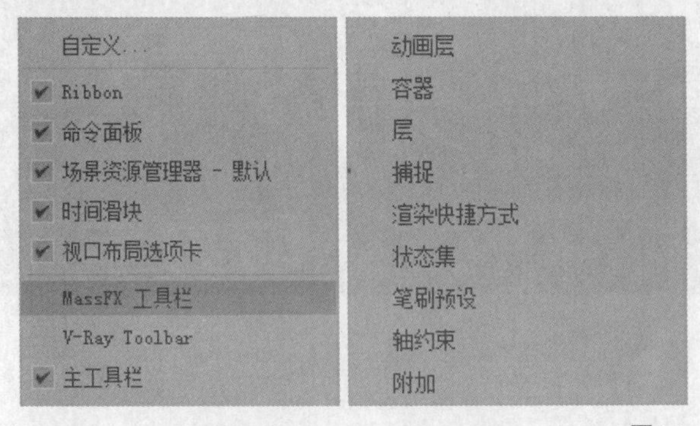

图9-1

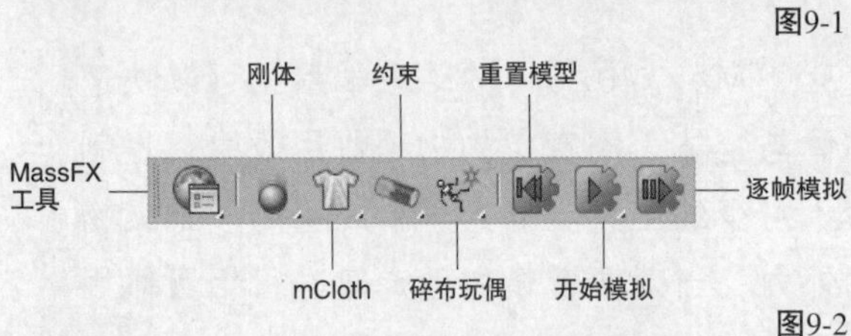

图9-2

提示 为了方便操作，可以将MassFX工具栏拖曳到主工具栏的下方，如图9-3所示。另外，也可以在MassFX工具栏上单击鼠标右键，在弹出的菜单中执行“停靠”中的子命令，选择停靠在其他地方，如图9-4所示。

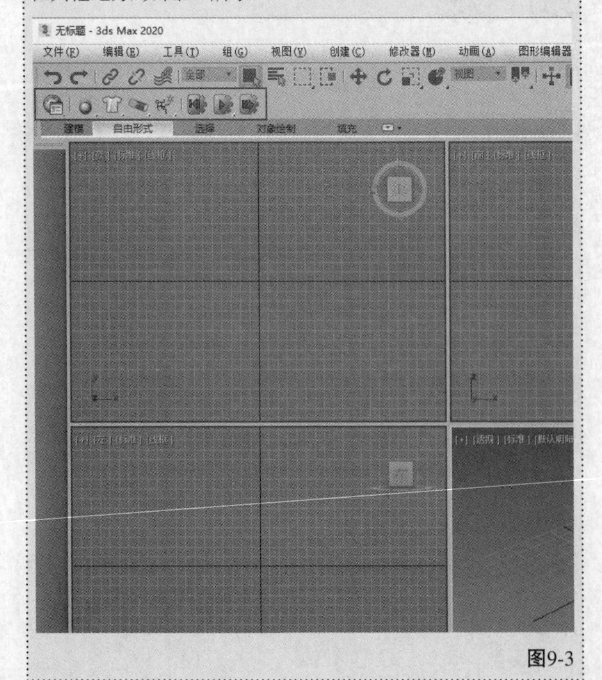

图9-3

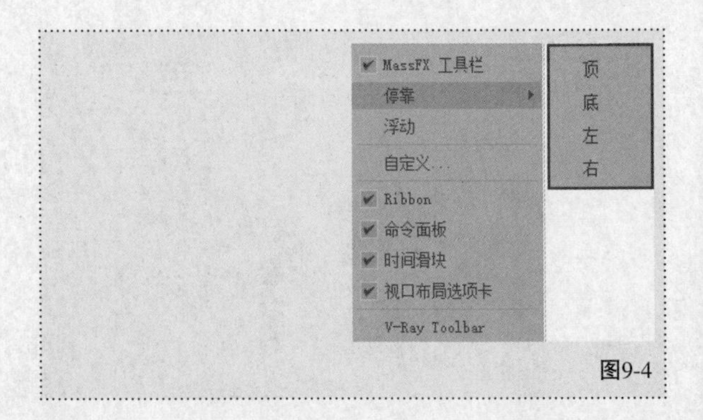

图9-4

9.2 创建动力学MassFX

本节将针对MassFX工具栏进行讲解。刚体是物理模拟中的对象，其形状和大小不会更改，它可能会反弹、滚动和四处滑动，但无论施加了多大的力，它都不会弯曲或折断。mCloth则用于模拟布料的动力学效果，相比3ds Max 2020自带的Cloth修改器，它的使用方法更加简单。

本节内容介绍

名称	作用	重要程度
MassFX工具栏	设置动力学的所有参数	中
刚体	刚体创建工具	高
mCloth	布料创建工具	高

9.2.1 课堂案例：制作小球动力学刚体动画

场景位置	无
实例位置	案例文件>CH09>课堂案例：制作小球动力学刚体动画.max
学习目标	掌握动力学刚体动画的制作方法

本案例将建立一个球体和平面模型，然后模拟球体下落与平面碰撞的效果，如图9-5所示。

图9-5

01 新建一个场景，使用“平面”工具 平面 创建一个平面模型作为地面，如图9-6所示。

图9-6

02 使用“球体”工具 球体 在平面上方创建一个球体模型，如图9-7所示。

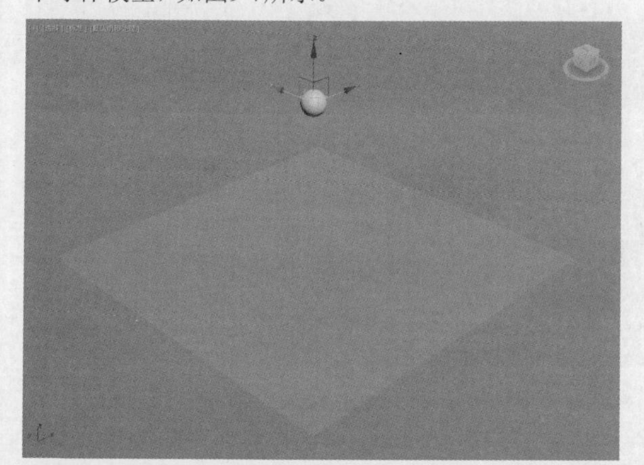

图9-7

03 选中球体模型，单击“将选定项设置为动力学刚体”按钮 将选定项设置为动力学刚体，如图9-8所示。此时在球体模型的外部会出现一个白色的线框，如图9-9所示。

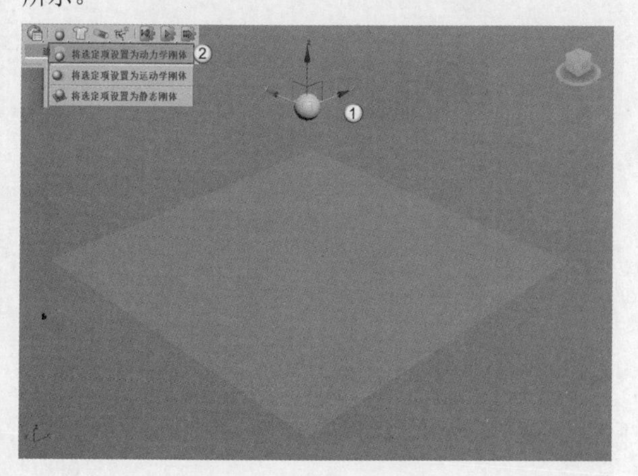

图9-8

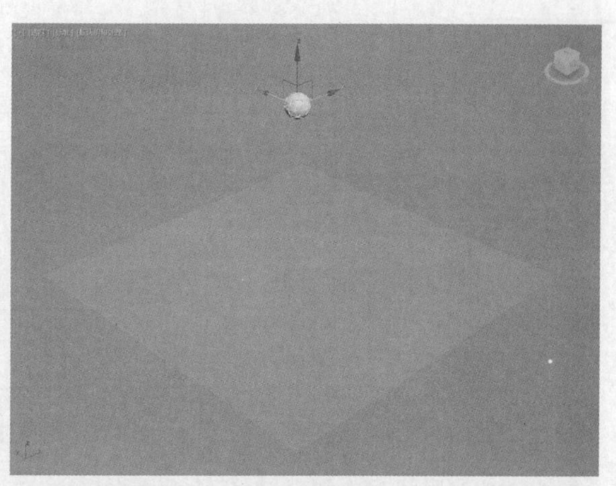

图9-9

04 选中平面模型，单击“将选定项设置为静态刚体”按钮 将选定项设置为静态刚体，如图9-10所示，此时平面模型上也会出现一个白色的线框。

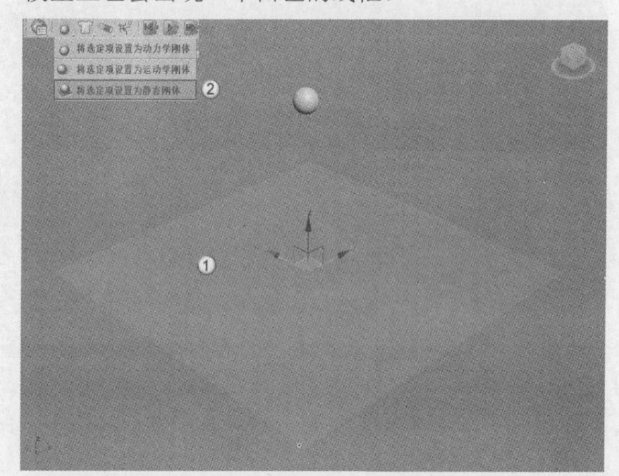

图9-10

05 单击“逐帧模拟”按钮，就可以看到球体模型掉落到平面上的动画效果，如图9-11所示。

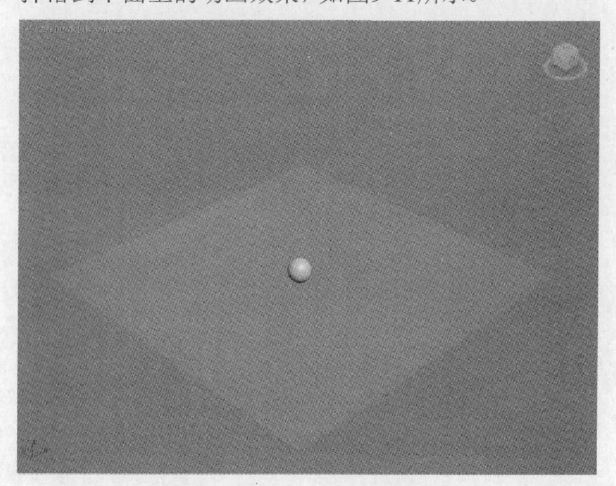

图9-11

06 选中球体模型，在“修改”面板的“刚体属性”卷展栏中单击“烘焙”按钮 烘焙 ，就可以将小球的动力学动画效果转换为关键帧，如图9-12所示。

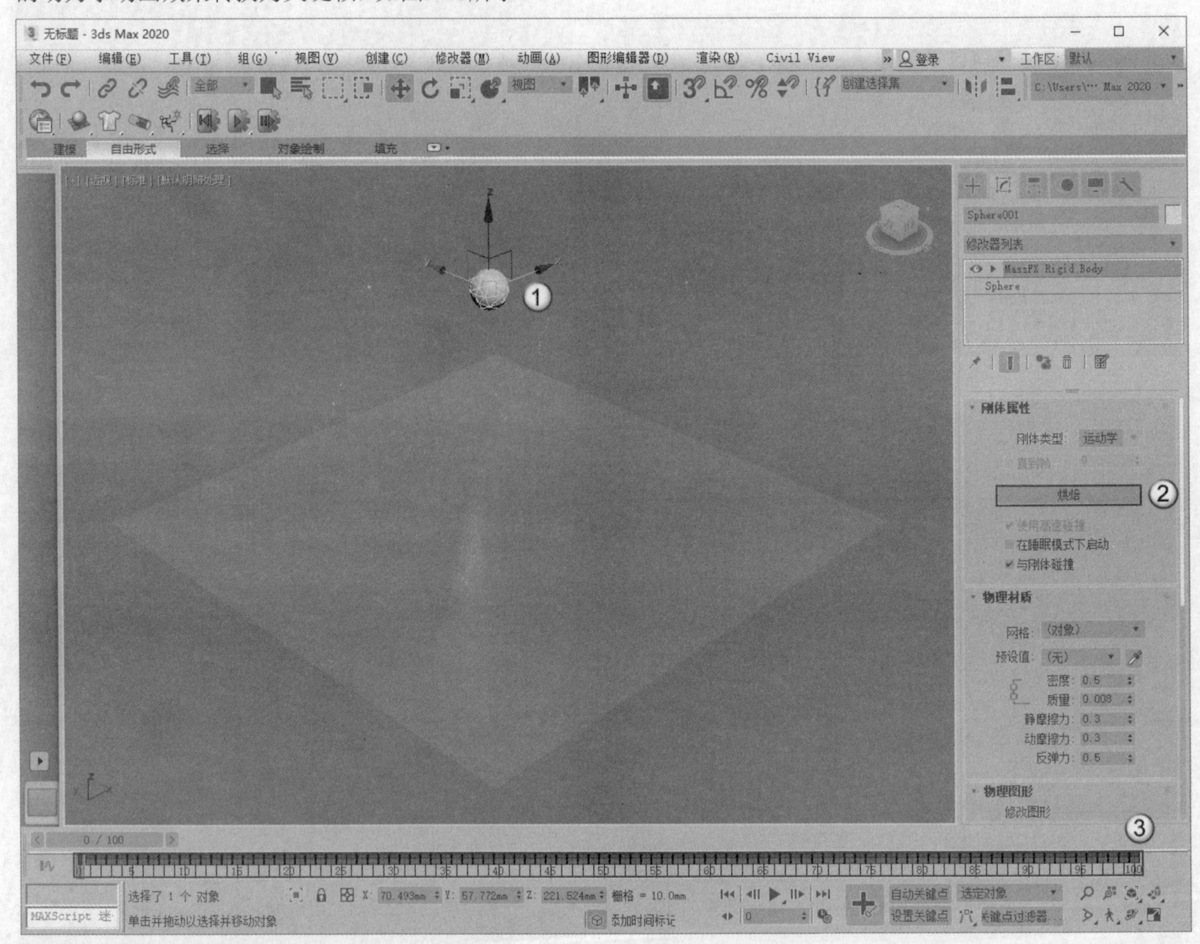

图9-12

07 为球体模型和平面模型添加两个简单的纯色材质，并为环境添加“VRay位图”贴图作为环境光，如图9-13所示。

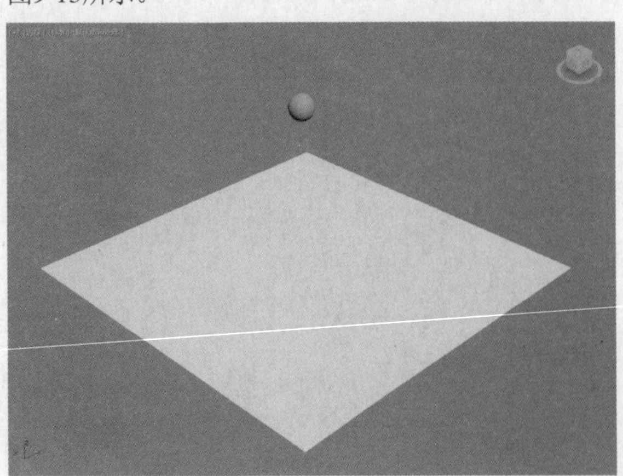

图9-13

08 选择动画效果最明显的一些帧，单独渲染出这些单帧动画，最终效果如图9-14所示。

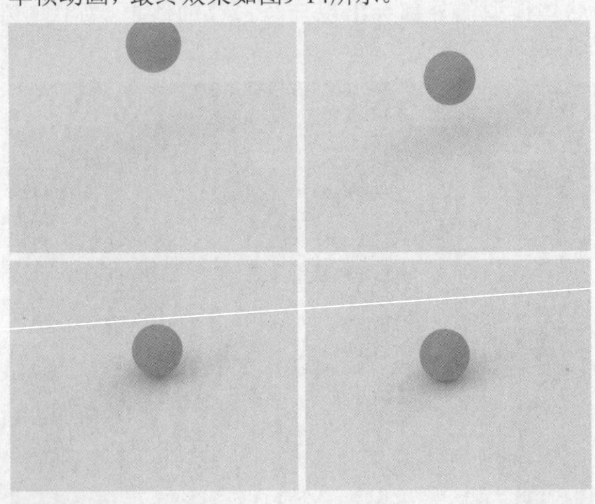

图9-14

9.2.2 课堂案例：制作装饰台布

场景位置　案例文件>CH09>课堂案例：制作装饰台布>01.max

实例位置　案例文件>CH09>课堂案例：制作装饰台布.max

学习目标　掌握mCloth的使用方法

本案例将给一组石膏模型添加一个台布模型，效果如图9-15所示。

图9-15

01 打开本书学习资源中的“案例文件>CH09>课堂案例：制作装饰台布>01.max”文件，如图9-16所示，场景中有一组石膏模型和一个木质台子。

图9-16

02 使用“平面”工具 平面 在模型上方创建一个平面模型，如图9-17所示。

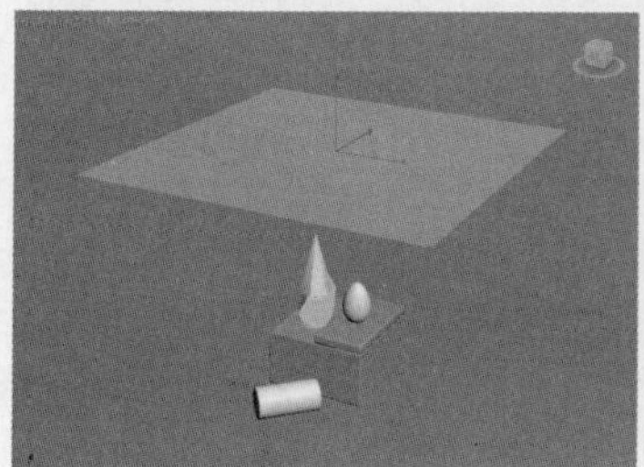

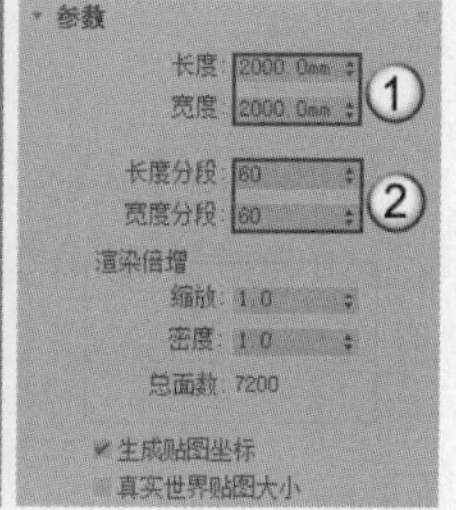

图9-17

提示　平面模型的分段越多，模拟的布料效果越自然。

03 选中平面模型，单击“将选定对象设置为mCloth对象”按钮 将选定对象设置为 mCloth 对象，如图9-18所示。

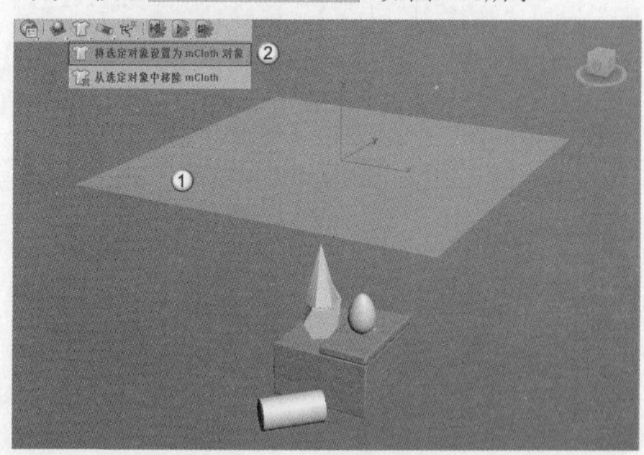

图9-18

04 选中木质台子模型，单击“将选定项设置为静态刚体”按钮 将选定项设置为静态刚体，如图9-19所示。

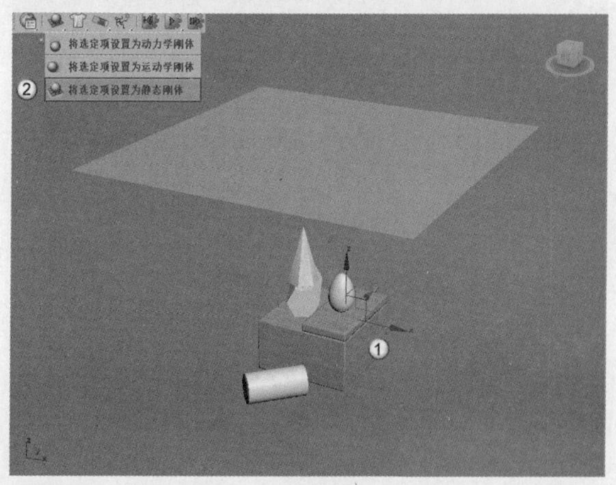

图9-19

05 单击“逐帧模拟”按钮，模拟布料的动画效果。可以看到布料模型穿过台子上的石膏模型，与台子和地平面进行碰撞，生成布料效果，如图9-20所示。

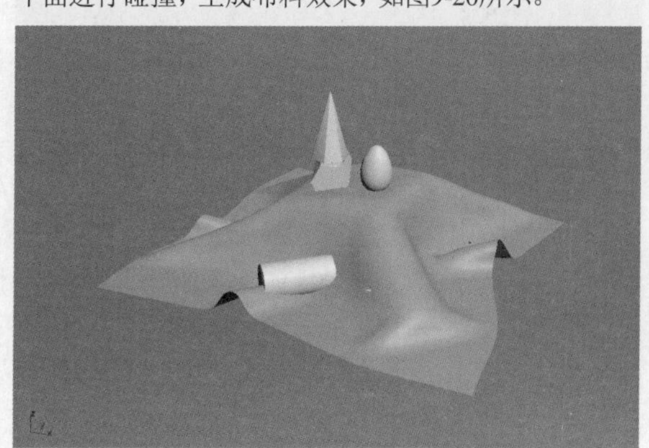

图9-20

06 此时布料的效果不是很自然，比较生硬。选中平面模型，在“修改”面板中设置“密度”为2，“弯曲度”为1，“摩擦力”为0.2，如图9-21所示。

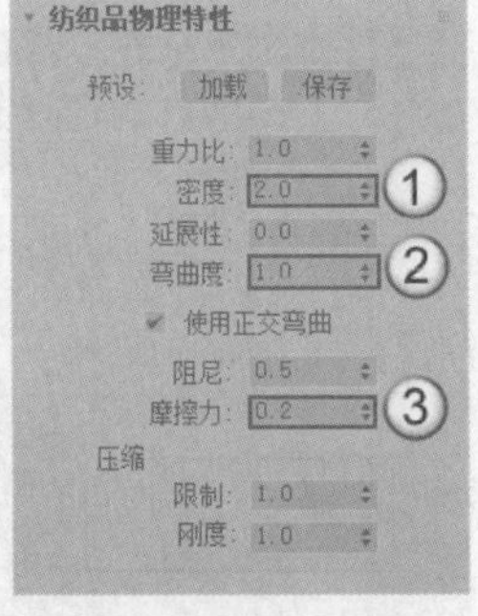

图9-21

07 单击“重置模拟”按钮后恢复初始状态，然后单击“逐帧模拟”按钮再次模拟布料效果，如图9-22所示。

图9-22

08 在“修改”面板中单击“烘焙”按钮 烘焙 ，将模拟的动力学动画烘焙为关键帧，如图9-23所示。

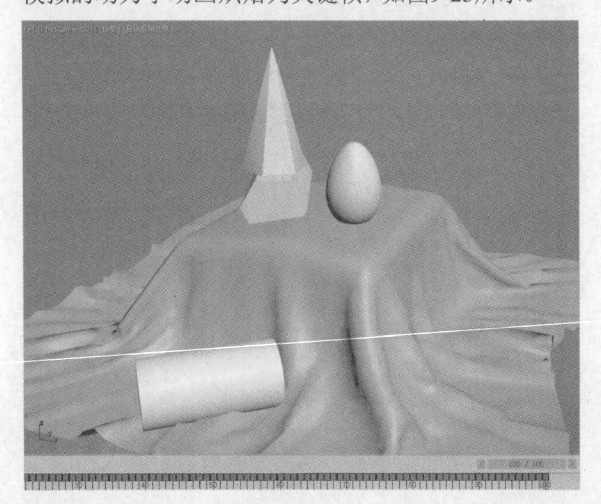

图9-23

09 按C键切换到摄影机视图，按M键打开“材质编辑器”对话框，将制作好的材质赋予布料模型，效果如图9-24所示。

图9-24

10 按F9键渲染场景，最终效果如图9-25所示。

图9-25

9.2.3 MassFX工具栏

MassFX工具栏上有8个按钮，下面对重要按钮分别进行介绍。

1. MassFX工具

单击“MassFX工具”按钮，弹出“MassFX工具”面板，如图9-26所示。

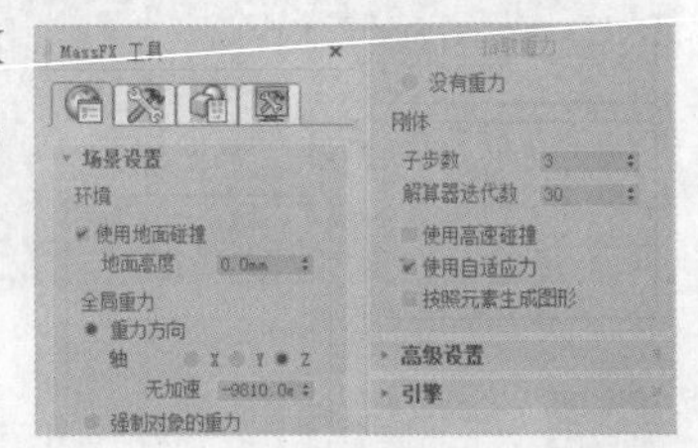

图9-26

重要参数解析

使用地平面碰撞：如果勾选该选项，MassFX将使用（不可见）无限静态刚体（z=0，即刚体与主栅格共面），此时刚体的摩擦力和反弹力值为固定值。

重力方向：如果勾选该选项，则应用“使用重力”的所有刚体都将受到重力的影响。

轴：设置应用重力的全局轴，一般设置为z轴。

无加速：设置重力的加速度，使用z轴时，正值可使重力将对象向上拉，负值可使重力将对象向下拉。

强制对象的重力：可以使用重力空间扭曲将重力应用于刚体，首先将空间扭曲添加到场景中，然后使用“拾取重力”按钮将其指定为在模拟中使用。

拾取重力：拾取要作为全局重力的重力对象。

没有重力：勾选后，重力不会影响模拟。

子步数：设置每个图形更新之间执行的模拟步数。

解算器迭代数：全局设置约束解算器强制执行碰撞和约束的次数。

使用高速碰撞：全局设置用于切换连续的碰撞检测。

使用自适应力：勾选时，MassFX 会根据需要收缩组合防穿透力来减少堆叠和紧密聚合刚体中的抖动。

按照元素生成图形：勾选该选项并将“MassFX 刚体”修改器应用于对象后，MassFX 会为对象中的每个元素创建一个单独的物理图形；不勾选该选项，MassFX 会为整个对象创建单个物理图形，此时可能不太精确，但模拟速度更快。

2.刚体

长按“刚体”按钮，会弹出下拉列表，如图9-27所示。在该下拉列表中可以选择对象的刚体模式。

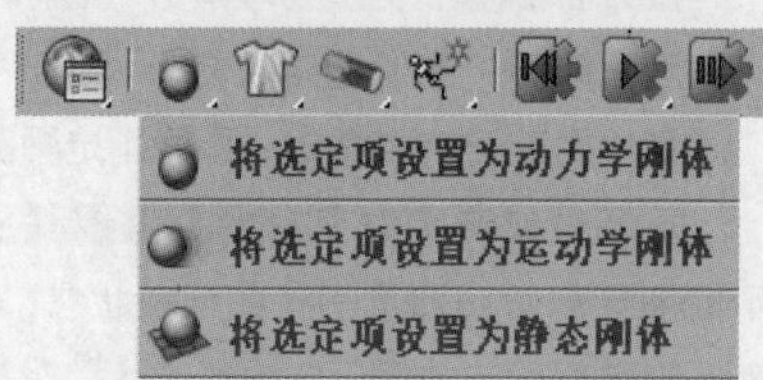

图9-27

重要参数解析

将选定项设置为动力学刚体：选择该选项后，对象将成为动力学刚体对象，会与其他刚体对象产生碰撞效果。

将选定项设置为运动学刚体：选择该选项后，本身有运动的对象会在运动过程中与其他刚体对象产生碰撞效果。

将选定项设置为静态刚体：选择该选项后，静止不动的对象会成为静态刚体，与其他对象产生碰撞，常用在地面或平台等模型上。

3.mCloth

长按mCloth按钮，会弹出下拉列表，如图9-28所示。在该下拉列表中可以选择对象的刚体模式。

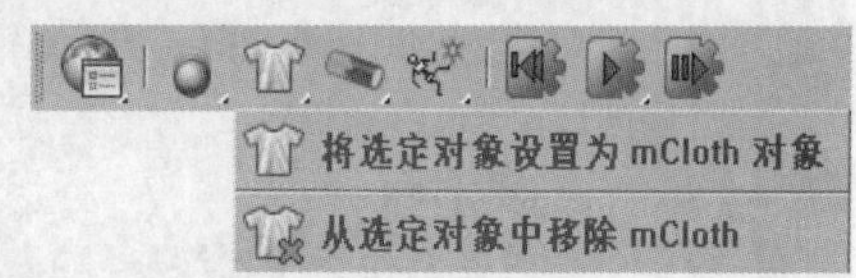

图9-28

重要参数解析

将选定对象设置为mCloth对象：选择该选项后，对象将成为布料对象，与其他刚体对象进行碰撞，形成自然的布料效果。

从选定对象中移除mCloth：选择该选项后，对象将移除布料效果，恢复原始状态。

4.模拟工具

MassFX工具栏中的最后3个按钮是模拟工具，负责显示模拟的不同效果，如图9-29所示。

图9-29

重要参数解析

重置模拟：单击该按钮可以停止模拟，并将时间线滑块移动到第1帧，同时将任意动力学刚体设置为其初始变换。

开始模拟：从当前帧运行模拟，时间线滑块为每个模拟步长前进一帧，从而让运动学刚体作为模拟的一部分进行移动。

逐帧模拟：运行一个帧的模拟，并使时间线滑块前进相同的量。

9.2.4 刚体

MassFX工具栏中的刚体创建工具分为3种，分别是“将选定项设置为动力学刚体”工具、“将选定项设置为运动学刚体”工具和“将选定项设置为静态刚体”工具，下面介绍前两种常用工具。

1.将选定项设置为动力学刚体

使用“将选定项设置为动力学刚体”工具可以将未实例化的MassFX刚体修改器应用到每个选定对象，并将刚体类型设置为“动力学”，然后为每个对象创建一个“凸面”物理网格，如图9-30所示。如果选定对象已经具有MassFX刚体修改器，则现有修改器将更改为动力学，而不重新应用。

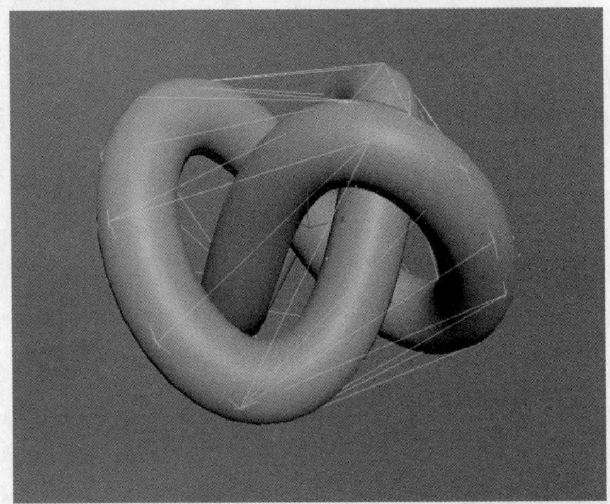

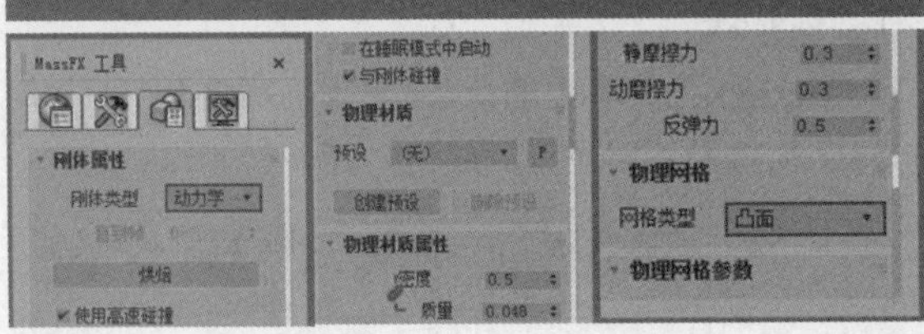

图9-30

MassFX Rigid Body（MassFX刚体）修改器的参数分为6个卷展栏，分别是“刚体属性”“物理材质”“物理图形”“物理网格参数”“力”“高级”卷展栏，如图9-31所示。

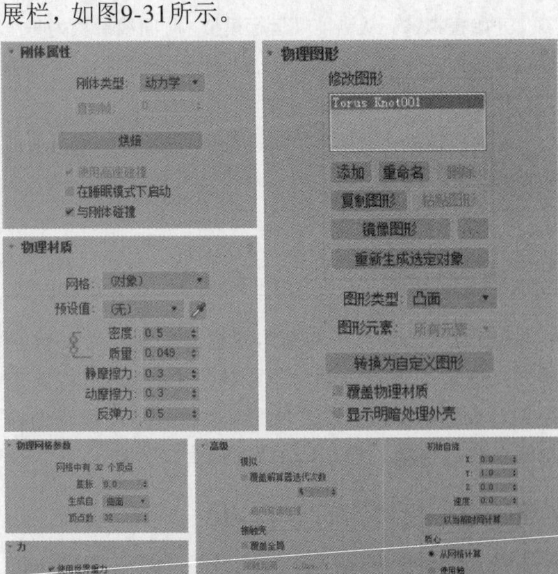

图9-31

重要参数解析

刚体类型：设置选定刚体的模拟类型，包含“动力学”“运动学”“静态”3种类型。

直到帧：如果勾选该选项，MassFX会在指定帧处将选定的运动学刚体转换为动态刚体，该选项只有在将“刚体类型”设置为“运动学”时才可用。

烘焙 烘焙：将选定刚体的模拟运动转换为标准动画关键帧，以便进行渲染（仅应用于动态刚体）。

使用高速碰撞：如果勾选该选项及“世界”卷展栏中的“使用高速碰撞”选项，则这里的“使用高速碰撞”设置将应用于选定刚体。

在睡眠模式下启动：如果勾选该选项，刚体将使用全局睡眠设置以睡眠模式开始模拟。

与刚体碰撞：勾选该选项后，刚体将与场景中的其他刚体发生碰撞。

网格：选择要更改其材质参数的刚体的物理网格。

预设值：从列表中选择一个预设，以指定所有的物理材质属性。

密度：设置刚体的密度，度量单位为g/cm^3（克每立方厘米）。

质量：此刚体的质量，度量单位为kg（千克）。

静摩擦力：设置两个刚体开始互相滑动的难度系数。

动摩擦力：设置两个刚体保持互相滑动的难度系数。

反弹力：设置对象撞击到其他刚体时反弹的轻松程度和高度。

修改图形：选择需要修改物理图形的对象。

添加 添加：将新的物理图形添加到刚体。

重命名 重命名：更改物理图形的名称。

删除 删除：删除选定的物理图形。

镜像图形 镜像图形：围绕指定轴翻转图形几何体。

重新生成选定对象 重新生成选定对象：使列表中高亮显示的图形自适应图形网格的当前状态，单击此按钮可使物理图形重新适应编辑后的图形网格。

图形类型：为图形列表中高亮显示的图形选定应用的物理图形类型，包含6种类型，分别是“球体”“框”“胶囊”“凸面”“凹面”“自定义”。

图形元素：使“图形”下拉列表中高亮显示的图形适合从“图形元素”下拉列表中选择的元素。

转换为自定义图形 转换为自定义图形：单击该按钮时，将基于高亮显示的物理图形在场景中创建一个新的可编辑网格对象，并将物理网格类型设置为“自定义”。

覆盖物理材质：在默认情况下，刚体中的每个物理图形都使用“物理材质”卷展栏中的材质设置，但是可能使用的是由多个物理图形组成的复杂刚体，因此需要为某些物理图形使用不同的设置。

显示明暗处理外壳：勾选时，将物理图形作为视图中的明暗处理实体对象（而不是线框）进行渲染。

2.将选定项设置为运动学刚体

使用“将选定项设置为运动学刚体”工具可以将未实例化的MassFX刚体修改器应用到每个选定对象，并将刚体类型设置为“运动学”，然后为每个对象创建一个“凸面”物理网格，如图9-32所示。如果选定对象已经具有MassFX刚体修改器，则现有修改器将更改为运动学，而不重新应用。

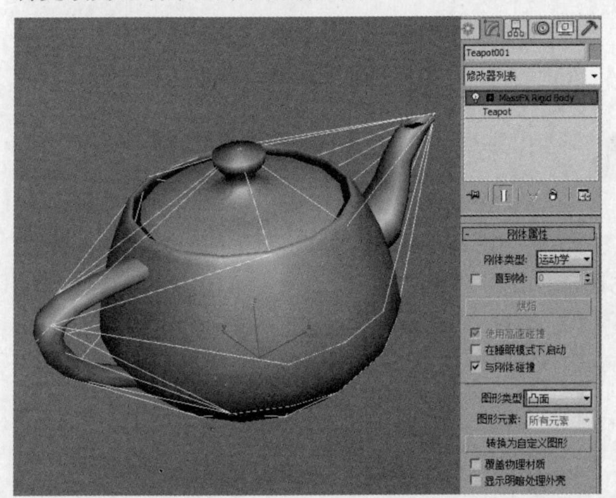

图9-32

> **提示** “将选定项设置为运动学刚体”工具的相关参数在前面的MassFX工具的卷展栏中已经介绍过，这里不再重复讲解。

9.2.5 mCloth

使用“将选定项设置为mCloth对象”工具 将选定对象设置为 mCloth 对象 可以将mCloth修改器应用到选择的对象上，从而模拟布料的动力学效果，其参数设置卷展栏如图9-33所示。

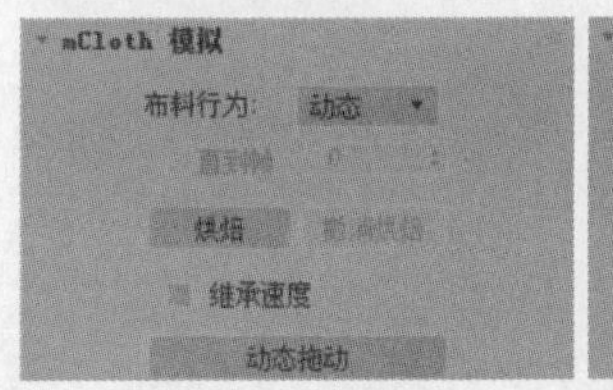

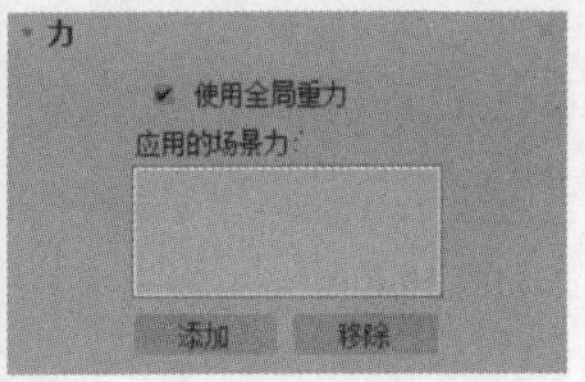

图9-33

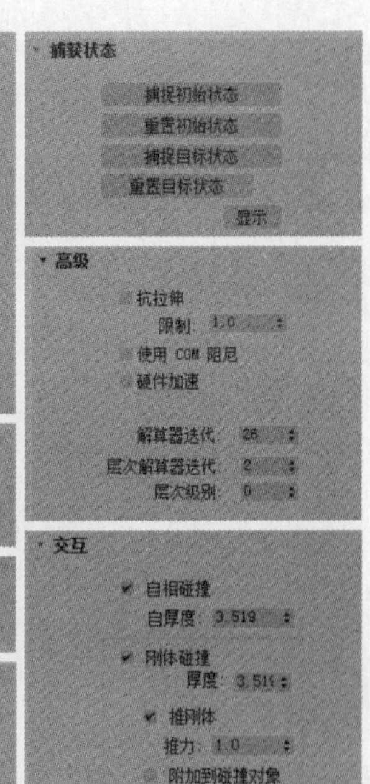

图9-33（续）

重要参数解析

布料行为：设置选定布料对象的类型，包含“动态”和“运动学”两种类型。

烘焙 烘焙：单击该按钮，可以将模拟的效果生成关键帧。

撤销烘焙 撤消烘焙：单击该按钮，会将烘焙后的关键帧删除，恢复原始效果。

应用的场景力：添加力场，从而控制布料的动力学效果。

动态拖动 动态拖动：单击该按钮，可以在没有动画的情况下进行布料模拟。

捕捉初始状态 捕捉初始状态：单击该按钮，将以当前布料的状态作为模拟的初始状态。

重置初始状态 重置初始状态：单击该按钮，可以重置布料对象的初始状态。

重力比：设置场景的重力效果。

密度：设置布料的权重。

延展性：设置布料的拉伸效果。

弯曲度：设置布料的折叠效果。

阻尼：设置布料的弹性。

摩擦力：布料与自身或其他对象碰撞时的顺滑度。

自相碰撞：默认为勾选状态，表示布料之间产生碰撞效果，避免穿模。

允许撕裂：勾选该选项后，布料在与刚体对象碰撞的情况下会产生撕裂效果。

9.3 课堂练习：制作多米诺骨牌动画

场景位置 无
实例位置 案例文件>CH09>课堂练习：制作多米诺骨牌动画.max
学习目标 掌握刚体动画的制作方法

本练习将一个球体模型与骨牌模型进行碰撞，生成多米诺骨牌动画效果，如图9-34所示。

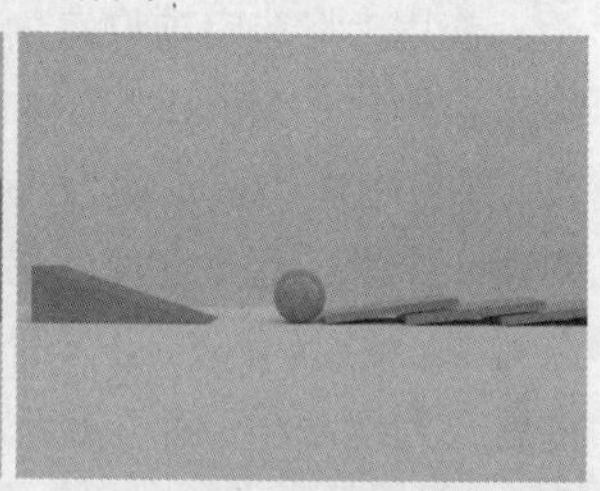

图9-34

9.4 课后习题：制作下落的绒布

场景位置 案例文件>CH09>课后习题：制作下落的绒布>02.max
实例位置 案例文件>CH09>课后习题：制作下落的绒布.max
学习目标 掌握mCloth动画的制作方法

本习题制作一个布料模型下落的动画效果，如图9-35所示。

图9-35

第10章 动画技术

本章将介绍3ds Max 2020的动画技术，其中重点介绍基础动画中的关键帧动画、约束动画和变形动画。

课堂学习目标

- 掌握关键帧动画的制作方法
- 掌握约束动画的制作方法
- 掌握变形动画的制作方法

10.1 动画概述

动画技术是3ds Max 2020的重要技术之一，三维领域会设立专业的动画师岗位。在动画的商业应用领域中，建筑动画和角色动画是两个重要的门类，前者较为简单，相比之下，后者则更加复杂。无论哪种商业类型的动画，都是建立在各种基础动画技术之上的。图10-1所示是一些优秀的动画作品。

图10-1

10.2 基础动画

本节介绍动画制作的相关工具和“轨迹视图-曲线编辑器”窗口的用法。掌握好了这些基础工具的用法，可以制作出一些简单动画。

本节内容介绍

名称	作用	重要程度
动画制作工具	了解各个动画制作工具的用法	高
曲线编辑器	通过快速调节曲线来控制物体的运动状态	中

10.2.1 课堂案例：制作汽车运动动画

场景位置　案例文件>CH12>课堂案例：制作汽车运动动画>01.max
实例位置　案例文件>CH12>课堂案例：制作汽车运动动画.max
学习目标　掌握自动关键点动画的制作方法

本案例制作位移动画和车轮的旋转动画，效果如图10-2所示。

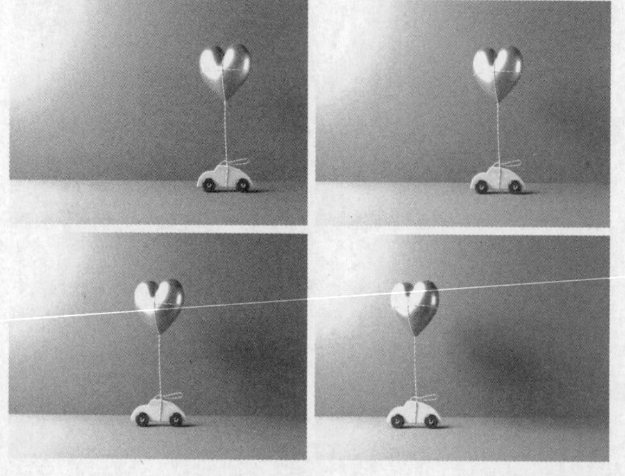

图10-2

01 打开本书学习资源中的“案例文件>CH12>课堂案例：制作汽车运动动画>01.max”文件，如图10-3所示。

图10-3

02 选中小车模型，单击“自动关键点”按钮自动关键点，将时间线滑块拖曳到第50帧，使用“选择并移动”工具将小车模型向前移动一段距离，如图10-4所示。

图10-4

03 选中车轮模型，在第50帧使用“选择并旋转”工具绕着y轴逆时针旋转，如图10-5所示。

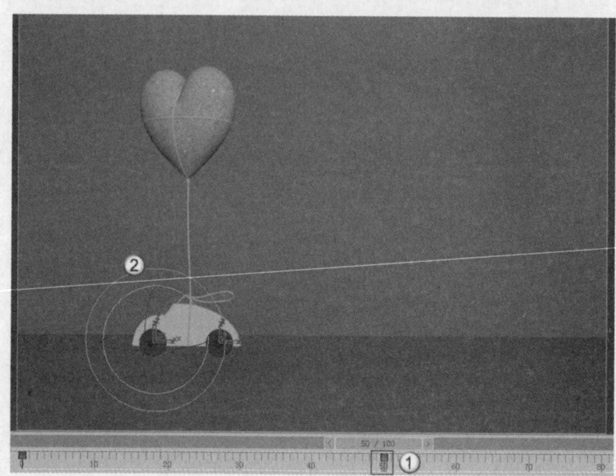

图10-5

04 单击“向前播放”按钮▶，可以看到小车模型的运动呈现缓起缓停效果，并不是匀速运动。在主工具栏中单击“曲线编辑器”按钮，打开“轨迹视图-曲线编辑器”窗口，如图10-6所示。

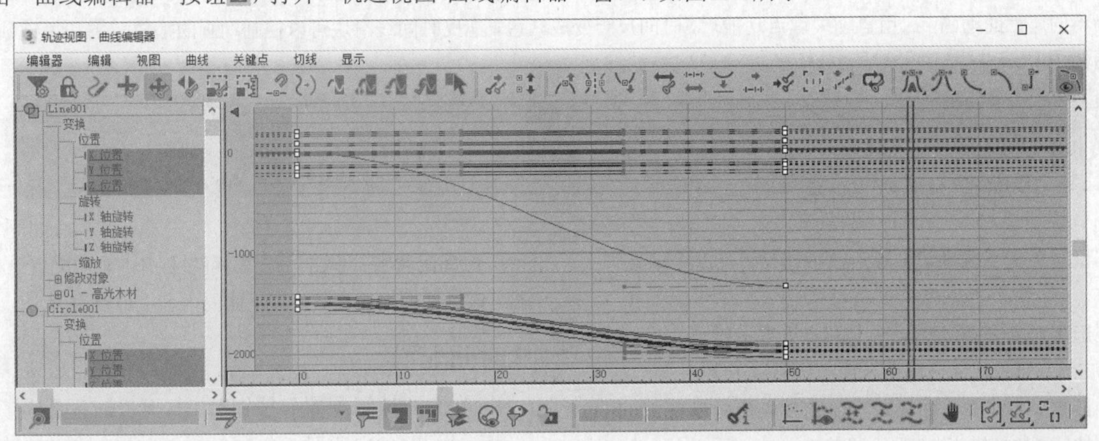

图10-6

05 选中所有的曲线，单击“将切线设置为线性”按钮，就可以将所有曲线转换为直线，如图10-7所示。

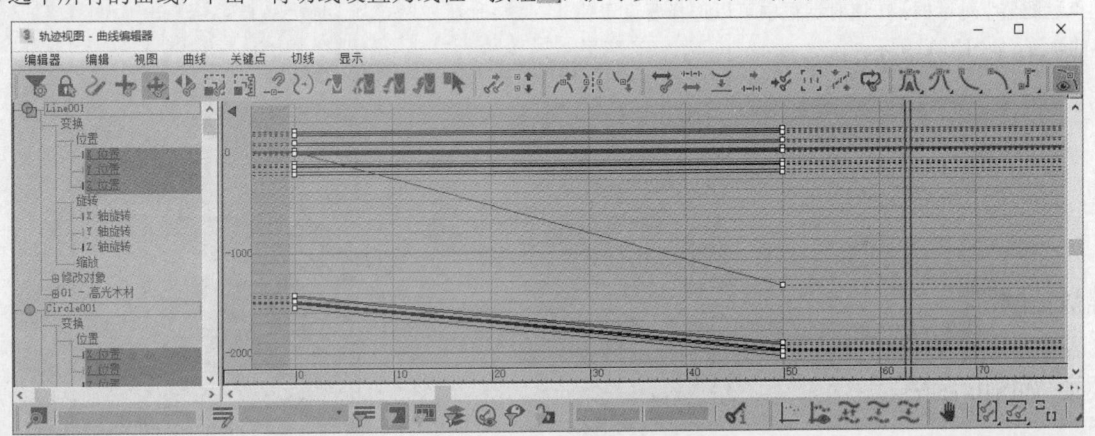

图10-7

06 单击“播放动画”按钮▶，可以看到小车模型呈现匀速运动，在时间线上任意选择4帧进行渲染，效果如图10-8所示。

图10-8

10.2.2 动画制作工具

本节将介绍动画制作的“关键帧设置”“播放控制器”“时间配置”3个工具。

1.关键帧设置

3ds Max 2020的工作界面的右下角是一些设置动画关键帧的按钮，如图10-9所示。

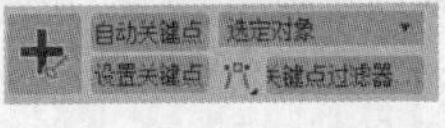

图10-9

重要参数解析

自动关键点：单击该按钮或按N键，可以自动记录关键帧，在该状态下，物体的模型、材质、灯光和渲染都将被记录为不同属性的动画，启用自动关键点功能后，时间尺会变成红色，拖曳时间线滑块可以控制动画的播放范围和关键帧等，如图10-10所示。

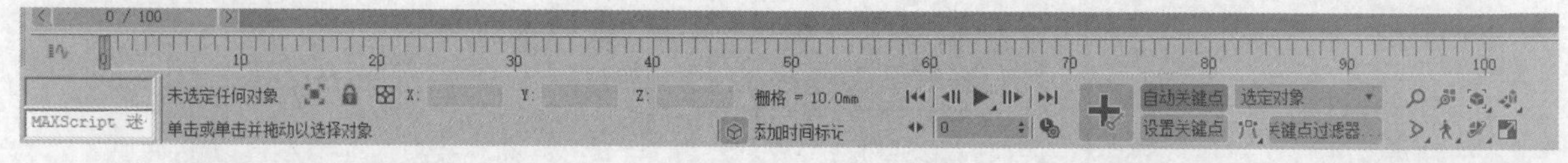

图10-10

设置关键点：激活该按钮后，可以手动设置关键点。

选定对象：使用"设置关键点"动画模式时，在这里可以快速访问命名选择集和轨迹集。

设置关键点：如果对当前的效果比较满意，可以单击该按钮（快捷键为K键）设置关键点。

关键点过滤器：单击该按钮，可以打开"设置关键点过滤器"对话框，在该对话框中可以选择要设置关键点的轨迹，如图10-11所示。

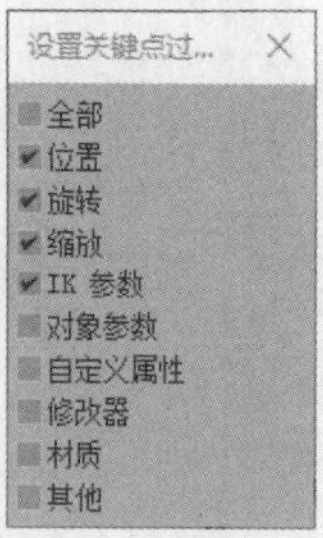

图10-11

2.播放控制器

在关键帧设置按钮的旁边是一些控制动画播放的工具，如图10-12所示。

图10-12

重要参数解析

转至开头：如果当前时间线滑块没有处于第0帧位置，那么单击该按钮可以跳转到第0帧。

上一帧：单击该按钮，可以将当前时间线滑块向前移动一帧。

播放动画：单击该按钮，可以播放整个场景中的所有动画。

下一帧：单击该按钮，可以将当前时间线滑块向后移动一帧。

转至结尾：如果当前时间线滑块没有处于结束帧位置，那么单击该按钮可以跳转到最后一帧。

关键点模式切换：单击该按钮，可以切换到关键点设置模式。

时间跳转：在该文本框中输入数字，可以使时间线滑块跳转到某一帧。例如，输入60，按Enter键就可以将时间线滑块跳转到第60帧。

时间配置：单击该按钮，可以打开"时间配置"对话框，该对话框中的参数将在下面的内容中进行讲解。

3.时间配置

单击"时间配置"按钮，打开"时间配置"对话框，如图10-13所示。

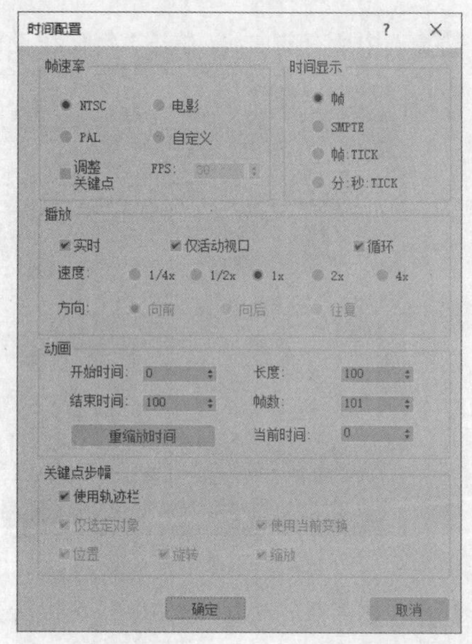

图10-13

重要参数解析

帧速率：包括NTSC（30帧/秒）、PAL（25帧/秒）、"电影"（24帧/秒）和"自定义"4种方式可供选择。

FPS（每秒帧数）：采用每秒帧数来设置动画的帧速率，视频使用30FPS的帧速率、电影使用24 FPS的帧速率，而Web和媒体动画则使用更低的帧速率。

帧/SMPTE/帧:TICK/分:秒:TICK：指定在时间线滑块及整个3ds Max 2020中显示时间的方法。

实时：使视图中播放的动画与当前"帧速率"的设置保持一致。

仅活动视口：使播放操作只在活动视口中进行。

循环：控制动画只播放一次或者循环播放。

速度：选择动画的播放速度。

方向：选择动画的播放方向。

开始时间/结束时间：设置在时间线滑块中显示的活动时间段。

长度：设置显示活动时间段的帧数。

帧数：设置要渲染的帧数。

重缩放时间 重缩放时间 ：拉伸或收缩活动时间段内的动画，以匹配指定的新时间段。

当前时间：指定时间线滑块的当前帧。

使用轨迹栏：勾选该选项后，可以使关键点模式遵循轨迹栏中的所有关键点。

仅选定对象：在使用"关键点步幅"模式时，勾选该选项仅考虑选定对象的变换。

使用当前变换：不勾选"位置""旋转""缩放"选项时，该选项可以在关键点模式中使用当前变换。

位置/旋转/缩放：指定关键点模式所使用的变换模式。

10.2.3 曲线编辑器

曲线编辑器是制作动画时经常使用到的一个编辑器。使用曲线编辑器可以快速调节曲线来控制物体的运动状态。单击主工具栏中的"曲线编辑器（打开）"按钮，打开"轨迹视图-曲线编辑器"窗口，如图10-14所示。

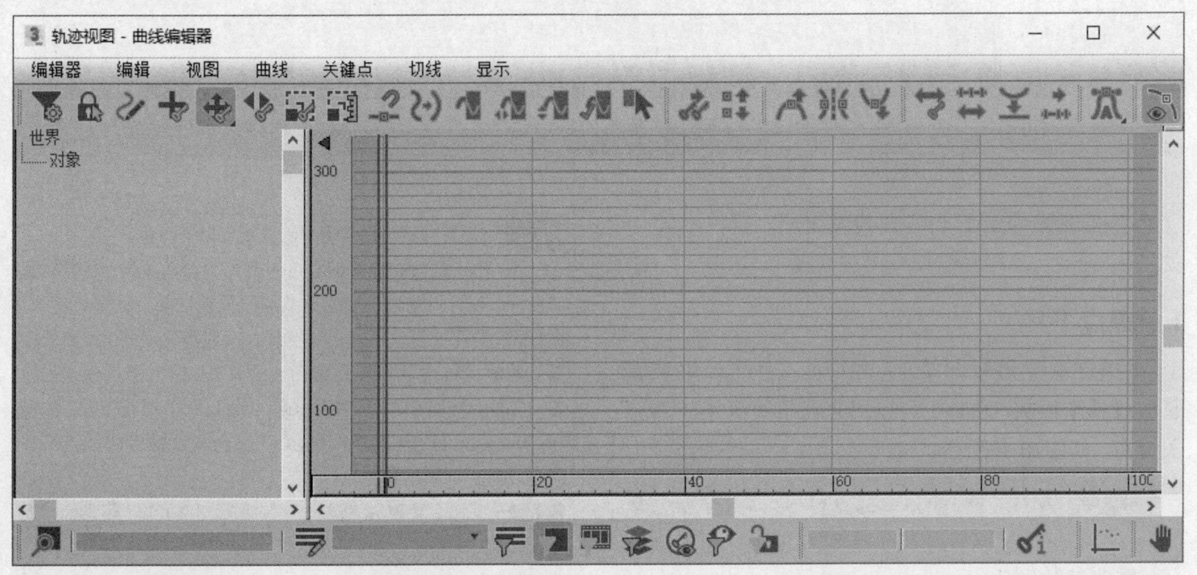

图10-14

为物体设置动画属性以后，在"轨迹视图-曲线编辑器"窗口中就会出现与之对应的曲线，如图10-15所示。

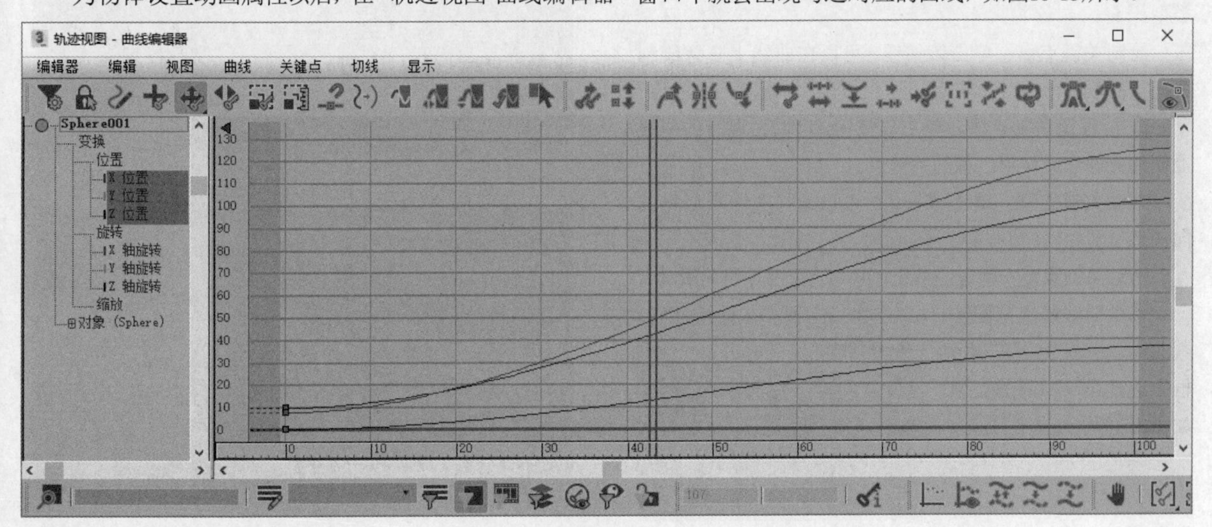

图10-15

在“轨迹视图-曲线编辑器”窗口中，x轴默认使用红色曲线来表示，y轴默认使用绿色曲线来表示，z轴默认使用紫色曲线来表示，这3条曲线与坐标轴的3条轴线的颜色相同，图10-16所示的x轴曲线为抛物线形态，表示物体正呈加速运动。

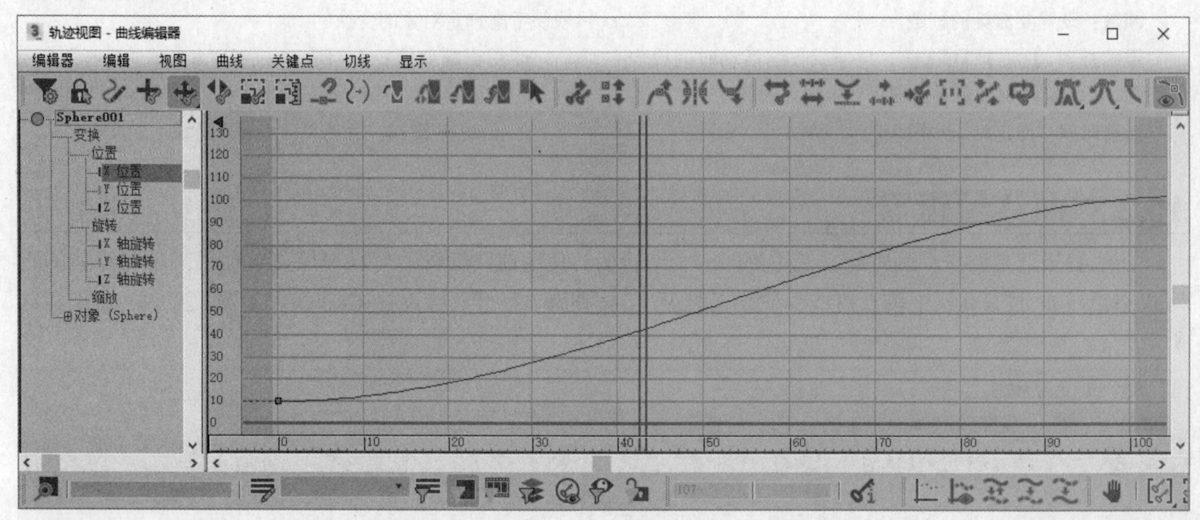

图10-16

下面讲解“轨迹视图-曲线编辑器”窗口中的相关工具。

1.关键点工具

“关键点:轨迹视图”工具栏中的按钮主要用来调整曲线基本形状，同时也可以用来调整关键帧和添加关键点，如图10-17所示。

图10-17

重要参数解析

过滤器：单击该按钮，可以选择需要显示的关键帧类型。

绘制关键点：单击该按钮，可以在曲线上随意绘制关键点的位置。

添加/移除关键点：单击该按钮，可以在现有的曲线上创建关键点或移除已有的关键点。

移动关键点：单击该按钮，可以选择关键点后将其向任意位置移动。

滑动关键点：单击该按钮，可以让关键点横向滑动。

参数曲线超出范围：单击该按钮，可以在打开的“参数曲线超出范围类型”对话框中选择循环曲线的类型，如图10-18所示。

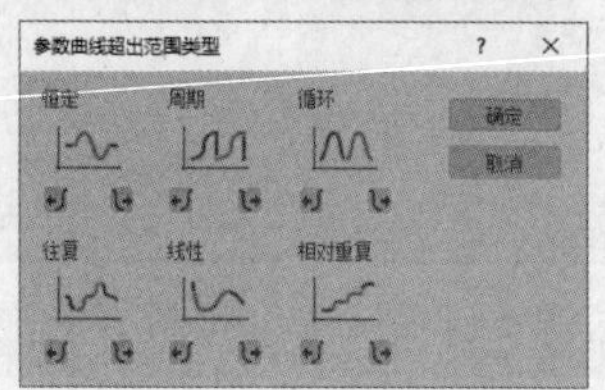

图10-18

提示 设置关键点的常用方法主要有以下两种。

第1种：自动设置关键点。当开启“自动关键点”功能后，就可以通过定位当前帧的位置来记录下动画。例如，图10-19中有一个球体，并且当前时间线滑块处于第0帧的位置。将时间线滑块拖曳到第10帧的位置，然后移动球体的位置，这时系统会在第0帧和第10帧自动记录下动画信息，如图10-20所示，此时单击“播放动画”按钮或拖曳时间线滑块就可以看到球体的位移动画。

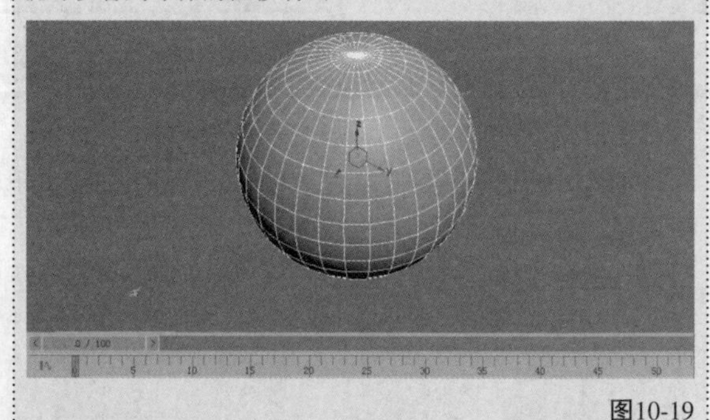

图10-19

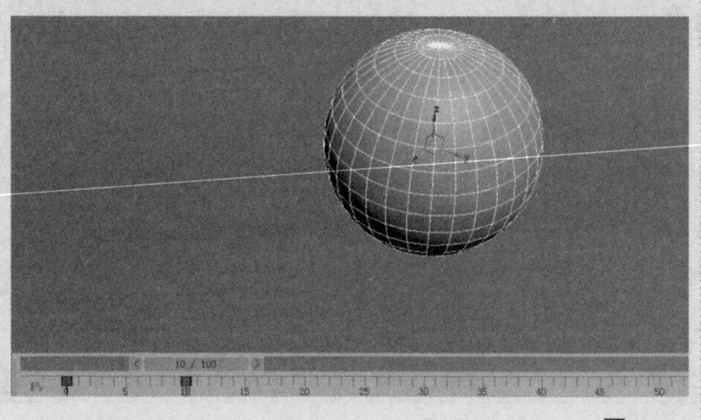

图10-20

第2种：手动设置关键点。单击“设置关键点”按钮，开启设置关键点功能，将时间线滑块拖曳到第20帧，移动球体的位置，完成后单击“设置关键点”按钮即可，如图10-21所示。

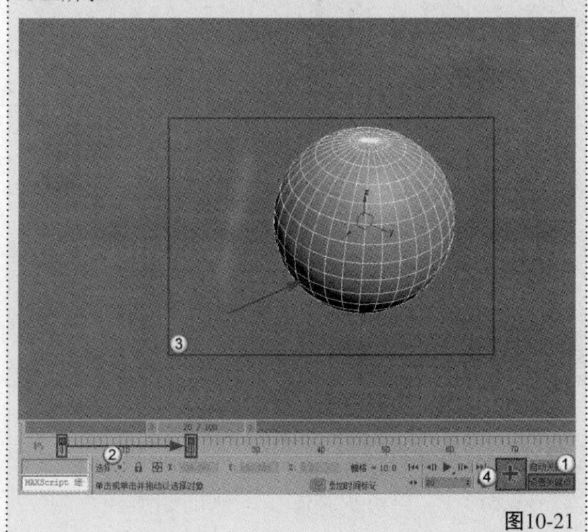

图10-21

2.关键点切线工具

“关键点切线:轨迹视图”工具栏中的按钮主要用来调整曲线的切线，如图10-22所示。

图10-22

重要参数解析

将切线设置为自动：选择关键点后，单击该按钮可以切换为自动切线。

将切线设置为自定义：单击该按钮，可以将关键点切线设置为自定义切线。

将切线设置为快速：单击该按钮，可以将关键点切线设置为快速内切线或快速外切线，也可以设置为快速内切线兼快速外切线。

将切线设置为慢速：单击该按钮，可以将关键点切线设置为慢速内切线或慢速外切线，也可以设置为慢速内切线兼慢速外切线。

将切线设置为阶梯：单击该按钮，可以将关键点切线设置为阶跃内切线或阶跃外切线，也可以设置为阶跃内切线兼阶跃外切线。

将切线设置为线性：单击该按钮，可以将关键点切线设置为线性内切线或线性外切线，也可以设置为线性内切线兼线性外切线。

将切线设置为平滑：单击该按钮，可以将关键点切线设置为平滑切线。

3.切线动作

“切线动作”工具栏中的按钮主要用于统一和断开动画关键点切线，如图10-23所示。

图10-23

重要参数解析

显示切线：默认开启该效果，可以显示关键点上的切线。

断开切线：单击该按钮，可以将两条切线（控制柄）链接到一个关键点，使其能够独立移动，以便不同的运动能够进出关键点。

统一切线：单击该按钮，如果切线是统一的，按任意方向移动切线，可以让切线之间保持最小角度。

锁定切线：单击该按钮，可以将切线锁定。

10.3 约束

所谓“约束”，就是将事物的变化限制在一个特定的范围内。将两个或多个对象绑定在一起后，使用“动画>约束”菜单中的命令可以控制对象的位置、旋转或缩放。执行“动画>约束”菜单命令，可以看到菜单中包含7个命令，分别是“附着约束”“曲面约束”“路径约束”“位置约束”“链接约束”“注视约束”“方向约束”，如图10-24所示。

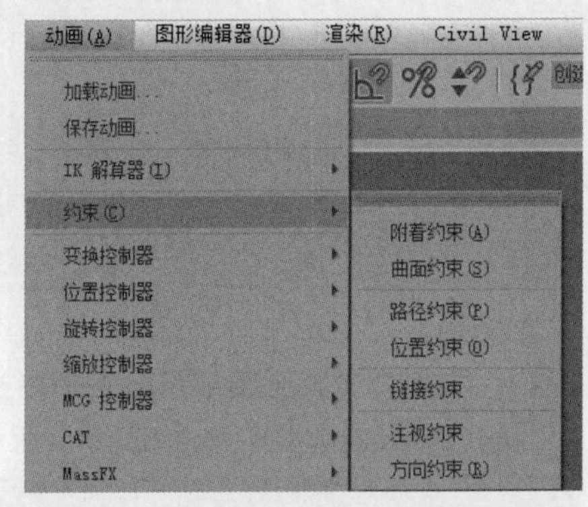

图10-24

本节内容介绍

名称	作用	重要程度
附着约束	将对象的位置附到另一个对象的面上	中
曲面约束	沿着另一个对象的曲面来限制对象的位置	中
路径约束	沿着路径来约束对象的移动效果	高
位置约束	使受约束的对象跟随另一个对象的位置	中
链接约束	将一个对象中的受约束对象链接到另一个对象上	中
注视约束	约束对象的方向，使其始终注视另一个对象	高
方向约束	使受约束的对象旋转跟随另一个对象的旋转效果	中

10.3.1 课堂案例：制作行星动画

场景位置	案例文件>CH10>课堂案例：制作行星动画>02.max
实例位置	案例文件>CH10>课堂案例：制作行星动画.max
学习目标	掌握使用路径约束制作动画的方法

本案例使用"路径约束"命令制作行星运动动画，效果如图10-25所示。

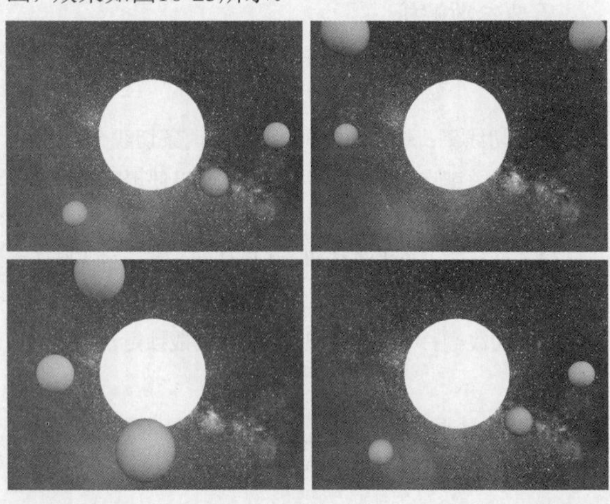

图10-25

01 打开本书学习资源中的"案例文件>CH10>课堂案例：制作行星动画>02.max"文件，如图10-26所示。

图10-26

02 使用"圆"工具 圆 在视图中绘制一个"半径"为1000mm的圆形样条，如图10-27所示。

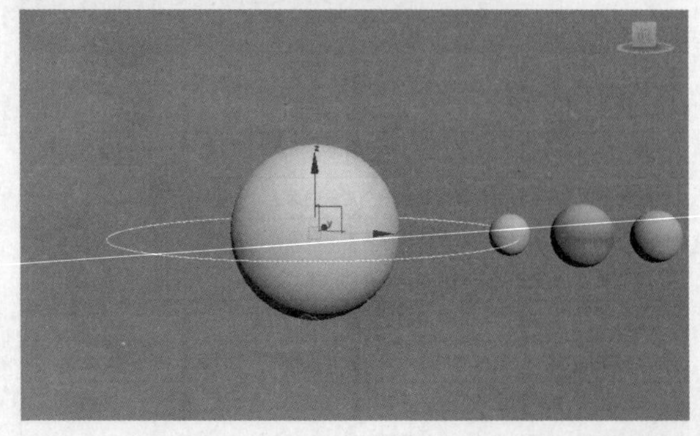

图10-27

03 选中上一步绘制的圆形样条，旋转复制两个，并修改其大小，如图10-28所示。

图10-28

04 选中蓝色的球体模型，执行"动画>约束>路径约束"菜单命令，单击步骤02中绘制的圆形样条，就可以看到蓝色球体模型移动到了圆形样条上，如图10-29所示。

图10-29

05 按照上一步的方法，将另外两个小球模型链接到其他两个圆形样条上，如图10-30所示。

图10-30

06 单击“向前播放”按钮▶，可以看到小球模型在样条上移动，如图10-31所示。

图10-31

07 此时小球的移动方向是一致的。选中小球模型，在“路径参数”卷展栏中勾选“跟随”选项，如图10-32所示。此时小球模型会随着运动进行角度变换，如图10-33所示。

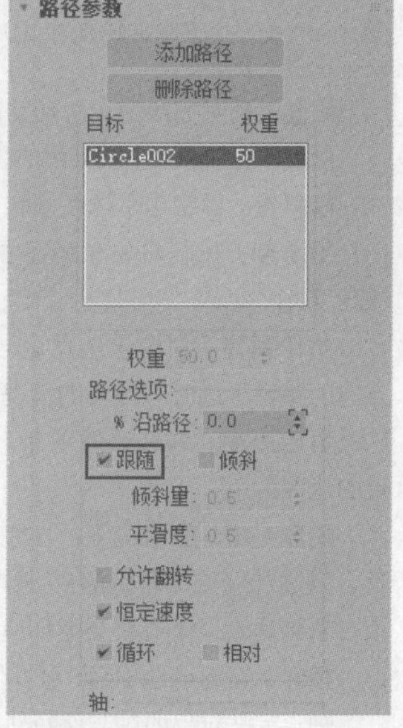

图10-32

图10-33

08 选择动画效果明显的一些帧，按F9键渲染这些单帧动画，最终效果如图10-34所示。

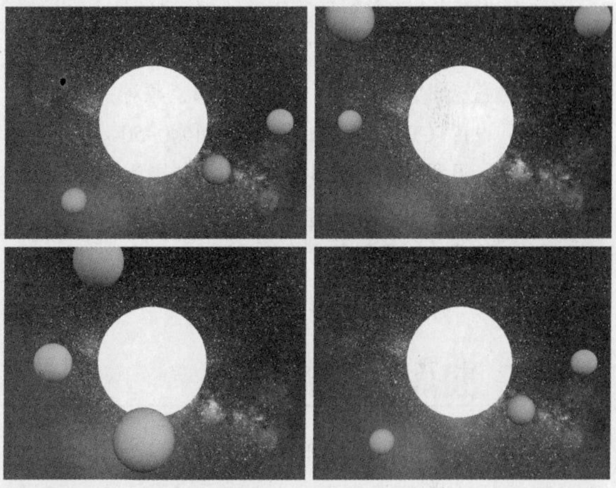

图10-34

10.3.2 附着约束

附着约束是一种位置约束，它可以将一个对象的位置附着到另一个对象的面上（目标对象不用必须是网格，但必须能够转换为网格），其“附着参数”卷展栏如图10-35所示。

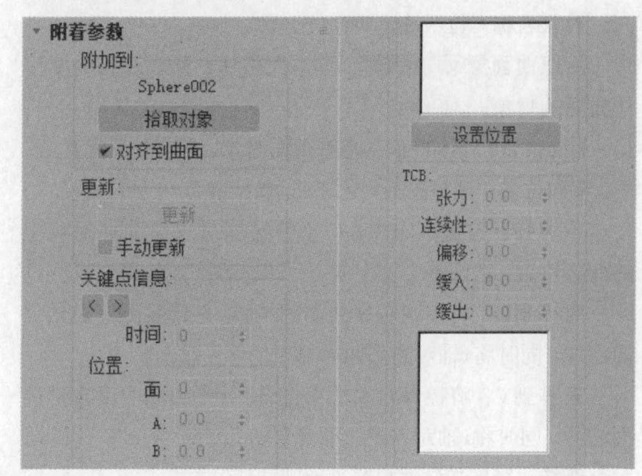

图10-35

重要参数解析

对象名称：显示要附着的目标对象。

拾取对象 拾取对象 ：单击此按钮，可以在视图中拾取目标对象。

对齐到曲面：勾选该选项，可以将附着对象的方向固定在其所指定的面上；不勾选该选项，附着对象的方向将不受目标对象上的面的方向影响。

更新 更新 ：单击此按钮，可以更新显示附着效果。

手动更新：勾选该选项，可以使用"更新"按钮 更新 。

时间：显示当前帧，并可以将当前关键点移动到不同的帧中。

面：提供对象所附着到的面的索引。

A/B：设置面上附着对象的位置的重心坐标。

显示窗口：在附着面内部显示源对象的位置。

设置位置 设置位置 ：在目标对象上调整源对象的放置。

张力：设置TCB控制器的张力，范围为0~50。

连续性：设置TCB控制器的连续性，范围为0~50。

偏移：设置TCB控制器的偏移量，范围为0~50。

缓入：设置TCB控制器的缓入位置，范围为0~50。

缓出：设置TCB控制器的缓出位置，范围为0~50。

10.3.3 曲面约束

使用曲面约束可以将对象限制在另一对象的表面上，其"曲面控制器参数"卷展栏如图10-36所示。

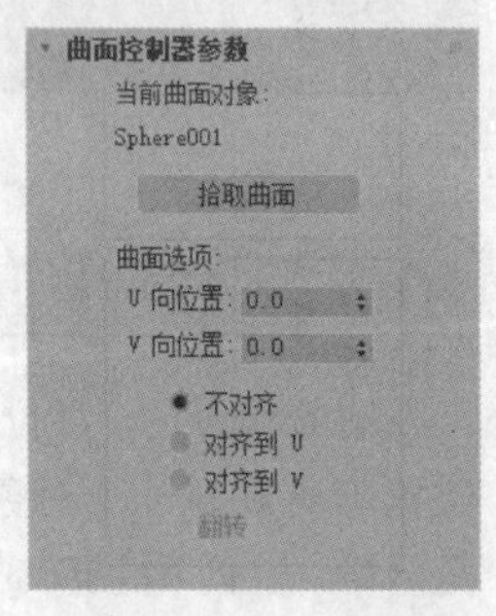

图10-36

重要参数解析

对象名称：显示选定对象的名称。

拾取曲面 拾取曲面 ：单击此按钮，可以选择需要用作曲面的对象。

U向位置：调整控制对象在曲面对象U方向上的位置。

V向位置：调整控制对象在曲面对象V方向上的位置。

不对齐：勾选该选项后，不管控制对象在曲面对象上的什么位置，它都不会重定向。

对齐到U：将控制对象的局部z轴对齐到曲面对象的曲面法线，同时将x轴对齐到曲面对象的U方向。

对齐到V：将控制对象的局部z轴对齐到曲面对象的曲面法线，同时将x轴对齐到曲面对象的V方向。

翻转：翻转控制对象局部z轴的对齐方式。

10.3.4 路径约束

使用路径约束可以对一个对象沿着样条线或在多个样条线间的平均距离间的移动进行限制，其"路径参数"卷展栏如图10-37所示。

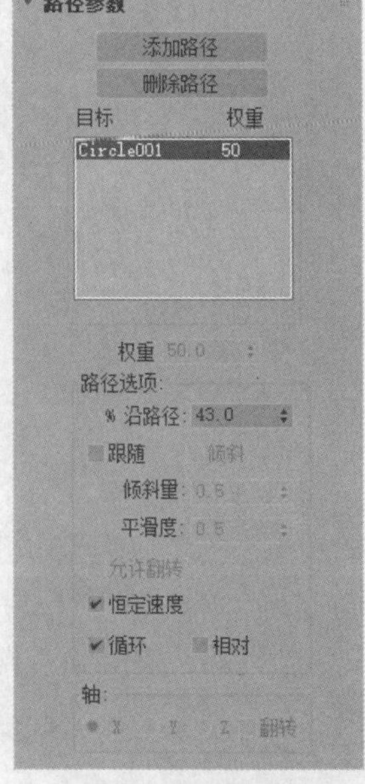

图10-37

重要参数解析

添加路径 添加路径 ：单击此按钮，可以添加一个新的样条线路径使之对约束对象产生影响。

删除路径 删除路径 ：单击此按钮，可以从目标列表中移除一个路径。

目标/权重：该列表框用于显示样条线路径及其权重值。

权重：为每个目标指定并设置动画。

%沿路径：设置对象沿路径的位置百分比。

> **提示** 注意，"%沿路径"的值基于样条线路径的U值。一个NURBS曲线可能没有均匀的空间U值，因此如果"%沿路径"的值为50可能不会直观地转换为NURBS曲线长度的50%。

跟随：在对象跟随轮廓运动的同时将对象指定给轨迹。

倾斜：当对象通过样条线的曲线时允许对象倾斜（滚动）。

倾斜量：调整这个量使倾斜从一边或另一边开始。

平滑度：控制对象在路径中转弯时翻转角度改变的快慢程度。

允许翻转：勾选该选项后，可以避免在对象沿着垂直方向的路径行进时有翻转的情况。

恒定速度：勾选该选项后，可以沿着路径提供一个恒定的速度。

循环：在一般情况下，当约束对象到达路径末端时，它不会越过末端点，而"循环"选项可以改变这一行为，当约束对象到达路径末端时会循环回起始点。

相对：勾选该选项后，可以保持约束对象的原始位置。

轴：定义对象的轴与路径轨迹对齐。

10.3.5 位置约束

使用位置约束可以使对象跟随一个对象的位置或者几个对象的权重平均位置，其“位置约束”卷展栏如图10-38所示。

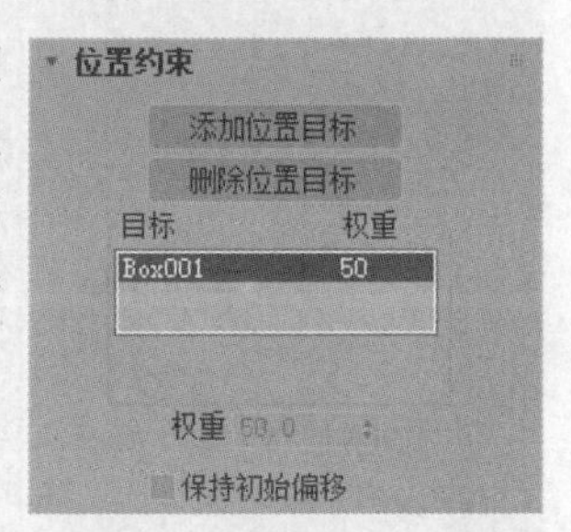

图10-38

重要参数解析

添加位置目标：单击该按钮，可以添加影响受约束对象位置的新目标对象。

删除位置目标：单击该按钮，可以删除目标对象，一旦将目标对象删除，它将不再影响受约束对象的位置。

目标/权重：该列表框用于显示目标对象及其权重值。

权重：为每个目标指定并设置动画。

保持初始偏移：勾选该选项后，可以保留受约束对象与目标对象的原始距离。

10.3.6 链接约束

使用链接约束可以创建对象与目标对象之间彼此链接的动画，其“链接参数”卷展栏如图10-39所示。

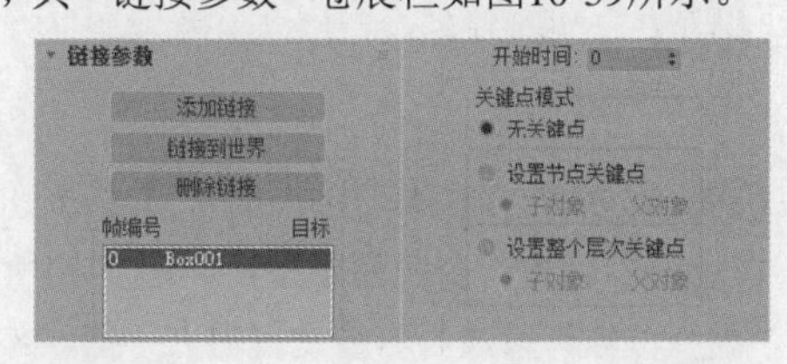

图10-39

重要参数解析

添加链接：单击该按钮，可以添加一个新的链接目标。

链接到世界：单击该按钮，可以将对象链接到世界（整个场景）。

删除链接：单击该按钮，可以删除高亮显示的链接目标。

开始时间：指定或编辑目标的帧值。

无关键点：勾选该选项后，在约束对象或目标对象中不会写入关键点。

设置节点关键点：勾选该选项后，可以将关键帧写入指定的选项，包含“子对象”和“父对象”两种。

设置整个层次关键点：用指定选项在层次上部设置关键帧，包含“子对象”和“父对象”两种。

10.3.7 注视约束

使用注视约束可以控制对象的方向，并使它一直注视另一个对象，其“注视约束”卷展栏如图10-40所示。

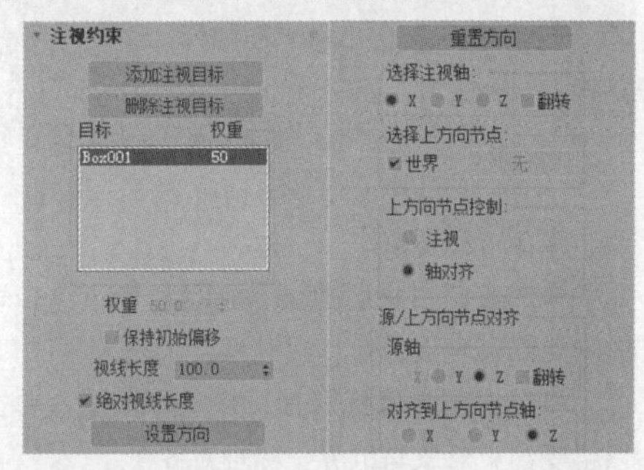

图10-40

重要参数解析

添加注视目标：单击该按钮，可以添加影响约束对象的新目标。

删除注视目标：单击该按钮，可以删除影响约束对象的目标对象。

目标/权重：该列表框用于为每个目标指定权重值并设置动画。

保持初始偏移：勾选该选项后，将约束对象的原始方向保持为相对于约束方向上的一个偏移。

视线长度：定义从约束对象轴到目标对象轴所绘制的视线长度。

绝对视线长度：勾选该选项后，3ds Max 2020仅使用“视线长度”设置主视线的长度。

设置方向：单击该按钮，可以对约束对象的偏移方向进行手动定义。

重置方向：单击该按钮，可以将约束对象的方向设置回默认值。

选择注视轴：用于定义注视目标的轴。

选择上方向节点：选择注视的上部节点，默认设置为“世界”。

上方向节点控制：允许在注视的上部节点控制器和轴对齐之间快速翻转。

源轴：选择与上部节点轴对齐的约束对象的轴。

对齐到上方向节点轴：选择与所选源轴对齐的上部节点轴。

10.3.8 方向约束

使用方向约束可以使某个对象的方向沿着另一个对象的方向或若干对象的平均方向，其“方向约束”卷展栏如图10-41所示。

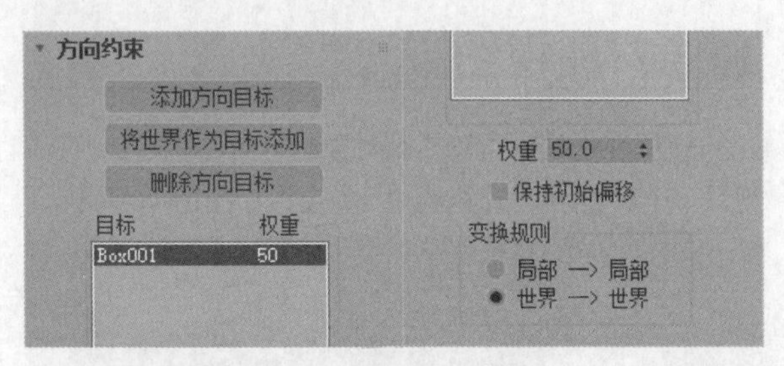

图10-41

重要参数解析

添加方向目标 添加方向目标：单击该按钮，可以添加影响受约束对象的新目标对象。

将世界作为目标添加 将世界作为目标添加：单击该按钮，可以将受约束对象与世界坐标轴对齐。

删除方向目标 删除方向目标：单击该按钮，可以删除目标对象，删除目标对象后，将不再影响受约束对象。

目标/权重：为每个目标指定并设置动画。

保持初始偏移：勾选该选项后，可以保留受约束对象的初始方向。

变换规则：将“方向约束”应用于层次中的某个对象后，即确定了是将局部节点变换还是将父变换用于“方向约束”。

» **局部->局部**：选择该选项后，局部节点变换将用于“方向约束”。

» **世界->世界**：选择该选项后，将应用父变换或世界变换，而不是应用局部节点变换。

10.4 变形器

本节将介绍制作变形动画的两个重要变形器，即“变形器”修改器与“路径变形（WSM）”修改器。

本节内容介绍

名称	作用	重要程度
变形器修改器	改变网格、面片和NURBS模型的形状	高
路径变形（WSM）修改器	根据图形、样条线或NURBS曲线路径来使对象变形	中

10.4.1 课堂案例：制作旋转的光带

场景位置　无

实例位置　案例文件>CH10>课堂案例：制作旋转的光带.max

学习目标　掌握路径变形（WSM）修改器的用法

使用“路径变形（WSM）”修改器可以沿着样条线的路径生成模型，从而制作出动画效果，如图10-42所示。

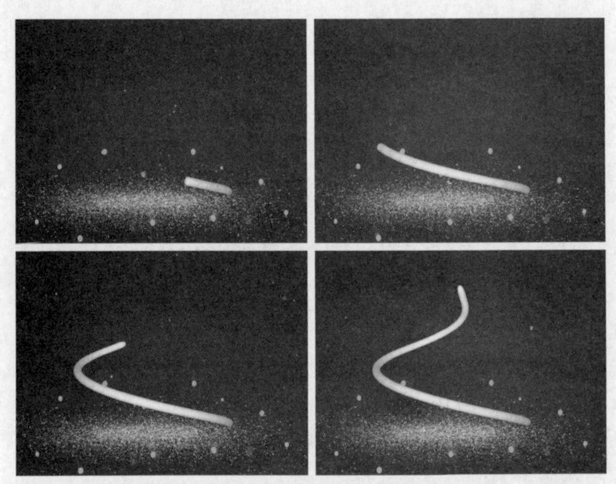

图10-42

01 使用“螺旋线”工具 螺旋线 在场景中绘制一个螺旋线样条，如图10-43所示。

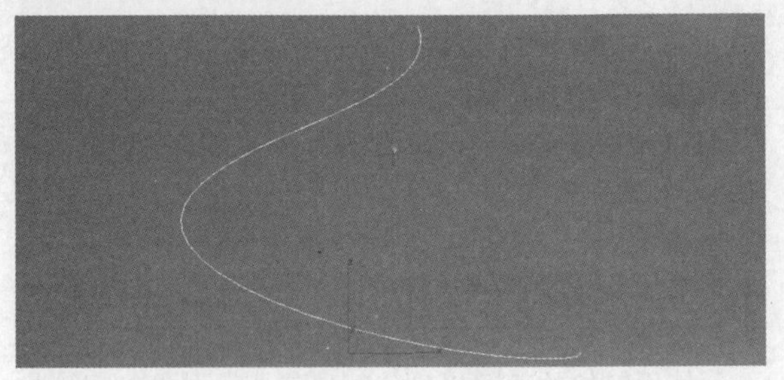

图10-43

提示 螺旋线样条的样式仅为参考，读者可按照自己的喜好进行绘制。

02 在“扩展基本体”中单击“胶囊”按钮 胶囊 ，在场景中创建一个胶囊模型，如图10-44所示。在设置“高度分段”参数时尽量设置得大一些，这样在沿着样条生成模型时才不会出现棱角。

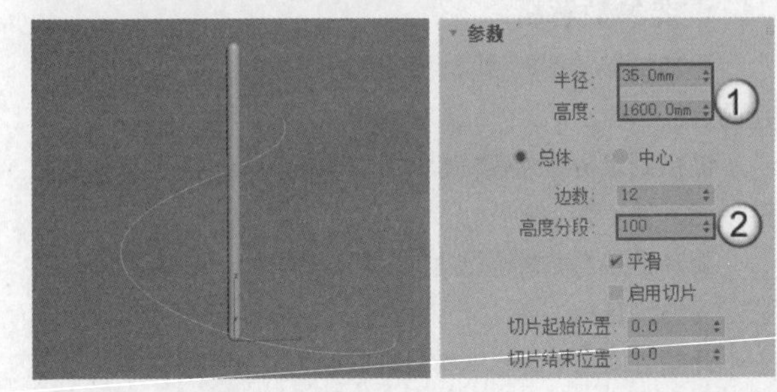

图10-44

03 选中胶囊模型，在“修改器列表”中选择“路径变形绑定（WSM）”选项，如图10-45所示。

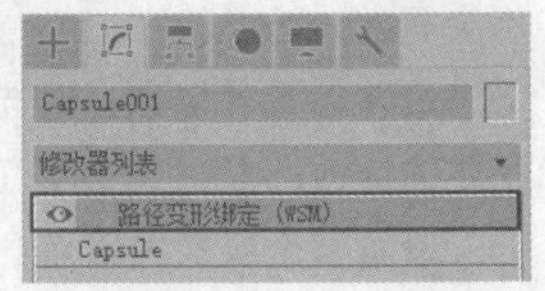

图10-45

04 单击“拾取路径”按钮 拾取路径 ，单击场景中的螺旋样条线，此时可以看到胶囊模型自动吸附在样条线上，如图10-46所示。

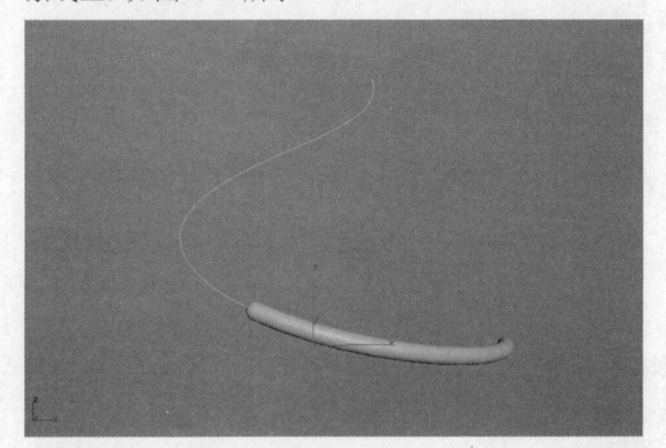

图10-46

> **提示** 如果胶囊模型没有吸附在样条线上，需要单击“转到路径”按钮。

05 单击“自动关键点”按钮 自动关键点 ，在第0帧时设置“拉伸”为0，如图10-47所示。

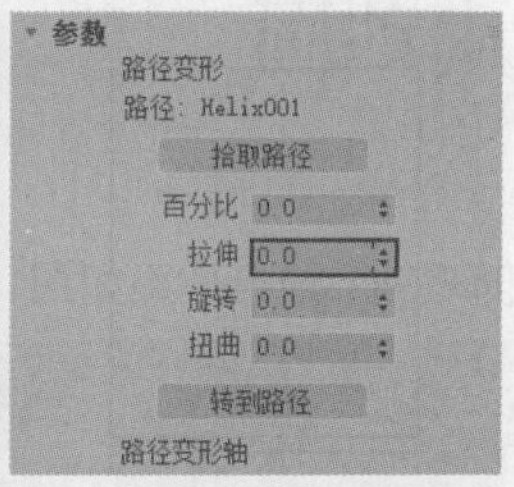

图10-47

06 移动时间滑块到100帧，设置“拉伸”为2.58，如图10-48所示。

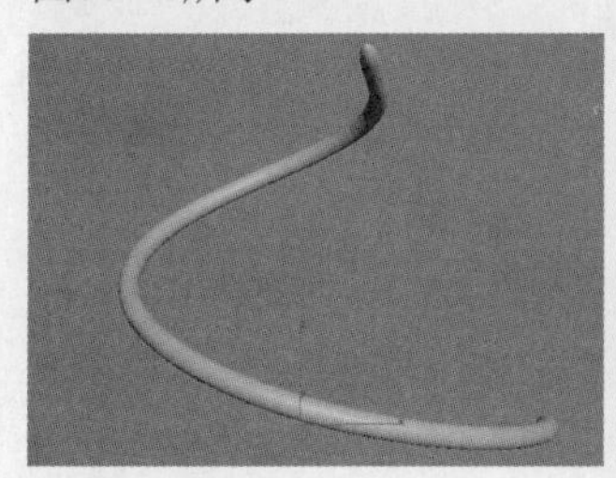
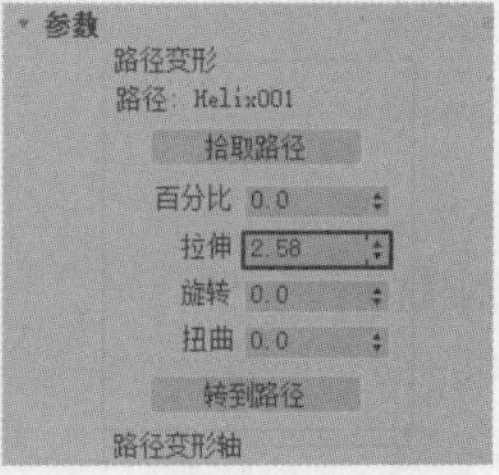

图10-48

> **提示** 默认情况下无法为参数添加关键帧，需要单击“关键点过滤器”按钮 关键点过滤器 ，在打开的对话框中勾选“对象参数”选项，如图10-49所示。

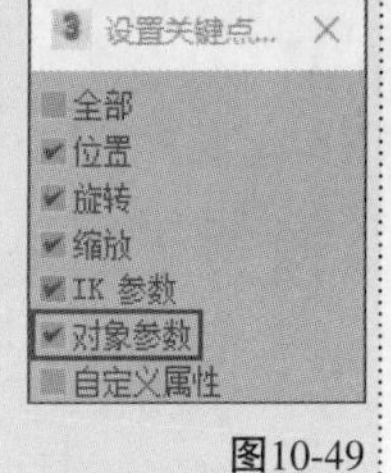

图10-49

07 为场景添加材质、灯光和背景后，最终效果如图10-50所示。

图10-50

10.4.2 变形器修改器

“变形器”修改器可以用来改变网格、面片和NURBS模型的形状，同时还支持材质变形，一般用于制作变形动画。“变形器”修改器的参数包含在5个卷展栏中，如图10-51所示。

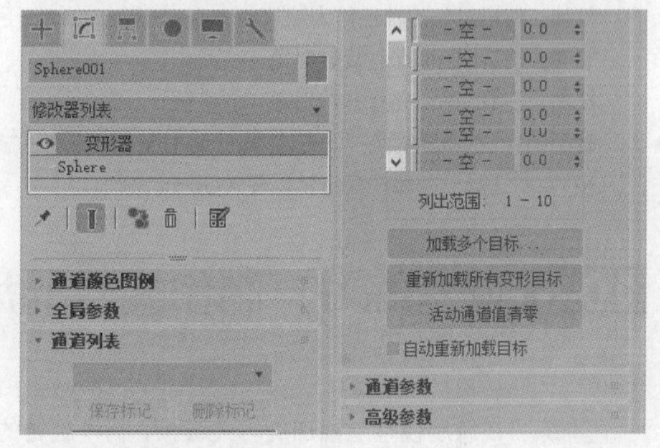

图10-51

重要参数解析

标记下拉列表 ：在该下拉列表中可以选择以前保存的标记。

保存标记 保存标记 ：在标记下拉列表中选择标记名称后，单击该按钮可以保存标记。

删除标记 删除标记 ：从标记下拉列表中选择要删除的标记名，单击该按钮可以将其删除。

通道列表：“变形器”修改器最多可以提供100个变形通道，每个通道具有一个百分比值，为通道指定变形目标后，该目标的名称将显示在通道列表中。

列出范围：显示通道列表中的可见通道范围。

加载多个目标 加载多个目标... ：单击该按钮，可以打开“加载多个目标”对话框，如图10-52所示，在该对话框中可以选择对象，并将多个变形目标加载到空通道中。

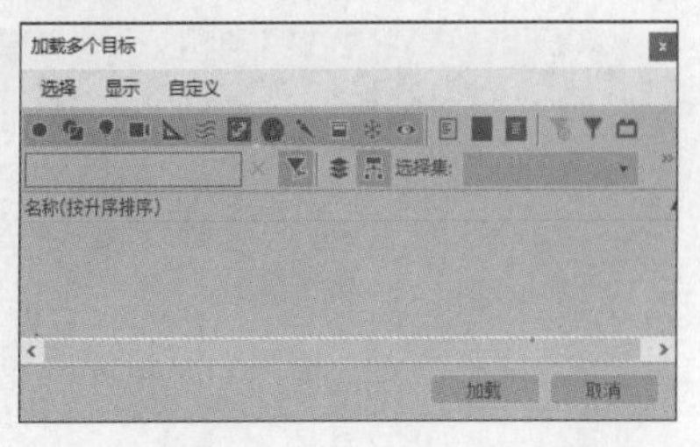

图10-52

重新加载所有变形目标 重新加载所有变形目标：单击该按钮，可以重新加载所有变形目标。

活动通道值清零 活动通道值清零：如果已启用自动关键点功能，那么单击该按钮可以为所有活动变形通道创建值为0的关键点。

自动重新加载目标：勾选该选项后，允许“变形器”修改器自动更新动画目标。

10.4.3 路径变形（WSM）修改器

使用“路径变形（WSM）”修改器可以根据图形、样条线或NURBS曲线路径来变形对象，其“参数”卷展栏如图10-53所示。

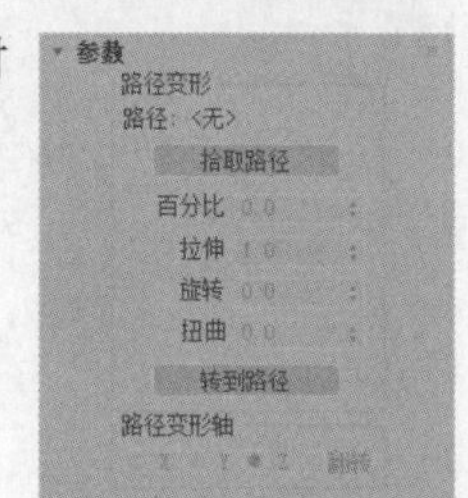

图10-53

重要参数解析

路径：显示选定路径对象的名称。

拾取路径 拾取路径：单击该按钮，可以在视图中选择一条样条线或NURBS曲线作为路径使用。

百分比：根据路径长度的百分比沿着Gizmo路径移动对象。

拉伸：使用对象的轴点作为缩放的中心，沿着Gizmo路径缩放对象。

旋转：沿着Gizmo路径旋转对象。

扭曲：沿着Gizmo路径扭曲对象。

转到路径 转到路径：单击该按钮，将对象从其初始位置转到路径的起点。

X/Y/Z：选择一条路径变形轴以旋转Gizmo路径。

10.5 课堂练习：制作旋转的风扇动画

场景位置　案例文件>CH10>课堂练习：制作旋转的风扇动画>03.max

实例位置　案例文件>CH10>课堂练习：制作旋转的风扇动画.max

学习目标　掌握自动关键点动画的制作方法

本练习在风扇模型上添加旋转关键帧，制作旋转的风扇动画，最终效果如图10-54所示。

图10-54

10.6 课后习题：制作气球飞行动画

场景位置　案例文件>CH10>课堂练习：制作气球飞行动画>04.max

实例位置　案例文件>CH10>课堂练习：制作气球飞行动画.max

学习目标　掌握自动关键点动画的制作方法

本习题制作气球飞行动画，不仅需要制作位移关键帧，还需要制作旋转关键帧，最终效果如图10-55所示。

图10-55

第11章

商业案例实训

本章将通过1个电商场景案例、1个游戏场景案例和3个室内效果图案例讲解不同类型的商业案例制作方法。

课堂学习目标

- 掌握电商场景的制作思路及相关技巧
- 掌握游戏场景的制作思路及相关技巧
- 掌握室内效果图的制作思路及相关技巧

11.1 商业案例：美妆电商场景表现

场景位置　案例文件>CH11>商业案例：美妆电商场景表现>01.max
实例位置　案例文件>CH11>商业案例——家装客厅日光效果表现.max
学习目标　掌握客厅的日光表现方法

三维软件在制作电商场景时拥有独特的优势，运用平面软件制作时需要考虑复杂的光影关系，三维软件可以更快、更加逼真地制作场景。本案例制作一个美妆电商展示场景，最终效果如图11-1所示。

图11-1

11.1.1 测试渲染

01 打开本书学习资源中的“案例文件>CH11>商业案例：美妆电商场景表现>01.max”文件，如图11-2所示。

图11-2

02 按F10键打开“渲染设置”对话框，在“输出大小”选项组中设置“宽度”为1280，“高度”为720，单击“图像纵横比”选项后面的“锁定”按钮，锁定渲染图像的纵横比，如图11-3所示。

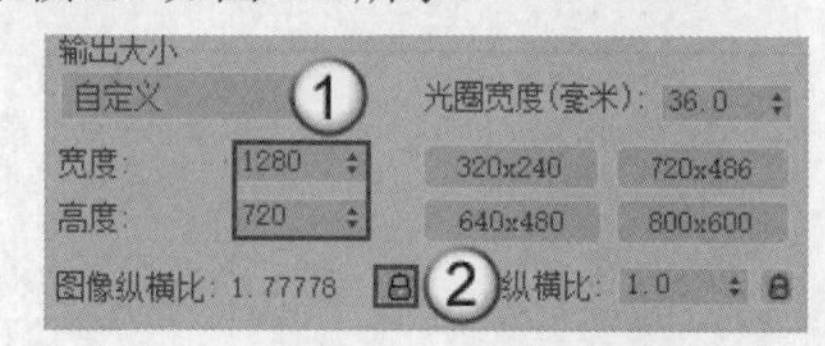

图11-3

03 切换到VRay选项卡，在“渐进式图像采样器”卷展栏下设置“最大细分”为50，“渲染时间（分）”为1，如图11-4所示。

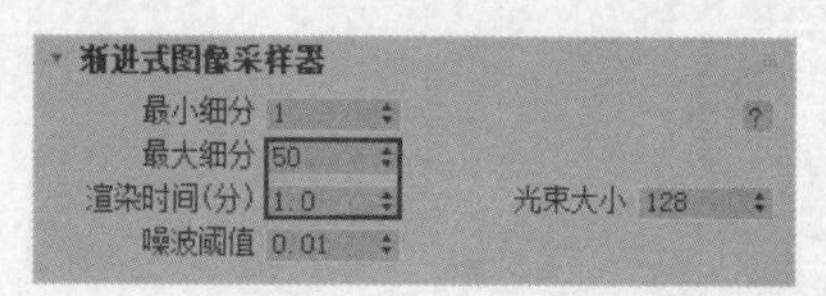

图11-4

04 展开“颜色贴图”卷展栏，设置“类型”为“莱因哈德”，“加深值”为0.6，如图11-5所示。

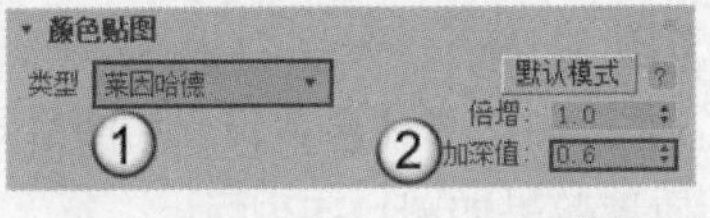

图11-5

05 切换到GI选项卡，在“灯光缓存”卷展栏中设置“细分”为600，如图11-6所示。

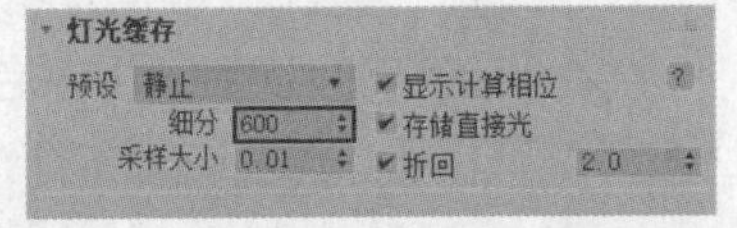

图11-6

11.1.2 灯光制作

本案例场景的灯光较为简单，只需要创建一个环境光和一个主光源即可。

1.环境光

01 使用“VR-灯光”工具 VR-灯光 在场景的任意位置创建一盏穹顶灯光，如图11-7所示。

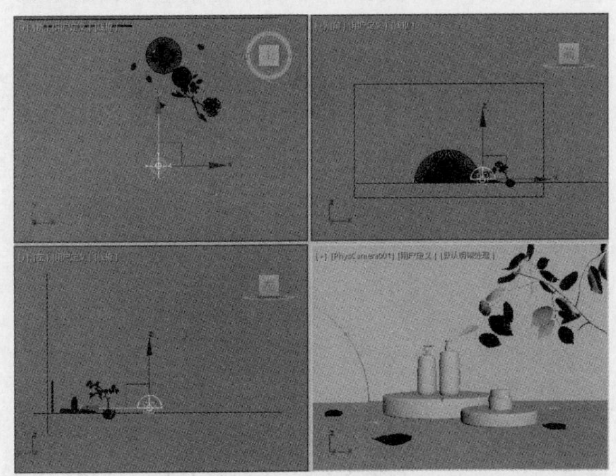

图11-7

02 选择上一步创建的VR-灯光，进入“修改”面板，在“常规”卷展栏中设置“类型”为“穹顶”，“倍增”为10，“颜色”为白色，如图11-8所示。

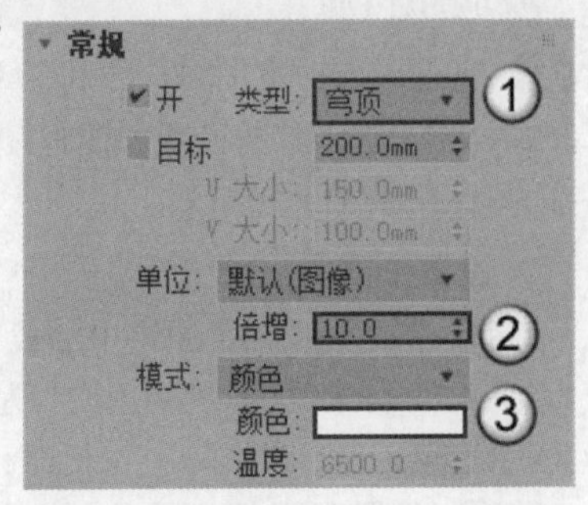

图11-8

03 按F9键渲染当前场景，如图11-9所示。

图11-9

2.主光源

01 虽然场景被整体照亮，但没有明显的亮部与暗部的区分，画面显得不是很立体。使用“VR-灯光”工具 VR-灯光 在画面右侧创建一盏灯光，如图11-10所示。

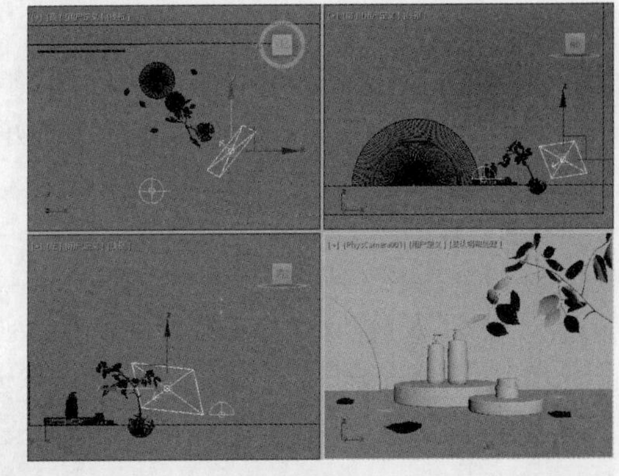

图11-10

02 选择上一步创建的VR-灯光，进入“修改”面板，展开“参数”卷展栏，具体参数设置如图11-11所示。

设置步骤

① 在“常规”卷展栏中设置“类型”为“平面”，“长度”为714.181mm，“宽度”为431.982mm，“倍增”为50，“颜色”为白色。

② 在“选项”卷展栏中勾选“不可见”选项。

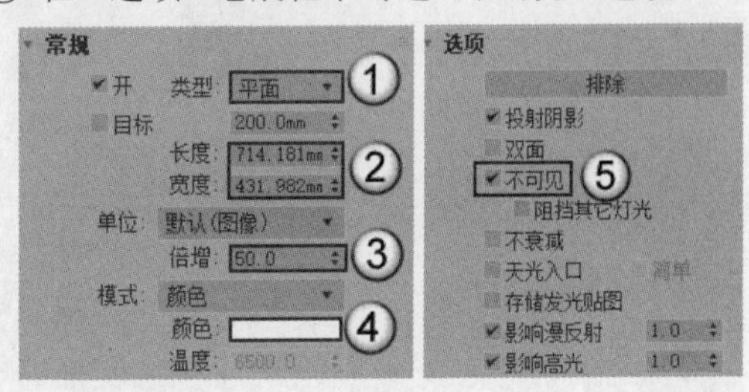

图11-11

03 按F9键渲染当前场景，如图11-12所示。

图11-12

11.1.3 材质制作

本案例的场景材质较为简单，所列举的参数仅为参考，读者可在此基础上灵活处理。

1.绿色材质

01 选择一个空白材质球，设置材质类型为VRayMtl，具体参数设置如图11-13所示，制作好的材质球效果如图11-14所示。

设置步骤

① 设置“漫反射”颜色为绿色。

② 设置“反射”颜色为灰色，“光泽度”为0.8。

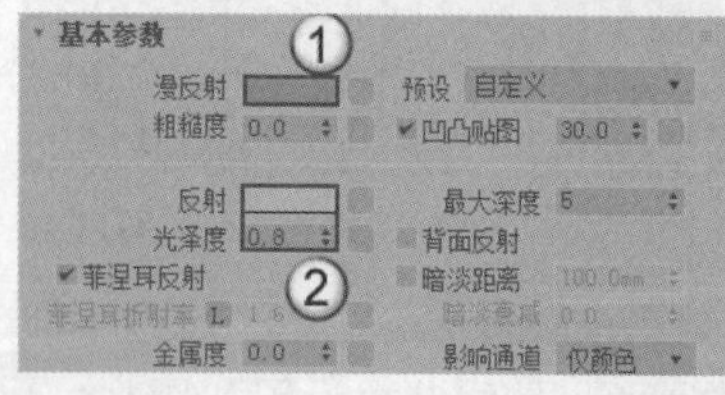

图11-13

图11-14

02 将材质赋予地面和背景装饰模型，如图11-15所示。

图11-15

2.白色材质

01 选择一个空白材质球，设置材质类型为VRayMtl，具体参数设置如图11-16所示，制作好的材质球效果如图11-17所示。

设置步骤

① 设置“漫反射”颜色为浅灰色。

② 设置“反射”颜色为深灰色，“光泽度”为0.8。

图11-16

图11-17

02 将材质赋予背景模型和展示台模型，如图11-18所示。

图11-18

3.玻璃瓶材质

01 选择一个空白材质球，设置材质类型为VRayMtl，具体参数设置如图11-19所示，制作好的材质球效果如图11-20所示。

设置步骤

① 在“漫反射”通道中加载“渐变”贴图，设置“颜色#1”为深绿色，“颜色#2”为浅绿色，“颜色#3”为白色。

② 设置“反射”颜色为浅灰色，“光泽度”为0.9，“菲涅耳折射率”为3。

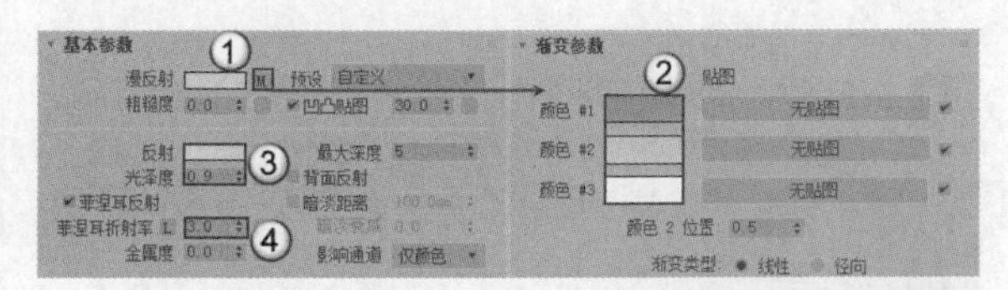

图11-19

图11-20

提示 该玻璃材质是不透明的玻璃，因此不需要设置“折射”参数。

02 将材质赋予瓶子的瓶身部分，如图11-21所示。

图11-21

4.金属材质

01 选择一个空白材质球，设置材质类型为VRayMtl，具体参数设置如图11-22所示，制作好的材质球效果如图11-23所示。

设置步骤

① 设置“漫反射”颜色为灰色。

② 设置“反射”颜色为白色，“光泽度”为0.85，“金属度”为1。

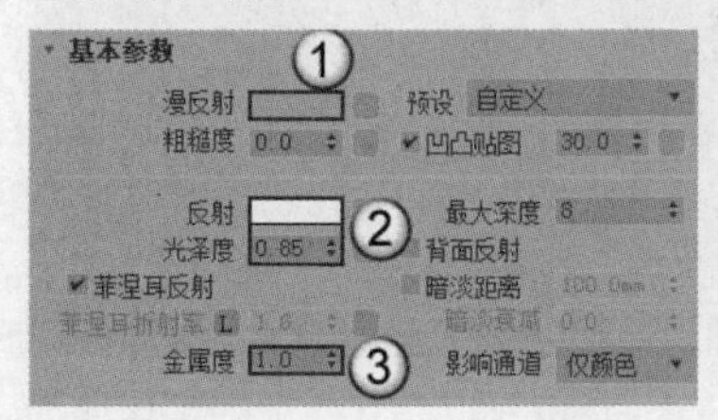

图11-22

图11-23

02 将设置好的材质赋予瓶盖模型，如图11-24所示。

图11-24

03 将材质编辑器中的“植物”材质球赋予场景中的植物模型，效果如图11-25所示。

图11-25

提示 植物模型的材质较为复杂，这里不深入讲解，读者可以查看材质的相关信息。

11.1.4 最终图像渲染

01 按F10键打开“渲染设置”对话框，在“输出大小”选项组中设置“宽度”为2500，“高度”为1406，如图11-26所示。

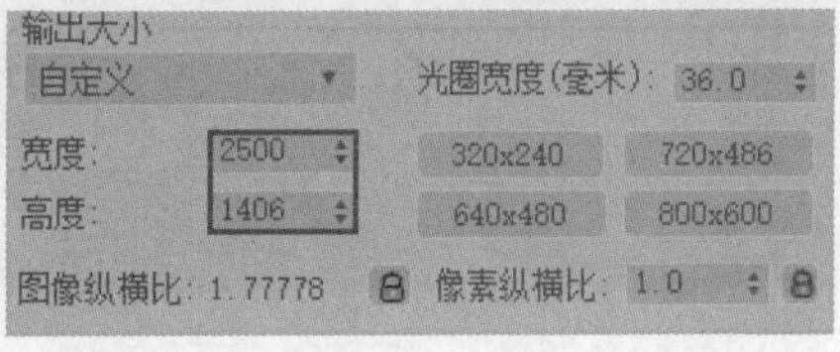

输出大小
自定义 光圈宽度(毫米): 36.0
宽度: 2500 320x240 720x486
高度: 1406 640x480 800x600
图像纵横比: 1.77778 像素纵横比: 1.0

图11-26

02 切换到VRay选项卡，在“渐进式图像采样器”卷展栏中设置“最大细分”为100，“渲染时间（分）”为20，“噪波阈值”为0.001，如图11-27所示。

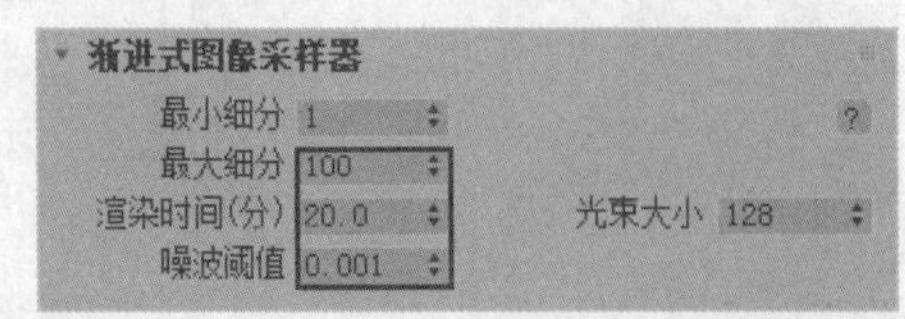

图11-27

03 切换到GI选项卡，在“灯光缓存”卷展栏中设置“细分”为2000，如图11-28所示。

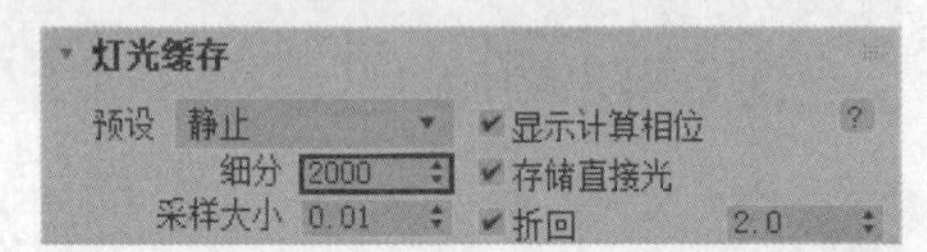

图11-28

04 按F9键渲染当前场景，最终效果如图11-29所示。

图11-29

> **提示** 本案例中灯光较少，且场景较为简单，因此直接渲染最终效果图即可，不需要先渲染光子文件。如果读者觉得在渲染时速度较慢，可先渲染光子文件。

11.2 商业案例：游戏CG场景表现

场景位置	案例文件>CH11>商业案例：游戏CG场景表现>02.max
实例位置	案例文件>CH11>商业案例：游戏CG场景表现.max
学习目标	掌握游戏CG场景的表现方法

本案例制作一个游戏CG场景，材质是制作的重点。通过“VRay混合材质”将多种材质进行融合，形成复杂的纹理效果，最终效果如图11-30所示。

图11-30

11.2.1 测试渲染

01 打开本书学习资源中的“案例文件>CH11>商业案例：游戏CG场景表现>02.max”文件，如图11-31所示。

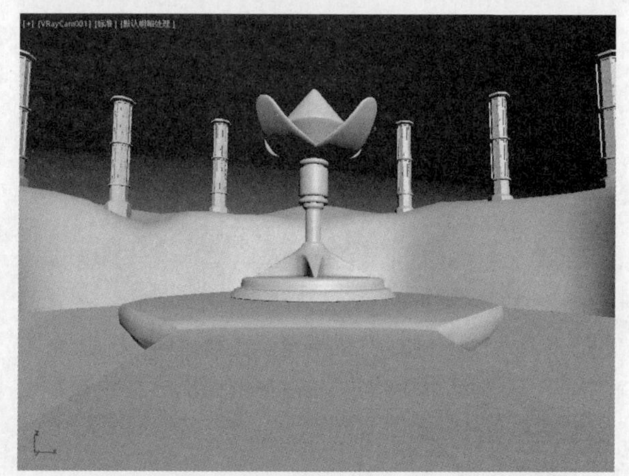

图11-31

02 按F10键打开“渲染设置”对话框，在“输出大小”选项组中设置“宽度”为1280，“高度”为720，如图11-32所示。

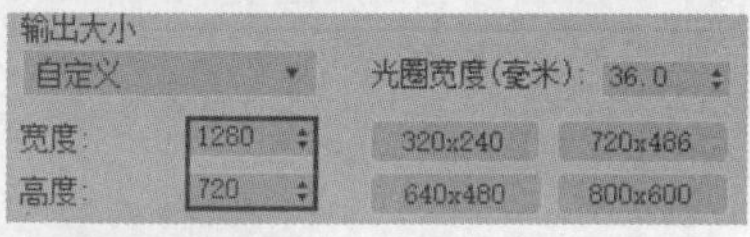

图11-32

03 切换到VRay选项卡，在“渐进式图像采样器”卷展栏中设置“最大细分”为50，“渲染时间（分）”为1，如图11-33所示。

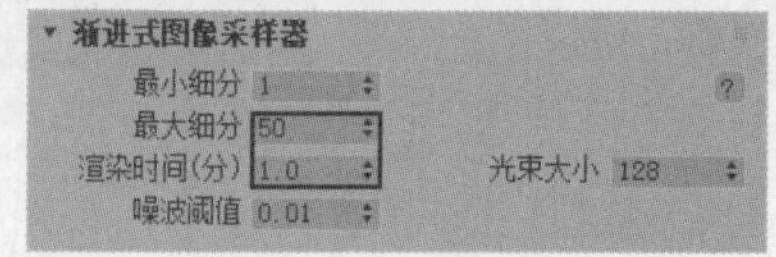

图11-33

04 展开“颜色贴图”卷展栏，设置“类型”为“莱因哈德”，“加深值”为0.6，如图11-34所示。

图11-34

05 切换到GI选项卡，在“灯光缓存”卷展栏中设置“细分”为600，如图11-35所示。

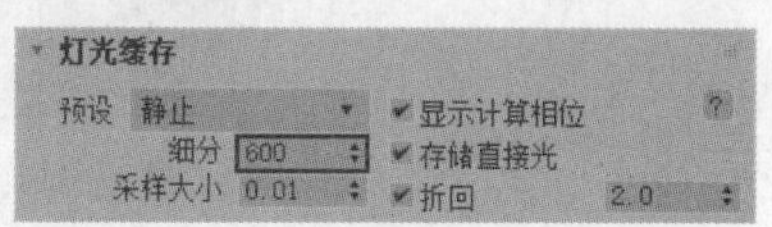

图11-35

11.2.2 灯光制作

本案例场景中的光源很少，只需要用到“VR-太阳”工具 VR-太阳 模拟场景的光源。

01 设置灯光类型为VRay，在场景中创建一盏VR-太阳，如图11-36所示。

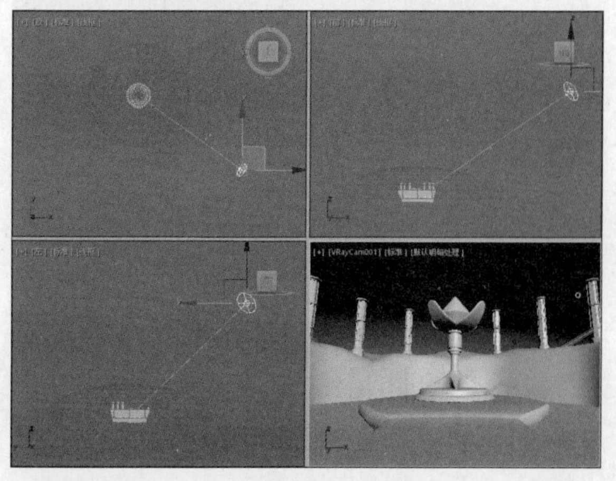

图11-36

> **提示** 在创建VR-太阳时，系统会弹出对话框询问是否添加“VRay天空”贴图，这里选择“是”选项。

02 选择上一步创建的VR-太阳，展开“参数”卷展栏，具体参数设置如图11-37所示。

设置步骤

① 在“太阳参数”卷展栏中设置“强度倍增”为0.6，“大小倍增”为5。

② 在“天空参数”卷展栏中设置“天空模型”为Preetham et al.。

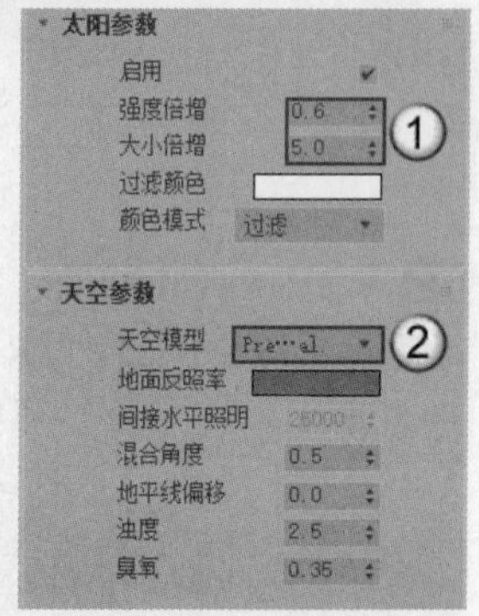

图11-37

03 按F9键渲染当前场景，如图11-38所示。

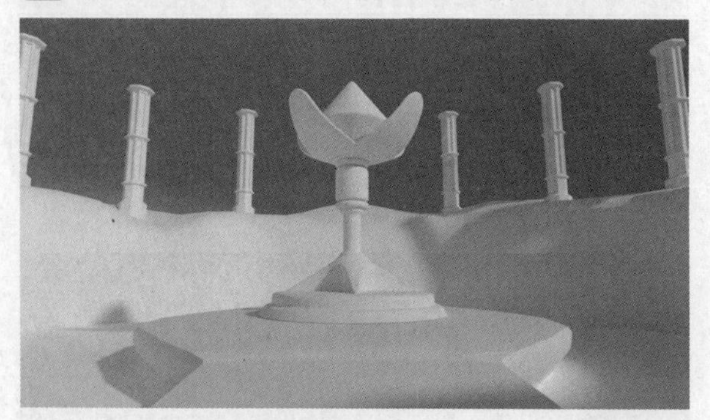

图11-38

11.2.3 材质制作

本案例的场景材质需要用到“VRay混合材质”进行制作，过程相对复杂。

1.地面材质

01 选择一个空白材质球，设置材质类型为VRayMtl，具体参数设置如图11-39所示。

设置步骤

① 在“漫反射”通道加载本书学习资源中的“案例中的>CH11>商业案例：游戏CG场景表现>01.jpeg”文件，然后将这张贴图复制到“凹凸贴图”通道中。

② 设置“反射”颜色为深灰色，“光泽度”为0.5。

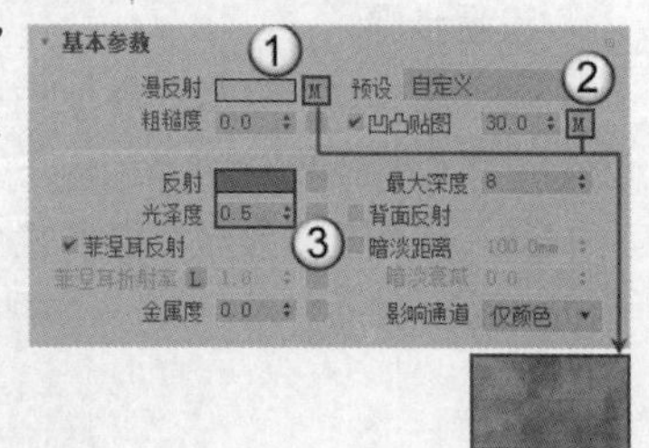

图11-39

02 单击VRayMtl按钮，在弹出的“材质/贴图浏览器”对话框中双击“VRay混合材质”选项，如图11-40所示。

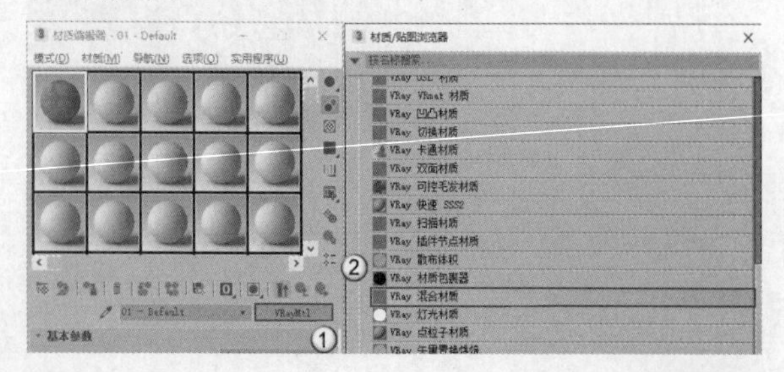

图11-40

03 在弹出的“替换材质”对话框中选择“将旧材质保存为子材质？”选项，如图11-41所示。加载“VRay混合材质”后，“参数”卷展栏如图11-42所示。

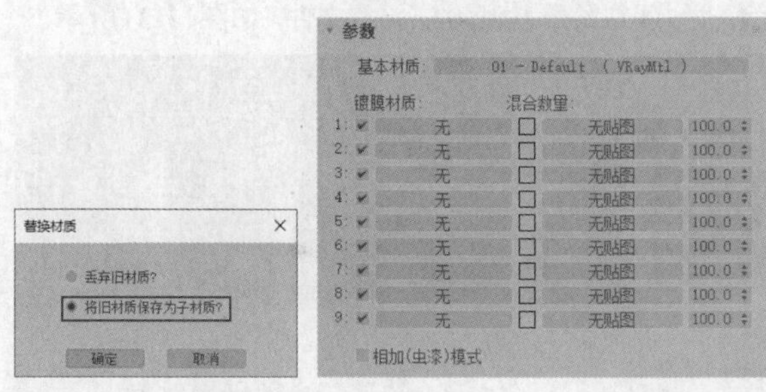

图11-41　　图11-42

04 单击“镀膜材质1”的通道，在弹出的“材质/贴图浏览器”对话框中双击VRayMtl按钮，具体参数设置如图11-43所示。

设置步骤

① 在“漫反射”通道加载本书学习资源中的“案例文件>CH11>商业案例：游戏CG场景表现>02.jpg”文件，然后将这张贴图复制到“凹凸贴图”的通道中。

② 设置“反射”颜色为深灰色，“光泽度”为0.6。

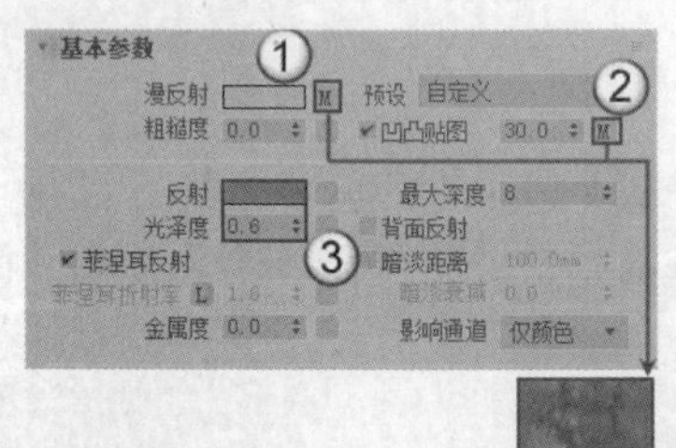

图11-43

05 单击“转到父对象”按钮，返回“VRay混合材质”，在“混合数量1”通道中加载学习资源中的“案例文件>CH11>商业案例：游戏CG场景表现>04.jpg”文件，如图11-44所示，此时材质效果如图11-45所示。

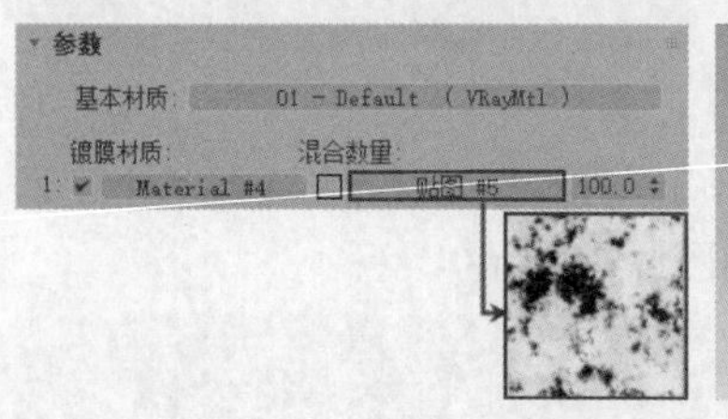

图11-44　　图11-45

06 将材质赋予地面模型，如图11-46所示。

图11-46

07 此时贴图的坐标不对，需要添加“UVW贴图”修改器进行调整。为地面模型添加“UVW贴图”修改器，设置“贴图”为“长方体”，“长度”“宽度”“高度”都为600mm，如图11-47所示，效果如图11-48所示。

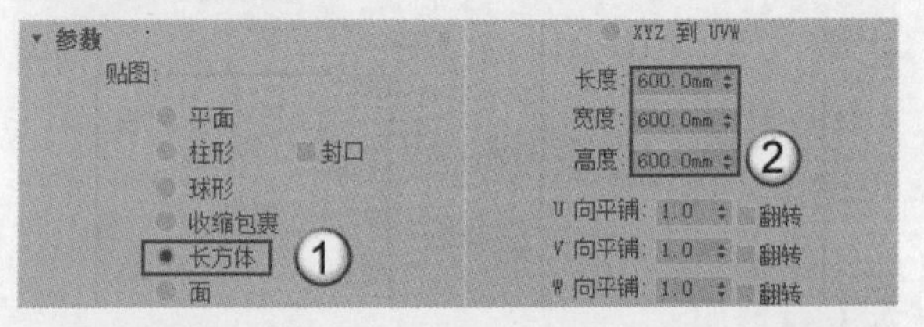

图11-47

图11-48

2.水材质

01 选择一个空白材质球，设置材质类型为VRayMtl，具体参数设置如图11-49所示，制作好的材质球效果如图11-50所示。

设置步骤

① 设置“漫反射”的颜色为青色，在“凹凸贴图”通道中加载“噪波”贴图，设置“噪波类型”为“分形”，“大小”为800，“凹凸贴图”的通道量为40。

② 设置“反射”颜色为白色。

③ 设置“折射”颜色为浅灰色，“折射率(IOR)”为1.33。

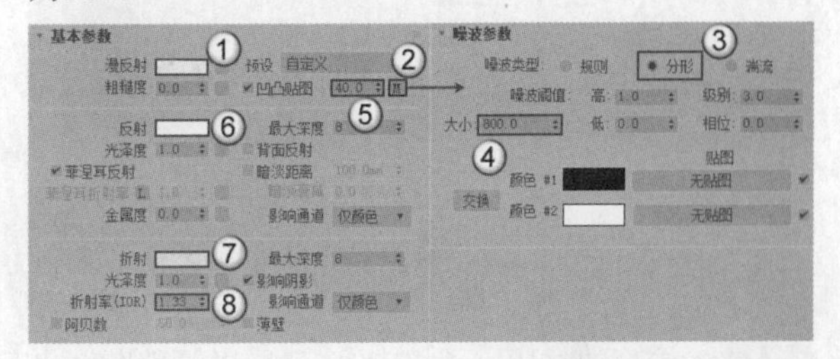

图11-49

图11-50

02 将材质赋予水面模型，如图11-51所示。

图11-51

3.石柱材质

01 选择一个空白材质球，设置材质类型为VRayMtl，具体参数设置如图11-52所示，制作好的材质球效果如图11-53所示。

设置步骤

① 在“漫反射”通道中加载学习资源中的“案例文件>CH11>商业案例：游戏CG场景表现>03.jpg”文件，然后将其复制到“凹凸贴图”通道中，并设置“凹凸贴图”的通道量为60。

② 设置“反射”颜色为深灰色，“光泽度”为0.6。

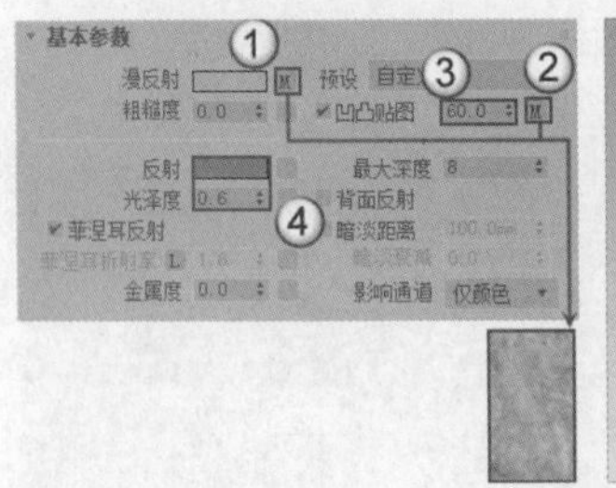

图11-52

图11-53

02 将设置好的材质赋予相应的模型，并调整贴图坐标，如图11-54所示。

图11-54

4.金属材质

01 选择一个空白材质球，设置材质类型为VRayMtl，具体参数设置如图11-55所示，制作好的材质球效果如图11-56所示。

设置步骤

① 在“漫反射”通道中加载学习资源中的“案例文件>CH11>商业案例：游戏CG场景表现>05.jpg”文件，然后在“凹凸贴图”通道中加载学习资源中的“案例文件>CH11>商业案例：游戏CG场景表现>06.jpg”文件。

② 在“反射”和“光泽度”通道中加载学习资源中的“案例文件>CH11>商业案例：游戏CG场景表现>07.jpg”文件，然后设置“菲涅耳折射率”为10，“金属度”为1。

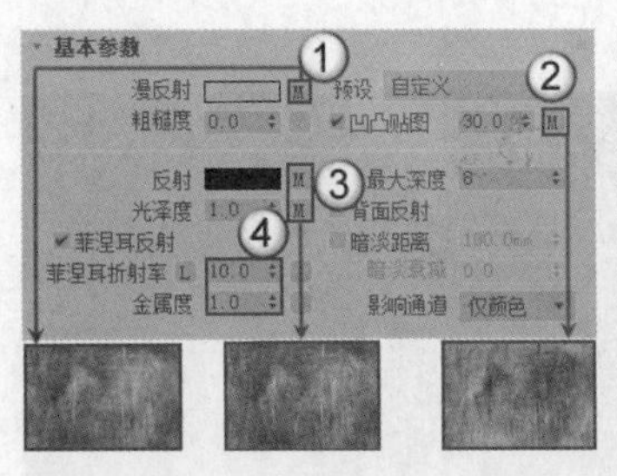

图11-55

图11-56

02 将设置好的材质赋予场景中的模型，并调整贴图坐标，如图11-57所示。

图11-57

5.宝石材质

01 选择一个空白材质球，设置材质类型为VRayMtl，具体参数设置如图11-58所示，制作好的材质球效果如图11-59所示。

设置步骤

① 设置“漫反射”颜色为黑色。

② 设置“反射”颜色为浅灰色。

③ 设置“折射”颜色为浅灰色，“折射率（IOR）”为2.4。

④ 设置“雾颜色”为浅红色。

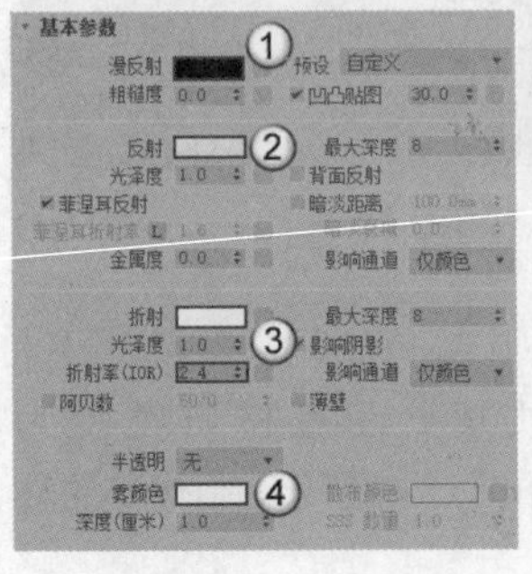

图11-58

图11-59

02 将设置好的材质赋予场景中的模型，如图11-60所示。

图11-60

6.天空材质

01 选择一个空白材质球，设置材质类型为VRayMtl，具体参数设置如图11-61所示，制作好的材质球效果如图11-62所示。

设置步骤

① 在“漫反射”通道中加载学习资源中的“案例文件>CH11>商业案例：游戏CG场景表现>tian.jpg”文件。

② 在“自发光”通道中加载学习资源中的“案例文件>CH11>商业案例：游戏CG场景表现>tian.jpg”文件，然后勾选“全局照明”和“补偿摄影机曝光”选项。

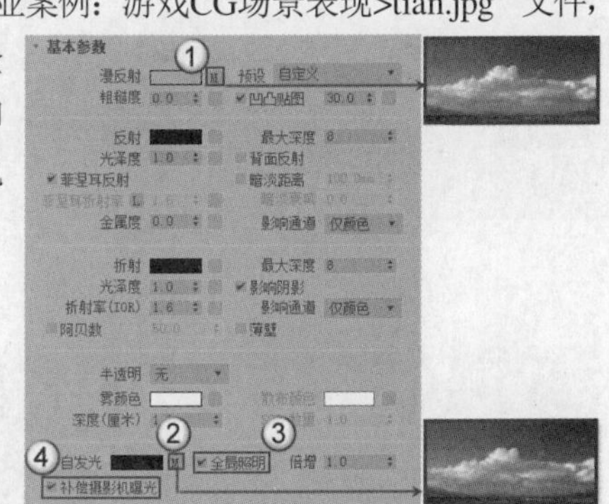

图11-61

图11-62

02 将材质赋予天空模型，并调整贴图坐标，如图11-63所示。

图11-63

11.2.4 最终图像渲染

01 按F10键打开“渲染设置”对话框，在“输出大小”选项组中设置“宽度”为2500，“高度”为1406，如图11-64所示。

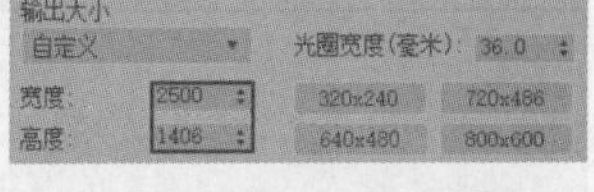

图11-64

02 切换到VRay选项卡，在“渐进式图像采样器”卷展栏中设置“最大细分”为100，“渲染时间（分）”为20，“噪波阈值”为0.001，如图11-65所示。

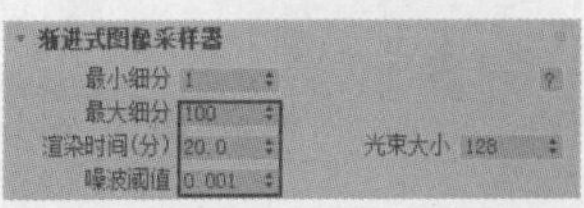

图11-65

03 切换到GI选项卡，在“灯光缓存”卷展栏中设置“细分”为2000，如图11-66所示。

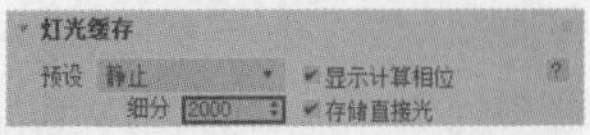

图11-66

04 按F9键渲染当前场景，最终效果如图11-67所示。

图11-67

11.3 商业案例：家装休闲室日景效果表现

场景位置 案例文件>CH11>商业案例：家装休闲室日景效果表现>03.max
实例位置 案例文件>CH11>商业案例：家装休闲室日景效果表现.max
学习目标 掌握家装场景的日景表现方法

本案例是一个现代风格的休闲室场景，需要为场景添加灯光和材质，再将其渲染出最终效果，如图11-68所示。

图11-68

11.3.1 测试渲染

01 打开本书学习资源中的“案例文件>CH11>商业案例：家装休闲室日景效果表现>03.max”文件，按F10键打开“渲染设置”对话框，在“输出大小”选项组下设置“宽度”为1000，“高度”为750，如图11-69所示。

输出大小
自定义 光圈宽度(毫米)：36.0
宽度：1000 320x240 720x486
高度：750 640x480 800x600
图像纵横比：1.33333 像素纵横比：1.0

图11-69

02 切换到VRay选项卡，在“渐进式图像采样器”卷展栏中设置“最大细分”为50，“渲染时间（分）”为1，如图11-70所示。

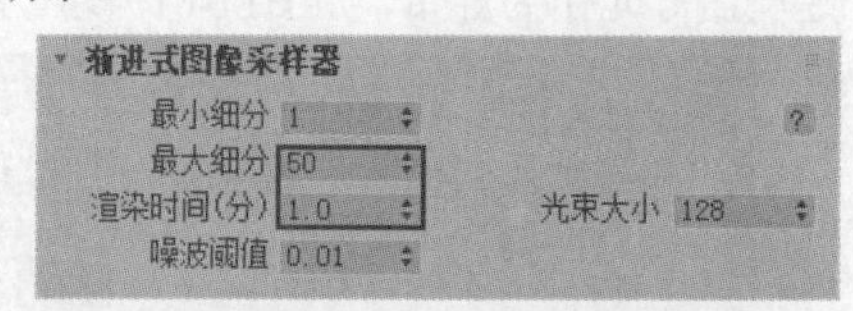

图11-70

03 展开“颜色贴图”卷展栏，设置“类型”为“莱因哈德”，“加深值”为0.6，如图11-71所示。

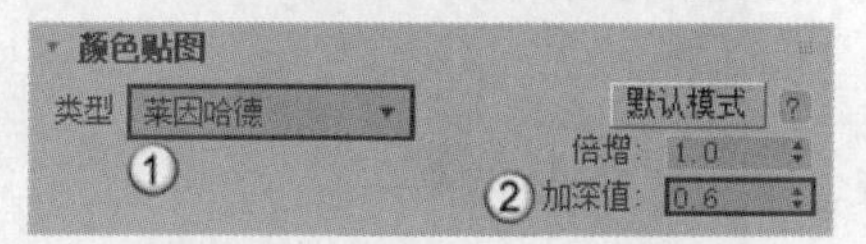

图11-71

04 切换到GI选项卡，在“全局照明”卷展栏中设置“首次引擎”为“发光贴图”，“二次引擎”为“灯光缓存”，如图11-72所示。

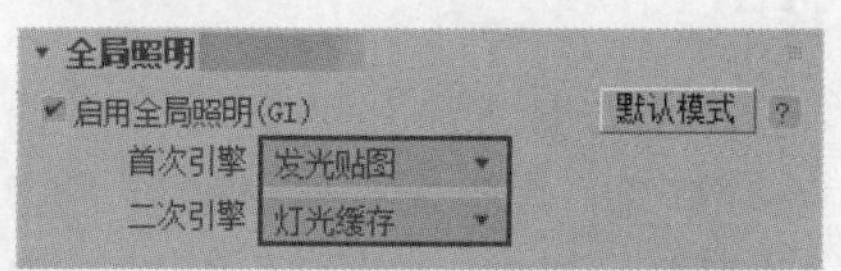

图11-72

05 展开“发光图”卷展栏，设置“当前预设”为“非常低”，如图11-73所示。

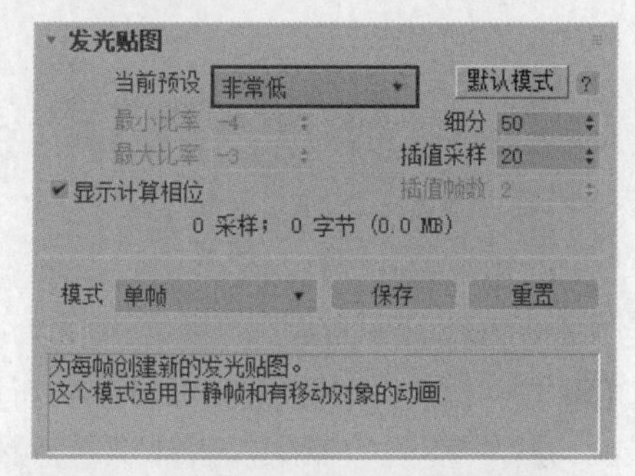

图11-73

06 展开“灯光缓存”卷展栏，设置“细分”为600，如图11-74所示。

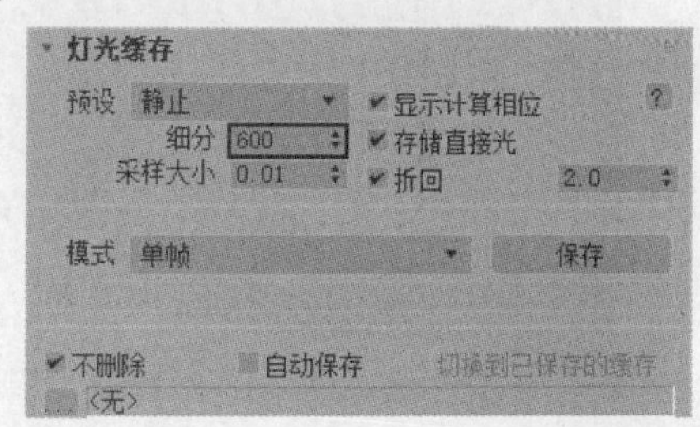

图11-74

11.3.2 灯光制作

本案例场景中的光源较多，使用“VR-太阳”VR-太阳模拟阳光，“VR-灯光”VR-灯光模拟环境光和灯带。

1.阳光

01 使用“VR-太阳”工具VR-太阳在场景右侧创建一盏灯光，如图11-75所示。

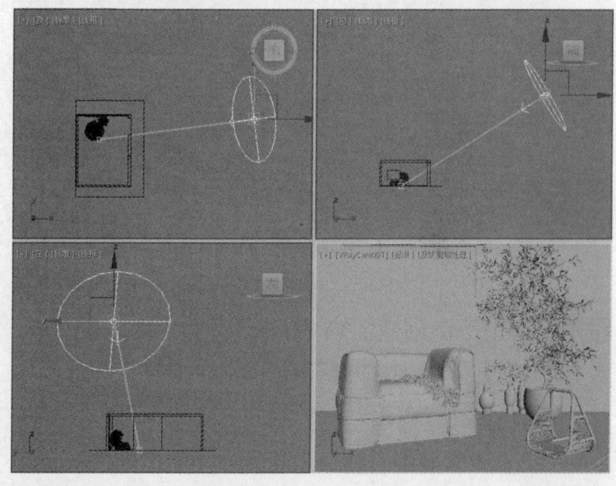

图11-75

提示 创建灯光时，会弹出是否添加“VRay天空”贴图的对话框，这里选择“是”选项。

02 选择上一步创建的VR-太阳，展开“太阳参数”卷展栏，设置“强度倍增”为0.1，“大小倍增”为5，如图11-76所示。

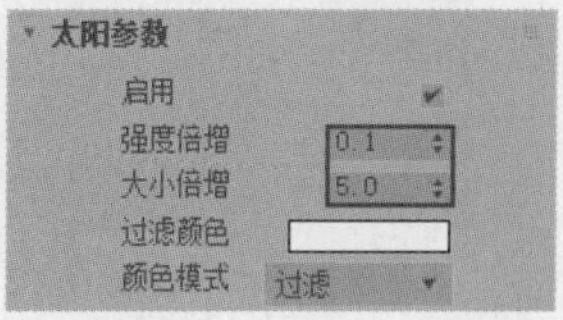

图11-76

03 按F9键渲染当前效果，如图11-77所示。

图11-77

2.环境光

01 观察画面，可以发现左侧的画面偏暗。使用“VR-灯光”工具 VR-灯光 在右侧创建一盏灯光作为环境光，如图11-78所示。

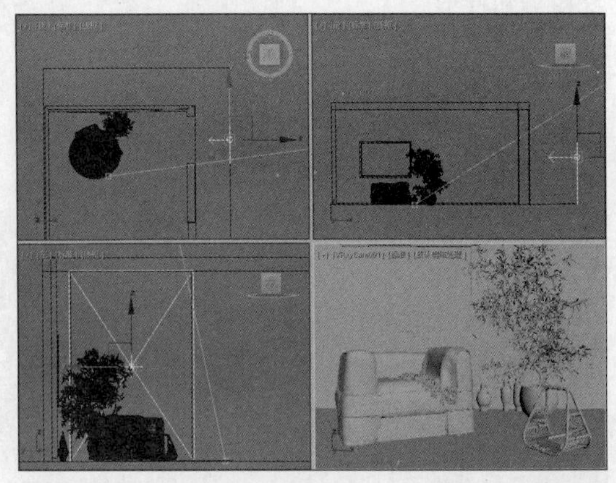

图11-78

02 选择上一步创建的VR-灯光，进入“修改”面板，具体参数设置如图11-79所示。

设置步骤

① 在“常规”卷展栏中设置“类型”为“平面”，“长度”为1909.968mm，“宽度”为2849.793mm，“倍增”为40，“颜色”为白色。

② 在“选项”卷展栏中勾选“不可见”选项。

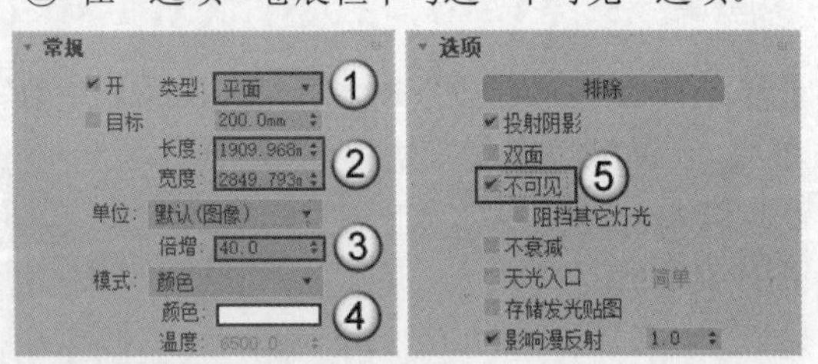

图11-79

03 按F9键渲染当前效果，如图11-80所示。

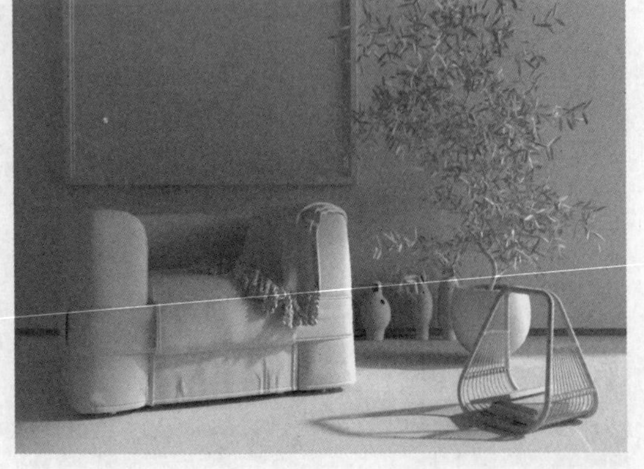

图11-80

3.灯带

01 使用“VR-灯光”工具 VR-灯光 在踢脚线位置创建一盏灯光作为灯带，如图11-81所示。

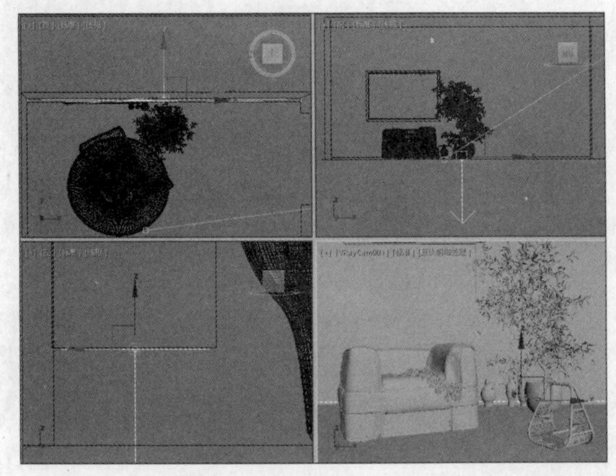

图11-81

02 选择上一步创建的VR-灯光，进入“修改”面板，展开“参数”卷展栏，具体参数设置如图11-82所示。

设置步骤

① 在“常规”卷展栏中设置“类型”为“平面”，“长度”为5704.065mm，“宽度”为71.301mm，“倍增”为15，“颜色”为橙黄色。

② 在“选项”卷展栏中勾选“不可见”选项。

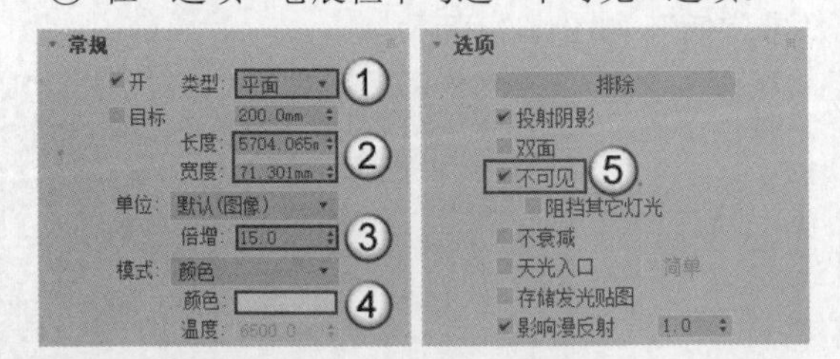

图11-82

03 按F9键渲染当前效果，如图11-83所示。

图11-83

11.3.3 材质制作

本案例的场景对象材质较为丰富，除了书籍和植物的材质不需要掌握外，其他材质都需要掌握。

1.墙面材质

01 选择一个空白材质球，设置材质类型为VRayMtl，具体参数设置如图11-84所示，制作好的材质球效果如图11-85所示。

设置步骤

① 在“漫反射”贴图通道中加载本书学习资源中的“案例文件>CH11>商业案例：家装休闲室日景效果表现> Y-20918-1007.jpg”文件。

② 在“凹凸贴图”通道中加载与“漫反射”通道中同样的贴图，设置“凹凸贴图”的通道量为100。

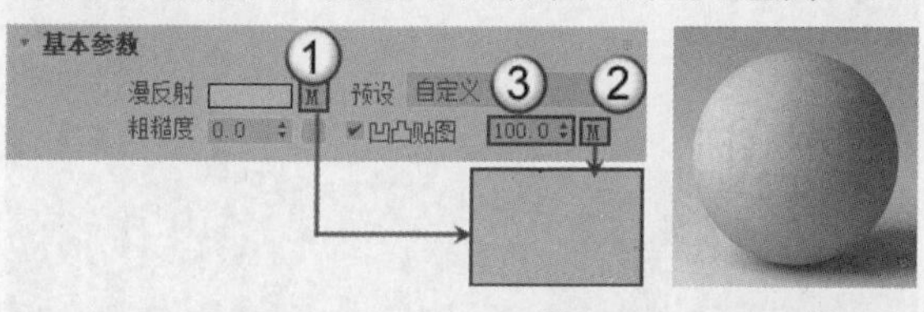

图11-84　图11-85

02 将材质赋予墙面模型，并调整贴图坐标，如图11-86所示。

图11-86

2.木地板材质

01 选择一个空白材质球，设置材质类型为VRayMtl，具体参数设置如图11-87所示，制作好的材质球效果如图11-88所示。

设置步骤

① 在“漫反射”通道中加载本书学习资源中的“案例文件>CH11>商业案例：家装休闲室日景效果表现> Y-20918-1006.jpg”文件，将该贴图复制到“凹凸贴图”通道中，并设置通道量为10。

② 设置“反射”颜色为浅灰色，“光泽度”为0.75。

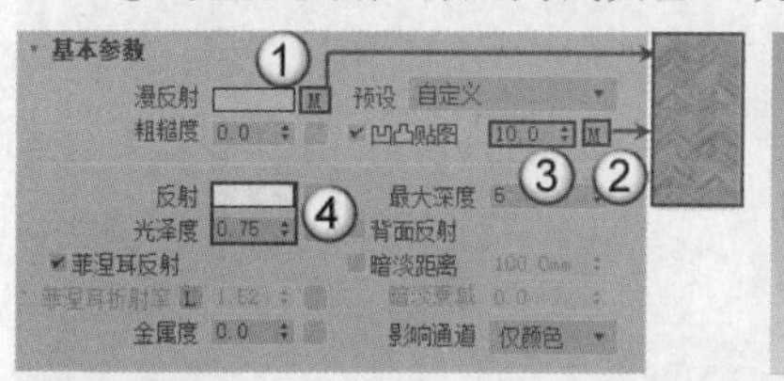

图11-87　图11-88

02 将材质赋予地面模型，并调整贴图坐标，如图11-89所示。

图11-89

3.地毯材质

01 选择一个空白材质球，设置材质类型为VRayMtl，具体参数设置如图11-90所示，制作好的材质球效果如图11-91所示。

设置步骤

① 在“漫反射”通道中加载本书学习资源中的“案例文件>CH11>商业案例：家装休闲室日景效果表现> Y-20918-1040.jpg”文件，将该贴图复制到“凹凸贴图”通道中，并设置通道量为60。

② 设置“反射”颜色为深灰色，“光泽度”为0.5。

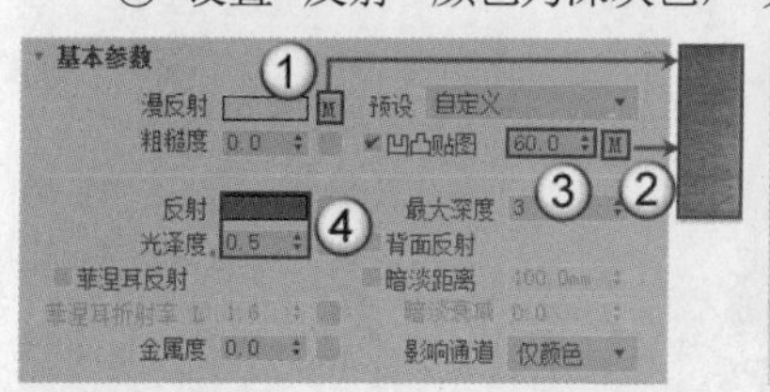

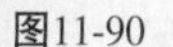

图11-90　图11-91

02 将材质赋予地毯模型，效果如图11-92所示。

图11-92

4.木质材质

01 选择一个空白材质球，设置材质类型为VRayMtl，具体参数设置如图11-93所示，制作好的材质球效果如图11-94所示。

设置步骤

① 在“漫反射”通道加载本书学习资源中的“案例文件>CH11>商业案例：家装休闲室日景效果表现> Y-20918-1017.jpg”文件，将该贴图复制到“凹凸贴图”通道中，并设置通道量为10。

② 设置“反射”颜色为灰色，“光泽度”为0.75。

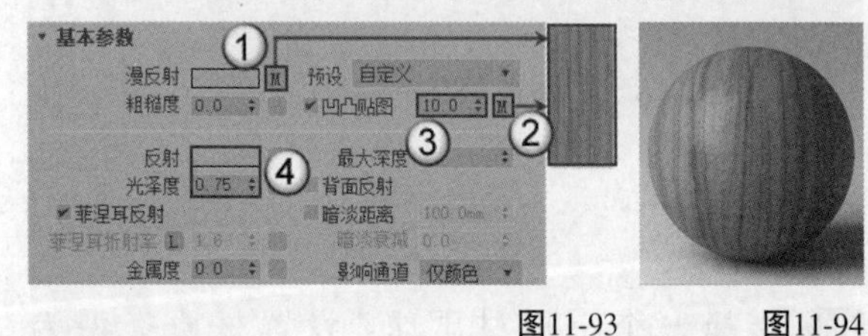

图11-93　　图11-94

02 将材质赋予相应的模型，并调整贴图坐标，如图11-95所示。

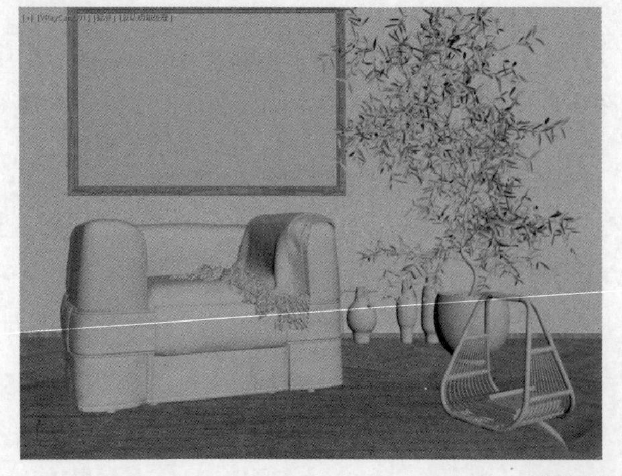

图11-95

5.画材质

01 选择一个空白材质球，设置材质类型为VRayMtl，在“漫反射”通道中加载学习资源中的“案例文件>CH11>商业案例：家装休闲室日景效果表现> Y-20918-1022.jpg”文件，如图11-96所示，制作好的材质球效果如图11-97所示。

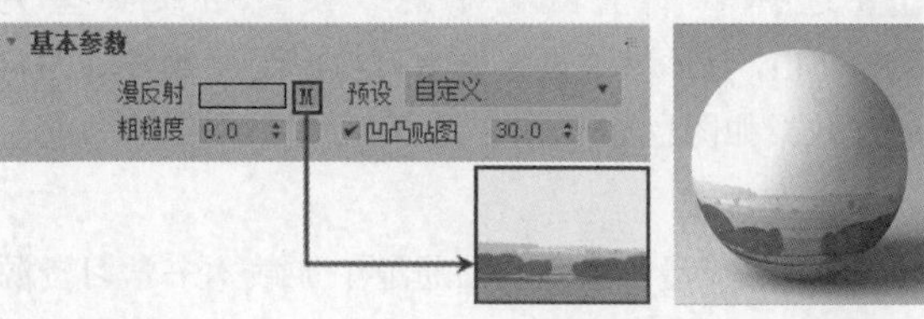

图11-96　　图11-97

02 将材质赋予相应的模型，如图11-98所示。

图11-98

6.沙发布材质

01 选择一个空白材质球，设置材质类型为VRayMtl，具体参数设置如图11-99所示，制作好的材质球效果如图11-100所示。

设置步骤

① 在“漫反射”通道中加载一张“衰减”贴图，然后设置“衰减”贴图的“前”通道为深黄色，“侧”通道为浅黄色，“衰减类型”为“垂直/平行”。

② 在“凹凸贴图”通道中加载本书学习资源中的“案例文件>CH11>商业案例：家装休闲室日景效果表现>Y-20918-1025.jpg”文件，并设置通道量为100。

③ 设置“反射”颜色为灰色，“光泽度”为0.6。

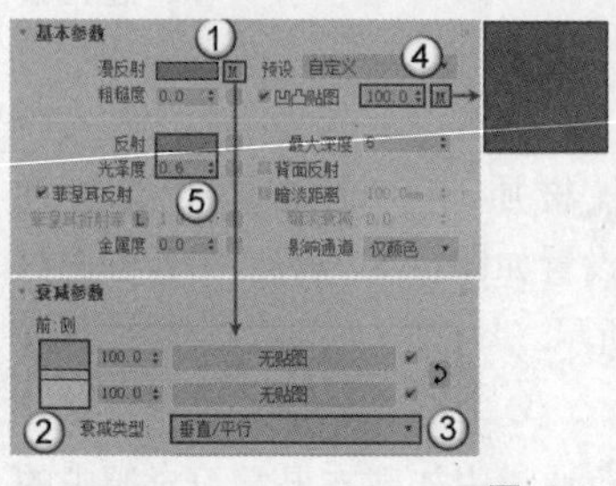

图11-99　　图11-100

02 将材质赋予沙发模型，效果如图11-101所示。

图11-101

7.毯子材质

01 选择一个空白材质球，设置材质类型为VRayMtl，具体参数设置如图11-102所示，制作好的材质球效果如图11-103所示。

设置步骤

① 在“漫反射”通道加载一张“衰减”贴图，设置“衰减”贴图的“前”通道为深紫色，“侧”通道为浅紫色，“衰减类型”为“垂直/平行”。

② 在“凹凸贴图”通道中加载本书学习资源中的“案例文件>CH11>商业案例：家装休闲室日景效果表现>Y-20918-1025.jpg”文件，并设置通道量为30。

③ 设置“反射”颜色为灰色，“光泽度”为0.6。

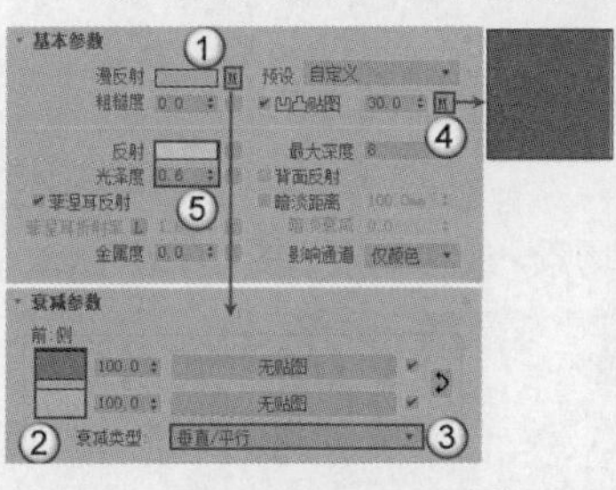

图11-102　图11-103

02 将材质赋予沙发上的毯子模型，如图11-104所示。

图11-104

8.陶瓷材质

01 选择一个空白材质球，设置材质类型为VRayMtl，具体参数设置如图11-105所示，制作好的材质球效果如图11-106所示。

设置步骤

① 设置“漫反射”颜色为白色。

② 设置“反射”颜色为白色，“光泽度”为0.95。

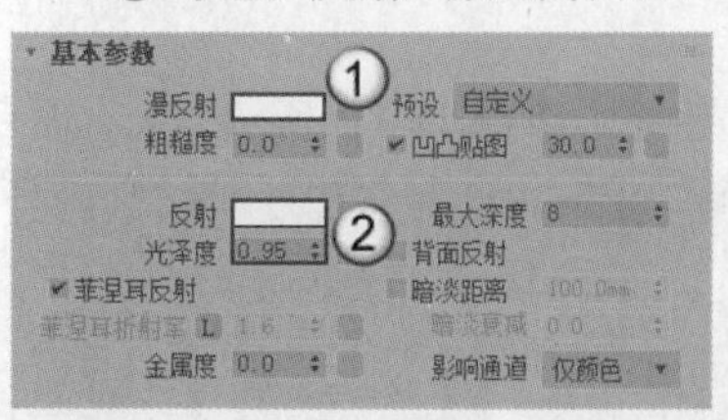

图11-105　图11-106

02 将材质赋予相应的模型，如图11-107所示。

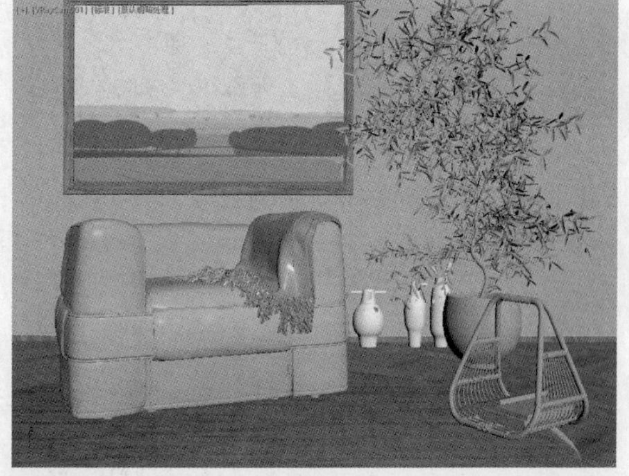

图11-107

9.铁架材质

01 选择一个空白材质球，设置材质类型为VRayMtl，具体参数设置如图11-108所示，制作好的材质球效果如图11-109所示。

设置步骤

① 设置“漫反射”颜色为土黄色，在“凹凸贴图”通道中加载学习资源中的“案例文件>CH11>商业案例：家装休闲室日景效果表现> Y-20918-1024.jpg”文件，并设置通道量为10。

② 在“反射”和“光泽度”通道中加载本书学习资源中的“案例文件>CH11>商业案例：家装休闲室日景效果表现>Y-20918-1024.jpg”文件，设置“金属度”为0.5。

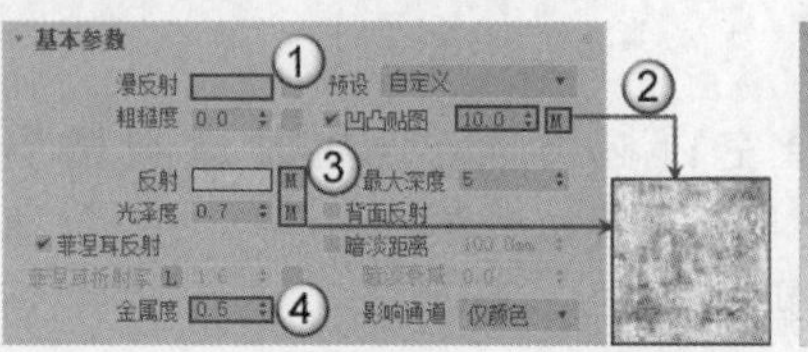

图11-108　　图11-109

提示　在通道中加载贴图后，原有的参数不起任何作用，全部被贴图的效果所覆盖。

02 将材质赋予铁架模型，如图11-110所示。

图11-110

03 将剩余的植物材质和书本材质赋予相应的模型，如图11-111所示。

图11-111

11.3.4 最终图像渲染

01 按F10键打开“渲染设置”对话框，在“输出大小”选项组中设置“宽度”为2500，“高度”为1875，如图11-112所示。

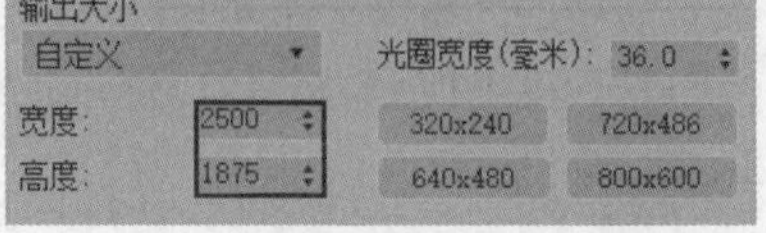

图11-112

02 切换到VRay选项卡，在“渐进式图像采样器”卷展栏中设置“最大细分”为100，“渲染时间（分）”为20，“噪波阈值”为0.001，如图11-113所示。

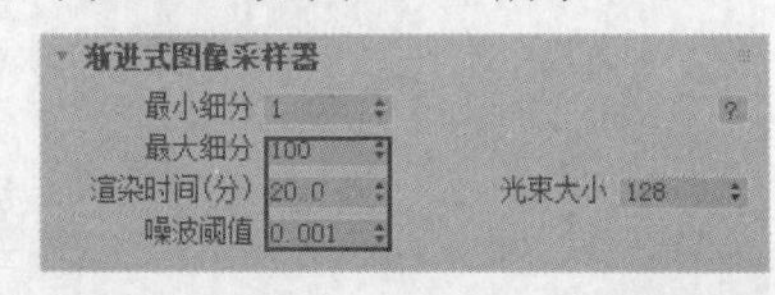

图11-113

03 切换到GI选项卡，在“发光贴图”卷展栏中设置“当前预设”为“中”，“细分”为80，“插值采样”为30，如图11-114所示。

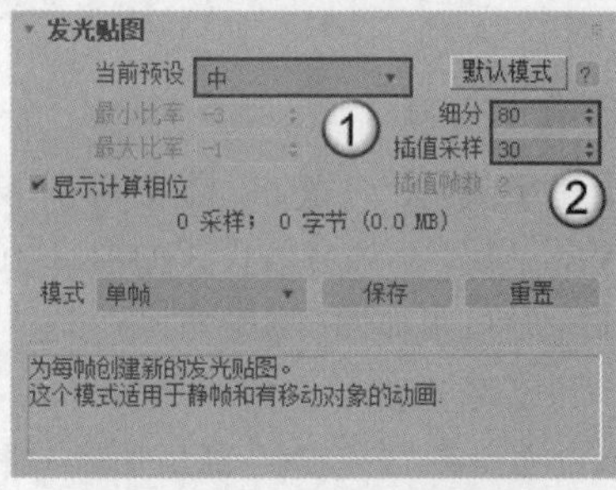

图11-114

04 在“灯光缓存”卷展栏中设置“细分”为2000，如图11-115所示。

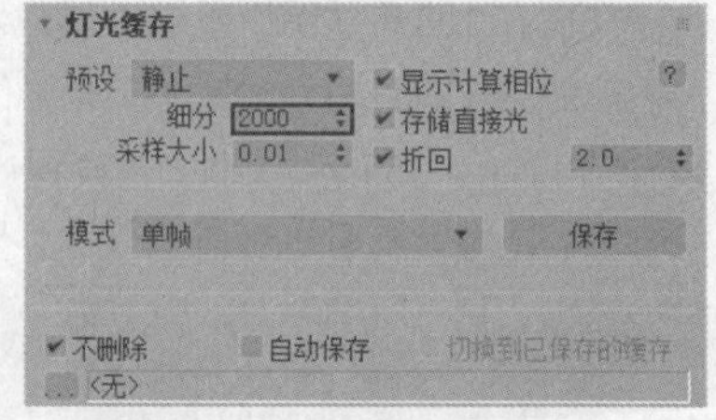

图11-115

05 按F9键渲染当前场景，最终效果如图11-116所示。

图11-116

提示　读者也可以先渲染小尺寸的光子文件，再渲染大尺寸的效果图，这样可以节省一部分时间。

11.4 商业案例：家装卧室夜景效果表现

场景位置 案例文件>CH11>商业案例：家装卧室夜景效果表现>04.max

实例位置 案例文件>CH11>商业案例：家装卧室夜景效果表现.max

学习目标 掌握家装场景的夜景表现

本案例是一个现代风格的卧室场景，需要为其添加灯光和主要材质，并渲染为效果图，最终效果如图11-117所示。

图11-117

11.4.1 测试渲染

01 打开本书学习资源中的“案例文件>CH11>商业案例：家装卧室夜景效果表现>04.max”文件，如图11-118所示。

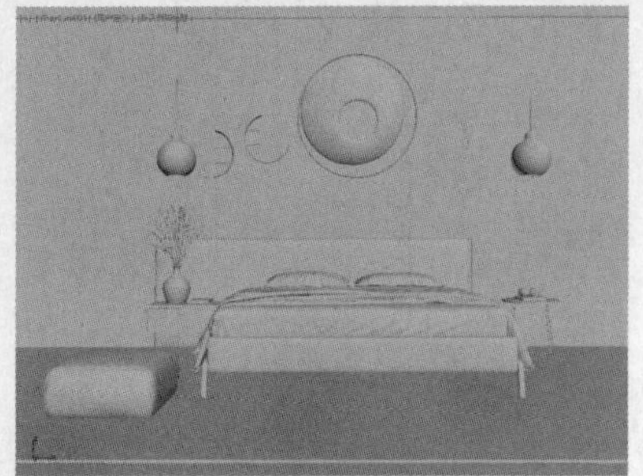

图11-118

02 按F10键打开“渲染设置”对话框，在“输出大小”选项组下设置“宽度”为1000，“高度”为750，如图11-119所示。

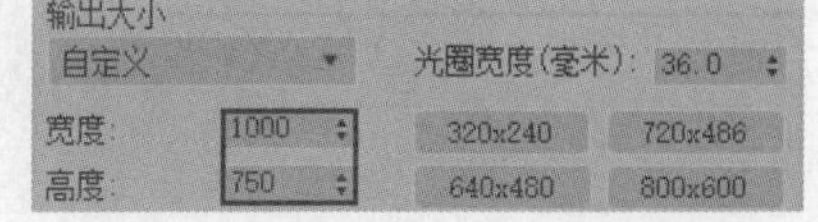

图11-119

03 切换到VRay选项卡，在“渐进式图像采样器”卷展栏中设置“最大细分”为50，“渲染时间(分)”为1，如图11-120所示。

渐进式图像采样器
最小细分 1
最大细分 50
渲染时间(分) 1.0
光束大小 128
噪波阈值 0.01

图11-120

04 展开“颜色贴图”卷展栏，设置“类型”为“莱因哈德”，“加深值”为0.6，如图11-121所示。

图11-121

05 切换到GI选项卡，在“全局照明”卷展栏中设置“首次引擎”为“发光贴图”，“二次引擎”为“灯光缓存”，如图11-122所示。

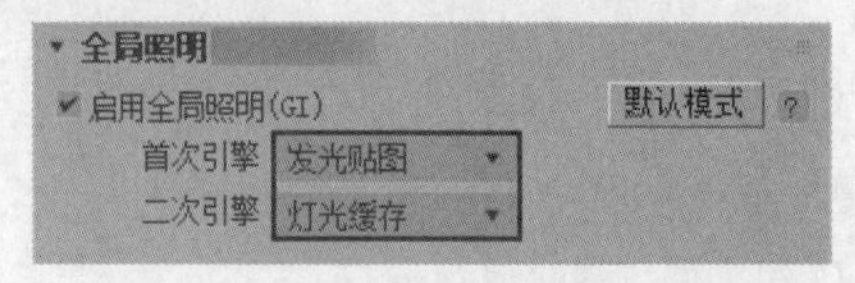

图11-122

06 展开“发光贴图”卷展栏，设置“当前预设”为“非常低”，如图11-123所示。

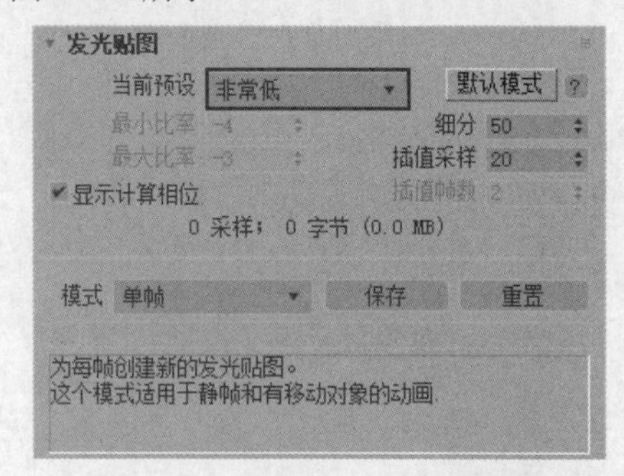

图11-123

07 展开“灯光缓存”卷展栏，设置“细分”为600，如图11-124所示。

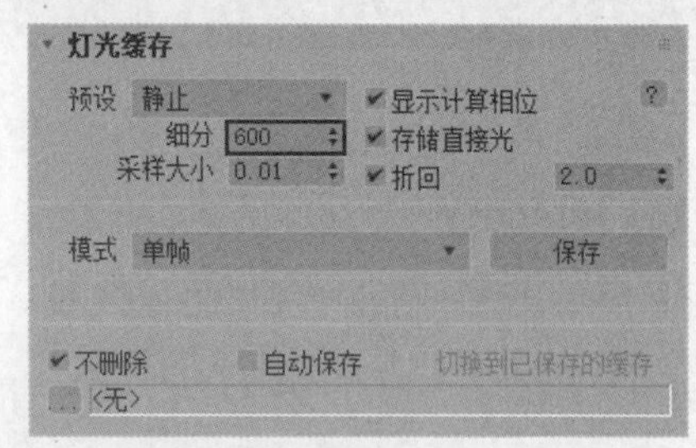

图11-124

11.4.2 灯光制作

本案例的灯光分为环境光和人工光源两大部分，设置相对比较复杂。

1.环境光

01 使用“VR-灯光”工具 VR-灯光 在场景任意位置创建一盏穹顶灯光，模拟夜晚的环境光，如图11-125所示。

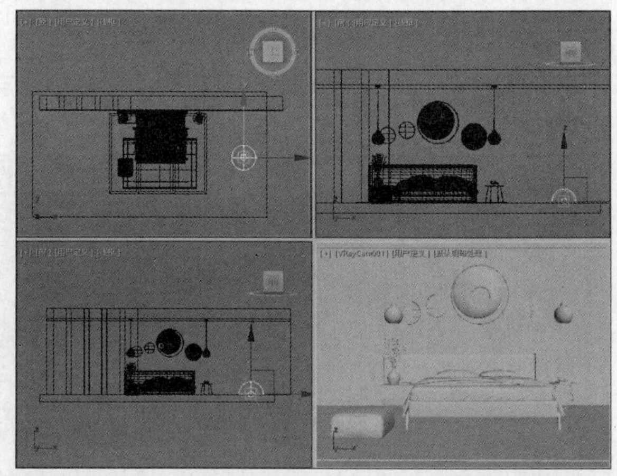

图11-125

02 选择上一步创建的VR-灯光，进入“修改”面板，具体参数设置如图11-126所示。

设置步骤

① 在“常规”卷展栏中设置“类型”为“穹顶”，“倍增”为1，“颜色”为深蓝色。

② 在“选项”卷展栏中勾选“不可见”选项。

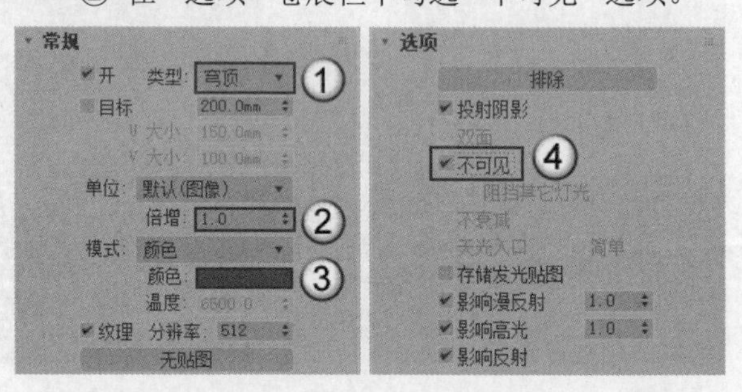

图11-126

03 按F9键渲染场景，如图11-127所示。

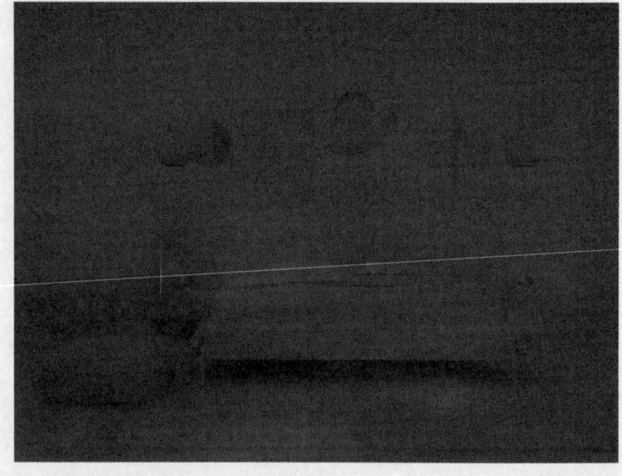

图11-127

04 使用“VR-灯光”工具 VR-灯光 在场景左侧创建一盏灯光，模拟窗外的环境光，如图11-128所示。

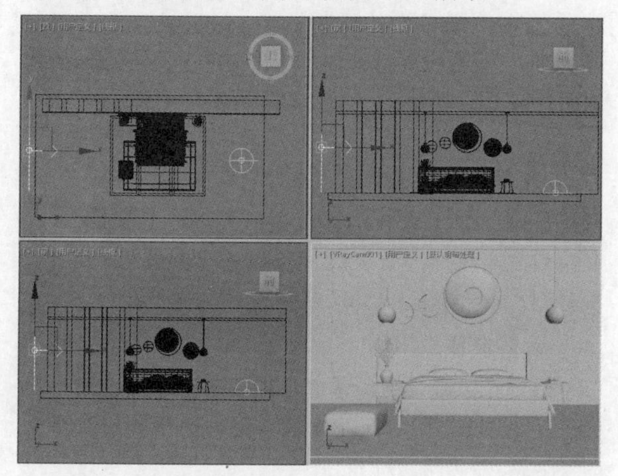

图11-128

05 选择上一步创建的VR-灯光，进入“修改”面板，具体参数设置如图11-129所示。

设置步骤

① 在“常规”卷展栏中设置“类型”为“平面”，“长度”为1210.814mm，“宽度”为1202.546mm，“倍增”为60，“颜色”为蓝色。

② 在“选项”卷展栏中勾选“不可见”选项。

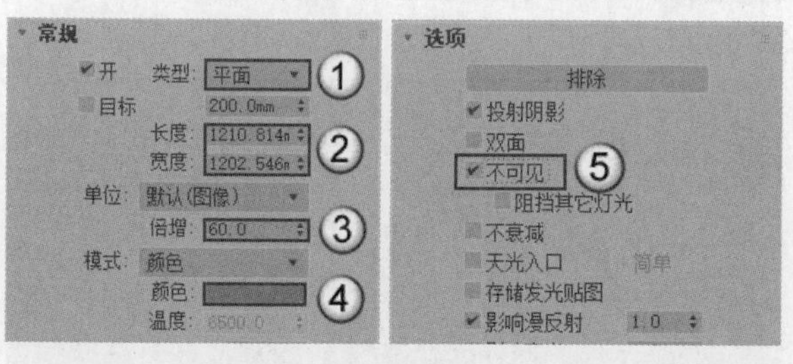

图11-129

06 按F9键渲染场景，如图11-130所示。

图11-130

2.人工光源

01 使用“VR-灯光”工具 VR-灯光 在吊灯内创建一盏球体灯光，并将其实例复制到另一盏吊灯内，其位置如图11-131所示。

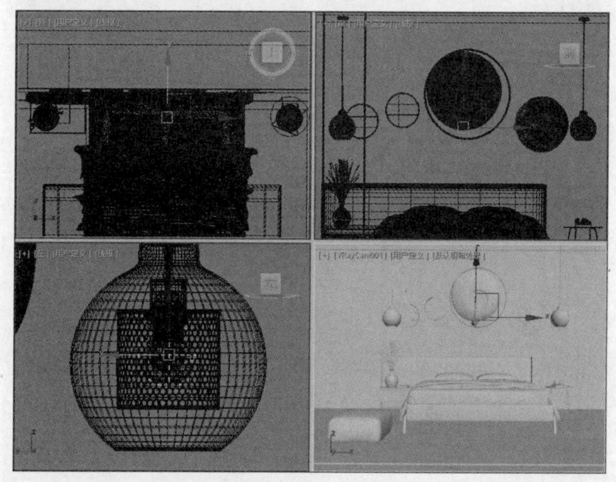

图11-131

02 选择上一步创建的VR-灯光，进入“修改”面板，具体参数设置如图11-132所示。

设置步骤

① 在“常规”卷展栏中设置“类型”为“球体”，“半径”为19.145mm，“倍增”为800，“颜色”为橙黄色。

② 在“选项”卷展栏中勾选“不可见”选项。

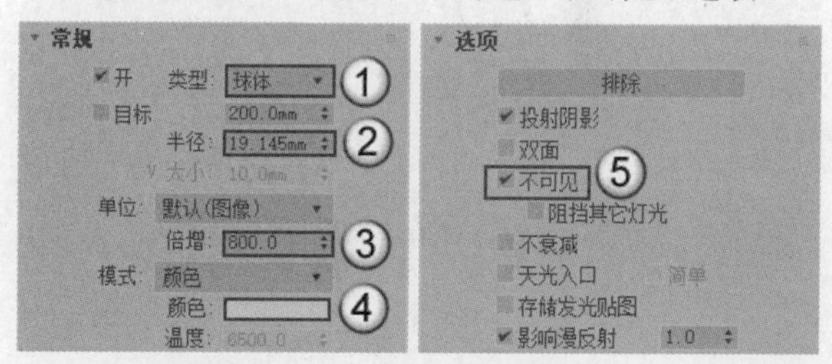

图11-132

03 按F9键渲染当前灯光效果，如图11-133所示。

图11-133

04 使用"VR-灯光"工具 VR-灯光 在画面右侧添加一盏灯光模拟室内的人工光源，如图11-134所示。

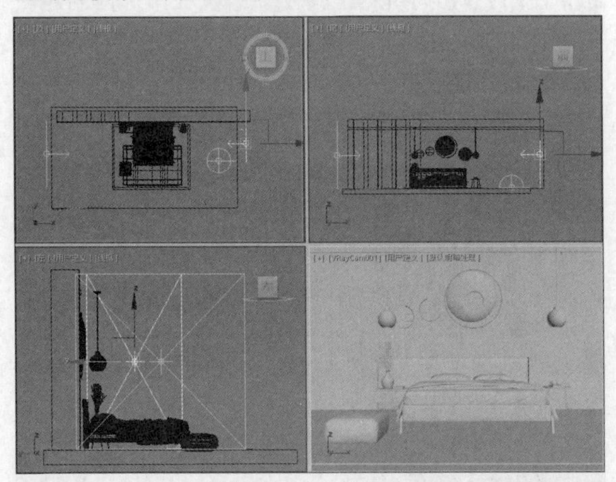

图11-134

05 选择上一步创建的VR-灯光，进入"修改"面板，具体参数设置如图11-135所示。

设置步骤

① 在"常规"卷展栏中设置"类型"为"平面"，"长度"为676.432mm，"宽度"为1202.546mm，"倍增"为10，"颜色"为橙黄色。

② 在"选项"卷展栏中勾选"不可见"选项。

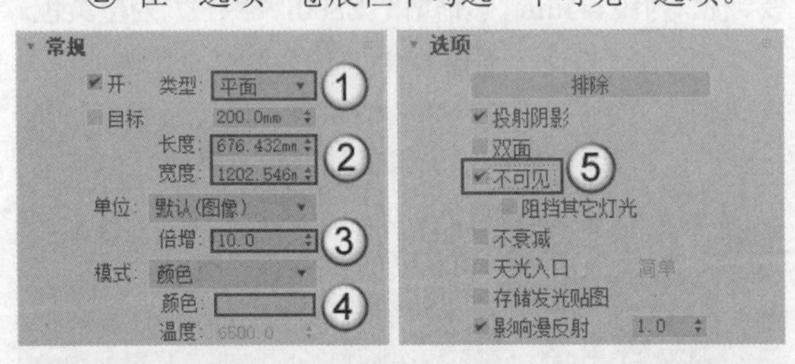

图11-135

06 按F9键渲染当前场景，如图11-136所示。

图11-136

11.4.3 材质制作

本案例场景中的材质较多，这里只介绍常见的材质类型。其他未讲解的材质，读者可以查看实例文件，了解其制作思路。

1.木质材质

01 选择一个空白材质球，设置材质类型为VRayMtl，具体参数设置如图11-137所示，制作好的材质球效果如图11-138所示。

设置步骤

① 在"漫反射"通道中加载本书学习资源中的"案例文件>CH11>商业案例：家装卧室夜景效果表现>16.jpg"文件。

② 设置"反射"颜色为灰色，"光泽度"为0.8。

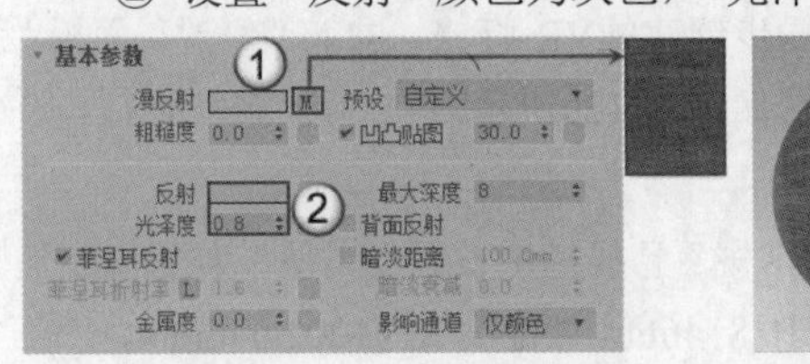

图11-137　图11-138

02 将材质赋予相应模型，并调整贴图坐标，如图11-139所示。

图11-139

2.黑钛材质

01 选择一个空白材质球，设置材质类型为VRayMtl，具体参数设置如图11-140所示，制作好的材质球效果如图11-141所示。

设置步骤

① 设置"漫反射"颜色为黑色。

② 设置“反射”颜色为白色，“光泽度”为0.95，“金属度”为1。

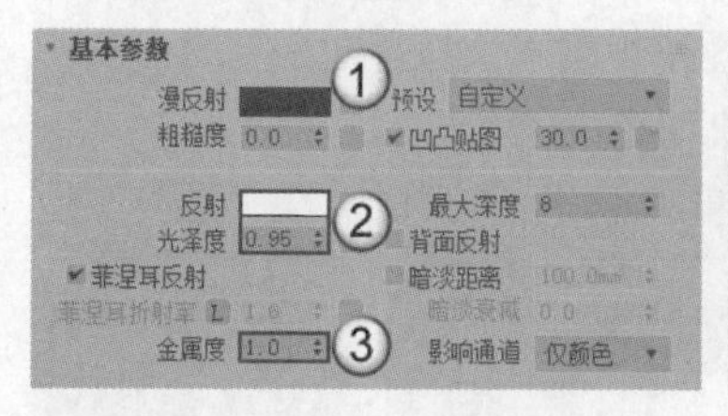

图11-140

图11-141

02 将制作好的材质赋予场景中的模型，如图11-142所示。

图11-142

3.布纹材质

01 选择一个空白材质球，设置材质类型为VRayMtl，具体参数设置如图11-143所示，制作好的材质球效果如图11-144所示。

设置步骤

① 在“漫反射”通道中加载本书学习资源中的“案例文件>CH11>商业案例：家装卧室夜景效果表现>34.jpg”文件，然后将该贴图复制到“凹凸贴图”通道中。

② 设置“反射”颜色为深灰色，“光泽度”为0.5。

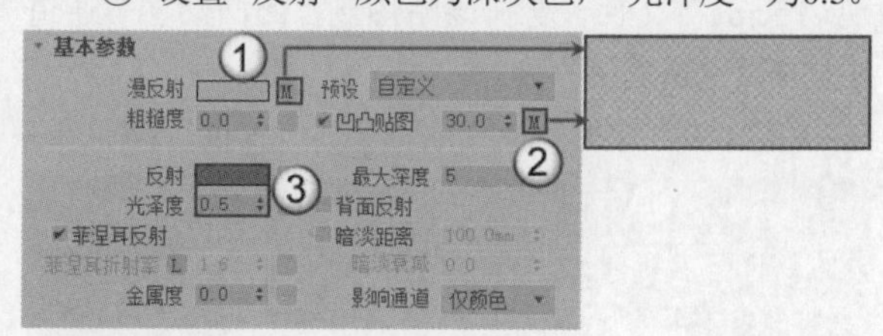

图11-143

02 将材质赋予模型，并调整贴图坐标，如图11-144所示。

图11-144

4.白漆材质

01 选择一个空白材质球，设置材质类型为VRayMtl，具体参数设置如图11-145所示，制作好的材质球效果如图11-146所示。

设置步骤

① 设置“漫反射”颜色为白色。

② 设置“反射”颜色为灰色，“光泽度”为0.85。

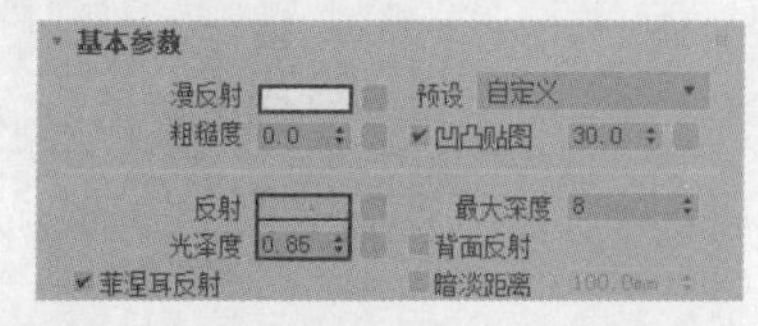

图11-145

02 将材质赋予相应的模型，如图11-146所示。.

图11-146

5.地毯材质

01 选择一个空白材质球，设置材质类型为VRayMtl，具体参数设置如图11-147所示。

设置步骤

① 在“漫反射”通道中加载本书学习资源中的“案例文件>CH11>商业案例：家装卧室夜景效果表现>5.jpg”文件。

② 在“凹凸贴图”通道中加载学习资源中的“案例文件>CH11>商业案例：家装卧室夜景效果表现>8.jpg”文件。

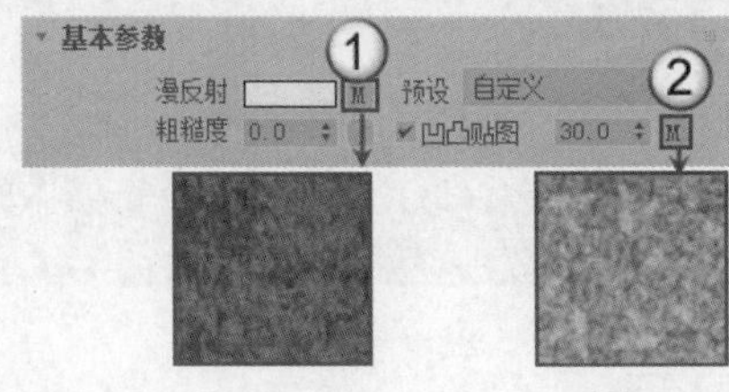

图11-147

02 单击VRayMtl按钮 VRayMtl ，在弹出的“材质/贴图浏览器”对话框中选择“VRay混合材质”选项，并将原有贴图保留为子材质，如图11-148所示。

参数

基本材质：ditan （VRayMtl）

	镀膜材质：	混合数量：	
1:	无	无贴图	100.0
2:	无	无贴图	100.0
3:	无	无贴图	100.0
4:	无	无贴图	100.0
5:	无	无贴图	100.0
6:	无	无贴图	100.0
7:	无	无贴图	100.0
8:	无	无贴图	100.0
9:	无	无贴图	100.0

相加（虫漆）模式

图11-148

03 将“基本材质”中的材质拖曳到“镀膜材质1”通道中，选择“复制”模式，如图11-149所示。

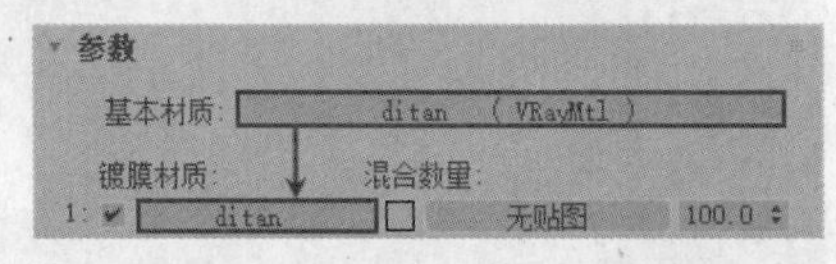

图11-149

04 双击进入“镀膜材质1”通道中的材质，替换“漫反射”通道的贴图为学习资源中的“案例文件>CH11>商业案例：家装卧室夜景效果表现>6.jpg”文件，如图11-150所示。

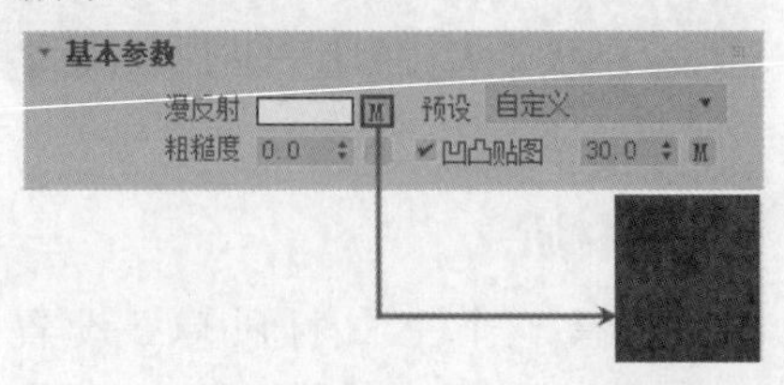

图11-150

05 返回“VRay混合贴图”面板，在“混合数量1”通道中加载学习资源中的“案例文件>CH11>商业案例：家装卧室夜景效果表现>8.jpg”文件，如图11-151所示，材质效果如图11-152所示。

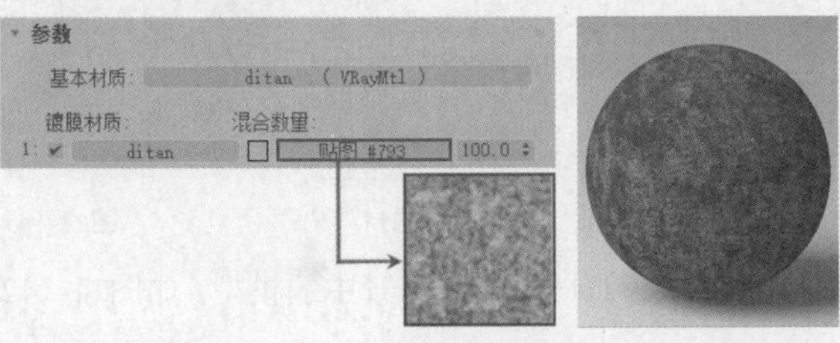

图11-151 图11-152

06 将材质赋予地毯模型，并调整贴图坐标，如图11-153所示。

图11-153

6.地板材质

01 选择一个空白材质球，设置材质类型为VRayMtl，具体参数设置如图11-154所示。材质效果如图11-155所示。

设置步骤

① 在“漫反射”通道中加载本书学习资源中的“案例文件>CH11>商业案例：家装卧室夜景效果表现>15.jpg”文件，复制该贴图到“凹凸贴图”通道中，并设置通道量为10。

② 设置“反射”颜色为灰色，“光泽度”为0.75。

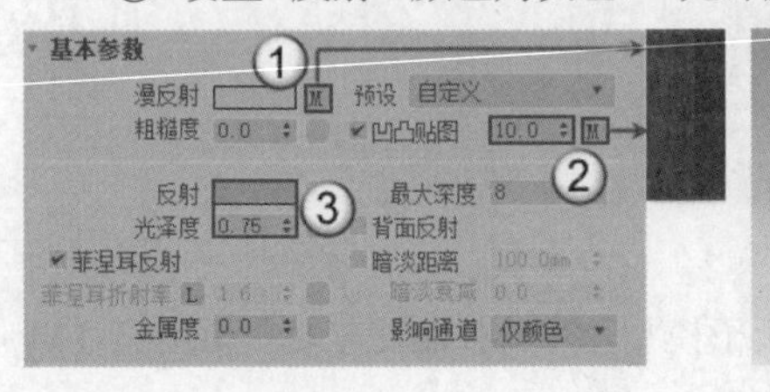

图11-154 图11-155

02 将材质赋予地板模型，并调整贴图坐标，如图11-156所示。

图11-156

7.皮革材质

01 选择一个空白材质球，设置材质类型为VRayMtl，具体参数设置如图11-157所示，材质效果如图11-158所示。

设置步骤

① 在“漫反射”通道中加载本书学习资源中的“案例文件>CH11>商业案例：家装卧室夜景效果表现>1.jpg”文件，复制该贴图到“凹凸贴图”通道中，并设置通道量为40。

② 设置“反射”颜色为灰色，“光泽度”为0.85，“菲涅耳折射率”为2。

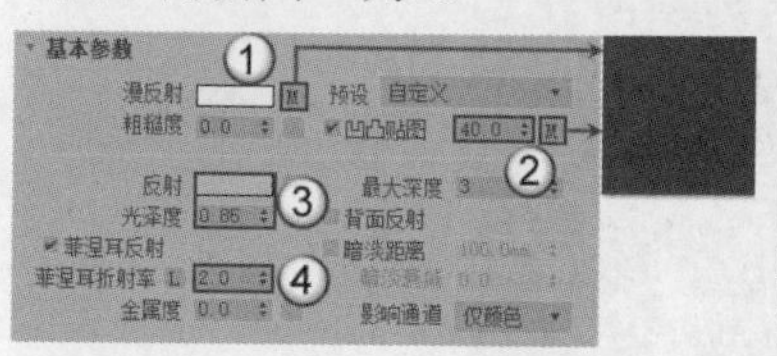

图11-157　　图11-158

02 将材质赋予软凳模型，并调整贴图坐标，如图11-159所示。

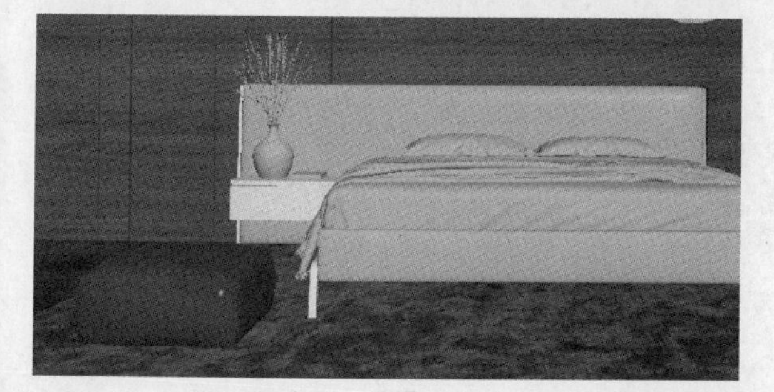

图11-159

03 场景中的主要材质讲解完毕，剩余的材质读者可查看实例文件，材质最终效果如图11-160所示。

图11-160

11.4.4 最终图像渲染

01 按F10键打开“渲染设置”对话框，在“输出大小”选项组中设置“宽度”为2500，“高度”为1875，如图11-161所示。

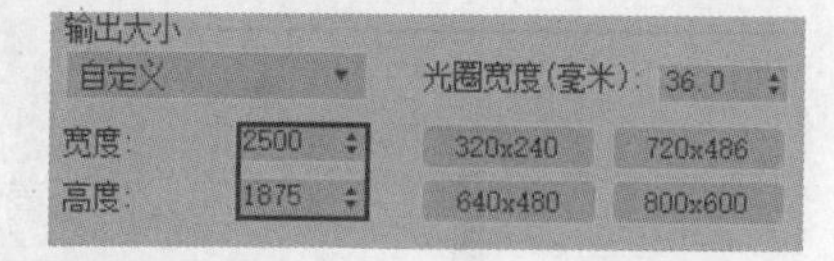

图11-161

02 切换到VRay选项卡，在“渐进式图像采样器”卷展栏中设置“最大细分”为100，“渲染时间（分）”为20，“噪波阈值”为0.001，如图11-162所示。

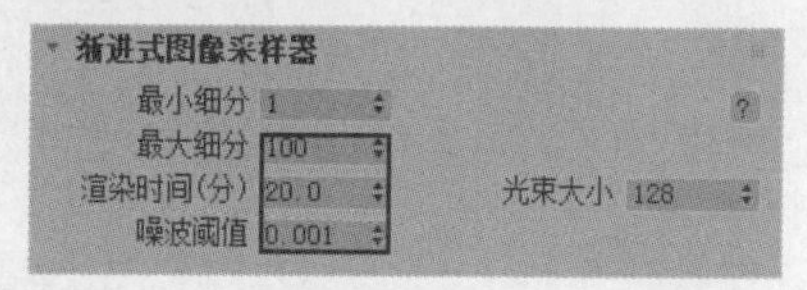

图11-162

03 切换到GI选项卡，在“发光贴图”卷展栏中设置“当前预设”为“中”，“细分”为80，“插值采样”为30，如图11-163所示。

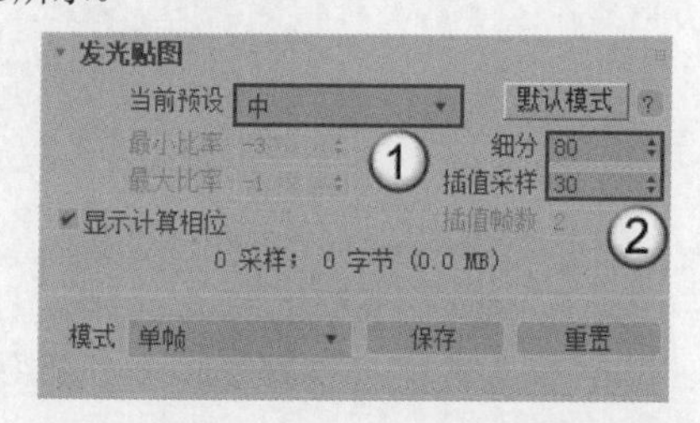

图11-163

04 在“灯光缓存”卷展栏中设置“细分”为2000，如图11-164所示。

05 按F9键渲染当前场景，最终效果如图11-165所示。

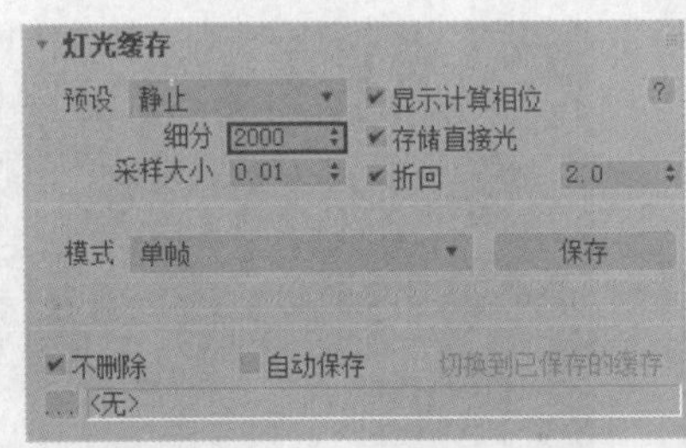

图11-164

图11-165

11.5 商业案例：工装走廊室内表现

场景位置	案例文件>CH11>商业案例：工装走廊室内表现>05.max
实例位置	案例文件>CH11>商业案例：工装走廊室内表现.max
学习目标	掌握工装场景的表现方法

本案例是一个办公大厅的走廊场景，材质相对较为简单，但在灯光方面稍微复杂一些，最终效果如图11-166所示。

图11-166

11.5.1 测试渲染

01 打开本书学习资源中的“案例文件>CH11>商业案例：工装走廊室内表现>05.max”文件，如图11-167所示。

图11-167

02 按F10键打开“渲染设置”对话框，在“输出大小”选项组下设置“宽度”为600，“高度”为800，如图11-168所示。

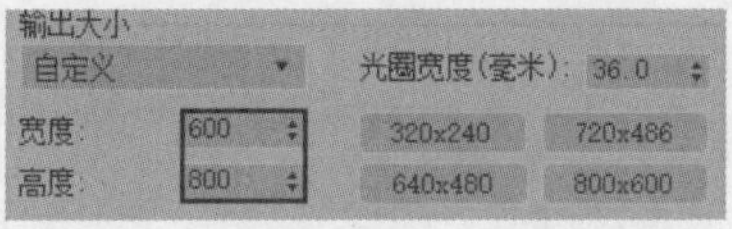

输出大小
自定义　光圈宽度(毫米)：36.0
宽度：600　320x240　720x486
高度：800　640x480　800x600

图11-168

03 切换到VRay选项卡，在“渐进式图像采样器”卷展栏中设置“最大细分”为50，“渲染时间(分)”为1，如图11-169所示。

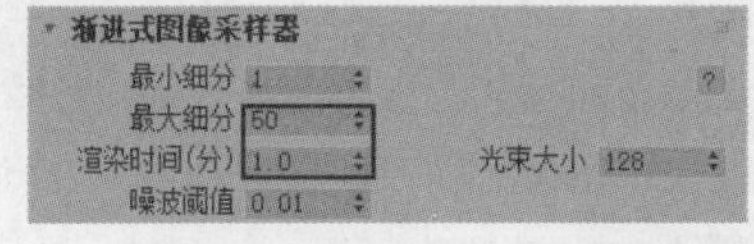

图11-169

04 展开“颜色贴图”卷展栏，设置“类型”为“莱因哈德”，“加深值”为0.6，如图11-170所示。

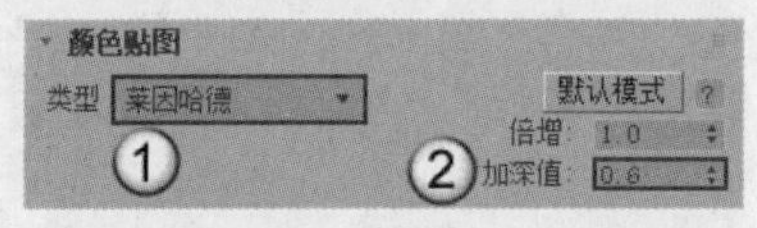

图11-170

05 切换到GI选项卡，在“全局照明”卷展栏中设置“首次引擎”为“发光贴图”，“二次引擎”为“灯光缓存”，如图11-171所示。

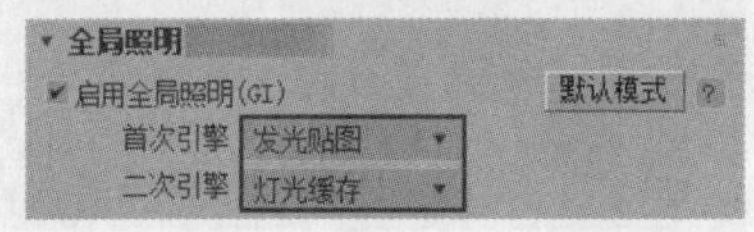

图11-171

06 展开“发光贴图”卷展栏，设置“当前预设”为“非常低”，如图11-172所示。

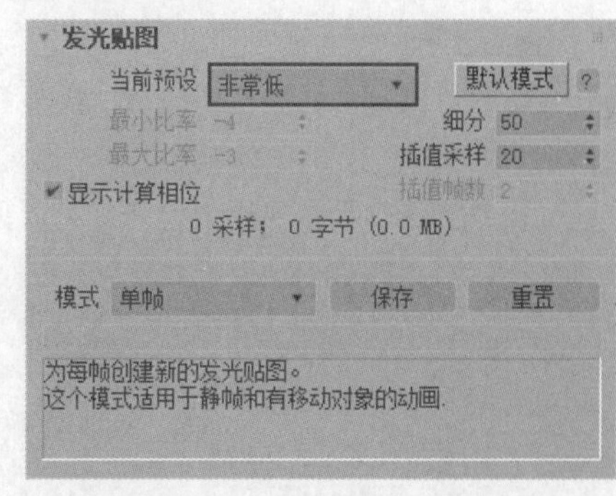

图11-172

07 展开“灯光缓存”卷展栏，设置“细分”为600，如图11-173所示。

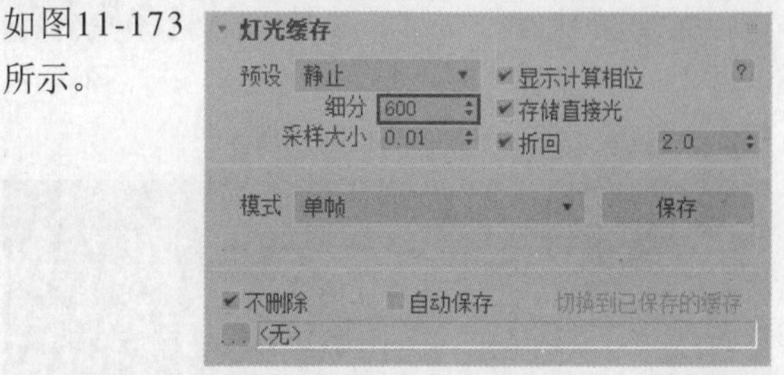

图11-173

11.5.2 灯光制作

本案例场景中的灯光分为环境光和人工光源两部分。

1.环境光

01 使用“VR-灯光”工具 VR-灯光 在场景任意位置添加一盏穹顶灯光，如图11-174所示。

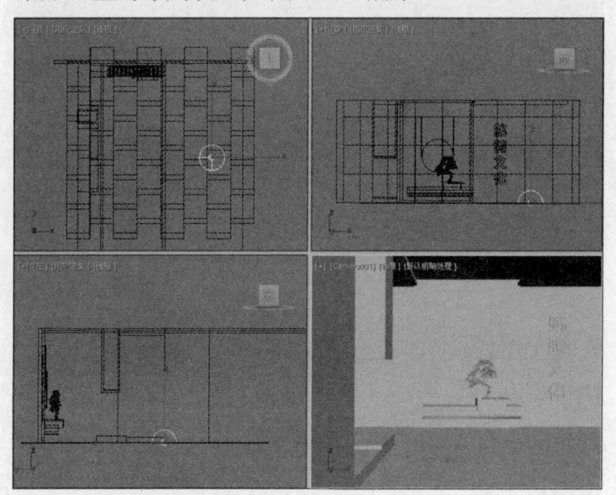

图11-174

02 选择上一步创建的VR-灯光，进入“修改”面板，具体参数设置如图11-175所示。

设置步骤

① 在“常规”卷展栏中设置“类型”为“穹顶”，“倍增”为0.5，“模式”为“温度”，“温度”为7000。

② 在“选项”卷展栏中勾选“不可见”选项。

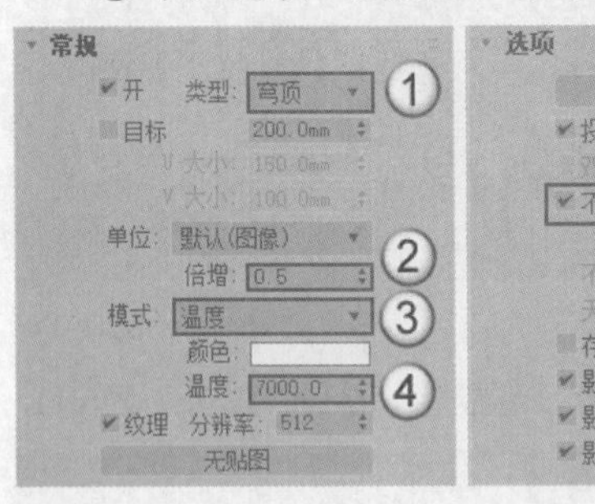

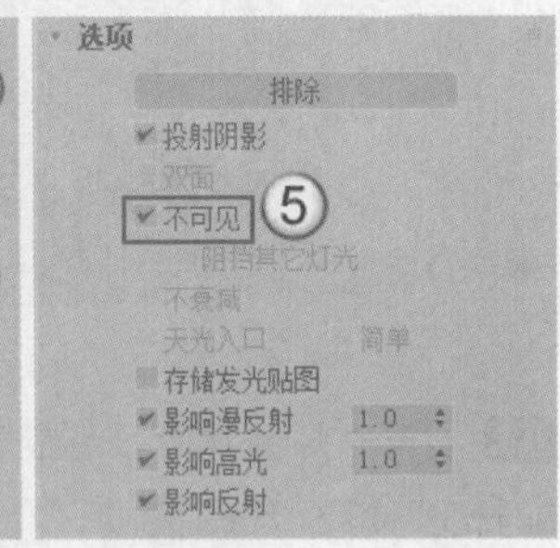

图11-175

03 按F9键渲染场景，如图11-176所示。

图11-176

2.人工光源

01 使用“VR-灯光”工具 VR-灯光 在吊灯的灯槽内创建一盏灯光，并将其实例复制到另一侧的灯槽内，如图11-177所示。

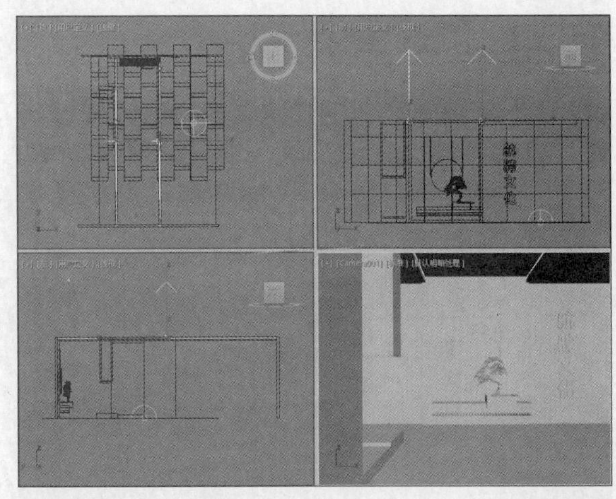

图11-177

02 选择上一步创建的VR-灯光，进入“修改”面板，具体参数设置如图11-178所示。

设置步骤

① 在“常规”卷展栏中设置“类型”为“平面”，“长度”为94.014mm，“宽度”为8912.559mm，“倍增”为3，“温度”为4500。

② 在“选项”卷展栏中勾选“不可见”选项。

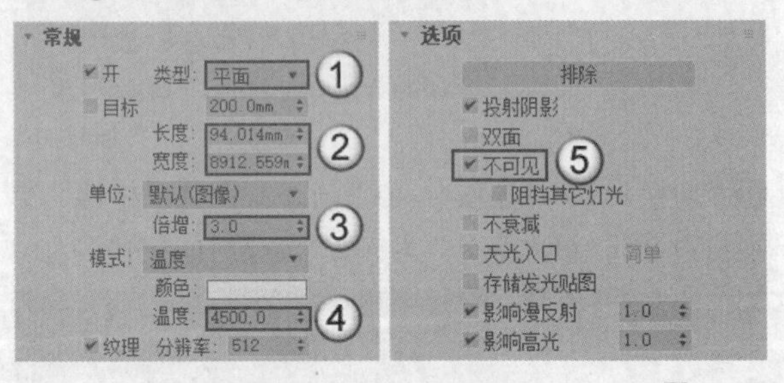

图11-178

03 按F9键渲染场景，如图11-179所示。

图11-179

04 使用“VR-灯光”工具 VR-灯光 在造型墙后方的灯槽内创建一盏灯光，并将其复制到另一侧的灯槽内，如图11-180所示。

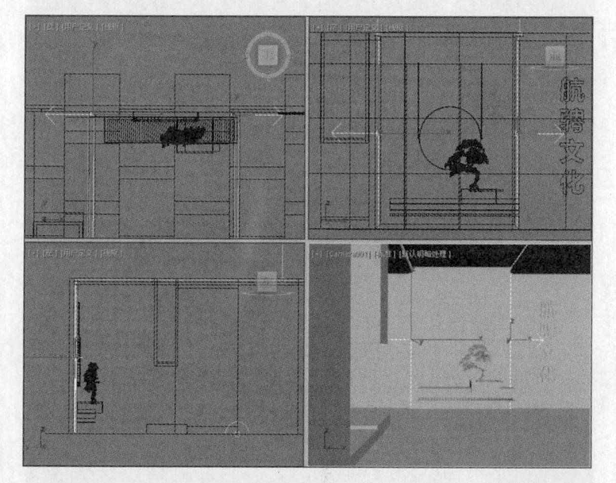

图11-180

05 选择上一步创建的VR-灯光，进入“修改”面板，具体参数设置如图11-181所示。

设置步骤

① 在“常规”卷展栏中设置“类型”为“平面”，“长度”为40.538mm，“宽度”为3122.115mm，“倍增”为5，“温度”为4500。

② 在“选项”卷展栏中勾选“不可见”选项。

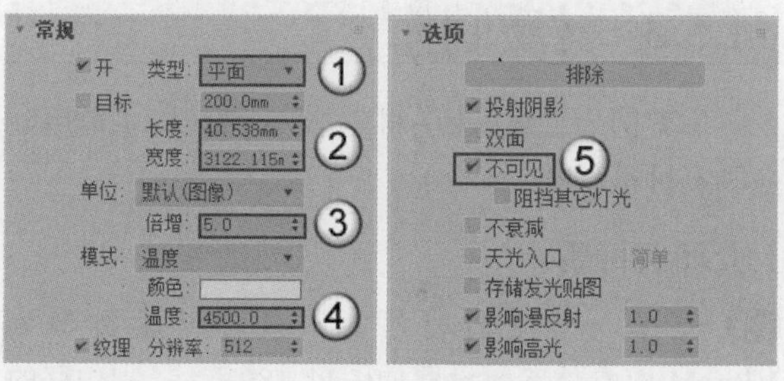

图11-181

06 按F9键渲染场景，如图11-182所示。

图11-182

07 使用“VR-灯光”工具 VR-灯光 在场景左侧创建一盏灯光，如图11-183所示。

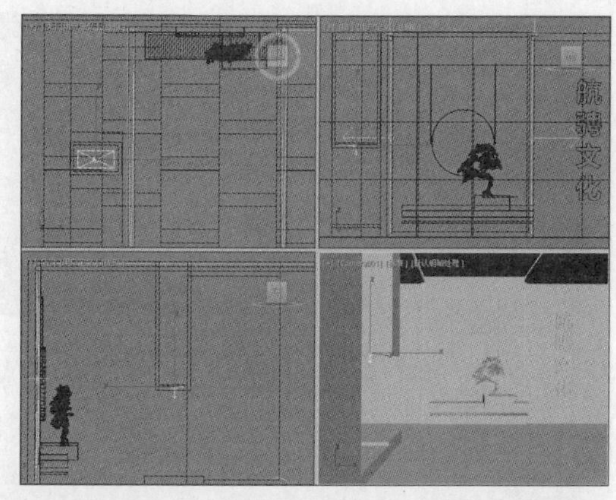

图11-183

08 选择上一步创建的VR-灯光，进入“修改”面板，具体参数设置如图11-184所示。

设置步骤

① 在“常规”卷展栏中设置“类型”为“平面”，“长度”为569.42mm，“宽度”为260.072mm，“倍增”为50，“温度”为5000。

② 在“选项”卷展栏中勾选“不可见”选项。

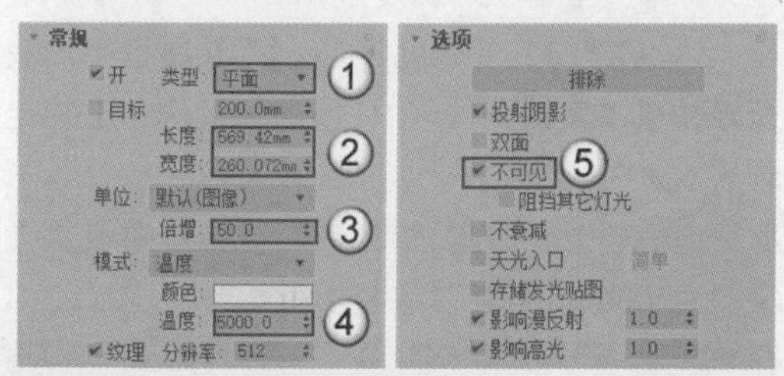

图11-184

09 按F9键渲染场景，如图11-185所示。

图11-185

10 使用“目标灯光”工具 目标灯光 在场景中创建一盏灯光，并将其实例复制一盏，如图11-186所示。

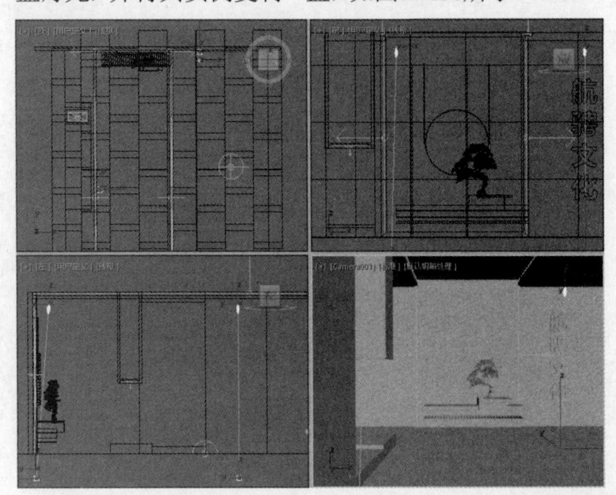

图11-186

11 选择上一步创建的目标灯光，进入“修改”面板，具体参数设置如图11-187所示。

设置步骤

① 在“常规参数”卷展栏中勾选“阴影”的“启用”选项，设置阴影类型为“VRay阴影”，设置“灯光分布（类型）”为“光度学Web”。

② 在“分布（光度学Web）”卷展栏中加载学习资源中的“案例文件>CH11>商业案例：工装走廊室内表现>03.ies”文件。

③ 在“强度/颜色/衰减”卷展栏中设置“开尔文”为5000，“强度”为3854.892。

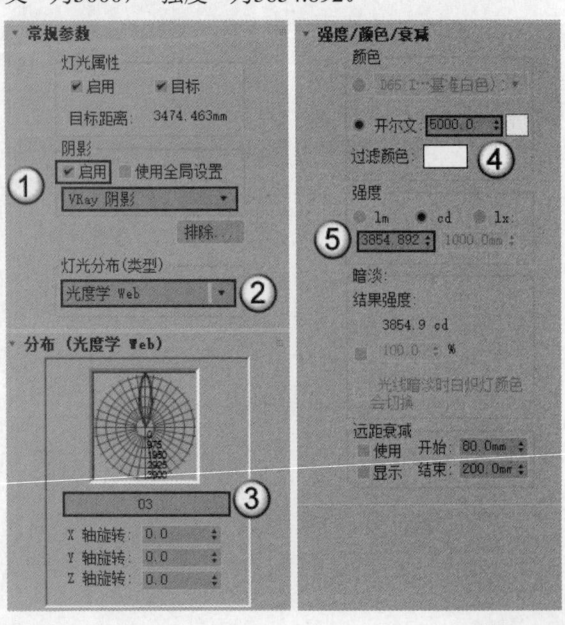

图11-187

12 按F9键渲染场景，效果如图11-188所示。

图11-188

11.5.3 材质制作

本案例为工装场景，材质都较为简单，主要用到各种石材和金属。

1.大理石材质

01 选择一个空白材质球，设置材质类型为VRayMtl，具体参数设置如图11-189所示，制作好的材质球效果如图11-190所示。

设置步骤

① 在“漫反射”通道中加载本书学习资源中的“案例文件>CH11>商业案例：工装走廊室内表现>13.jpg”文件。

② 设置“反射”颜色为白色，“光泽度”为0.98。

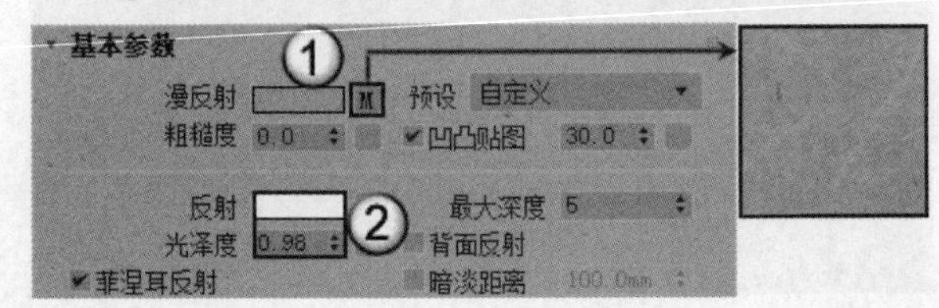

图11-189

图11-190

提示 虽然现实中的大理石地砖不会特别光滑，但是为了渲染的图像更加丰富，设置时可以适当夸张地砖的光滑程度。

02 将材质赋予地面和部分墙面模型，并调整贴图坐标，如图11-191所示。

图11-191

2.墙砖材质

01 选择一个空白材质球，设置材质类型为VRayMtl，具体参数设置如图11-192所示，制作好的材质球效果如图11-193所示。

设置步骤

① 在“漫反射”通道中加载本书学习资源中的“案例文件>CH11>商业案例：工装走廊室内表现>12.jpg”文件。

② 设置“反射”颜色为白色，“光泽度”为1。

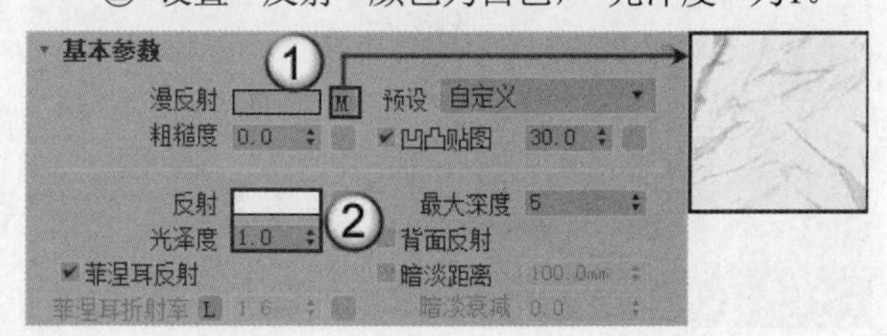

图11-192

图11-193

02 将材质赋予部分墙面模型，并调整贴图坐标，如图11-194所示。

图11-194

3.水磨石材质

01 选择一个空白材质球，设置材质类型为VRayMtl，具体参数设置如图11-195所示，制作好的材质球效果如图11-196所示。

设置步骤

① 在“漫反射”通道中加载本书学习资源中的“案例文件>CH11>商业案例：工装走廊室内表现>1.jpg”文件，将该贴图复制到“凹凸贴图”通道中，并设置通道量为60。

② 设置“反射”颜色为白色，“光泽度”为0.7。

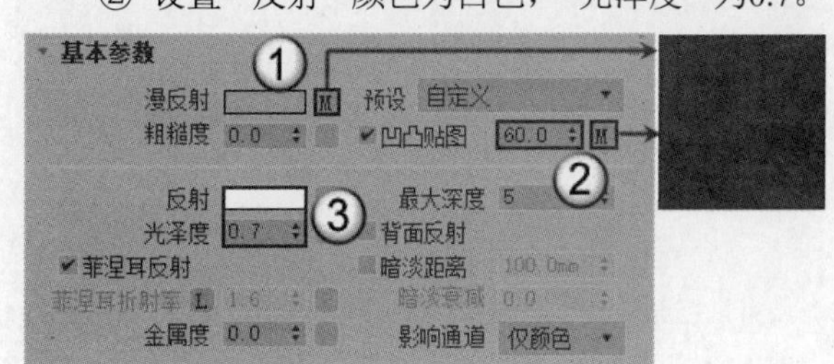

图11-195

图11-196

02 将材质赋予部分地面和墙面模型，并调整贴图坐标，效果如图11-197所示。

图11-197

4.背景墙材质

01 选择一个空白材质球，设置材质类型为VRayMtl，具体参数设置如图11-198所示，制作好的材质球效果如图11-199所示。

设置步骤

① 在“漫反射”通道中加载本书学习资源中的“案例文件>CH11>商业案例：工装走廊室内表现>11.jpg”文件。

② 设置“反射”颜色为白色，“光泽度”为1。

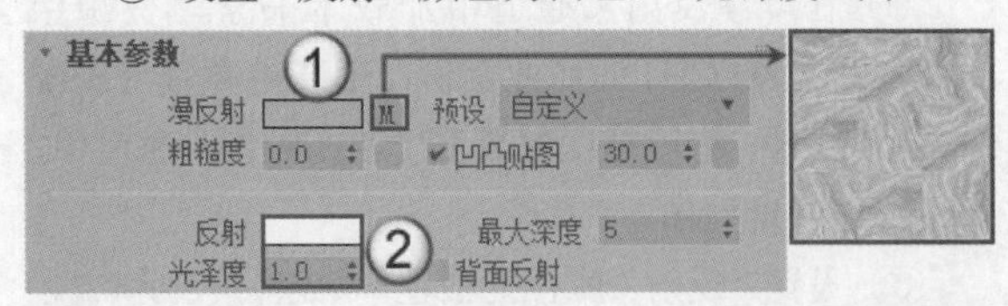

图11-198

图11-199

02 将材质赋予墙面模型，并调整贴图坐标，如图11-200所示。

图11-200

5.金属材质

01 选择一个空白材质球，设置材质类型为VRayMtl，具体参数设置如图11-201所示，制作好的材质球效果如图11-202所示。

设置步骤

① 设置“漫反射”颜色为深黄色。

② 设置 “反射” 颜色为黄色，“光泽度”为0.85，“菲涅耳折射率”为5，“金属度”为1。

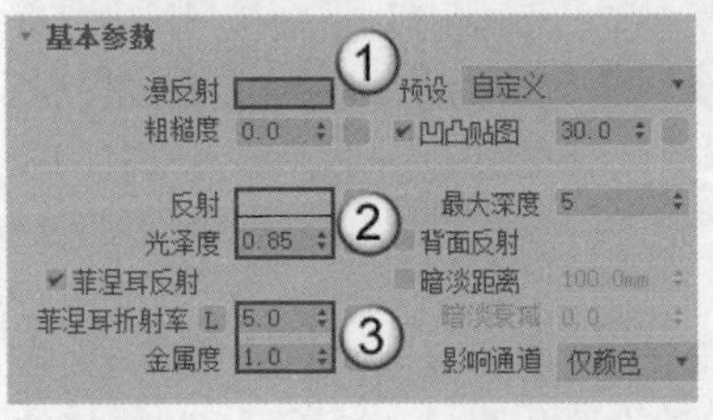

图11-201　图11-202

02 将材质赋予装饰品，如图11-203所示。

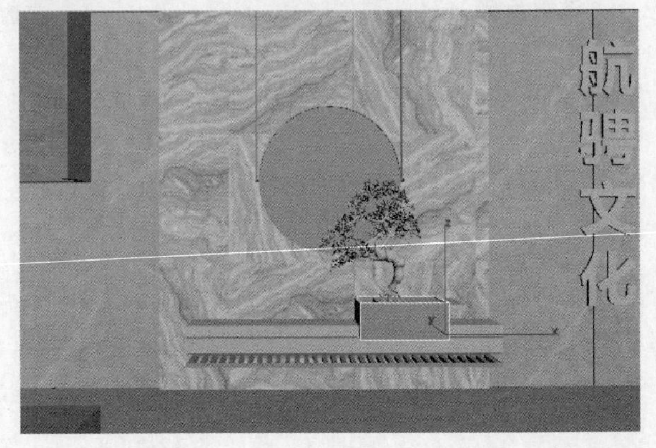

图11-203

6.不锈钢材质

01 选择一个空白材质球，设置材质类型为VRayMtl，具体参数设置如图11-204所示，制作好的材质球效果如图11-205所示。

设置步骤

① 设置“漫反射”颜色为灰色。

② 设置 “反射” 颜色为白色，“光泽度”为0.7，“菲涅耳折射率”为5，“金属度”为1。

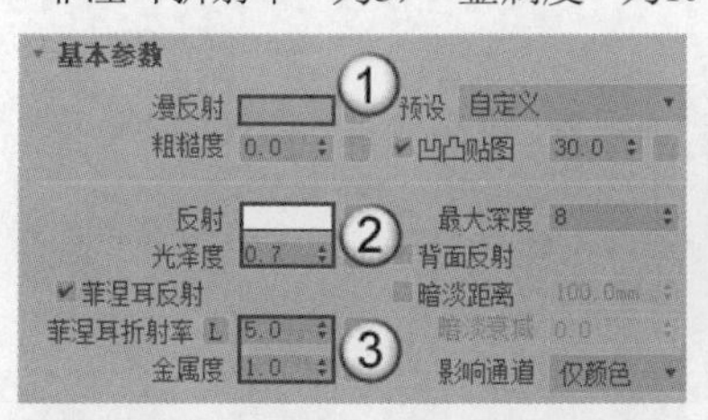

图11-204

图11-205

02 将材质赋予字体模型，如图11-206所示。

图11-206

7.吊顶材质

01 选择一个空白材质球，设置材质类型为VRayMtl，设置“漫反射”颜色为白色，如图11-207所示，制作好的材质球效果如图11-208所示。

图11-207

图11-208

02 将材质赋予吊顶模型，如图11-209所示。

图11-209

8.木纹材质

01 选择一个空白材质球，设置材质类型为VRayMtl，具体参数设置如图11-210所示，制作好的材质球效果如图11-211所示。

设置步骤

① 在“漫反射”通道中加载本书学习资源中的“案例文件>CH11>商业案例：工装走廊室内表现>2.jpg”文件，复制该贴图到“凹凸贴图”通道中，并设置通道量为10。

② 设置“反射”颜色为白色，“光泽度”为0.7。

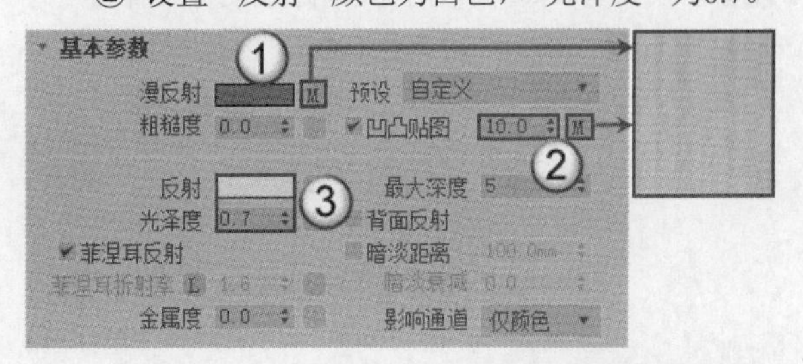

图11-210

图11-211

02 将材质赋予墙面模型，并调整贴图坐标，如图11-212所示。

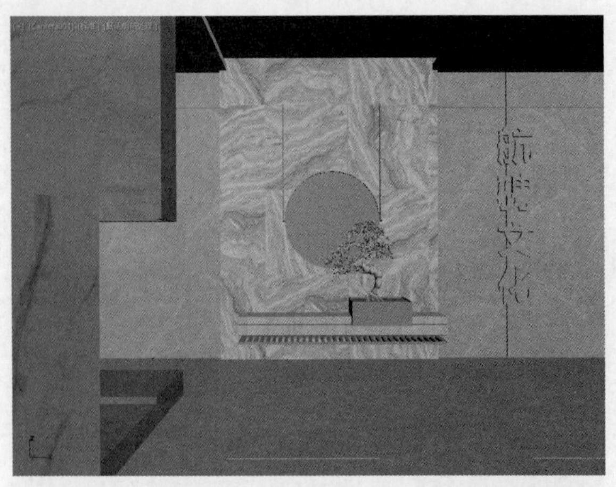

图11-212

11.5.4 最终图像渲染

01 按F10键打开“渲染设置”对话框，在“输出大小”选项组中设置“宽度”为2500，“高度”为1875，如图11-213所示。

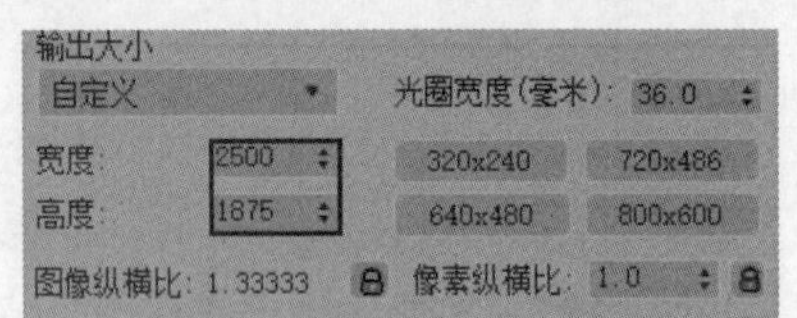

图11-213

02 切换到VRay选项卡，在“渐进式图像采样器”卷展栏中设置“最大细分”为100，“渲染时间（分）”为20，“噪波阈值”为0.001，如图11-214所示。

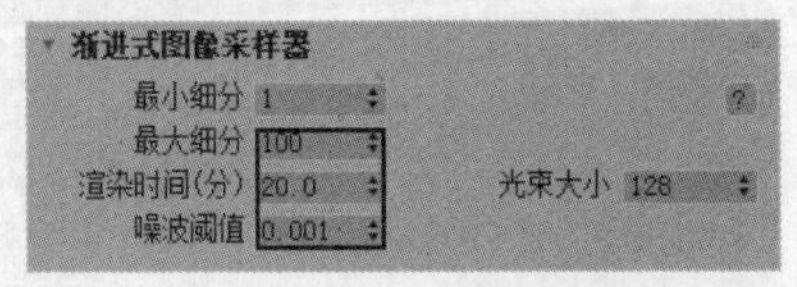

图11-214

03 切换到GI选项卡，在“发光贴图”卷展栏中设置“当前预设”为“中”，“细分”为80，“插值采样”为30，如图11-215所示。

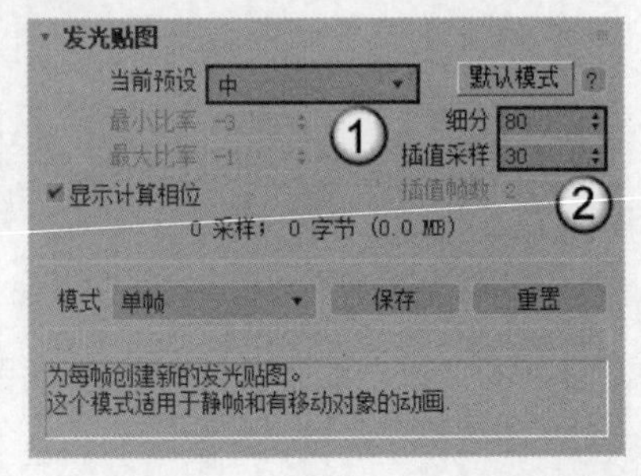

图11-215

04 在“灯光缓存”卷展栏中设置“细分”为2000，如图11-216所示。

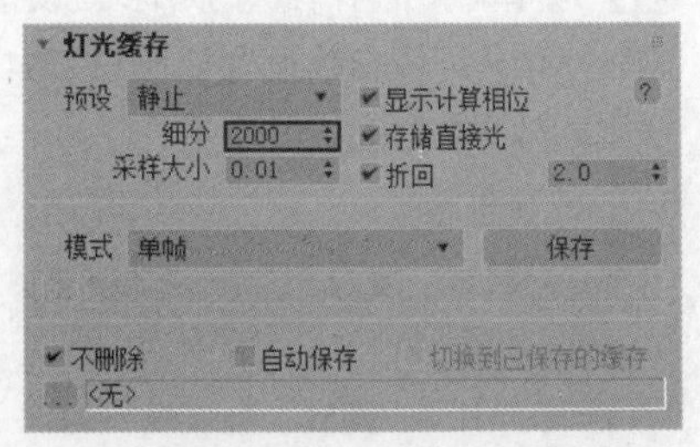

图11-216

05 按F9键渲染当前场景，最终效果如图11-217所示。

图11-217

附录A 常用快捷键一览表

一、主界面快捷键

操作	快捷键
显示降级适配（开关）	O
适应透视视图格点	Shift+Ctrl+A
排列	Alt+A
角度捕捉（开关）	A
动画模式（开关）	N
改变到后视图	K
背景锁定（开关）	Alt+Ctrl+B
前一时间单位	.
下一时间单位	,
改变到顶视图	T
改变到底视图	B
改变到摄影机视图	C
改变到前视图	F
改变到用户视图	U
改变到右视图	R
改变到透视视图	P
循环改变选择方式	Ctrl+F
默认灯光（开关）	Ctrl+L
删除物体	Delete
当前视图暂时失效	D
是否显示几何体内框（开关）	Ctrl+E
显示第一个工具条	Alt+1
专家模式，全屏（开关）	Ctrl+X
暂存场景	Alt+Ctrl+H
取回场景	Alt+Ctrl+F
冻结所选物体	6
跳到最后一帧	End
跳到第一帧	Home
显示/隐藏摄影机	Shift+C
显示/隐藏几何体	Shift+O
显示/隐藏网格	G
显示/隐藏帮助物体	Shift+H
显示/隐藏光源	Shift+L
显示/隐藏粒子系统	Shift+P
显示/隐藏空间扭曲物体	Shift+W
锁定用户界面（开关）	Alt+0
匹配到摄影机视图	Ctrl+C
材质编辑器	M

续表

操作	快捷键
最大化当前视图（开关）	W
脚本编辑器	F11
新建场景	Ctrl+N
法线对齐	Alt+N
向下轻推网格	小键盘－
向上轻推网格	小键盘+
NURBS表面显示方式	Alt+L或Ctrl+4
NURBS调整方格1	Ctrl+1
NURBS调整方格2	Ctrl+2
NURBS调整方格3	Ctrl+3
偏移捕捉	Alt+Ctrl+Space（Space键即空格键）
打开一个.max文件	Ctrl+O
平移视图	Ctrl+P
交互式平移视图	I
放置高光	Ctrl+H
播放/停止动画	/
快速渲染	Shift+Q
回到上一场景操作	Ctrl+A
回到上一视图操作	Shift+A
撤销场景操作	Ctrl+Z
撤销视图操作	Shift+Z
刷新所有视图	1
用前一次的参数进行渲染	Shift+E或F9
渲染配置	Shift+R或F10
在XY/YZ/ZX锁定中循环改变	F8
约束到x轴	F5
约束到y轴	F6
约束到z轴	F7
旋转视图模式	Ctrl+R或V
保存文件	Ctrl+S
透明显示所选物体（开关）	Alt+X
选择父物体	PageUp
选择子物体	PageDown
根据名称选择物体	H
选择锁定（开关）	Space（即空格键）
减淡所选物体的面（开关）	F2
显示所有视图网格（开关）	Shift+G
显示/隐藏命令面板	3
显示/隐藏浮动工具条	4
显示最后一次渲染的图像	Ctrl+I
显示/隐藏主工具栏	Alt+6
显示/隐藏安全框	Shift+F
显示/隐藏所选物体的支架	J
百分比捕捉（开关）	Shift+Ctrl+P

续表

操作	快捷键
打开/关闭捕捉	S
循环通过捕捉点	Alt+Space（Space键即空格键）
间隔放置物体	Shift+I
改变到光线视图	Shift+4
循环改变子物体层级	Ins
子物体选择（开关）	Ctrl+B
贴图材质修正	Ctrl+T
加大动态坐标	+
减小动态坐标	–
激活动态坐标（开关）	X
精确输入转变量	F12
全部解冻	7
根据名字显示隐藏的物体	5
刷新背景图像	Alt+Shift+Ctrl+B
显示几何体外框（开关）	F4
视图背景	Alt+B
用方框快显几何体（开关）	Shift+B
打开虚拟现实	数字键盘1
虚拟视图向下移动	数字键盘2
虚拟视图向左移动	数字键盘4
虚拟视图向右移动	数字键盘6
虚拟视图向中移动	数字键盘8
虚拟视图放大	数字键盘7
虚拟视图缩小	数字键盘9
实色显示场景中的几何体（开关）	F3
全部视图显示所有物体	Shift+Ctrl+Z
视窗缩放到选择物体范围	E
缩放范围	Alt+Ctrl+Z
视窗放大两倍	Shift++（数字键盘）
放大镜工具	Z
视窗缩小两倍	Shift+ –（数字键盘）
根据框选进行放大	Ctrl+W
视窗交互式放大	[
视窗交互式缩小	]

二、轨迹视图快捷键

操作	快捷键
加入关键帧	A
前一时间单位	<
下一时间单位	>
编辑关键帧模式	E
编辑区域模式	F3

续表

操作	快捷键
编辑时间模式	F2
展开对象切换	O
展开轨迹切换	T
函数曲线模式	F5或F
锁定所选物体	Space（即空格键）
向上移动高亮显示	↓
向下移动高亮显示	↑
向左轻移关键帧	←
向右轻移关键帧	→
位置区域模式	F4
回到上一场景操作	Ctrl+A
向下收拢	Ctrl+↓
向上收拢	Ctrl+↑

三、渲染器设置快捷键

操作	快捷键
用前一次的配置进行渲染	F9
渲染配置	F10

四、示意视图快捷键

操作	快捷键
下一时间单位	>
前一时间单位	<
回到上一场景操作	Ctrl+A

五、Active Shade快捷键

操作	快捷键
绘制区域	D
渲染	R
锁定工具栏	Space（即空格键）

六、视频编辑快捷键

操作	快捷键
加入过滤器项目	Ctrl+F
加入输入项目	Ctrl+I
加入图层项目	Ctrl+L

续表

操作	快捷键
加入输出项目	Ctrl+O
加入新的项目	Ctrl+A
加入场景事件	Ctrl+S
编辑当前事件	Ctrl+E
执行序列	Ctrl+R
新建序列	Ctrl+N

七、NURBS编辑快捷键

操作	快捷键
CV约束法线移动	Alt+N
CV约束到U向移动	Alt+U
CV约束到V向移动	Alt+V
显示曲线	Shift+Ctrl+C
显示控制点	Ctrl+D
显示格子	Ctrl+L
NURBS面显示方式切换	Alt+L
显示表面	Shift+Ctrl+S
显示工具箱	Ctrl+T
显示表面整齐	Shift+Ctrl+T
根据名字选择本物体的子层级	Ctrl+H
锁定2D所选物体	Space（即空格键）
选择U向的下一点	Ctrl+→
选择V向的下一点	Ctrl+↑
选择U向的前一点	Ctrl+←
选择V向的前一点	Ctrl+↓
根据名字选择子物体	H
柔软所选物体	Ctrl+S
转换到CV曲线层级	Alt+Shift+Z
转换到曲线层级	Alt+Shift+C
转换到点层级	Alt+Shift+P
转换到CV曲面层级	Alt+Shift+V
转换到曲面层级	Alt+Shift+S
转换到上一层级	Alt+Shift+T
转换降级	Ctrl+X

八、FFD快捷键

操作	快捷键
转换到控制点层级	Alt+Shift+C

附录B 常用模型尺寸表

一、常用家具尺寸

单位: mm

家具	长度	宽度	高度	深度	直径
衣橱		700（推拉门）	400~650（衣橱门）	600~650	
推拉门		750~1500	1900~2400		
矮柜		300~600（柜门）		350~450	
电视柜			600~700	450~600	
单人床	1800、1806、2000、2100	900、1050、1200			
双人床	1800、1806、2000、2100	1350、1500、1800			
圆床					>1800
室内门		800~950、1200（医院）	1900、2000、2100、2200、2400		
卫生间、厨房门		800、900	1900、2000、2100		
窗帘盒			120~180	120（单层布）、160~180（双层布）	
单人式沙发	800~95		350~420（坐垫）、700~900（背高）	850~900	
双人式沙发	1260~1500			800~900	
三人式沙发	1750~1960			800~900	
四人式沙发	2320~2520			800~900	
小型长方形茶几	600~750	450~600	380~500（380最佳）		
中型长方形茶几	1200~1350	380~500或600~750			
正方形茶几	750~900	430~500			
大型长方形茶几	1500~1800	600~800	330~420（330最佳）		
圆形茶几			330~420		750、900、1050、1200
方形茶几		900、1050、1200、1350、1500	330~420		
固定式书桌			750	450~700（600最佳）	
活动式书桌			750~780	650~800	
餐桌		1200、900、750（方桌）	75~780（中式）、680~720（西式）		
方桌	1500、1650、1800、2100、2400	800、900、1050、1200			
圆桌					900、1200、1350、1500、1800
书架	600~1200	800~900		250~400（每格）	

二、室内物体常用尺寸

1.墙面尺寸

单位: mm

物体	高度
踢脚板	60~200
墙裙	800~1500
挂镜线	1600~1800

2.餐厅

单位: mm

物体	高度	宽度	直径	间距
餐桌	750~790			>500（其中座椅占500）
餐椅	450~500			

续表

物体	高度	宽度	直径	间距
二人圆桌			500或800	
四人圆桌			900	
五人圆桌			1100	
六人圆桌			1100~1250	
八人圆桌			1300	
十人圆桌			1500	
十二人圆桌			1800	
二人方桌		700 × 850		
四人方桌		1350 × 850		
八人方桌		2250 × 850		
餐桌转盘			700~800	
主通道		1200~1300		
内部工作通道		600~900		
吧台	900~1050	500		
吧凳	600~750			

3.商场营业厅

单位: mm

物体	长度	宽度	高度	厚度	直径
单边双人走道		1600			
双边双人走道		2000			
双边三人走道		2300			
双边四人走道		3000			
营业员柜台走道		800			
营业员货柜台			800~1000	600	
单靠背立货架			1800~2300	300~500	
双靠背立货架			1800~2300	600~800	
小商品橱窗			400~1200	500~800	
陈列地台			400~800		
敞开式货架			400~600		
放射式售货架					2000
收款台	1600	600			

4.饭店客房

单位: mm/m²

物体	长度	宽度	高度	面积	深度
标准间				25（大）、16~18（中）、16（小）	
床			400~450、850~950（床靠）		
床头柜		500~800	500~700		
写字台	1100~1500	450~600	700~750		
行李台	910~1070	500	400		
衣柜		800~1200	1600~2000		500
沙发		600~800	350~400、1000（靠背）		
衣架			1700~1900		
小商品橱窗			400~1200	500~800	
陈列地台			400~800		
敞开式货架			400~600		
放射式售货架					2000
收款台	1600	600			

5.卫生间

单位：mm/m²

物体	长度	宽度	高度	面积	深度
卫生间				3~5	
浴缸	1220、1520、1680	720	450		
坐便器	750	350			
冲洗器	690	350			
盥洗盆	550	410			
淋浴器		2100			500
化妆台	1350	450			

6.公共空间

单位：mm

物体	宽度	高度
楼梯间休息平台	≥2100	
楼梯跑道	≥2300	
客房走廊		≥2400
两侧设座的综合式走廊	≥2500	
楼梯扶手		850~1100
门	850~1000	≥1900
窗	400~1800	
窗台		800~1200

7.灯具

单位：mm

物体	高度	直径
大吊灯	≥2400	
壁灯	1500~1800	
反光灯槽		≥2倍灯管直径
壁式床头灯	1200~1400	
照明开关	1000	

8.办公用具

单位：mm

物体	长度	宽度	高度	深度
办公桌	1200~1600	500~650	700~800	
办公椅	450	450	400~450	
沙发		600~800	350~450	
前置型茶几	900	400	400	
中心型茶几	900	900	400	
左右型茶几	600	400	400	
书柜		1200~1500	1800	450~500
书架		1000~1300	1800	350~450

附录C 3ds Max 2020的优化

一、软件的安装环境

3ds Max 2020必须在Windows 10的64位系统中才能正确安装，所以要正确运行3ds Max 2020，首先要保证计算机系统为Windows 10的64位系统，如图附录-1所示。

附录-1

二、软件的优化

3ds Max 2020对计算机的配置要求比较高，如果用户的计算机配置比较低，运行起来可能会比较吃力，可以通过一些优化手段来提高软件的流畅性。

更改显示驱动程序：3ds Max 2020默认的显示驱动程序是Nitrous Direct3D 11，该驱动程序对显卡的要求比较高，我们可以将其换成对显卡要求比较低的驱动程序。执行“自定义>首选项”菜单命令，打开“首选项设置”对话框，单击“视口”选项卡，在“显示驱动程序”选项组下单击“选择驱动程序”按钮，在弹出的“显示驱动程序选择”对话框中选择“旧版OpenGL”驱动程序，如图附录-2和图附录-3所示。旧版OpenGL驱动程序不仅对显卡的要求比较低，同时也不会影响用户的正常操作。

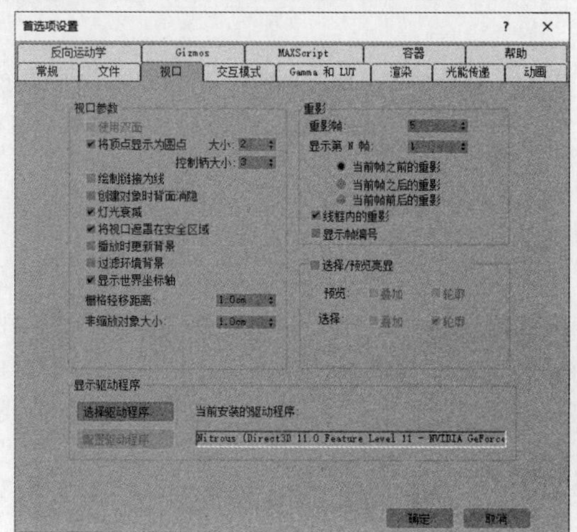

附录-2

附录-3

优化软件界面：3ds Max 2020默认的软件界面中有很多工具栏，其中最常用的是主工具栏和命令面板，可以将其他工具栏隐藏起来，在需要用的时候再将其调出来，整个界面只需要保留主工具栏和命令面板即可。按快捷键Ctrl+X可以切换到精简模式，隐藏暂时用不到的面板，保留常用的面板。这样不仅可以提高软件的运行速度，还可以让操作界面更加整洁，如图附录-4所示。

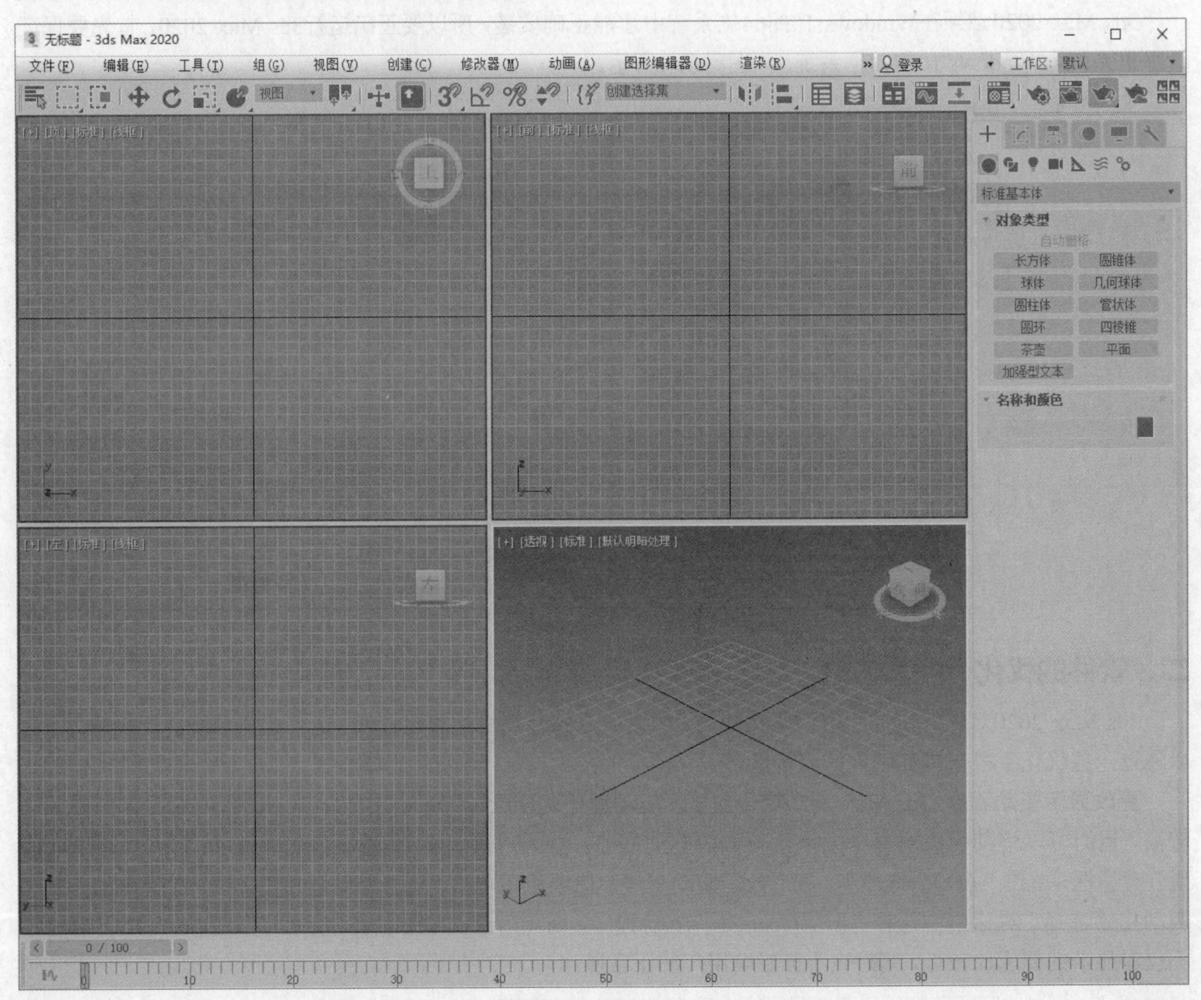

附录-4

注意：如果用户修改了显示驱动程序并优化了软件界面，但3ds Max 2020的运行速度依然很慢，那么建议重新购买一台配置较高的计算机，况且在做实际项目时，也需要配置较高的计算机，这样才能提高工作效率。

三、自动备份文件

在很多时候，我们的一些失误操作很可能导致3ds Max崩溃。3ds Max会自动将当前文件保存到C:\Users\Administrator\Documents\3dsmax\autoback路径下，待重启3ds Max后，在该路径下可以找到自动保存的备份文件。但是自动备份文件会出现贴图缺失的情况，就算打开了也需要重新链接贴图文件，因此我们还是需要养成及时保存文件的良好习惯。